计算机科学与技术丛书

PyTorch 深度学习

深入理解人工智能算法设计

龙良曲 编著
Long Liangqu

清华大学出版社
北京

内 容 简 介

本书系统介绍了人工智能相关算法，尤其是深度学习算法，包含了基础的算法理论介绍、深度学习框架实现和重要的算法模型应用简介等。此外，本书提供配套的源代码、开源版本电子书，以及微课视频等资料。

全书共 14 章，可以分为 4 部分：第 1～3 章为第 1 部分，主要介绍人工智能的初步认知，并引出相关算法问题；第 4 和第 5 章为第 2 部分，主要介绍 PyTorch 的基础知识，为后续算法实现作铺垫；第 6～9 章为第 3 部分，主要介绍神经网络的核心理论，让读者能理解深度学习的本质；第 10～14 章为第 4 部分，主要介绍经典算法方向与模型结构的应用，让读者能够学有所用。

本书适合作为广大高校计算机相关专业课程的教材，也适合作为人工智能领域爱好者的参考用书。

版权所有，侵权必究。举报：010-62782989，beiqinquan@tup.tsinghua.edu.cn。

图书在版编目（CIP）数据

PyTorch 深度学习：深入理解人工智能算法设计 / 龙良曲编著. -- 北京：清华大学出版社，2025.7. -- （计算机科学与技术丛书）. -- ISBN 978-7-302-69052-8

I. TP181

中国国家版本馆 CIP 数据核字第 202578KE90 号

策划编辑：盛东亮
责任编辑：范德一
封面设计：李召霞
责任校对：时翠兰
责任印制：刘　菲

出版发行：清华大学出版社
网　　址：https://www.tup.com.cn，https://www.wqxuetang.com
地　　址：北京清华大学学研大厦 A 座　　邮　编：100084
社 总 机：010-83470000　　邮　购：010-62786544
投稿与读者服务：010-62776969，c-service@tup.tsinghua.edu.cn
质量反馈：010-62772015，zhiliang@tup.tsinghua.edu.cn
课件下载：https://www.tup.com.cn，010-83470236

印 装 者：三河市龙大印装有限公司
经　　销：全国新华书店
开　　本：186mm×240mm　　印　张：23.75　　字　数：535 千字
版　　次：2025 年 7 月第 1 版　　印　次：2025 年 7 月第 1 次印刷
印　　数：1～1500
定　　价：99.00 元

产品编号：088550-01

前 言
PREFACE

这是一本面向人工智能，特别是深度学习初学者的图书，旨在帮助更多的读者朋友了解、喜欢并投身到人工智能行业中来，因此作者试图从分析人工智能中的简单问题入手，一步步地提出设想、分析方案以及实现方案，重温当年科研工作者的发现之路，让读者身临其境地感受算法设计思想，从而掌握分析问题、解决问题的方法。这种方法对读者的基础要求较少，读者在学习本书的过程中会自然而然地了解算法的相关背景知识，体会到知识是为了解决问题而生的，避免陷入为了学习而学习的困境。

尽管作者试图将读者的基础要求降到最低，但是人工智能不可避免地需要使用数学符号推导，其中涉及少量的概率与统计、线性代数、微积分等数学知识，要求读者对这些数学知识有初步印象或了解即可。比起理论基础，读者需要有少量的编程经验，特别是 Python 语言编程经验，因为本书更侧重于实用性，而不是堆砌公式。推荐读者在学习本书的内容时，配合相关代码的实战练习，加深对于知识点的理解。总体而言，本书适合于理工科专业背景的本科生和研究生，以及其他对人工智能领域感兴趣的读者。

在编写本书时，很多英文词汇尚无法在业界找到一个统一的翻译名，因此作者备注了翻译名的英文原文，供读者参考，同时也方便读者日后阅读相关英文文献时，不至于感到陌生。

尽管每天都有深度学习相关算法论文发表，但是作者相信，深度学习的核心思想和基础理论是共通的。本书已尽可能地涵盖其中基础、重要且较为前沿的算法知识，但是仍然有很多算法方向无法覆盖，读者学习完本书后，可以自行搜索相关方向的学术论文或资料进行延伸阅读，以获得更深层次的算法理解，更进一步探索人工智能的边界。在学习书本内容之余，还可以从网络中搜索相关方向的论文。

深度学习是一个非常前沿和广袤的研究领域，鲜有人能够对每一个研究方向都有深刻的理解。作者自认才疏学浅，略懂皮毛，同时也限于时间和篇幅关系，难免出现理解偏差甚至错谬之处，恳请读者大方指出，作者将及时修正，不胜感激。

龙良曲

2025 年 3 月 19 日

目录
CONTENTS

第 1 章　人工智能绪论 ·· 1
▶ 微课视频 25 分钟
 1.1　人工智能 ··· 1
  1.1.1　人工智能简介 ··· 1
  1.1.2　机器学习 ·· 2
  1.1.3　神经网络与深度学习 ·· 3
 1.2　神经网络发展简史 ··· 4
  1.2.1　浅层神经网络 ··· 4
  1.2.2　深度学习 ·· 6
 1.3　深度学习特点 ··· 7
  1.3.1　数据量 ·· 7
  1.3.2　算力 ··· 9
  1.3.3　网络规模 ·· 9
  1.3.4　通用智能 ··· 10
 1.4　深度学习应用 ·· 11
  1.4.1　计算机视觉 ·· 11
  1.4.2　自然语言处理 ·· 12
  1.4.3　强化学习 ··· 13
 1.5　深度学习框架 ·· 13
  1.5.1　主流框架 ··· 14
  1.5.2　静态图和动态图 ··· 15
  1.5.3　功能演示 ··· 16
 1.6　开发环境安装 ·· 19
  1.6.1　安装 Anaconda ··· 19
  1.6.2　安装 CUDA ·· 20
  1.6.3　安装 PyTorch ··· 23
  1.6.4　常用编辑器安装 ··· 26

第 2 章　回归问题 ·· 27
▶ 微课视频 32 分钟
 2.1　神经元模型 ·· 27

2.2 优化方法 ··· 30
2.3 线性模型实战 ·· 32
2.4 线性回归 ··· 36

第 3 章 分类问题 ·· 37

▶ 微课视频 17 分钟

3.1 手写数字图片数据集 ··· 37
3.2 模型构建 ··· 40
3.3 误差计算 ··· 43
3.4 真的解决了吗 ·· 44
3.5 非线性模型 ·· 45
3.6 表达能力 ··· 45
3.7 优化方法 ··· 46
3.8 手写数字图片识别体验 ·· 47
  3.8.1 网络搭建 ·· 47
  3.8.2 模型训练 ·· 47

第 4 章 PyTorch 基础 ··· 50

▶ 微课视频 149 分钟

4.1 数据类型 ··· 50
  4.1.1 数值类型 ·· 50
  4.1.2 布尔类型 ·· 52
4.2 数值精度 ··· 53
  4.2.1 读取精度 ·· 54
  4.2.2 类型转换 ·· 54
4.3 待优化张量 ·· 55
4.4 创建张量 ··· 56
  4.4.1 从数组、列表对象创建 ·· 56
  4.4.2 创建全 0 或全 1 张量 ·· 56
  4.4.3 创建自定义数值张量 ·· 57
  4.4.4 创建已知分布的张量 ·· 58
  4.4.5 创建序列 ·· 59
4.5 张量的典型应用 ··· 60
  4.5.1 标量 ·· 60
  4.5.2 向量 ·· 61
  4.5.3 矩阵 ·· 62
  4.5.4 三维张量 ·· 62
  4.5.5 四维张量 ·· 64
4.6 索引与切片 ·· 65
  4.6.1 索引 ·· 65
  4.6.2 切片 ·· 66
  4.6.3 小结 ·· 69
4.7 维度变换 ··· 69

- 4.7.1 改变视图 ·· 70
- 4.7.2 增加和删除维度 ·· 73
- 4.7.3 交换维度 ·· 75
- 4.7.4 复制数据 ·· 76
- 4.8 Broadcasting 机制 ··· 78
- 4.9 数学运算 ··· 81
  - 4.9.1 加、减、乘、除运算 ·· 81
  - 4.9.2 乘方运算 ·· 82
  - 4.9.3 指数和对数运算 ·· 82
  - 4.9.4 矩阵相乘运算 ·· 83
- 4.10 前向传播实战 ··· 84

第 5 章 PyTorch 进阶 ·· 87

▶ 微课视频 54 分钟

- 5.1 合并与分割 ··· 87
  - 5.1.1 合并 ·· 87
  - 5.1.2 分割 ·· 90
- 5.2 数据统计 ··· 91
  - 5.2.1 向量范数 ·· 91
  - 5.2.2 最值、均值、和 ·· 92
- 5.3 张量比较 ··· 94
- 5.4 填充与复制 ··· 96
  - 5.4.1 填充 ·· 96
  - 5.4.2 复制 ·· 98
- 5.5 数据限幅 ··· 99
- 5.6 高级操作 ··· 100
  - 5.6.1 索引采样 ·· 100
  - 5.6.2 掩码采样 ·· 102
  - 5.6.3 gather 采样函数 ··· 104
  - 5.6.4 where 采样函数 ··· 105
  - 5.6.5 scatter 写入函数 ·· 107
  - 5.6.6 meshgrid 网格函数 ·· 110
- 5.7 经典数据集加载 ··· 111
  - 5.7.1 预处理 ·· 113
  - 5.7.2 随机打散 ·· 114
  - 5.7.3 批训练 ·· 115
  - 5.7.4 循环训练 ·· 115
- 5.8 MNIST 测试实战 ··· 115

第 6 章 神经网络 ·· 118

- 6.1 感知机 ··· 118
- 6.2 全连接层 ··· 120
  - 6.2.1 张量方式实现 ·· 121

  6.2.2 层方式实现 ·· 121
 6.3 神经网络 ··· 123
  6.3.1 张量方式实现 ·· 124
  6.3.2 层方式实现 ·· 124
  6.3.3 优化目标 ··· 125
 6.4 激活函数 ··· 127
  6.4.1 Sigmoid ··· 127
  6.4.2 ReLU ·· 128
  6.4.3 LeakyReLU ··· 129
  6.4.4 tanh ·· 129
 6.5 输出层设计 ·· 130
  6.5.1 普通实数空间 ·· 130
  6.5.2 [0,1]区间 ·· 130
  6.5.3 [0,1]区间,和为1 ·· 131
  6.5.4 (−1,1)区间 ··· 133
 6.6 误差计算 ··· 134
  6.6.1 均方误差函数 ·· 134
  6.6.2 交叉熵误差函数 ··· 135
 6.7 神经网络类型 ·· 136
  6.7.1 卷积神经网络 ·· 137
  6.7.2 循环神经网络 ·· 137
  6.7.3 注意力(机制)网络 ·· 137
  6.7.4 图卷积神经网络 ··· 137
 6.8 汽车油耗预测实战 ··· 138
  6.8.1 数据集 ·· 138
  6.8.2 创建网络 ··· 141
  6.8.3 训练与测试 ··· 141

第7章 反向传播算法 ·· 144
▶ 微课视频 136 分钟

 7.1 导数与梯度 ··· 144
 7.2 导数常见性质 ·· 146
  7.2.1 基本函数的导数 ··· 146
  7.2.2 常用导数性质 ·· 147
  7.2.3 导数求解实战 ·· 147
 7.3 激活函数导数 ·· 148
  7.3.1 Sigmoid 函数导数 ·· 148
  7.3.2 ReLU 函数导数 ··· 149
  7.3.3 LeakyReLU 函数导数 ·· 149
  7.3.4 tanh 函数梯度 ··· 150
 7.4 损失函数梯度 ·· 151
  7.4.1 均方误差函数梯度 ··· 151

　　　　7.4.2　交叉熵损失函数梯度 ································· 151
　7.5　全连接层梯度 ·· 154
　　　　7.5.1　单神经元梯度 ······································· 154
　　　　7.5.2　全连接层梯度 ······································· 156
　7.6　链式法则 ··· 157
　7.7　反向传播算法 ·· 159
　7.8　Himmelblau 函数优化实战 ·· 161
　7.9　反向传播算法实战 ·· 163
　　　　7.9.1　数据集 ·· 164
　　　　7.9.2　网络层 ·· 165
　　　　7.9.3　网络模型 ··· 167
　　　　7.9.4　网络训练 ··· 168
　　　　7.9.5　网络性能 ··· 169

第 8 章　PyTorch 高级用法 ·· 171
　　▶ 微课视频 89 分钟
　8.1　常见功能模块 ·· 171
　　　　8.1.1　常见网络层类 ······································· 171
　　　　8.1.2　网络容器 ··· 172
　8.2　模型创建、训练与测试 ·· 174
　　　　8.2.1　模型创建 ··· 174
　　　　8.2.2　模型训练 ··· 176
　　　　8.2.3　模型测试 ··· 178
　8.3　模型保存与加载 ·· 179
　　　　8.3.1　张量方式 ··· 179
　　　　8.3.2　网络方式 ··· 181
　8.4　自定义网络 ··· 181
　　　　8.4.1　自定义网络层 ······································· 181
　　　　8.4.2　自定义网络 ·· 182
　8.5　模型乐园 ··· 183
　　　　8.5.1　加载模型 ··· 184
　　　　8.5.2　微调模型 ··· 185
　8.6　测量工具 ··· 186
　　　　8.6.1　新建测量器 ·· 187
　　　　8.6.2　写入数据 ··· 187
　　　　8.6.3　统计数据 ··· 187
　　　　8.6.4　清除状态 ··· 187
　　　　8.6.5　准确率统计实战 ···································· 188
　8.7　可视化 ··· 188
　　　　8.7.1　模型端 ·· 188
　　　　8.7.2　浏览器端 ··· 189

第 9 章　过拟合 ... 192

▶ 微课视频 72 分钟

- 9.1　模型的容量 ... 192
- 9.2　欠拟合与过拟合 ... 193
  - 9.2.1　欠拟合 ... 195
  - 9.2.2　过拟合 ... 196
- 9.3　数据集划分 ... 196
  - 9.3.1　验证集与超参数 ... 197
  - 9.3.2　提前停止 ... 198
- 9.4　模型设计 ... 200
- 9.5　正则化 ... 201
  - 9.5.1　L0 正则化 ... 201
  - 9.5.2　L1 正则化 ... 201
  - 9.5.3　L2 正则化 ... 202
  - 9.5.4　正则化效果 ... 202
- 9.6　Dropout ... 204
- 9.7　数据增强 ... 206
  - 9.7.1　随机旋转 ... 206
  - 9.7.2　随机翻转 ... 207
  - 9.7.3　随机裁剪 ... 207
  - 9.7.4　生成数据 ... 208
  - 9.7.5　其他方式 ... 208
- 9.8　过拟合问题实战 ... 209
  - 9.8.1　构建数据集 ... 209
  - 9.8.2　Pytorch lightning 库 ... 210
  - 9.8.3　网络层数的影响 ... 212
  - 9.8.4　Dropout 的影响 ... 213
  - 9.8.5　正则化的影响 ... 213

第 10 章　卷积神经网络 ... 215

▶ 微课视频 162 分钟

- 10.1　全连接网络的问题 ... 216
  - 10.1.1　局部相关性 ... 218
  - 10.1.2　权值共享 ... 220
  - 10.1.3　卷积运算 ... 220
- 10.2　卷积神经网络 ... 223
  - 10.2.1　单通道输入和单卷积核 ... 224
  - 10.2.2　多通道输入和单卷积核 ... 225
  - 10.2.3　多通道输入和多卷积核 ... 228
  - 10.2.4　步长 ... 228

		10.2.5	填充	230
	10.3	卷积层实现		232
		10.3.1	自定义权值	232
		10.3.2	卷积层类	234
	10.4	LeNet-5 实战		235
	10.5	表示学习		239
	10.6	梯度传播		240
	10.7	池化层		241
	10.8	BatchNorm 层		243
		10.8.1	前向传播	246
		10.8.2	反向更新	246
		10.8.3	BN 层实现	247
	10.9	经典卷积网络		248
		10.9.1	AlexNet	249
		10.9.2	VGG 系列	250
		10.9.3	GoogLeNet	251
	10.10	VGG13 实战		254
		10.10.1	CIFAR 数据集	254
		10.10.2	VGG 模型	255
	10.11	卷积层变种		257
		10.11.1	空洞卷积	257
		10.11.2	转置卷积	259
		10.11.3	分离卷积	264
	10.12	深度残差网络		265
		10.12.1	ResNet 原理	266
		10.12.2	ResBlock 实现	267
	10.13	DenseNet		269
	10.14	ResNet18 实战		271

第 11 章 循环神经网络 … 276

微课视频 117 分钟

11.1	序列表示方法		276
	11.1.1	Embedding 层	277
	11.1.2	预训练的词向量	279
11.2	循环神经网络		280
	11.2.1	全连接层可行吗	280
	11.2.2	共享权值	281
	11.2.3	全局语义	282
	11.2.4	循环神经网络	283
11.3	梯度传播		283

11.4 RNN 层使用方法 285
11.4.1 RNNCell 285
11.4.2 多层 RNNCell 网络 287
11.4.3 RNN 层 288
11.5 RNN 情感分类问题实战 289
11.5.1 数据集 289
11.5.2 网络模型 291
11.5.3 训练与测试 293
11.6 梯度弥散和梯度爆炸 294
11.6.1 梯度裁剪 296
11.6.2 梯度弥散 299
11.7 RNN 短时记忆 299
11.8 LSTM 原理 300
11.8.1 遗忘门 301
11.8.2 输入门 301
11.8.3 刷新 Memory 302
11.8.4 输出门 302
11.8.5 小结 302
11.9 LSTM 层使用方法 303
11.9.1 LSTMCell 303
11.9.2 LSTM 层 304
11.10 GRU 简介 304
11.10.1 复位门 305
11.10.2 更新门 305
11.10.3 GRU 使用方法 306
11.11 LSTM/GRU 情感分类问题再战 306
11.11.1 LSTM 模型 307
11.11.2 GRU 模型 308

第 12 章 自编码器 309
12.1 自编码器原理 309
12.2 Fashion MNIST 图片重建实战 311
12.2.1 Fashion MNIST 数据集 311
12.2.2 编码器 313
12.2.3 解码器 313
12.2.4 自编码器 314
12.2.5 网络训练 314
12.2.6 图片重建 315
12.3 自编码器变种 317
12.3.1 Denoising Auto-Encoder 317

- 12.3.2 Dropout Auto-Encoder ... 317
- 12.3.3 Adversarial Auto-Encoder ... 317
- 12.4 变分自编码器 ... 318
  - 12.4.1 VAE 原理 ... 318
  - 12.4.2 Reparameterization Trick ... 321
- 12.5 VAE 图片生成实战 ... 322
  - 12.5.1 VAE 模型 ... 322
  - 12.5.2 Reparameterization 函数 ... 324
  - 12.5.3 网络训练 ... 324
  - 12.5.4 图片生成 ... 325

第 13 章 生成对抗网络 ... 327

▶ 微课视频 145 分钟

- 13.1 博弈学习实例 ... 328
- 13.2 GAN 原理 ... 329
  - 13.2.1 网络结构 ... 329
  - 13.2.2 网络训练 ... 330
  - 13.2.3 统一目标函数 ... 331
- 13.3 DCGAN 实战 ... 331
  - 13.3.1 动漫图片数据集 ... 332
  - 13.3.2 生成器 ... 333
  - 13.3.3 判别器 ... 334
  - 13.3.4 训练与可视化 ... 335
- 13.4 GAN 变种 ... 338
  - 13.4.1 DCGAN ... 338
  - 13.4.2 InfoGAN ... 339
  - 13.4.3 CycleGAN ... 339
  - 13.4.4 WGAN ... 339
  - 13.4.5 Equal GAN ... 340
  - 13.4.6 Self-Attention GAN ... 340
  - 13.4.7 BigGAN ... 340
- 13.5 纳什均衡 ... 341
  - 13.5.1 判别器状态 ... 342
  - 13.5.2 生成器状态 ... 343
  - 13.5.3 纳什均衡点 ... 344
- 13.6 GAN 训练难题 ... 344
  - 13.6.1 超参数敏感 ... 344
  - 13.6.2 模式崩塌 ... 345
- 13.7 WGAN 原理 ... 346
  - 13.7.1 JS 散度的缺陷 ... 346

	13.7.2 EM 距离	348
	13.7.3 WGAN-GP	348
13.8	WGAN-GP 实战	350
第 14 章	**自定义数据集**	**352**
14.1	精灵宝可梦数据集	352
14.2	自定义数据集加载	353
	14.2.1 创建编码表	354
	14.2.2 创建样本和标签表格	354
	14.2.3 数据集划分	356
14.3	宝可梦数据集实战	357
	14.3.1 创建 Dataset 对象	357
	14.3.2 样本预处理	358
	14.3.3 创建模型	359
	14.3.4 网络训练与测试	360
14.4	迁移学习	362
	14.4.1 迁移学习原理	362
	14.4.2 迁移学习实战	362

视频目录
VIDEO CONTENTS

视频名称	时长/min	位置
第1集 深度学习框架简介	13	1.5节
第2集 开发环境安装	12	1.6节
第3集 梯度下降法解决回归问题1	13	2.1节
第4集 梯度下降法解决回归问题2	11	2.1节
第5集 梯度下降法解决回归问题3	8	2.1节
第6集 分类问题1	10	3.1节
第7集 分类问题2	7	3.1节
第8集 基本的数据类型1	16	4.1节
第9集 基本的数据类型2	8	4.1节
第10集 创建张量1	13	4.4节
第11集 创建张量2	11	4.4节
第12集 索引与切片1	12	4.6节
第13集 索引与切片2	12	4.6节
第14集 维度变换1	7	4.7节
第15集 维度变换2	10	4.7节
第16集 维度变换3	10	4.7节
第17集 维度变换4	8	4.7节
第18集 广播机制1	14	4.8节
第19集 广播机制2	12	4.8节
第20集 张量基本数学运算	16	4.9节
第21集 张量拼接和拆分1	11	5.1节
第22集 张量拼接和拆分2	6	5.1节
第23集 张量的统计属性1	10	5.2节
第24集 张量的统计属性2	11	5.2节
第25集 张量高阶操作	16	5.6节
第26集 什么是梯度1	13	7.1节
第27集 什么是梯度2	11	7.1节
第28集 常见函数的梯度	7	7.2节
第29集 激活函数及其梯度	14	7.3节
第30集 损失函数及其梯度1	12	7.4节
第31集 损失函数及其梯度2	15	7.4节
第32集 全连接层的梯度1	13	7.5节
第33集 全连接层的梯度2	13	7.5节
第34集 链式法则	11	7.6节
第35集 反向传播算法	19	7.7节
第36集 Himmelblau函数优化实战	8	7.8节
第37集 PyTorch用法之逻辑回归	14	8.1节
第38集 PyTorch用法之交叉熵	18	8.2节
第39集 PyTorch用法之多分类问题	8	8.2节

续表

视频名称	时长/min	位置
第40集 PyTorch用法之全连接层	13	8.2节
第41集 PyTorch用法之激活函数	11	8.2节
第42集 测量工具Benchmark	12	8.6节
第43集 可视化	13	8.7节
第44集 欠拟合和过拟合	14	9.2节
第45集 数据集划分1	11	9.3节
第46集 数据集划分2	7	9.3节
第47集 正则化	11	9.5节
第48集 动量和学习率	13	9.5节
第49集 Dropout	14	9.6节
第50集 什么是卷积1	12	第10章
第51集 什么是卷积2	8	第10章
第52集 卷积神经网络1	11	10.2节
第53集 卷积神经网络2	11	10.2节
第54集 卷积神经网络3	8	10.2节
第55集 池化层	10	10.7节
第56集 BatchNorm层1	9	10.8节
第57集 BatchNorm层2	13	10.8节
第58集 经典卷积网络1	9	10.9节
第59集 经典卷积网络2	9	10.9节
第60集 深度残差网络1	12	10.12节
第61集 深度残差网络2	10	10.12节
第62集 卷积网络实现1	10	10.14节
第63集 卷积网络实现2	8	10.14节
第64集 数据增强	12	10.14节
第65集 序列表示方法	14	11.1节
第66集 循环神经网络1	9	11.2节
第67集 循环神经网络2	9	11.2节
第68集 RNN层使用方法1	9	11.4节
第69集 RNN层使用方法2	9	11.4节
第70集 RNN情感分类问题-时间序列预测任务实战	13	11.5节
第71集 梯度弥散和梯度爆炸	12	11.6节
第72集 LSTM原理1	9	11.8节
第73集 LSTM原理2	10	11.8节
第74集 LSTM层使用方法	8	11.9节
第75集 LSTM/GRU情感分类问题再战	15	11.11节
第76集 生成对抗网络简介	9	第13章
第77集 画家的成长历程	13	13.1节
第78集 GAN原理	10	13.2节
第79集 纳什均衡1	9	13.5节
第80集 纳什均衡2	13	13.5节
第81集 GAN训练难题1	16	13.6节
第82集 GAN训练难题2	9	13.6节
第83集 WGAN原理	15	13.7节
第84集 WGAN实现方法	9	13.7节
第85集 WGAN-GP实战1	17	13.8节
第86集 WGAN-GP实战2	9	13.8节
第87集 WGAN-GP实战3	16	13.8节

第 1 章　人工智能绪论

CHAPTER 1

> 我们想要的是一台可以从经验中进行学习的机器。
>
> ——阿兰·图灵

1.1　人工智能

信息技术是人类历史上的第三次工业革命,计算机、互联网、智能家居等技术的普及极大地方便了人们的日常生活。通过编程的方式,人类可以将提前设计好的交互逻辑交给机器重复且快速地执行,从而将人类从简单枯燥的重复劳动工作中解脱出来。但是对于需要较高智能水平的任务,如人脸识别、聊天机器人、自动驾驶等任务,往往很难设计明确的逻辑规则来完成,传统的逻辑编程方式显得力不从心,而人工智能(Artificial Intelligence,AI)是有望解决此问题的关键技术。

人工智能是一个比较宽泛的概念,是指人类制造出来的机器所呈现出来的智能。随着深度学习算法的崛起,人工智能在部分任务上取得了类人甚至超人的智力水平,如在围棋领域,AlphaGo 智能程序已经击败人类最强围棋专家之一柯洁;在大语言模型领域,GPT4/Qwen2 等大模型已经呈现出比较可用的通用智能;同时,人脸识别、内容生成、自动驾驶等实用的技术已经进入人们的日常生活中。现在,人类的日常生活被人工智能所环绕,尽管目前能达到的智能水平离通用人工智能(Artificial General Intelligence,AGI)还有一段距离,但我们仍坚定地相信人工智能时代已经来临。

机器学习是人工智能的一个重要研究领域,而深度学习则是近几年最为火热的一类人工智能算法。接下来将介绍人工智能、机器学习、神经网络与深度学习的概念以及它们之间的联系与区别。

1.1.1　人工智能简介

人工智能是让机器获得像人类一样具有思考和推理机制的智能技术,这一概念最早出现在 1956 年召开的达特茅斯会议上。这是一项极具挑战性的任务,人类目前尚无法对人脑的工作机制有全面、科学的认知,因此制造达到人脑水平的智能机器无疑是"难于上青天"。即使如此,有研究表明,在某个方向呈现出类似、接近,甚至超越人类智能水平的机器是可行的。

在业界,如何实现人工智能是一个永恒的争论话题。人工智能的发展主要经历了三个阶段,每个阶段都代表了人们从不同的角度尝试实现人工智能的探索足迹。在第一阶段,人们试图通过总结、归纳出一些逻辑规则,并将逻辑规则以计算机程序的方式实现,来开发出智能系统。但是这种显式的逻辑规则往往过于简单,并且很难表达复杂、抽象的概念和逻辑。这一阶段被称为推理期。

第二阶段是在 20 世纪 70 年代,科学家们尝试通过知识库加推理的方式解决人工智能,通过构建庞大复杂的专家系统来模拟人类专家的智能水平。这些需要显式构建规则的方式存在一个最大的难题,就是很多复杂、抽象、模糊的概念无法用具体的逻辑实现。比如人类对图片的识别、对语言的理解过程,根本无法通过既定规则模拟实现。为了解决这类问题,一门通过让机器自动从数据中学习、总结规则的研究学科诞生了,称为机器学习,并在 20 世纪 80 年代成为人工智能中的热门学科,这是人工智能发展的第三阶段。

在机器学习中,有一门通过神经网络来学习复杂、抽象逻辑的研究方向,称为神经网络。神经网络方向的研究经历了两起两落。从 2012 年开始,由于算法效果极为显著,深层神经网络技术在计算机视觉、自然语言处理、智能语音、机器人等领域取得了重大突破,在部分任务上的表现甚至超越了人类智能水平,开启了以深层神经网络为代表的人工智能的第三次复兴。深层神经网络也有了一个新名字,叫作深度学习。一般来讲,神经网络和深度学习的概念是比较相近的,深度学习特指基于深层神经网络实现的一类模型或算法。人工智能、机器学习、神经网络和深度学习四者之间的关系如图 1.1 所示。

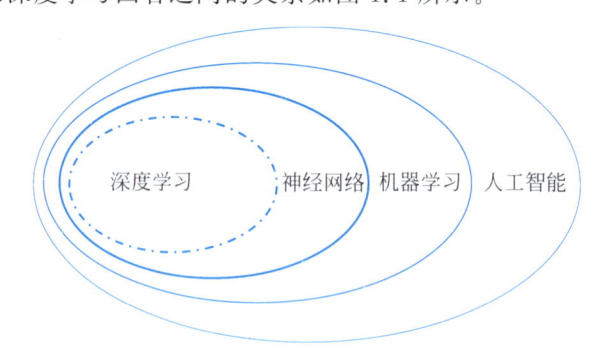

图 1.1 人工智能、机器学习、神经网络和深度学习之间的关系

1.1.2 机器学习

机器学习可以分为有监督学习(Supervised Learning)、无监督学习(Unsupervised Learning)和强化学习(Reinforcement Learning,RL),如图 1.2 所示。

(1) 有监督学习。有监督学习的数据集包含了样本 x 与样本的标签 y，算法模型需要学习到映射关系 $f_\theta:x \to y$，其中 f_θ 代表模型函数，θ 为模型的参数。在训练时，通过计算模型的预测值 $f_\theta(x)$ 与真实标签 y 之间的误差来优化网络参数 θ，使得网络能够预测更精准。常见的有监督学习算法有线性回归、逻辑回归、支持向量机、随机森林等。

图 1.2 机器学习的分类

(2) 无监督学习。收集带标签的真实数据往往代价较为昂贵，对于只有样本 x 的数据集，算法需要自行发现数据的模态，这种方式叫作无监督学习。无监督学习中有一类算法将自身作为监督信号，即模型需要学习的映射为 $f_\theta:x \to x$，称为自监督学习（Self-supervised Learning）。在训练时，通过计算模型的预测值 $f_\theta(x)$ 与自身 x 之间的误差来优化网络参数 θ。常见的无监督学习算法有自编码器、生成对抗网络、扩散模型等。

(3) 强化学习。强化学习也称为增强学习，是通过与环境进行交互来学习解决问题的策略的一类算法。与有监督学习、无监督学习不同，强化学习问题并没有明确的"正确的"动作监督信号，算法需要与环境进行交互，获取环境反馈的滞后的奖励信号，因此并不能通过计算预测动作与"正确动作"之间的误差来优化网络。常见的强化学习算法有深度 Q 网络（Deep Q Network，DQN）、近端策略优化（Proximal Policy Optimization，PPO）等。

1.1.3 神经网络与深度学习

神经网络算法是一类基于神经网络从数据中学习的算法，它仍然属于机器学习的范畴。受限于计算能力和数据量，早期的神经网络层数较浅，一般在 1～4 层，网络表达能力有限。随着计算能力的提升和大数据时代的到来，高度并行化的图形处理单元（Graphics Processing Unit，GPU）和海量数据让大规模神经网络的训练成为可能。

2006 年，Geoffrey Hinton 首次提出深度学习的概念。2012 年，8 层的深层神经网络 AlexNet 发布，并在图片识别竞赛中取得了巨大的性能提升，此后几十层、数百层、甚至上千层的神经网络模型相继提出，展现出深层神经网络强大的学习能力。业界一般将利用深层神经网络实现的算法称作深度学习。

简单比较一下深度学习算法与其他算法的特点，如图 1.3 所示。基于规则的系统一般会编写显式的检测逻辑，这些逻辑通常是针对特定的任务设计的，并不适合其他任务。传统的机器学习算法一般会人为设计具有一定通用性的特征检测方法，如尺度不变特征变换（Scale-Invariant Feature Transform，SIFT）的方法、方向梯度直方图（Histogram of Oriented Gradient，HOG）特征检测法，这些检测方法能够适合某一类的任务，具有一定的通用性。如何设计特征检测方法，以及特征检测方法的优劣性、通用性是要考虑的关键问题。对于传统的机器学习算法而言，找到好的特征本身就是一件比较困难的工作。神经网络的出现，使得人为设计特征检测方法这一部分工作可以让机器自动完成学习，不需要人类干预。但是浅层的神经网络的特征提取能力较为有限，而深层的神经网络擅长提取高层、抽象的特征，因此具有更好的性能表现。

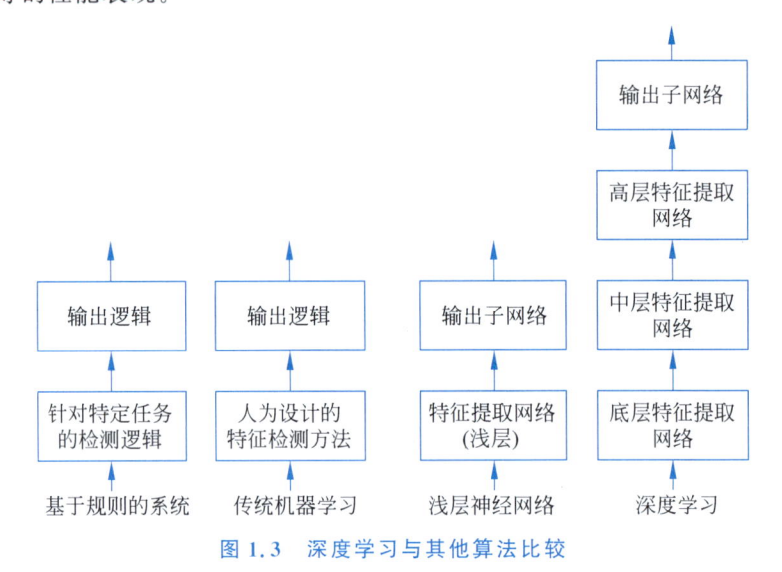

图 1.3　深度学习与其他算法比较

1.2　神经网络发展简史

本书将神经网络的发展历程大致分为浅层神经网络和深度学习两个阶段,以 2006 年为大致分割点。2006 年以前,深度学习以神经网络和连接主义的名义发展,经历了两次兴盛和两次"寒冬";2006 年,Geoffrey Hinton 首次将深层神经网络命名为深度学习,自此开启了深度学习的第三次复兴之路。

1.2.1　浅层神经网络

1943 年,心理学家 Warren McCulloch 和逻辑学家 Walter Pitts 根据生物神经元(Neuron)结构,提出了最早的神经元数学模型,称为 MP 神经元模型。该模型的输出 $f(\boldsymbol{x})=h(g(\boldsymbol{x}))$,其中 $g(\boldsymbol{x})=\sum_{i} x_{i}, x_{i} \in \{0,1\}$,模型通过 $g(\boldsymbol{x})$ 的值来完成输出值的预测,如图 1.4 所示。如果 $g(\boldsymbol{x}) \geqslant 0$,输出为 1;如果 $g(\boldsymbol{x}) < 0$,输出为 0。可以看到,MP 神经元模型并没有学习能力,只能完成固定逻辑的判定。

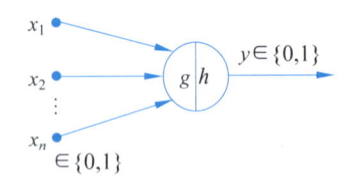

图 1.4　MP 神经元模型

1958 年,美国心理学家 Frank Rosenblatt 提出了第一个可以自动学习权重的神经元模型,称为感知机(Perceptron),如图 1.5 所示,输出值 o 与真实值 y 之间的误差用于调整神经元的权重参数 $\{w_1, w_2, \cdots, w_n\}$。Frank Rosenblatt 随后基于"Mark 1 感知机"硬件实现感知机模型,如图 1.6 和图 1.7 所示,输入为 400 个单元的图像传感器,输出为 8 个节点端子,它可以成功识别一些英文字母。一般认为1943—1969年为人工智能发展的第一次兴盛期。

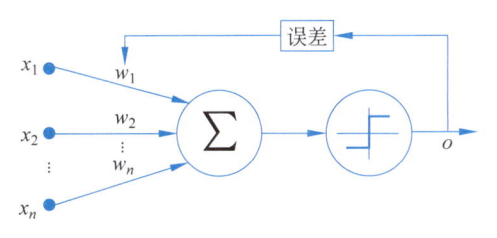

图1.5 感知机模型

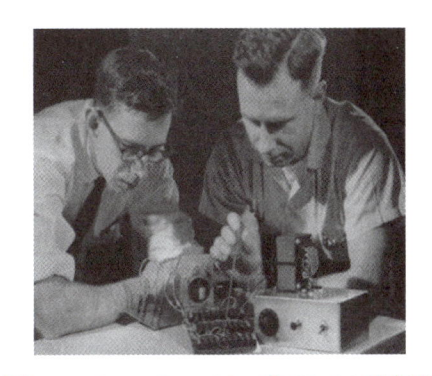

图1.6 Frank Rosenblatt 和 Mark1 感知机

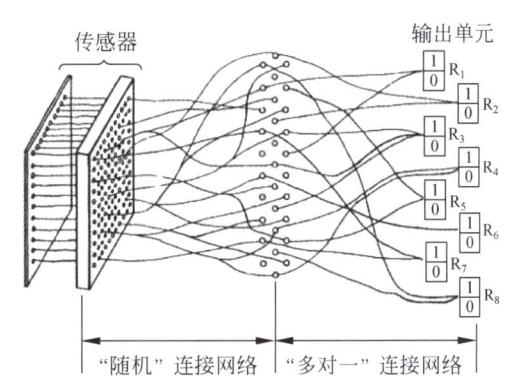

图1.7 Mark 1 感知机网络结构

1969年,美国科学家 Marvin Minsky 等在出版的 *Perceptron* 一书中指出了感知机等线性模型的主要缺陷,即无法处理简单的异或(XOR)等线性不可分问题。这直接导致了以感知机为代表的神经网络的相关研究进入了低谷期,一般认为1969—1982年为人工智能发展的第一次寒冬。

尽管那时处于 AI 发展的低谷期,仍然有很多意义重大的研究成果相继发表,这其中最重要的成果就是误差反向传播(Error Back Propagation,BP)算法的提出,它至今依旧是现代深度学习的核心理论基础。实际上,反向传播的数学思想早在20世纪60年代就已经被推导出了,但是并没有应用在神经网络上。1974年,美国科学家 Paul Werbos 在他的博士论文中第一次提出可以将 BP 算法应用到神经网络上,遗憾的是,这一成果并没有获得足够重视。直至1986年,David Rumelhart 等在 *Nature* 上发表了通过 BP 算法来进行表征学习的论文,BP 算法才获得了广泛的关注。

1982年,随着 John Hopfield 的循环连接的 Hopfield 网络的提出,开启了1982—1995年的第二次人工智能兴盛的大潮,这段时间相继提出了卷积神经网络(Convolutional Neural Network,CNN)、循环神经网络(Recurrent Neural Network,RNN)、BP 算法等算法模型。1986年,David Rumelhart 和 Geoffrey Hinton 等将 BP 算法应用在多层感知机上;1989年 Yann LeCun 等将 BP 算法应用在手写数字图片识别上,取得了巨大成功,这套系统成功商用在邮政编码识别、银行支票识别等系统上;1997年,循环神经网络的变种之一长短期记忆(Long-Short Term Memory)算法被 Jürgen Schmidhuber 提出；同年双向循环神经网络也被提出。2024 年，诺贝尔物理学奖授予了 John Hopfield 和 Geoffrey Hinton 两人，以表彰他们在"利用人工神经网络进行机器学习所作出的基础性的发现和发明"的贡献，这同时也是表彰了深度学习所带来的伟大创新。

遗憾的是，神经网络的研究随着以支持向量机(Support Vector Machine，SVM)为代表的传统机器学习算法兴起而逐渐进入低谷，这个阶段称为人工智能的第二次寒冬。支持向量机拥有严格的数学理论基础，训练需要的样本数量较少，同时也具有良好的泛化能力，相比之下，神经网络理论基础欠缺、可解释性差，很难训练深层网络，性能也相对一般。图 1.8 绘制了 1943—2006 年浅层神经网络发展的重大时间节点。

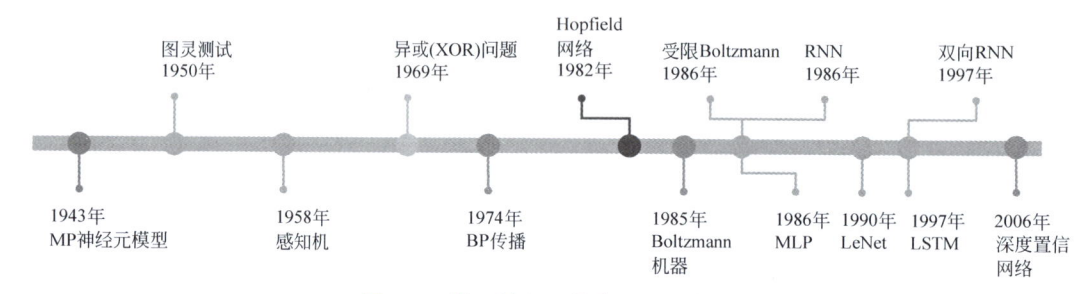

图 1.8 浅层神经网络发展时间节点

1.2.2 深度学习

2006 年，Geoffrey Hinton 等发现通过逐层预训练的方式可以较好地训练多层神经网络，并在 MNIST 手写数字图片数据集上取得了低于 SVM 算法的错误率，开启了第三次人工智能的复兴。在论文中，Geoffrey Hinton 首次提出了 Deep Learning 的概念，这也是深层神经网络被叫作深度学习的由来。2011 年，Xavier Glorot 提出了线性整流单元(Rectified Linear Unit，ReLU)激活函数，它是现在使用最为广泛的激活函数之一。2012 年，Alex Krizhevsky 提出了 8 层的深层神经网络 AlexNet，它采用了 ReLU 激活函数，并使用 Dropout 技术来防止过拟合，同时抛弃了逐层预训练的方式，直接在两块 NVIDIA GTX580 GPU 上训练网络，这使得训练深层神经网络变得更为简单，鲁棒性更好。AlexNet 在 ILSVRC-2012 图片识别比赛中获得了第一名的成绩，比第二名在 Top-5 错误率上降低了惊人的 10.9%，展现出了深层神经网络的巨大潜力。

自 AlexNet 模型提出后，各种各样的算法模型相继被发表，其中有 VGG 系列、GoogLeNet 系列、ResNet 系列、Transformer 系列等。ResNet 系列模型将网络的层数提升至数百层、甚至上千层，同时保持性能不变甚至更优。它的算法思想简单，具有普适性，并且效果显著，是深度学习中应用最为广泛的模型之一。

除了在有监督学习领域取得了惊人的成果，深度学习在无监督学习和强化学习领域也取得了巨大的成绩。2014 年，Ian Goodfellow 提出了生成对抗网络(Generative Adversarial

Network,GAN),通过对抗训练的方式学习样本的真实分布,从而生成逼近度较高的新样本。此后,大量的生成对抗网络模型相继被提出,最新的图片生成效果已经达到了肉眼难辨真伪的逼真度。2016年,DeepMind公司应用深度神经网络到强化学习领域,提出了DQN算法,在Atari游戏平台中的49个游戏上取得了与人类相当甚至超越人类的水平;在围棋领域,DeepMind开发的AlphaGo和AlphaGo Zero智能程序相继打败人类顶级围棋专家李世石、柯洁等;在多智能体协作的Dota2游戏平台,OpenAI开发的OpenAI Five智能程序在受限游戏环境中打败了冠军队伍OG队,展现出了大量专业级的高层智能操作。2021年,德国慕尼黑大学计算机视觉和学习研究小组提出了隐式扩散模型(Latent Diffusion Model,LDM),再一次将图像生成效果提升了一个档次,并且具有更优良的可扩展性。2022年,OpenAI发布了基于超大规模预训练技术的自回归生成大语言模型(Large Language Model,LLM)ChatGPT,引发了业界研究大语言模型和多模态技术的热潮。图1.9列出了2006—2022年深度学习发展的重大时间节点。

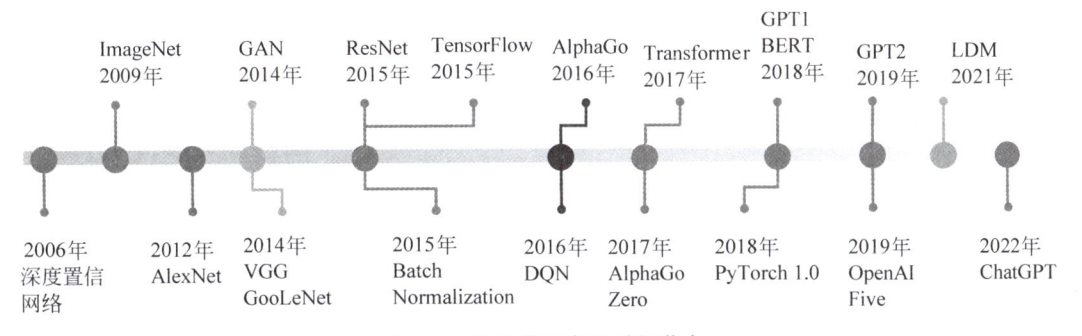

图 1.9 深度学习发展时间节点

1.3 深度学习特点

与传统的机器学习算法、浅层神经网络相比,现代深度学习算法通常具有数据量大、计算能力强、网络规模大等显著特点。

1.3.1 数据量

早期的机器学习算法比较简单,容易快速训练,需要的数据集规模也比较小,如1936年由英国统计学家Ronald Fisher收集整理的鸢尾花卉数据集Iris共包含3个类别花卉,每个类别仅50个样本。随着计算机技术的发展,设计的算法越来越复杂,对数据量的需求也随之增大。1998年由Yann LeCun收集整理的MNIST手写数字图片数据集包含0~9共10类数字,每个类别多达7000张图片。随着神经网络的兴起,尤其是深度学习,网络层数一般较深,模型的参数量可达百万、千万甚至十亿个,为了防止过拟合,需要的数据集的规模通常也是巨大的。现代社交媒体的流行也让收集海量数据成为可能,如2010年发布的

ImageNet 数据集收录了共 14197122 张图片，整个数据集的压缩文件大小就有 154GB；2023 年 Meta 发布了基于 1 万亿词元语料训练的大语言模型 LLaMA 1。图 1.10 和图 1.11 列举了一些数据集的样本数和数据集大小随时间的变化趋势。

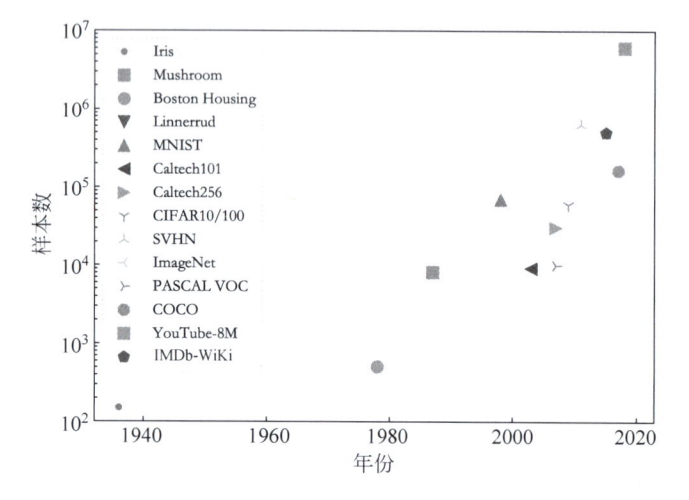

图 1.10　数据集样本数趋势

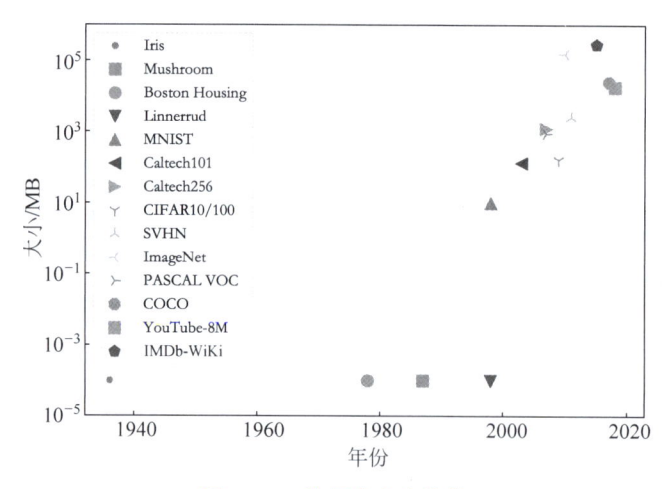

图 1.11　数据集大小趋势

深度学习对数据量需求较高，收集数据，尤其是收集带干净标签的数据，代价往往是昂贵的。数据集的形成通常需要手动采集或爬取原始数据，并清洗掉无效样本，再通过人工方式去标注数据样本，流程复杂并不可避免地会引入主观偏差和随机误差。研究数据量需求较少的算法（Few shot Learning）是非常实用的一个方向，因为通用人工智能往往具有良好的 Few shot Learning 能力。

1.3.2 算力

计算能力(简称算力)的提升是第三次人工智能复兴的一个重要因素。实际上,现代深度学习的基础理论在 20 世纪 80 年代就已经被提出,但直到 2012 年,基于两块 GTX580 GPU 训练的 AlexNet 发布后,深度学习的真正潜力才得以发挥。传统的机器学习算法并不像神经网络这样对数据量和算力有严苛的要求,通常在 CPU 上串行训练即可得到满意结果。但是深度学习包含了密集的并行张量乘法,非常依赖并行加速计算设备,目前的大部分神经网络均可使用 NVIDIA GPU 和 Google TPU 等并行加速芯片训练模型参数。如围棋程序 AlphaGo Zero 在 64 块 GPU 上从零开始训练了 40 天才得以超越所有的 AlphaGo 历史版本;神经架构搜索(Neural Architecture Search,NAS)算法使用了 800 块 GPU 同时训练才能优化出较好的网络结构;而最近提出的大语言模型对于算力的需求则更为夸张。

现阶段普通消费者能够使用的深度学习加速硬件设备主要来自 NVIDIA 的 GPU 显卡,图 1.12 列举了从 2008 年到 2017 年 NVIDIA GPU 和 x86 CPU 的每秒 10 亿次的浮点运算数(Giga Floating-point Operations Per Second,GFLOPS)的指标变换曲线。可以看到,x86 CPU 的曲线提升相对缓慢,而 NVIDIA GPU 的浮点算力指数式增长,这主要是来自于日益增长的 3D 图形计算量和深度学习算法计算量等业务的驱动。

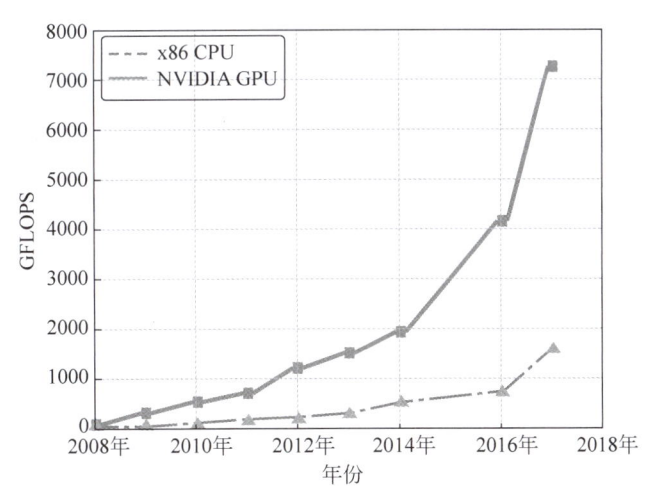

图 1.12 NVIDIA GPU FLOPS 趋势(数据来自 NVIDIA)

1.3.3 网络规模

早期的感知机模型和多层神经网络层数只有 1~4 层,网络参数量也在数万左右。随着深度学习的兴起和算力的提升,AlexNet(8 层)、VGG16(16 层)、GoogLeNet(~22 层)、ResNet50(50 层)、DenseNet121(121 层)等模型相继被提出,同时输入图片的大小也从 28×28

逐渐增大，变成224×224、416×416等，这些变化使得网络的总参数量可达到千万、上亿级别，如图1.13所示。

ILSVRC挑战赛ImageNet数据集分类任务

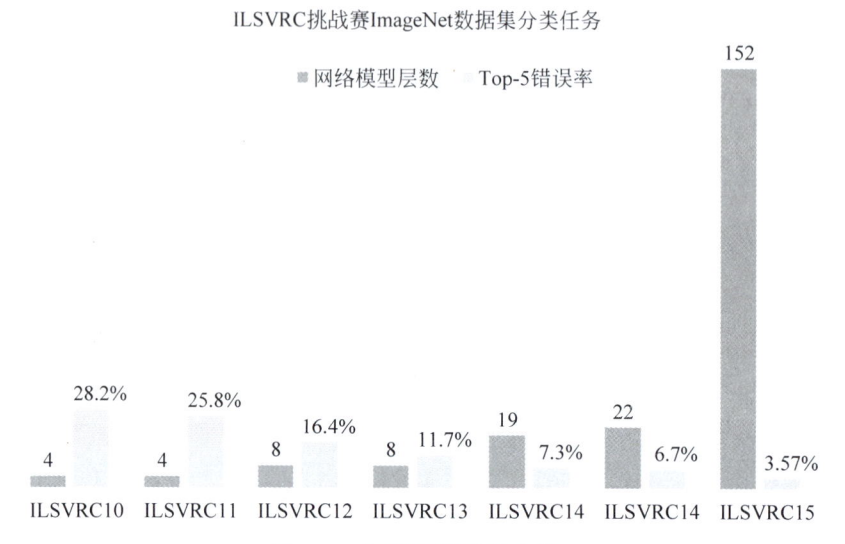

ILSVRC10	ILSVRC11	ILSVRC12	ILSVRC13	ILSVRC14	ILSVRC14	ILSVRC15
4 / 28.2%	4 / 25.8%	8 / 16.4%	8 / 11.7%	19 / 7.3%	22 / 6.7%	152 / 3.57%

图1.13 网络层数变化趋势

网络规模的增大，使得神经网络的容量也相应增大，从而能够学习到复杂的数据模态，模型的性能也会随之提升；另一方面，网络规模的增大，意味着更容易出现过拟合现象，训练需要的数据集和计算代价也会变大。

1.3.4 通用智能

过去，为了提升某项任务上的算法性能，往往需要利用先验知识手动设计相应的特征，以帮助算法更好地收敛到最优解。这类特征提取方法通常是与某些具体任务场景强相关的，一旦场景发生了变动，这些依靠人工设计的特征和先验设定无法自适应新场景，因此需要重新设计算法模型，模型的通用性不强。

设计一种像人脑一样可以自动学习、自我调整、快速进化的通用人工智能一直是人类的共同愿景。从目前来看，深度学习是较为接近通用智能的算法。在计算机视觉领域，过去需要针对具体的任务设计特征、添加先验假设的做法，目前已经被深度学习算法彻底抛弃了，在图片识别、目标检测、语义分割、图像编辑等方向，很多都是基于深度学习端到端地训练，获得的模型性能好，泛化性强；在Atria游戏平台上，DeepMind设计的DQN算法模型可以在相同的算法、模型结构和超参数的设定下，在49个游戏上获得人类相当的游戏水平，呈现出一定程度的通用智能。图1.14是DQN算法的网络结构，它并不是针对某个游戏而设计的，而是可以控制Atria游戏平台上的49个游戏。

图 1.14　DQN 算法的网络结构

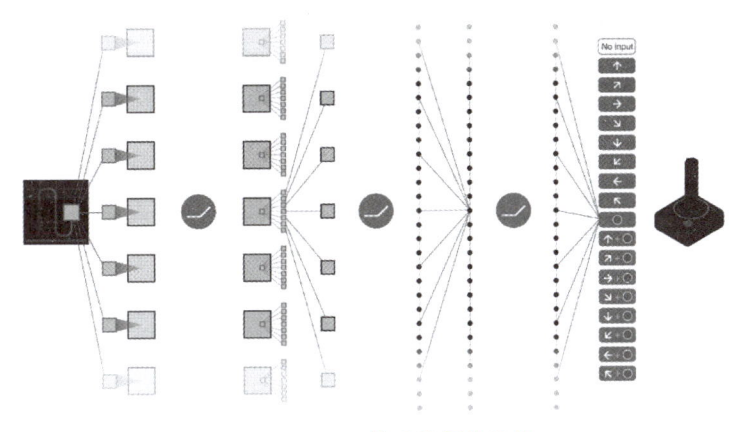

1.4　深度学习应用

深度学习算法已经广泛应用到人们生活的各个角落,例如手机上的语音助手、汽车上的智能辅助驾驶、智能问答等。下面将从计算机视觉、自然语言处理和强化学习三个领域入手,介绍深度学习的一些主流应用。

1.4.1　计算机视觉

(1) 图片识别(Image Classification):是常见的分类问题。神经网络的输入为图片数据,输出值为当前样本属于每个类别的概率分布。通常选取概率值最大的类别作为样本的预测类别。图片识别是最早成功应用深度学习的任务之一,经典的网络模型有 VGG 系列、ResNet 系列、EfficientNet 系列等。

(2) 目标检测(Object Detection):是指通过算法自动检测出图片中常见物体的位置,通常用边界框(Bounding Box)表示,并分类出边界框中物体的类别信息,如图 1.15 所示。常见的目标检测算法有 RCNN、Fast RCNN、Faster RCNN、Mask RCNN、SSD、YOLO 系列、RetinaNet 系列、DETR 系列等。

(3) 语义分割(Semantic Segmentation):是通过算法自动分割并识别出图片中的像素内容,可以将语义分割理解为像素级的分类问题,分析每个像素点的物体的类别信息,如图 1.16 所示。常见的语义分割模型有 FCN、U-net、PSPNet、DeepLab 系列、SAM 系列等。

(4) 视频理解(Video Understanding):是指通过智能技术、自动识别和解析视频中的内容。随着深度学习在 2D 图片的相关任务上取得较好的效果,具有时间维度信息的 3D 视频理解任务受到越来越多的关注。常见的视频理解任务有视频分类、行为检测、视频主体抽取等。常用的模型有 C3D、TSN、TSM、InternVideo 系列等。

图 1.15 目标检测效果

图 1.16 语义分割效果

（5）图片生成(Image Generation)：是指通过学习真实图片的分布，并从学习到的分布中采样而获得逼真度较高的生成图片。目前常见的生成模型有 VAE 系列、GAN 系列、Diffusion 系列等。其中 GAN 系列和 Diffusion 系列算法近年来取得了巨大的进展，其最新的模型生成的图片效果达到了肉眼难辨真伪的程度，如图 1.17 为某 GAN 模型的生成图片。

除了上述应用，深度学习也在其他方向上取得了不俗的效果，比如艺术风格迁移（如图 1.18 所示）、超分辨率、AI 换脸、超级夜景等一系列非常实用酷炫的任务，限于篇幅，不再赘述。

图 1.17 自动生成的图片

图 1.18 艺术风格迁移效果

1.4.2 自然语言处理

（1）机器翻译(Machine Translation)：是利用计算机将一种自然语言转换为另一种自然语言的过程。过去的机器翻译算法大多是基于统计机器翻译模型，这也是 2016 年前 Google 翻译系统采用的技术。2016 年 11 月，Google 基于 Seq2Seq 模型上线了谷歌神经机器翻译系统(Google Neural Machine Translation，GNMT)，首次实现了从源语言到目标语言的直译技术，在多项任务上获得了 50%～90%的效果提升。常用的机器翻译模型有 Seq2Seq、BERT 等。

（2）聊天机器人(Chatbot)：也是自然语言处理的一项主流任务，机器自动学习与人类对话，对于人类的简单诉求提供满意的自动回复，提高客户的服务效率和服务质量等。常应用在咨询系统、娱乐系统、智能家居等中。主流的问答聊天机器人算法模型有 GPT 系列、LLaMA 系列、Qwen 系列等。

1.4.3　强化学习

(1) 虚拟游戏(Virtual Reality Game)。相对于真实环境,虚拟游戏平台既可以训练、测试强化学习算法,又可以避免无关因素干扰,同时也能将实验代价降到最低。目前常用的虚拟游戏平台有 OpenAI Gym、OpenAI Universe、OpenAI Roboschool、DeepMind OpenSpiel、MuJoCo 等,常用的强化学习算法有 DQN、A3C、TRPO、PPO 等。在围棋领域,DeepMind AlphaGo 程序已经超越多名人类围棋专家;在 Dota 2 和《星际争霸》游戏上,OpenAI 和 DeepMind 开发的智能程序也在限制规则下战胜了顶级职业队伍。

(2) 机器人(Robotics)。在真实环境中,机器人的控制也取得了一定的进展。如 UC Berkeley 实验室在机器人领域的 Imitation Learning、Meta Learning、Few-shot Learning 等方向上取得了不少进展。美国波士顿动力公司在机器人应用中取得喜人的成就,其制造的机器人在复杂地形行走、多智能体协作等任务上表现良好,如图 1.19 所示。

(3) 自动驾驶(Autonomous Driving)。自动驾驶被认为是强化学习短期内能技术落地的一个应用方向,很多知名企业投入大量资源在自动驾驶上,如华为、百度、特斯拉等,其中百度的无人巴士"阿波龙(Apollo)"已经在北京、雄安、武汉等地展开试运营;在长沙,市民已经可以试乘坐百度自动驾驶出租车(Apollo Robotaxi)。图 1.20 为百度阿波龙自动驾驶汽车。

图 1.19　波士顿动力公司的机器人

图 1.20　百度阿波龙自动驾驶汽车

1.5　深度学习框架

工欲善其事,必先利其器。在了解了深度学习相关背景知识后,下面介绍实现深度学习算法所使用的主流工具。

1.5.1　主流框架

（1）Theano 是最早的深度学习框架之一，由 Yoshua Bengio 和 Ian Goodfellow 等开发，是一个基于 Python 语言、定位底层运算的计算库，Theano 同时支持 GPU 和 CPU 运算。由于 Theano 开发效率较低，模型编译时间较长，同时开发人员转投 TensorFlow 等原因，Theano 目前已经停止维护。

（2）Scikit-learn 是一个完整的面向机器学习算法的计算库，内建了常见的传统机器学习算法支持，文档和案例也较为丰富，但是 Scikit-learn 并不是专门面向神经网络而设计的，不支持 GPU 加速，对神经网络相关层的实现也较欠缺。

（3）Caffe 由华人贾扬清在 2013 年开发，主要面向卷积神经网络的应用场合，并不适合其他类型的神经网络的应用。Caffe 的主要开发语言是 C++，也提供 Python 语言等接口，支持 GPU 和 CPU。由于开发时间较早，在业界的知名度较高，2017 年 Facebook 推出了 Caffe 的升级版本 Caffe2，Caffe2 目前已经融入 PyTorch 库中。

（4）Torch 是一个非常优秀的科学计算库，基于较冷门的编程语言 Lua 开发。Torch 灵活性较高，容易实现自定义网络层，这也是 PyTorch 继承获得的优良基因。但是由于 Lua 语言使用人群较少，Torch 一直未能获得主流应用。

（5）MXNet 由华人陈天奇和李沐等开发，是亚马逊公司的官方深度学习框架。采用了命令式编程和符号式编程混合方式，灵活性高，运行速度快，文档和案例也较为丰富。

（6）Keras 是一个基于 Theano 和 TensorFlow 等框架提供的底层运算而实现的高层框架，提供了大量快速训练、测试网络的高层接口。对于常见应用来说，使用 Keras 开发效率非常高。但是由于没有底层实现，需要对底层框架进行抽象，运行效率不高，灵活性一般。

（7）TensorFlow 是 Google 于 2015 年发布的深度学习框架，最初版本只支持符号式编程。得益于发布时间较早，以及 Google 在深度学习领域的影响力，TensorFlow 很快成为最流行的深度学习框架。但是由于 TensorFlow 接口设计频繁变动，功能设计重复冗余，符号式编程开发和调试非常困难等问题，TensorFlow 1.x 版本一度被业界诟病。2019 年，Google 推出 TensorFlow 2 正式版本，以动态图优先模式运行，从而能够避免 TensorFlow 1.x 版本的诸多缺陷。

（8）PyTorch 是 Facebook 基于原 Torch 框架推出的采用 Python 作为主要开发语言的深度学习框架。PyTorch 借鉴了 Chainer 的设计风格，采用命令式编程，使得搭建网络和调试网络非常方便。尽管 PyTorch 在 2017 年才发布，但是由于精良紧凑的接口设计，PyTorch 在学术界获得了广泛好评。在 PyTorch 1.0 版本后，原来的 PyTorch 与 Caffe2 进行了合并，弥补了 PyTorch 在工业部署方面的不足。

目前来看，PyTorch 和 TensorFlow 框架是业界使用最为广泛的两个深度学习框架，并且 PyTorch 已经呈现出越来越受欢迎的趋势。TensorFlow 在业界拥有完备的解决方案和用户基础，但是 TensorFlow 2 和 TensorFlow 1.x 版本并不兼容，导致几乎所有基于 TensorFlow 1.x 开发的算法、框架等都需要修改甚至重写，这也是 TensorFlow 虽然发布早，但是越来越被人诟病的原因之一。PyTorch 得益于其精简灵活的接口设计，可以快速搭建和调试网络模型，在学术界获得好评如潮。根据 RISELab 的统计数据，2018 年上半年至 2019 年上半年期间，PyTorch 使用量的增长幅度为 194%，而 TensorFlow 仅为 23%。对于初学者来说，PyTorch 是非常容易上手和熟练的框架，本书以 PyTorch 2.4 版本作为主要框架，实现深度学习算法。

1.5.2　静态图和动态图

虽然深度学习框架数量众多，但是大体上可以分为两类：基于静态图的和基于动态图的。基于静态图的代表性框架是 TensorFlow 1，特点是建立计算图过程和实际计算过程是分开的；PyTorch 是基于动态图的流行框架，特点是计算图的建图过程和计算过程是同时进行的。严格来说，训练框架一般都同时具有某些静态图和动态图的特性，这里的区分依据主要还是看用户编程的接口方式是否是动态图优先。

下面以简单的 2.0+4.0 的加法运算为例，介绍静态图和动态图的主要区别。首先介绍静态图，以 TensorFlow 1.x 为例，首先创建计算图，代码如下（以下代码需要提前安装 TensorFlow 1.x 框架和 PyTorch 框架，读者可不运行，直观感受为主）。

```
import tensorflow as tf                    #导入 TensorFlow 库
#1.创建计算图阶段,此处代码需要使用 tf 1.x 版本运行
# 创建 2 个输入端子,并指定类型和名字
a_ph = tf.placeholder(tf.float32, name = 'variable_a')
b_ph = tf.placeholder(tf.float32, name = 'variable_b')
# 创建输出端子的运算操作,并命名
c_op = tf.add(a_ph, b_ph, name = 'variable_c')
```

创建计算图的过程就类比通过符号建立公式 $c=a+b$ 的过程，仅仅是记录了公式的计算步骤，并没有实际计算公式的数值结果，需要通过运行公式的输出端子 c，并赋值 $a=2.0$，$b=4.0$ 才能获得 c 的数值结果，代码如下。

```
#2.运行计算图阶段,此处代码需要使用 TensorFlow 1.x 版本运行
# 创建运行环境
sess = tf.InteractiveSession()
# 初始化步骤也需要作为操作运行
init = tf.global_variables_initializer()
sess.run(init)                             #运行初始化操作,完成初始化
# 运行输出端子,需要给输入端子赋值
c_numpy = sess.run(c_op, feed_dict = {a_ph: 2., b_ph: 4.})
# 运算完输出端子才能得到数值类型的 c_numpy
print('a+b = ',c_numpy)
```

可以看到，在 TensorFlow 中完成简单的 2.0+4.0 加法运算尚且如此烦琐，更别说创建复杂的神经网络算法有多艰难。这种先创建计算图后运行的编程方式叫作符号式编程。

作为对比，现在介绍动态图方式来完成 2.0+4.0 运算。PyTorch 实现代码如下。

```
import torch                           # 导入 pytorch 库
# 1.创建输入张量，并赋初始值
a = torch.tensor(2.)
b = torch.tensor(4.)
# 2.直接计算，并打印结果
print('a + b = ', a + b)
```

可以看到，计算过程非常简洁，没有多余的实现步骤，并且和 Python 语言的编程方式非常接近，代码简单易读。

这种运算时同时创建计算图 $c=a+b$ 和数值结果 $6.0=2.0+4.0$ 的方式叫作命令式编程，也称为动态图模式。PyTorch 是采用动态图模式优先的深度学习框架，开发效率高，调试方便，所见即所得。一般认为，动态图模式开发效率高，但是运行效率可能不如静态图模式，更适合算法设计和开发；静态图模式运行效率高，更适合算法部署。然而并不全是如此，在很多任务上，PyTorch 的速度都优于 TensorFlow，而且 PyTorch 在工业部署上也有成熟的 ONNX 生态，丝毫不逊色于 TensorFlow。近年来支持 PyTorch 的 transformers 库的流行，使得 PyTorch 在 Transformer 系列模型上获得了极为广泛的应用，进一步拓宽了 PyTorch 的使用场景。

1.5.3 功能演示

深度学习的核心是算法的设计思想，深度学习框架只是实现算法的工具。对工具的理解有助于加深对算法的掌握程度。下面将演示 PyTorch 深度学习框架的三大核心功能，从而帮助理解框架在算法设计中扮演的角色。

1. 加速计算

神经网络本质上由大量的矩阵相乘、矩阵相加等基本数学运算构成，PyTorch 的重要功能就是利用 GPU 方便地实现并行计算加速功能。为了演示 GPU 的加速效果，可以通过完成多次矩阵 A 和矩阵 B 的矩阵相乘运算，并测量其平均运算时间来比对。其中矩阵 A 的形状（shape）为 $[1,n]$，矩阵 B 的形状（shape）为 $[n,1]$，通过调节 n 即可控制矩阵的大小。

首先分别创建使用 CPU 和 GPU 环境运算的两个矩阵，代码如下。

```
# 创建在 CPU 上运算的两个矩阵
cpu_a = torch.randn([1, n])
cpu_b = torch.randn([n, 1])
print(n, cpu_a.device, cpu_b.device)
# 创建使用 GPU 运算的两个矩阵
gpu_a = torch.randn([1, n]).cuda()
gpu_b = torch.randn([n, 1]).cuda()
print(n, gpu_a.device, gpu_b.device)
```

接下来实现 CPU 和 GPU 运算的函数，并通过 timeit.timeit() 函数来测量两个函数的运算时间。需要注意的是，第一次计算时框架一般需要完成额外的环境初始化工作，因此这段时间不能计算在内。通过热身环节(Warmup)将这段时间去除,再测量运算时间比较科学,代码如下。

```
def cpu_run():                              #CPU 运算函数
    c = torch.matmul(cpu_a, cpu_b)
    return c

def gpu_run():                              #GPU 运算函数
    c = torch.matmul(gpu_a, gpu_b)
    return c

#第一次计算需要热身,避免将初始化阶段时间计算在内
cpu_time = timeit.timeit(cpu_run, number = 3)
gpu_time = timeit.timeit(gpu_run, number = 3)
print('warmup:', cpu_time, gpu_time)
#正式计算 10 次,取平均时间
cpu_time = timeit.timeit(cpu_run, number = 10)
gpu_time = timeit.timeit(gpu_run, number = 10)
print('run time:', cpu_time, gpu_time)
```

将不同大小 n 下的 CPU 和 GPU 环境的运算时间绘制为曲线,如图 1.21 所示。可以看到,在矩阵 A 和矩阵 B 较小时,CPU 和 GPU 时间非常接近,并不能体现出 GPU 并行计算的优势;在矩阵较大时,CPU 的计算时间明显上升,而 GPU 能充分发挥并行计算优势,运算时间几乎不变。

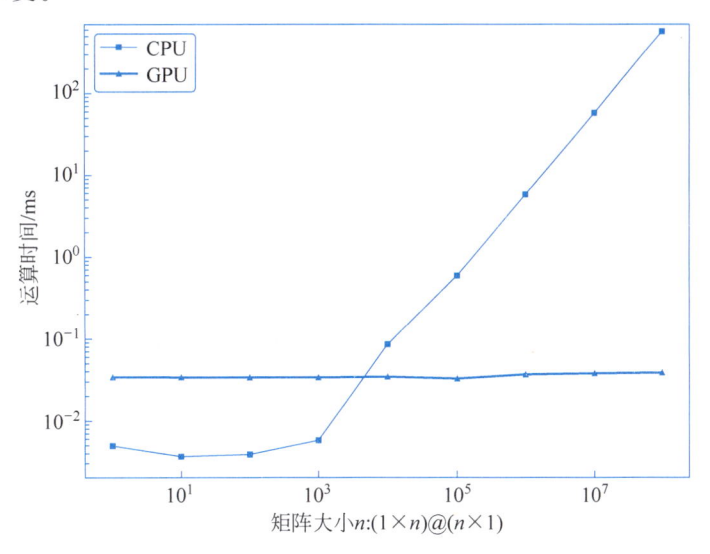

图 1.21 CPU/GPU 矩阵相乘时间

2. 自动梯度

在使用 PyTorch 构建前向计算过程的时候,除了能够获得数值结果,PyTorch 还会自动构建计算图,通过 PyTorch 提供的自动求导的功能,不需要手动推导,就可计算输出对网

络参数的偏导数。考虑如下函数的表达式：

$$y = aw^2 + bw + c$$

输出 y 对于变量 w 的导数关系为

$$\frac{\mathrm{d}y}{\mathrm{d}w} = 2aw + b$$

考虑在 $(a,b,c,w) = (1,2,3,4)$ 处的导数，代入上式可得 $\frac{\mathrm{d}y}{\mathrm{d}w} = 2 \times 1 \times 4 + 2 = 10$。因此通过手动推导的方式计算出 $\frac{\mathrm{d}y}{\mathrm{d}w}$ 的值为 10。

借助于 PyTorch，可以不需要手动推导导数的表达式，只需要给出函数的表达式，即可由 PyTorch 自动求导。上式的自动求导代码实现如下。

```
import torch
#导入梯度计算函数
from    torch import autograd

#创建4个张量
a = torch.tensor(1.)
b = torch.tensor(2.)
c = torch.tensor(3.)
#需要求导的张量,要设置 requires_grad
w = torch.tensor(4., requires_grad = True)
#构建计算过程
y = a * w**2 + b * w + c
#求导
w_grad = autograd.grad(y, [w])
print('w_grad :', w_grad)
```

程序的运行结果为

```
w_grad : (tensor(10.),)
```

可以看到，PyTorch 自动求导的结果与手动计算的结果完全一致，省去了手动计算导数/梯度的过程。

3. 常用神经网络接口

PyTorch 除了提供底层的矩阵相乘、加减等数学函数，还内建了常用神经网络运算函数、常用网络层、网络训练、模型保存与加载、模型部署等一系列深度学习系统的便捷功能。常用网络层主要放置在 nn 子模块中，优化器主要放置在 optim 子模块中，模型部署主要通过 ONNX 协议实现。

有了这些常见的神经网络接口，用户只用几行代码就能导入复杂的算法模型。例如，可以使用 model=torch.hub.load('pytorch/vision', 'mobilenet_v2', pretrained=True) 导入 MobileNetv2 模型，完成分类模型的创建。使用 PyTorch 开发，可以方便地利用这些功能完成常用算法业务流程，高效、稳定、灵活。

1.6 开发环境安装

在领略完深度学习框架所带来的便利后，现在来着手在本地计算机环境上安装 PyTorch 新版本。PyTorch 框架支持多种常见的操作系统，如 Windows 10、Ubuntu、macOS 等，支持运行在 NVIDIA 显卡上的 GPU 版本和仅使用 CPU 完成计算的 CPU 版本。这里以常见的 Windows 11 系统，NVIDIA GPU 和 Python 语言环境为例，介绍如何安装 PyTorch 框架及其他开发软件。

一般来说，开发环境安装分为 4 大步骤：安装 Python 解释器 Anaconda，安装 CUDA 加速库（可跳过），安装 PyTorch 框架和安装常用编辑器。

1.6.1 安装 Anaconda

Python 解释器是让以 Python 语言编写的代码能够被 CPU 执行的桥梁，是 Python 语言的核心库。用户可以从 Python 官方网站下载最新版本的解释器，像普通的应用软件一样安装完成后，就可以调用 python.exe 程序执行 Python 语言编写的源代码文件(.py 格式)。

这里选择安装集成了 Python 解释器和虚拟环境等一系列辅助功能的 Anaconda 软件，用户通过安装 Anaconda 软件，可以同时获得 Python 解释器、包管理和虚拟环境等一系列便捷功能，十分便捷。首先从 Anaconda 官方网站进入 Anaconda 下载页面，选择 Python 最新版本的下载链接即可下载，下载完成后安装进入安装程序。如图 1.22 所示，勾选 Add Anaconda to my PATH environment variable 选项，这样可以通过命令行方式调用 Anaconda 程序。如图 1.23 所示，安装程序询问是否连带安装 VS Code 软件，选择 Skip 即可。整个安装流程约持续 5 分钟，具体时间需依据计算机配置而定。

图 1.22 Anaconda 安装界面-1

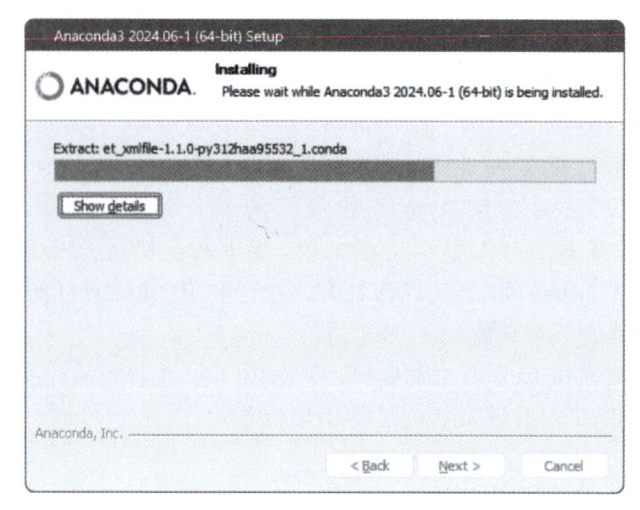

图 1.23　Anaconda 安装界面-2

安装完成后，怎么验证 Anaconda 是否安装成功呢？通过键盘上的 Windows 键＋R 键，即可调出运行程序对话框，输入 cmd 并按 Enter 键即打开 Windows 自带的命令行程序 cmd.exe。或者单击开始菜单，输入 cmd 也可搜索到 cmd.exe 程序，打开即可。输入 conda list 命令即可查看 Python 环境已安装的库，如果是新安装的 Python 环境，则列出的库都是 Anaconda 自带的软件库，如图 1.24 所示。如果 conda list 能够正常弹出一系列的库列表信息，说明 Anaconda 软件安装成功；如果 conda 命令不能被识别，则说明安装失败，需要重新安装。

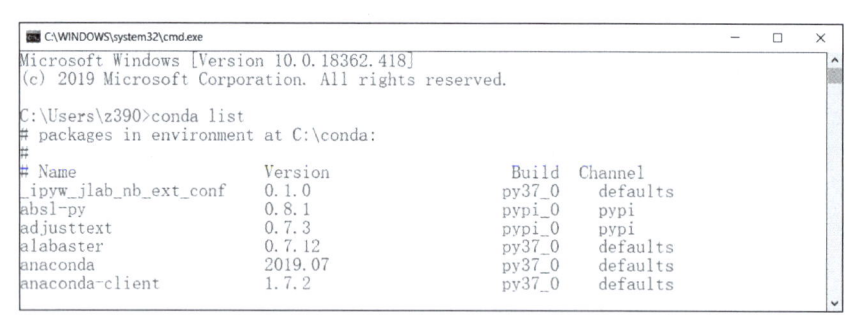

图 1.24　Anaconda 安装结果测试

当系统中存在多个 Python 解释器时，通过 where python 命令可以查看当前的 Python 解释器的路径，一般是第一行代表当前的 Python 解释器路径。这个命令对新手用户来说非常重要，一般来说用户可能会安装多个 Python 虚拟环境，通过 where python 来确认当前所执行的 Python 解释器的路径，从而避免使用错误的虚拟环境。

1.6.2　安装 CUDA

使用 Anaconda 安装 PyTorch 时可以自动安装 cudatoolkit 等 CUDA 库，不需要自行下

载 CUDA 软件,因此读者可以跳过本节,直接进入下节:安装 PyTorch。以防万一,本书仍对 CUDA 的安装过程加以说明。

目前的深度学习框架大都基于 NVIDIA 的 GPU 显卡进行加速运算,因此需要安装 NVIDIA 提供的 GPU 加速库 CUDA 程序。在安装 CUDA 之前,请确认计算机具有支持 CUDA 程序的 NVIDIA 显卡设备。如果计算机没有 NVIDIA 显卡,例如部分计算机显卡生产商为 AMD 或 Intel,则无法安装 CUDA 程序,因此可以跳过这一步,直接进入 PyTorch CPU 版本的安装。

打开 CUDA 程序的下载官网,在这里选择使用 CUDA 12.6 版本(读者可根据需求自行选择最新版),依次选择 Windows 操作系统,x86_64 架构,11 系统,exe(local)本地安装包,再选择 Download 即可下载 CUDA 安装软件。下载完成后,打开安装软件。如图 1.25 所示,选择 Custom 选项,单击 NEXT 按钮进入图 1.26 安装程序选择列表,在这里选择需要安装和取消不需要安装的程序组件。在 CUDA 节点下,取消勾选 Visual Studio Integration 一项;在 Driver components 节点下,比对目前计算机已经安装的显卡驱动 Display Driver 的版本号 Current Version 和 CUDA 自带的显卡驱动版本号 New Version,如果 Current Version 大于 New Version,则建议取消 Display Driver 的勾选,如果小于或等于,则默认勾选即可,如图 1.27 所示。设置完成后即可正常安装。

图 1.25　CUDA 安装界面-1

安装完成后,测试 CUDA 软件是否安装成功。打开 cmd 命令行,输入 nvcc-V,即可打印当前 CUDA 的版本信息,如图 1.28 所示,如果命令无法识别,则说明安装失败。同时也可以从系统环境变量 Path 中找到 CUDA 12.6 的路径配置,如图 1.29 所示。

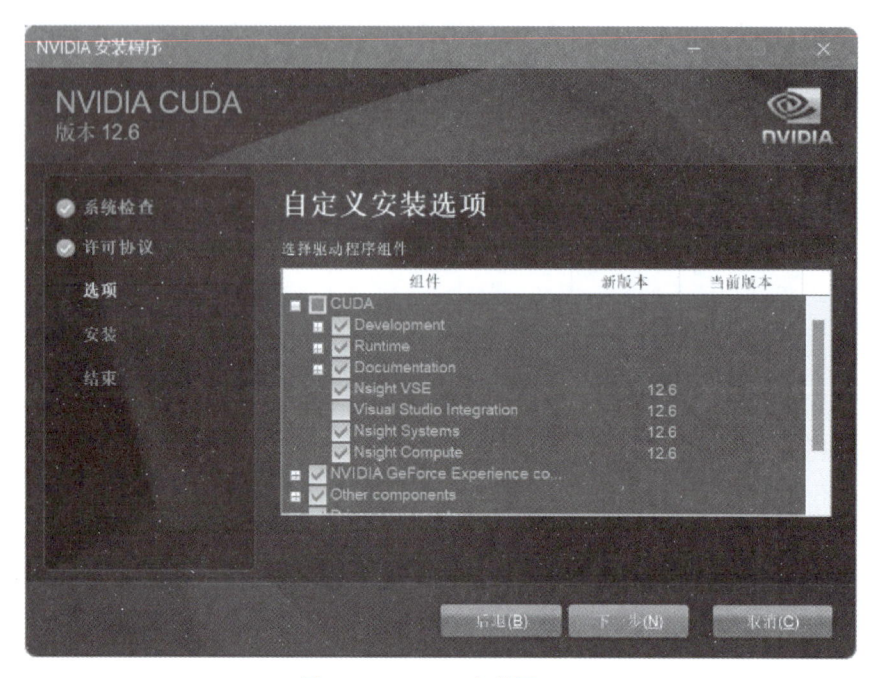

图 1.26 CUDA 安装界面-2

图 1.27 CUDA 安装界面-3

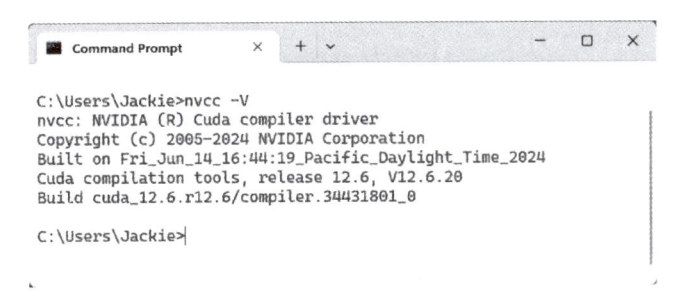

图 1.28　CUDA 安装结果测试-1

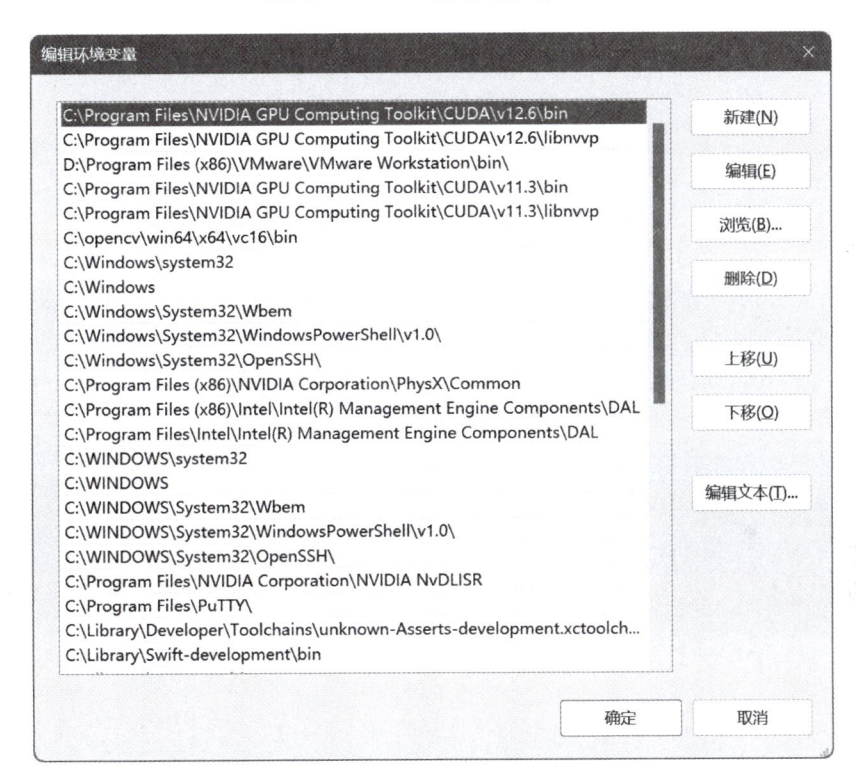

图 1.29　CUDA 安装结果测试-2

1.6.3　安装 PyTorch

PyTorch 和其他的 Python 库一样，使用 Python 包管理工具 pip install 命令安装。但是这里更推荐采用 conda install 命令安装。打开 PyTorch 官方网站，选择 Windows 操作系统、Conda 安装方式、Python 语言和 CUDA 版本，即可生成对应的安装命令，如图 1.30 所示。安装 PyTorch 时，需要根据计算机是否具有 NVIDIA GPU 显卡来确定是安装性能更强的 GPU 版本还是性能一般的 CPU 版本。CUDA 选择 None 时，即为 CPU 版本的安装命令。

图 1.30　PyTorch 安装命令

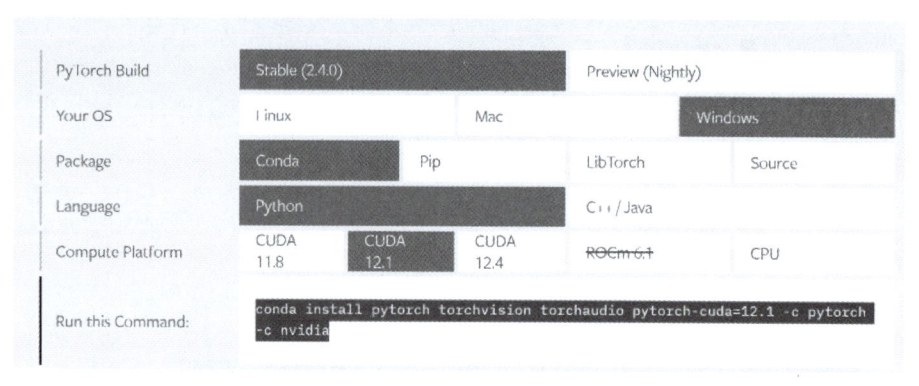

现在选择 CUDA 版本,来安装 PyTorch GPU 最新版本,命令如下。

#安装 PyTorch GPU 版本
conda install pytorch torchvision torchaudio pytorch-cuda=12.1 -c pytorch -c nvidia

上述命令自动下载 PyTorch GPU 版本并安装,目前是 PyTorch 2.4.0 版本。执行上述命令后,系统会询问是否继续,输入 y 并回车即可进入下载和安装流程,如图 1.31 所示。由于国内下载速度较慢,可能需要良好的上网环境来避免下载中断、安装失败的情况。新手在国内安装 PyTorch 时容易在这一步出现网络问题,需要想办法构建一个良好的网络环境。

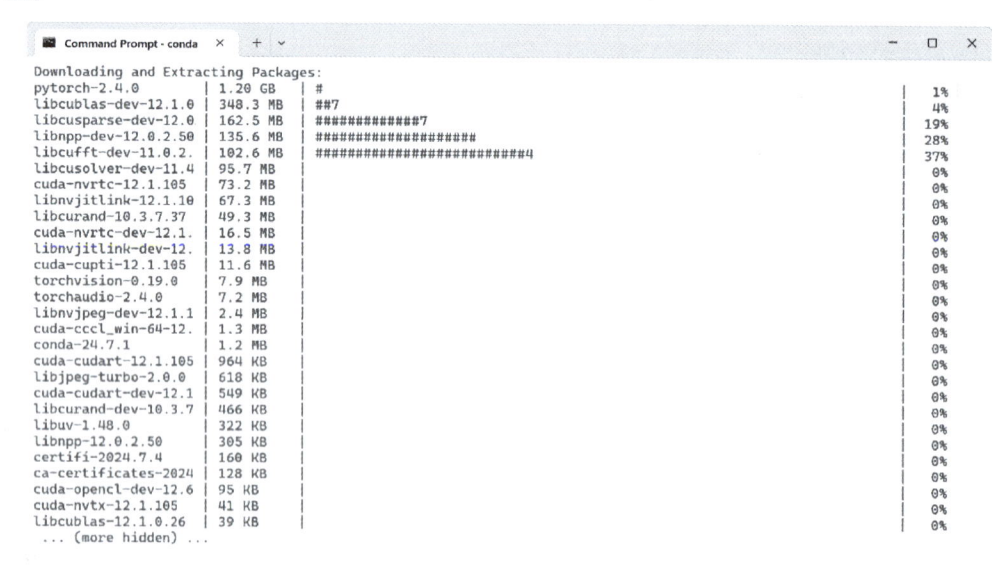

图 1.31　PyTorch 安装中

安装完成 GPU 版本的 PyTorch 后需要测试安装是否成功。在 cmd 命令行输入 ipython 进入 ipython 交互式终端,输入 import torch 命令,如果没有错误产生,继续输入 torch.cuda.is_gpu_available() 测试 GPU 是否可用,返回 True 或者 False,代表 GPU 设备是否可用,如图 1.32 所示。如果为 True,则 PyTorch GPU 版本安装成功;如果为 False,则安装失败,需要再次检查 CUDA、环境变量等步骤,或者复制错误,从搜索引擎中寻求帮助。

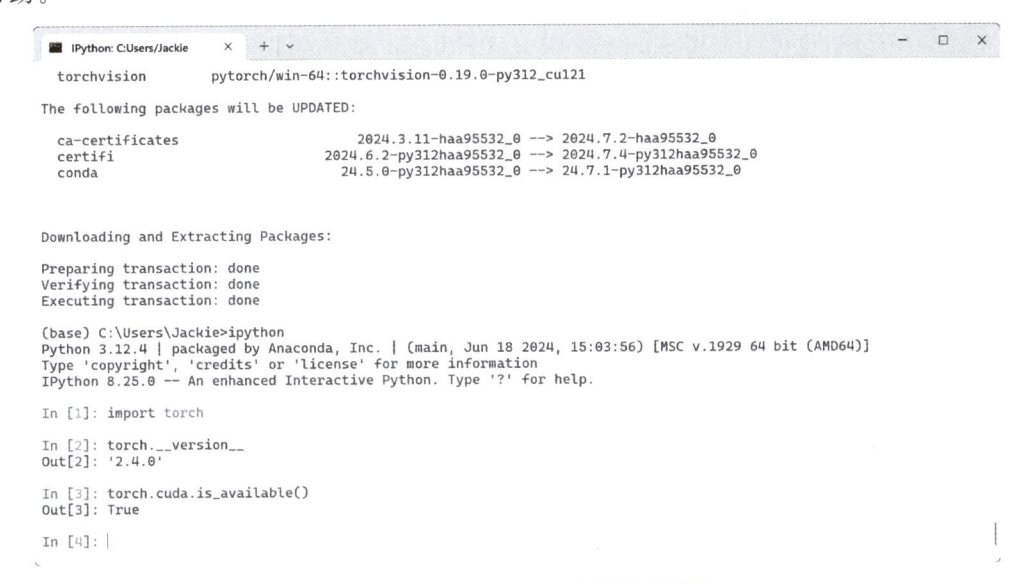

图 1.32　PyTorch GPU 安装结果测试

如果没有支持 CUDA 的显卡设备,则可以安装 CPU 版本。CPU 版本无法利用 GPU 加速运算,计算速度相对缓慢,但是作为学习用途,本书所介绍的算法模型一般不大,使用 CPU 版本也能勉强应付,待日后对深度学习有了一定了解后再升级 NVIDIA GPU 设备也未尝不可。此外,安装 PyTorch GPU 版本可能会出现安装失败的情况,很多读者朋友动手能力不强,如果尝试了多次还不能安装成功,可以选择先安装 CPU 版本。

安装 CPU 版本的命令同样通过图 1.30 获得,对应的安装命令为

```
# 安装 PyTorch CPU 版本
conda install pytorch torchvision cpuonly -c pytorch
```

安装完成后,在 ipython 中输入 import torch 命令即可验证 CPU 版本是否安装成功。

PyTorch GPU/CPU 版本安装完成后,可以通过 torch.__version__查看本地安装的 PyTorch 版本号,如图 1.32 所示。

常用的 Python 工具库也可以顺带安装,命令如下。

```
# 使用清华源安装常用 Python 库
pip install -U ipython
numpy matplotlib pillow pandas -i https://pypi.tuna.tsinghua.edu.cn/simple
```

国内使用 pip 命令安装时,可能会出现下载速度缓慢甚至连接断开的情况,需要配置国内的 pip 源,只需要在 pip install 命令后面带上"-i 源地址"参数即可。上述命令即使用了清华大学的 pip 源。

1.6.4　常用编辑器安装

使用 Python 语言编写程序的方式非常多,可以使用 ipython 或者 ipython notebook 方式交互式编写代码,也可以利用 Sublime Text、PyCharm 和 Visual Studio Code(VS Code)等综合 IDE 开发中大型项目。本书推荐使用 PyCharm 编写和调试代码,使用 VS Code 交互式开发,这两者都可以免费使用,用户自行下载安装,并配置好 Python 解释器即可。限于篇幅,这里不再赘述。

第 2 章　回 归 问 题

CHAPTER 2

> 人工智能是让机器完成那些人类做需要智能的事情的科学。
>
> ——马文·明斯基

本章将从研究生物神经元的结构入手,来讨论机器学习中一类非常重要的问题:回归问题。

2.1　神经元模型

成年人大脑中包含了约 1000 亿个神经元,每个神经元通过树突获取输入信号,通过轴突传递输出信号,神经元之间相互连接构成了巨大的神经网络,从而形成了人脑的感知和意识基础,图 2.1 是一种典型的生物神经元结构。1943 年,心理学家沃伦·麦卡洛克(Warren McCulloch)和数理逻辑学家沃尔特·皮茨(Walter Pitts)通过对生物神经元的研究,提出了模拟生物神经元机制的人工神经网络的数学模型,这一成果被美国神经学家弗兰克·罗森布拉特(Frank Rosenblatt)进一步发展成感知机(Perceptron)模型,这也是现代深度学习的基石。

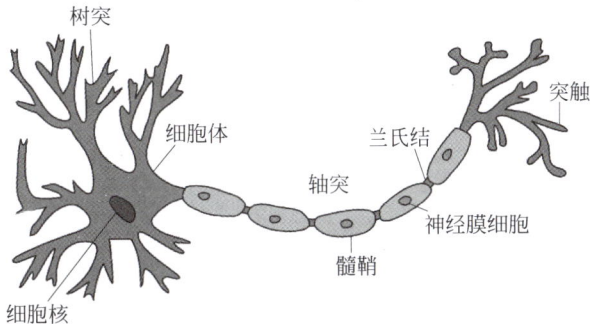

图 2.1　典型的生物神经元结构

下面从生物神经元的结构出发,重温科学先驱们的探索之路,逐步揭开自动学习机器的神秘面纱。

首先,把生物神经元(Neuron)的模型抽象为如图 2.2(a)所示的数学结构:神经元输入向量 $\boldsymbol{x}=[x_1,x_2,x_3,\cdots,x_n]^{\mathrm{T}}$,经过函数映射:$f_\theta:\boldsymbol{x}\to y$ 后得到输出 y,其中 θ 为函数 f 自身的参数。考虑一种简化的情况,即线性变换:$f(\boldsymbol{x})=\boldsymbol{w}^{\mathrm{T}}\boldsymbol{x}+b$,将其展开为标量形式,即

$$f(\boldsymbol{x})=w_1x_1+w_2x_2+w_3x_3+\cdots+w_nx_n+b$$

上述计算逻辑可以通过图 2.2(b)直观地展现。

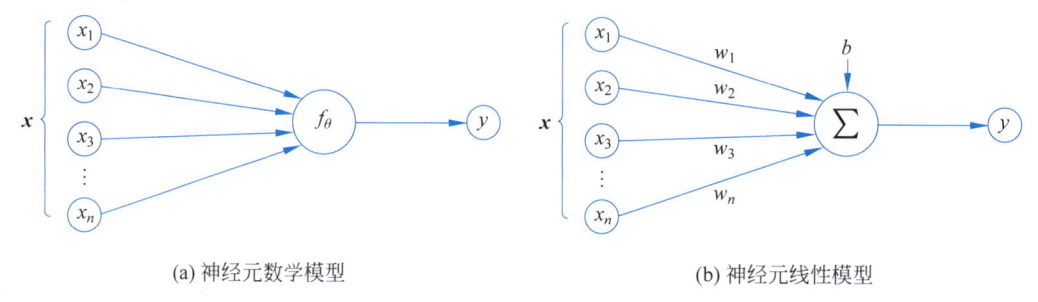

(a) 神经元数学模型   (b) 神经元线性模型

图 2.2　神经元数学模型

参数 $\theta=\{w_1,w_2,w_3,\cdots,w_n,b\}$ 确定了神经元的状态,通过固定 θ 参数即可确定此神经元的处理逻辑。当神经元输入节点数 $n=1$(单输入)时,神经元数学模型可进一步简化为

$$y=wx+b$$

此时绘制出神经元的输出 y 和输入 x 的变化趋势,如图 2.3 所示。随着输入信号 x 的增加,输出电平 y 也随之线性增加,其中 w 参数可以理解为直线的斜率(Slope),b 参数为直线的偏置(Bias)。

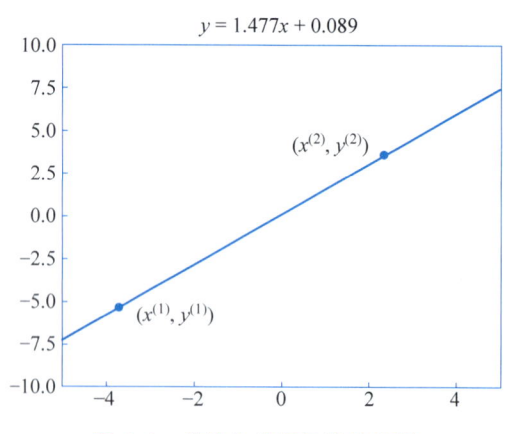

图 2.3　单输入神经元线性模型

对于某个神经元来说,x 和 y 的映射关系 $f_{w,b}$ 是未知但确定的。两点即可确定一条直线,为了估计 w 和 b 的值,通常只需从图 2.3 中的直线上随机采样两个数据点 $(x^{(1)},y^{(1)})$,$(x^{(2)},y^{(2)})$,其中上标表示数据点编号。两个数据点满足

$$\begin{cases} y^{(1)} = wx^{(1)} + b \\ y^{(2)} = wx^{(2)} + b \end{cases}$$

当$(x^{(1)}, y^{(1)}) \neq (x^{(2)}, y^{(2)})$时,通过求解上式便可计算出 w 和 b 的值。考虑某个具体的例子: $x^{(1)}=1, y^{(1)}=1.567, x^{(2)}=2, y^{(2)}=3.043$,代入上式中,即

$$\begin{cases} 1.567 = w \cdot 1 + b \\ 3.043 = w \cdot 2 + b \end{cases}$$

这是一个二元一次方程组,通过消元法可以轻松计算出 w 和 b 的解析解:$w=1.477, b=0.089$。

可以看到,只需要观测两个不同数据点,就可完美求解单输入线性神经元模型的参数。推广到多输入的线性神经元模型情形,对于 N 输入的线性神经元模型,只需要采样 $N+1$ 组不同数据点即可,似乎线性神经元模型的估计问题可以得到完美解决。那么上述方法存在什么问题呢?

考虑对于任何采样点,都有可能存在观测误差,这里假设观测误差变量 ε 属于均值为 μ,方差为 σ^2 的正态分布(Normal Distribution,或高斯分布,Gaussian Distribution):$\mathcal{N}(\mu, \sigma^2)$,则采样到的样本符合规律

$$y = wx + b + \varepsilon, \quad \varepsilon \sim \mathcal{N}(\mu, \sigma^2)$$

一旦引入观测误差后,即使简单的线性模型,如果仅采样两个数据点,也可能会带来较大估计偏差。如图 2.4 所示,图中的数据点均带有观测误差,如果基于矩形块的两个数据点进行估计,则计算出的虚线与真实直线存在较大的偏差。为了减少观测误差引入的估计偏差,通常可以通过采样多组数据样本集合 $D = \{(x^{(1)}, y^{(1)}), (x^{(2)}, y^{(2)}), \cdots, (x^{(n)}, y^{(n)})\}$,然后找出一条"最好"的直线,使得它尽可能地让所有采样点到该直线的误差(Error,或损失,Loss)总体最小。

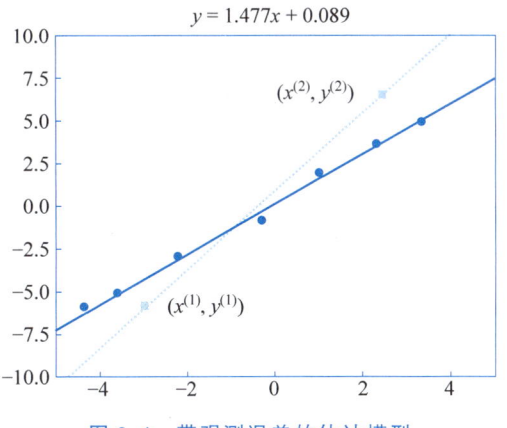

图 2.4 带观测误差的估计模型

也就是说,由于观测误差 ε 的存在,当采集了多个数据点集合 D 时,可能不存在一条直线完美地穿过所有采样点。因此退而求其次,只需要找到一条比较"好"的位于大部分采样点中间的直线,使得整体误差最小。那么怎么衡量"好"与"不好"呢?一个很自然的想法就

是，求出当前模型的所有采样点上的预测值 $wx^{(i)}+b$ 与真实值 $y^{(i)}$ 之间的差的平方和作为总误差 $\mathcal{L}$，即

$$\mathcal{L}=\frac{1}{n}\sum_{i=1}^{n}(wx^{(i)}+b-y^{(i)})^2$$

然后搜索一组参数 w^* 和 b^*，使得 $\mathcal{L}$ 最小，对应的模型参数就是要寻找的最优数值解，即

$$w^*,b^*=\arg\min_{w,b}\frac{1}{n}\sum_{i=1}^{n}(wx^{(i)}+b-y^{(i)})^2$$

其中 n 表示采样点的个数。这里的误差项称为均方误差（Mean Squared Error，MSE）。

2.2 优化方法

总结一下上述方案：目标是估计参数 w 和 b，使得输入和输出满足线性关系 $y^{(i)}=wx^{(i)}+b, i\in[1,n]$。但是由于观测误差 ε 的存在，需要构建采样多组数据样本对组成的数据集（Dataset）：$D=\{(x^{(1)},y^{(1)}),(x^{(2)},y^{(2)}),\cdots,(x^{(n)},y^{(n)})\}$，并找到一组最优参数（Optimal Parameters）w^* 和 b^* 使得均方误差 $\mathcal{L}=\frac{1}{n}\sum_{i=1}^{n}(wx^{(i)}+b-y^{(i)})^2$ 最小。

对于单输入的神经元模型，只需要两个样本，就能通过消元法求出方程组的精确解，这种通过严格的公式推导出的精确解也称为解析解（Closed-form Solution）。但是对于多个数据点（$n\gg2$）的情况，这时有可能不存在解析解，或者无法直接求出解析解，因此只能借助数值方法去优化（Optimize）出一个近似的数值解（Numerical Solution）。为什么叫作优化？这是因为现代计算机的计算速度非常快，可以借助强大的算力去多次"搜索"和"试错"，从而一步步降低误差 $\mathcal{L}$。最简单的优化方法就是暴力搜索或随机试验，比如要找出最合适的 w^* 和 b^*，就可以从（部分）实数空间中随机采样 w 和 b，并计算出 w 和 b 对应模型的误差值 $\mathcal{L}$，然后从测试过的 $\{\mathcal{L}\}$ 集合中挑出最好的 $\mathcal{L}^*$，它所对应的 w 和 b 就可以近似作为最优 w^* 和 b^*。

这种算法固然简单直接，但是面对大规模、高维度数据的优化问题时计算效率极低，基本不可行。梯度下降算法（Gradient Descent，GD）是神经网络训练中最常用的优化算法，配合强大的图形处理芯片 GPU 的并行加速算力，非常适合优化海量数据的神经网络模型，自然也适合优化这里的神经元线性模型。这里先简单地应用梯度下降算法，来解决神经元模型预测的问题。由于梯度下降算法是深度学习的核心算法之一，本书将在第 7 章非常详尽地介绍梯度下降算法在神经网络中的应用，这里先给读者使用梯度下降算法的直观印象。

大部分读者在以前学过导数（Derivative）的概念，如果要求解一个函数的极大、极小值，可以简单地令导数函数为 0，求出对应的自变量点（称为驻点），再检验驻点类型即可。以函数 $f(x)=x^2\cdot\sin(x)$ 为例，绘制出 $f(x)$ 函数及其导数在 $x\in[-10,10]$ 区间的曲线，如图 2.5 所示，其中实线为 $f(x)$，虚线为 $\frac{\mathrm{d}f(x)}{\mathrm{d}x}$。可以看出，函数导数（虚线）为 0 的点即为

$f(x)$的驻点,函数的极大值点和极小值点均出现在驻点中。

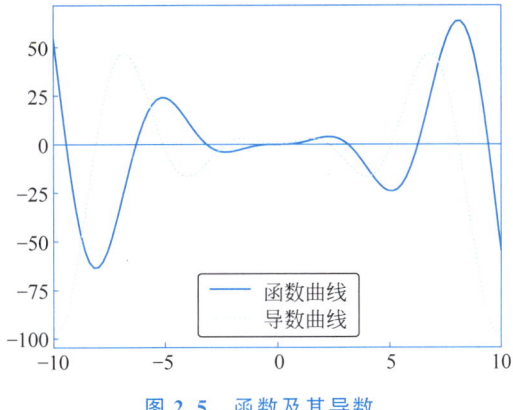

图 2.5 函数及其导数

函数的梯度(Gradient)定义为函数对各个自变量的偏导数(Partial Derivative)组成的向量。考虑函数 $z=f(x,y)$,函数对自变量 x 的偏导数记为 $\frac{\partial z}{\partial x}$,函数对自变量 y 的偏导数记为 $\frac{\partial z}{\partial y}$,则梯度$\nabla f$ 定义为向量 $\left(\frac{\partial z}{\partial x}, \frac{\partial z}{\partial y}\right)$。这里通过一个具体的函数 $f(x,y)=-(\cos^2 x + \cos^2 y)^2$ 来观察梯度的性质,如图 2.6 所示,图中 xy 平面的箭头的长度表示梯度向量∇f 的模,箭头的方向表示梯度向量∇f 的方向。可以看到,箭头的方向总是指向当前位置函数值增速最大的方向,函数曲面越陡峭,箭头的长度也就越长,梯度的模也越大。

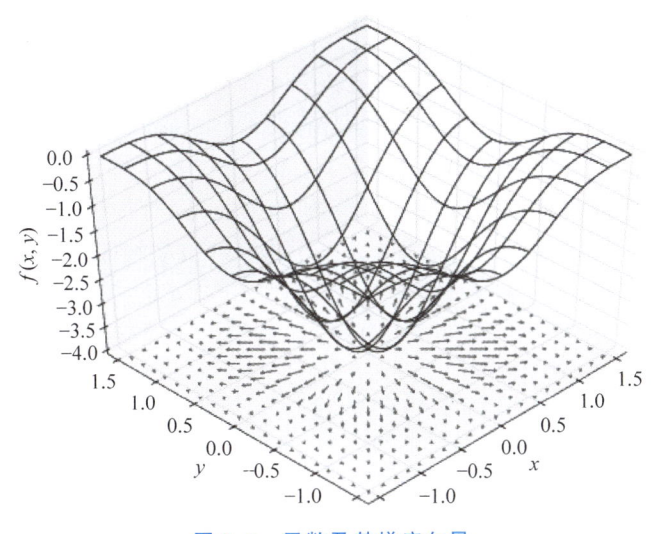

图 2.6 函数及其梯度向量

通过上面的例子,能直观地感受到,函数 $f_\theta:x \to y$ 在各处的梯度方向∇f 总是指向函数值增大的方向,那么梯度的反方向$-\nabla f$ 则指向函数值减少的方向。利用这一性质,只需要按照

$$x' = x - \eta \cdot \nabla f \qquad (2.1)$$

来迭代更新 x'，就能获得越来越小的函数值，其中 η 用来缩放梯度向量，一般设置为某一个较小的值，如 0.01、0.001 等。特别地，对于一维函数，上述向量形式可以退化成标量形式，即

$$x' = x - \eta \cdot \frac{dy}{dx}$$

通过上式迭代更新 x' 若干次，这样得到的 x' 处的函数值 y'，更有可能比在 x 处的函数值 y 小。

通过式(2.1)方式优化参数的方法称为梯度下降算法，它通过循环计算函数的梯度 ∇f 并更新待优化参数 θ，从而得到函数 f 获得极小值时参数 θ 的最优数值解 θ^*。值得注意的是，在深度学习中，一般 x 表示模型输入，模型的待优化参数一般用 θ、w、b 等符号表示。

现在利用速学的梯度下降算法来求解 w^* 和 b^* 参数。这里要最小化的目标是均方误差函数 $\mathcal{L}$，即

$$\mathcal{L} = \frac{1}{n}\sum_{i=1}^{n}(wx^{(i)} + b - y^{(i)})^2$$

待优化的模型参数是 w 和 b，因此依据式(2.1)可通过

$$w' = w - \eta \frac{\partial \mathcal{L}}{\partial w}$$

$$b' = b - \eta \frac{\partial \mathcal{L}}{\partial b}$$

方式循环更新参数 w 和 b。

2.3 线性模型实战

在介绍了用于优化 w 和 b 的梯度下降算法后，现在来实战训练单输入神经元线性模型。首先需要构建自真实模型的数据集 D。有意思的是，对于已知真实模型的玩具样例（Toy Example），可以从指定的 $w=1.477$，$b=0.089$ 的真实模型中直接采样，从而省去了烦琐的数据采集过程，即

$$y = 1.477x + 0.089$$

1. 采样数据

为了能够很好地模拟真实样本的观测误差，这里给模型添加误差自变量 ε，它采样自均值为 0，标准差为 0.01 的高斯分布，即

$$y = 1.477x + 0.089 + \varepsilon, \quad \varepsilon \sim \mathcal{N}(0, 0.01^2)$$

通过随机采样 $n=100$ 次，可以获得 n 个样本的训练数据集 D^{train}，代码如下。

```
data = []                              # 保存样本集的列表
for i in range(100):                   # 循环采样 100 个点
    x = np.random.uniform(-10., 10.)   # 随机采样输入 x
```

```
    # 采样高斯噪声
    eps = np.random.normal(0., 0.01)
    # 得到模型的输出
    y = 1.477 * x + 0.089 + eps
    data.append([x, y])                     # 保存样本点
data = np.array(data)                       # 转换为 2D Numpy 数组
```

通过 for 循环进行 100 次采样，每次从均匀分布 $U(-10,10)$ 中随机采样一个数据 x，同时从均值为 0，方差为 0.1^2 的高斯分布 $\mathcal{N}(0,0.1^2)$ 中随机采样噪声 ε，根据真实模型生成 y 的数据，并保存为 Numpy 数组。

2. 计算误差

循环计算函数在每个点 $(x^{(i)},y^{(i)})$ 处的预测值与真实值之间差的平方并累加，从而获得训练集上的均方误差损失值。代码如下。

```
def mse(b, w, points):
# 根据当前的 w,b 参数计算均方误差损失值
    totalError = 0
    for i in range(0, len(points)):         # 循环迭代所有点
        x = points[i, 0]                    # 获得 i 号点的输入 x
        y = points[i, 1]                    # 获得 i 号点的输出 y
# 计算差的平方,并累加
        totalError += (y - (w * x + b)) ** 2
# 将累加的误差求平均,得到均方误差
    return totalError / float(len(points))
```

最后的误差和除以数据样本总数，从而得到每个样本上的平均误差。

3. 计算梯度

根据之前介绍的梯度下降算法，需要计算出函数在每一个点上的梯度信息：$\left(\frac{\partial \mathcal{L}}{\partial w}, \frac{\partial \mathcal{L}}{\partial b}\right)$。根据函数的表达式，简单推导一下梯度的计算方法。首先考虑偏导数 $\frac{\partial \mathcal{L}}{\partial w}$，将均方误差函数展开得

$$\frac{\partial \mathcal{L}}{\partial w} = \frac{\partial \frac{1}{n}\sum_{i=1}^{n}(wx^{(i)}+b-y^{(i)})^2}{\partial w} = \frac{1}{n}\sum_{i=1}^{n}\frac{\partial (wx^{(i)}+b-y^{(i)})^2}{\partial w}$$

考虑到

$$\frac{\partial g^2}{\partial w} = 2g\frac{\partial g}{\partial w}$$

因此

$$\frac{\partial \mathcal{L}}{\partial w} = \frac{1}{n}\sum_{i=1}^{n}2(wx^{(i)}+b-y^{(i)})\frac{\partial (wx^{(i)}+b-y^{(i)})}{\partial w}$$

$$= \frac{1}{n}\sum_{i=1}^{n}2(wx^{(i)}+b-y^{(i)})x^{(i)}$$

$$= \frac{2}{n}\sum_{i=1}^{n}(wx^{(i)}+b-y^{(i)})x^{(i)} \tag{2.2}$$

如果难以理解上述推导,读者可以复习数学教材中函数梯度的相关课程,同时在本书第 7 章也会详细介绍,这里记住 $\frac{\partial \mathcal{L}}{\partial w}$ 的最终表达式即可。用同样的方法,可以推导偏导数 $\frac{\partial \mathcal{L}}{\partial b}$ 的表达式为

$$\frac{\partial \mathcal{L}}{\partial b} = \frac{\partial \frac{1}{n}\sum_{i=1}^{n}(wx^{(i)}+b-y^{(i)})^2}{\partial b} = \frac{1}{n}\sum_{i=1}^{n}\frac{\partial(wx^{(i)}+b-y^{(i)})^2}{\partial b}$$

$$= \frac{1}{n}\sum_{i=1}^{n}2(wx^{(i)}+b-y^{(i)})\frac{\partial(wx^{(i)}+b-y^{(i)})}{\partial b}$$

$$= \frac{1}{n}\sum_{i=1}^{n}2(wx^{(i)}+b-y^{(i)})\times 1 = \frac{2}{n}\sum_{i=1}^{n}(wx^{(i)}+b-y^{(i)}) \tag{2.3}$$

根据偏导数的表达式,即式(2.2)和式(2.3),实现时只需要计算在每一个点上面的 $(wx^{(i)}+b-y^{(i)})x^{(i)}$ 和 $(wx^{(i)}+b-y^{(i)})$ 值,平均后即可得到偏导数 $\frac{\partial \mathcal{L}}{\partial w}$ 和 $\frac{\partial \mathcal{L}}{\partial b}$,代码如下。

```
def step_gradient(b_current, w_current, points, lr):
#计算误差函数在所有点上的导数,并更新 w,b
    b_gradient = 0
    w_gradient = 0
    M = float(len(points))                    #总样本数
for i in range(0, len(points)):
        x = points[i, 0]
        y = points[i, 1]
#误差函数对 b 的导数:grad_b = 2(wx+b-y),参考式(2.3)
        b_gradient += (2/M) * ((w_current * x + b_current) - y)
#误差函数对 w 的导数:grad_w = 2(wx+b-y)*x,参考式(2.2)
        w_gradient += (2/M) * x * ((w_current * x + b_current) - y)
#根据梯度下降算法更新 w',b',其中 lr 为学习率
    new_b = b_current - (lr * b_gradient)
    new_w = w_current - (lr * w_gradient)
    return [new_b, new_w]
```

4. 梯度更新

在计算出误差函数在 w 和 b 处的梯度后,可以根据式(2.1)来更新 w 和 b 的值。通常把对数据集的所有样本训练一次称为一个 epoch(轮次),共需循环迭代 1000 个 epoch,实现代码如下。

```
def gradient_descent(points, starting_b, starting_w, lr, num_iterations):
#循环更新 w,b 多次
    b = starting_b           #b 的初始值
    w = starting_w           #w 的初始值
#根据梯度下降算法更新多次
```

```
for step in range(num_iterations):
        # 计算梯度并更新一次
        b, w = step_gradient(b, w, np.array(points), lr)
        loss = mse(b, w, points)        # 计算当前的均方误差,用于监控训练进度
        if step % 50 == 0:              # 打印误差和实时的w,b值
            print(f"iteration:{step}, loss:{loss}, w:{w}, b:{b}")
return [b, w]                           # 返回最后一次的w,b
```

主训练函数实现如下:

```
def main():
    # 加载训练集数据,这些数据是通过真实模型添加观测误差采样得到的
    lr = 0.01                           # 学习率
    initial_b = 0                       # 初始化b为0
    initial_w = 0                       # 初始化w为0
    num_iterations = 1000
    # 训练优化1000次,返回最优w*,b*和训练Loss的下降过程
    [b, w] = gradient_descent(data, initial_b, initial_w, lr, num_iterations)
    loss = mse(b, w, data)              # 计算最优数值解w,b上的均方误差
    print(f'Final loss:{loss}, w:{w}, b:{b}')
```

经过 1000 的迭代更新后,保存最后的 w 和 b 的值,此时的 w 和 b 的值可近似作为 w^* 和 b^* 最优解解。运行结果如下:

```
iteration:0, loss:11.437586448749, w:0.88955725981925, b:0.02661765516748428
iteration:50, loss:0.111323083882350, w:1.48132089048970, b:0.58389075913875
iteration:100, loss:0.02436449474995, w:1.479296279074, b:0.78524532356388
...
iteration:950, loss:0.01097700897880, w:1.478131231919, b:0.901113267769968
Final loss:0.010977008978805611, w:1.4781312318924746, b:0.901113270434582
```

可以看到,第 100 次迭代时,w 和 b 的值就已经比较接近真实模型了,更新 1000 次后得到的 w^* 和 b^* 数值解与真实模型的非常接近,训练过程的均方误差变化曲线如图 2.7 所示。

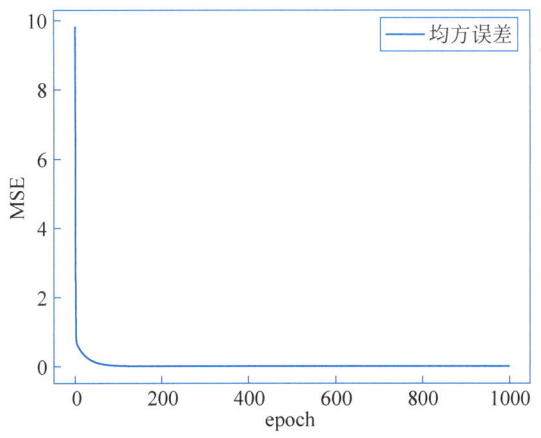

图 2.7 模型训练过程中均方误差变化曲线

上述例子比较好地展示了梯度下降算法在求解模型参数上的强大之处。需要注意的是，对于复杂的非线性模型，通过梯度下降算法求解到的 w 和 b 可能是局部极小值而非全局最小值解，这是由模型函数的非凸性（Non-Convex）决定的。但是在实践中发现，当数据量较多时，通过梯度下降算法求得的数值解，它的性能往往都能优化得很好，可以直接使用求解到的数值解 θ 来近似作为最优解 θ^* 部署使用。

2.4 线性回归

简单回顾一下本章介绍的探索之路：首先假设 n 个输入的生物神经元的数学模型为线性模型，通过采样 $n+1$ 个数据点来估计线性模型的参数 w 和 b。引入观测误差后，利用梯度下降算法，可以采样多组数据来循环优化 w 和 b 的数值解。

如果换一个角度来看待这个问题，它其实可以理解为一组连续值（向量）的预测问题。给定数据集 D，算法需要从 D 中学习到数据的真实模型，从而用来预测未见过的样本的输出值。在假定模型的类型后，学习过程就变成了搜索模型参数的问题。比如假设神经元为线性模型，那么训练过程即为搜索线性模型的 w 和 b 参数的过程。训练完成后，利用学到的模型，对于任意的新输入 x，可以使用学习模型输出值作为真实值的近似。从输出类型来看，它是一个连续值的预测问题。

在现实生活中，连续值预测问题是非常常见的，比如股价的走势预测、天气预报中温度和湿度等的预测、检测框的预测、交通流量的预测等。对于预测值是连续的实数范围，或者属于某一段连续的实数区间，通常把这类问题称为回归（Regression）问题。特别地，如果使用线性模型去逼近真实模型，那么就把这一类方法叫作线性回归（Linear Regression，LR），线性回归是回归问题中的一类方法。

除了连续值预测问题外，还有一类离散值预测问题。比如硬币正反面的预测，它的预测值 y 只可能有正面或反面两种可能；再比如给定一张图片，这张图片中物体的类别也只可能是像猫、狗、大树之类的离散类别值。对于这一类问题，通常把它称为分类（Classification）问题，这类问题将在第 3 章进行介绍。

第 3 章　分　类　问　题

CHAPTER 3

> 有些人担心人工智能会让人类觉得自卑,但是实际上,即使是看到一朵花,我们也应该或多或少感到一些自愧不如。
>
> ——艾伦·凯

前面已经介绍了用于连续值预测的线性回归模型,本章来介绍分类问题。分类问题的一个典型应用就是教会机器如何识别图片中物体的类别。考虑图片分类中最简单的任务之一:0~9 手写数字图片识别,它相对简单,而且也具有广泛的应用价值,比如邮政编码、快递单号、证件号码等都属于数字图片识别范畴。这里将以数字图片识别为例,探索如何用机器学习的方法去解决这类问题。

3.1　手写数字图片数据集

机器学习需要从数据中间学习,因此首先需要采集大量的真实样本数据。以手写的数字图片识别为例,如图 3.1 所示,需要收集大量的由真人书写的 0~9 的数字图片,为了便于存储和计算,通常把收集的原始图片缩放到某个固定的大小(Size 或 Shape),比如 224 个像素的行和 224 个像素的列(224×224),或者 96 个像素的行和 96 个像素的列(96×96),图片样本特征将作为输入数据 x。同时,还需要给每一张图片标注一个标签(Label)信息,它将作为图片的真实值 y,这个标签表明这张图片属于哪一个具体的类别,

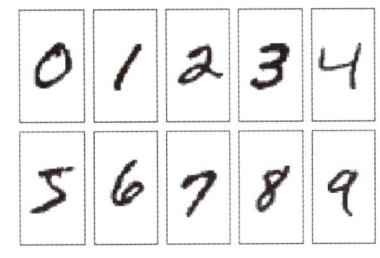

图 3.1　手写数字图片样例

一般通过映射方式将类别名一一对应到某个从 0 开始编号的数字。比如说硬币的正反面,可以用 0 来表示硬币的反面,用 1 来表示硬币的正面,当然也可以反过来 1 表示硬币的反面,这种编码方式叫作数字编码(Number Encoding)。对于手写数字图片识别问题,编码方

式更为直观,直接用数字的 0~9 来表示类别名为 0~9 的图片。

如果希望模型能够在新样本上也能具有良好的表现,即模型泛化能力(Generalization Ability)较好,那么应该尽可能多地增加数据集的规模(Scale)和多样性(Diversity),使得用于学习的训练数据集与真实的手写数字图片的分布(Ground-truth Distribution)尽可能地逼近,这样在训练数据集上面学到的模型才能够很好地用于未见过的手写数字图片的预测。

为了方便业界统一测试和评估算法,Yann LeCun 等发布了一个手写数字图片数据集,命名为 MNIST,它包含了 0~9 共 10 种数字的手写图片,每种数字有 7000 张图片,它们采集自不同书写风格的真实手写图片,数据集共 70000 张图片。其中 60000 张图片作为训练集 D^{train}(Training Set),用来训练模型,剩下 10000 张图片作为测试集 D^{test}(Test Set),用来预测或者测试,训练集和测试集共同组成了整个 MNIST 数据集。

考虑到手写数字图片包含的信息比较简单,每张图片均被缩放到 28×28 的大小,同时只保留了灰度信息,MNIST 数据集采样图片如图 3.2 所示。这些图片由多人书写,包含了如字体大小、书写风格、粗细等丰富的样式,使得数据集的分布与真实的手写数字图片的分布尽可能地接近,从而保证了模型的泛化能力。

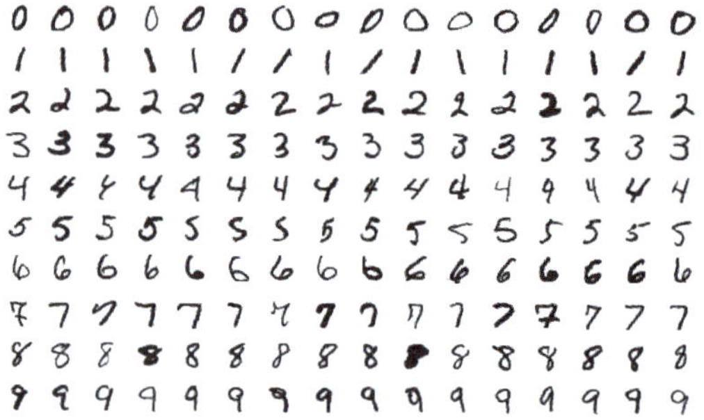

图 3.2 MNIST 数据集采样图片

现在来讨论图片的表示方法。一张图片包含了 h 行(Height/Row),w 列(Width/Column),每个位置保存了像素(Pixel)值,像素值一般使用 0~255 的整型数值来表达颜色强度信息,例如 0 表示强度最低,255 表示强度最高。如果是彩色图片,则每个像素点包含了 R、G、B 三个通道的强度信息,分别代表红色通道、绿色通道、蓝色通道的颜色强度,所以与灰度图片不同,它的每个像素点使用一个 1 维、长度为 3 的向量(Vector)来表示,向量的 3 个元素依次代表了当前像素点上面的 R、G、B 颜色强度值,因此彩色图片需要保存为形状是 $[h, w, 3]$ 的张量(Tensor,可以通俗地理解为 3 维数组)。如果是灰度图片,则使用一个数值来表示灰度强度,例如 0 表示纯黑,255 表示纯白,因此它只需要一个形状为 $[h, w]$ 的二维矩阵(Matrix)来表示一张图片信息(实际上,也可以保存为 $[h, w, 1]$ 形状的张量)。如图 3.3 所示为内容为 8 的数字图片的矩阵内容,可以看到,图片中黑色的像素用 0 表示,灰度信息用 0~255 表示,图片中越白的像素点,对应矩阵位置中数值也就越大。

目前常用的深度学习框架,如 PyTorch、TensorFlow 等,都可以非常方便地通过数行代码自动下载、管理和加载 MNIST 数据集,不需要开发者额外编写代码,使用起来非常方便。

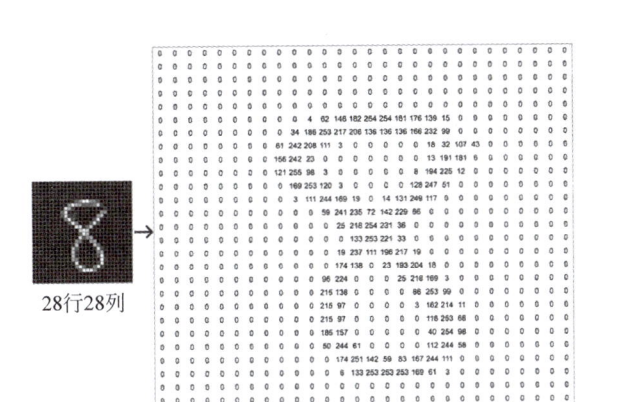

图 3.3 图片的存储方法

这里利用 PyTorch 附带的 torchvision 库自动在线下载 MNIST 数据集,并转换为 PyTorch 的数据对象 DataLoader 格式。代码如下。

```
import     torch                                    # 导入 pytorch
from       torch import nn                          # 导入 pytorch 的网络层子库
from       torch.nn import functional as F          # 导入网络层函数子库
from       torch import optim                       # 导入优化器

import     torchvision                              # 导入视觉库
from       matplotlib import pyplot as plt          # 绘图工具
from       utils import plot_image, plot_curve, one_hot   # 便捷绘图函数

batch_size = 512                                    # 批大小
# 训练数据集,自动从网络下载 MNIST 数据集,保存至 mnist_data 文件夹
train_db = torchvision.datasets.MNIST('mnist_data', train = True, download = True,
                    # 图片的预处理步骤
                    transform = torchvision.transforms.Compose([
                        # 转换为张量
                        torchvision.transforms.ToTensor(),
                        # 标准化
                        torchvision.transforms.Normalize(
                            (0.5,), (0.5,))
                    ]))
# 创建 DataLoader 对象,方便以批量形式训练,随机打乱顺序
train_loader = torch.utils.data.DataLoader(train_db, batch_size = batch_size, shuffle = True)
```

通过调用 torchvision.datasets.MNIST 函数可以方便地读取 MNIST 数据集,通过 train=True 选择生成训练集还是测试集。其中训练集 X 的大小为(60000,28,28),代表了 60000 个样本,每个样本由 28 行、28 列构成,由于是灰度图片,故没有 RGB 通道;训练集 Y 的大小为(60000),代表了这 60000 个样本的标签数字,每个样本标签用一个范围为 0~9 的数字表示。测试集 X 的大小为(10000,28,28),代表了 10000 张测试图片,测试集 Y 的大小为(10000)。

从 PyTorch 中加载的 MNIST 数据图片,数据的范围为 [0,255]。在机器学习中,一般

希望数据的范围在 0 周围的小范围内分布。通过设置预处理 transform 参数，首先将输入图片转换为张量对象，并将 [0,255] 范围像素值归一化(Normalize)到 [-1,1] 区间，更有利于模型的收敛。

网络中每张图片的计算流程是通用的，因此在计算的过程中可以一次进行多张图片的计算，充分利用 CPU 或 GPU 的并行算力。如果用形状为 $[h,w]$ 的矩阵来表示一张图片，对于多张图片来说，在前面添加一个数量维度(Dimension)，使用形状为 $[b,h,w]$ 的张量来表示，其中 b 代表了批量大小(Batch Size)，这里 b 设置为 512；多张彩色图片可以使用形状为 $[b,h,w,c]$(TensorFlow 默认格式)或 $[b,c,h,w]$(PyTorch 默认格式)的张量来表示，其中 c 表示通道数量(Channel)，彩色图片 $c=3$。通过 PyTorch 提供的 torch.utils.data.DataLoader 类可以方便完成模型的批量训练，只需要设定 batch_size 参数即可构建带 batch 功能的数据集对象，设定 shuffle 参数让 DataLoader 自动内部打乱数据之间的先后顺序，防止网络记忆住样本的标签信息。

为了方便理解 DataLoader 对象是如何产生批量数据的，可以试着加载一个批数据并观察。代码如下。

```
# 加载一个批数据，并观察数据形状
x, y = next(iter(train_loader))
print(x.shape, y.shape, x.min(), x.max())
plot_image(x, y, 'Image')                    # 观察图片
```

运行可得批数据中 x 的形状为：torch.Size([512, 1, 28, 28])，y 的形状为 torch.Size([512])，分别代表了 512 张图片数据和 512 个图片的标签数字；x 的最小值和最大值分别为 tensor(-1.)和 tensor(1.)，这也是标准化后的数值范围。通过 plot_image 函数可以观察图片和对应的标签，如图 3.4 所示。

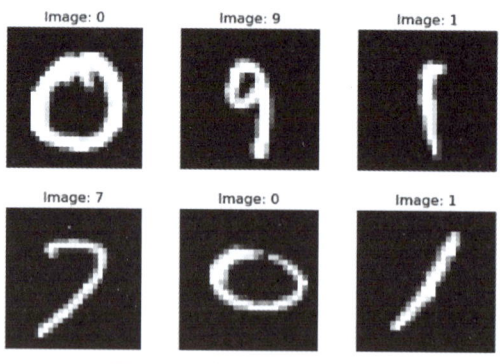

图 3.4 批图片数据可视化

3.2 模型构建

回顾第 2 章在回归问题中讨论的生物神经元结构。把一组长度为 d_{in} 的输入向量 $\boldsymbol{x}=[x_1,x_2,\cdots,x_{d_{in}}]^T$ 简化为单输入标量 x，因此模型可以表达为 $y=xw+b$。如果是多输

入、单输出的模型结构的话,需要借助于向量形式,即

$$y = \boldsymbol{w}^\mathrm{T} \boldsymbol{x} + b = [w_1, w_2, w_3, \cdots, w_{d_{\mathrm{in}}}] \cdot \begin{bmatrix} x_1 \\ x_2 \\ x_3 \\ \vdots \\ x_{d_{\mathrm{in}}} \end{bmatrix} + b$$

更一般地,通过组合多个多输入、单输出的神经元模型,可以拼成一个多输入、多输出的模型,即

$$\boldsymbol{y} = \boldsymbol{W}\boldsymbol{x} + \boldsymbol{b}$$

其中,$\boldsymbol{x} \in \mathbf{R}^{d_{\mathrm{in}}}$,$\boldsymbol{b} \in \mathbf{R}^{d_{\mathrm{out}}}$,$\boldsymbol{y} \in \mathbf{R}^{d_{\mathrm{out}}}$,$\boldsymbol{W} \in \mathbf{R}^{d_{\mathrm{out}} \times d_{\mathrm{in}}}$。

对于多输出节点、批量训练方式,可以进一步将模型写成批量形式,即

$$\boldsymbol{Y} = \boldsymbol{X} @ \boldsymbol{W} + \boldsymbol{b} \tag{3.1}$$

其中,$\boldsymbol{X} \in \mathbf{R}^{b \times d_{\mathrm{in}}}$,$\boldsymbol{b} \in \mathbf{R}^{d_{\mathrm{out}}}$,$\boldsymbol{Y} \in \mathbf{R}^{b \times d_{\mathrm{out}}}$,$\boldsymbol{W} \in \mathbf{R}^{d_{\mathrm{in}} \times d_{\mathrm{out}}}$,$d_{\mathrm{in}}$ 表示输入节点数,d_{out} 表示输出节点数;$\boldsymbol{X}$ 形状为 $[b, d_{\mathrm{in}}]$,表示 b 个样本的输入数据,每个样本的特征长度为 d_{in};$\boldsymbol{W}$ 的形状为 $[d_{\mathrm{in}}, d_{\mathrm{out}}]$,共包含了 $d_{\mathrm{in}} \cdot d_{\mathrm{out}}$ 个网络参数;偏置向量 $\boldsymbol{b}$ 形状为 d_{out},每个输出节点上均添加一个偏置值;@符号表示矩阵相乘(Matrix Multiplication,简称 matmul,由于 PyTorch 中使用"@"符号表示矩阵乘法,本书也统一这么使用)。由于 $\boldsymbol{X} @ \boldsymbol{W}$ 的运算结果是形状为 $[b, d_{\mathrm{out}}]$ 的矩阵,与向量 $\boldsymbol{b}$ 并不能直接相加,因此批量形式的+号需要支持自动扩展功能(Broadcasting),将向量 $\boldsymbol{b}$ 扩展为形状为 $[b, d_{\mathrm{out}}]$ 的矩阵后,再与 $\boldsymbol{X} @ \boldsymbol{W}$ 相加。

考虑两个样本,输入特征长度 $d_{\mathrm{in}} = 3$,输出特征长度 $d_{\mathrm{out}} = 2$ 的模型,式(3.1)展开为

$$\begin{bmatrix} o_1^{(1)} & o_2^{(1)} \\ o_1^{(2)} & o_2^{(2)} \end{bmatrix} = \begin{bmatrix} x_1^{(1)} & x_2^{(1)} & x_3^{(1)} \\ x_1^{(2)} & x_2^{(2)} & x_3^{(2)} \end{bmatrix} \begin{bmatrix} w_{11} & w_{12} \\ w_{21} & w_{22} \\ w_{31} & w_{32} \end{bmatrix} + \begin{bmatrix} b_1 \\ b_2 \end{bmatrix}$$

其中,$x_1^{(1)}$、$o_1^{(1)}$ 等符号的上标表示样本索引号(样本编号),下标表示某个样本向量的元素索引号。上式对应的模型结构如图 3.5 所示。

可以看到,通过矩阵形式表达网络结构,更加简洁清晰,同时也可充分利用矩阵计算的并行加速能力。那么如何将图片识别任务的输入和输出转变为满足格式要求的张量形式?

考虑输入格式,一张灰度图片 $\boldsymbol{x}$ 使用矩阵方式存储,形状为:$[h, w]$,b 张图片使用形状为 $[b, h, w]$ 的张量 $\boldsymbol{X}$ 存储。而模型只能接受向量形式的输入特征向量,因此需要将 $[h, w]$ 的矩阵形式图片特征打平成 $[h \cdot w]$ 长度的向量,如图 3.6 所示,其中输入特征的长度 $d_{\mathrm{in}} = h \cdot w$。

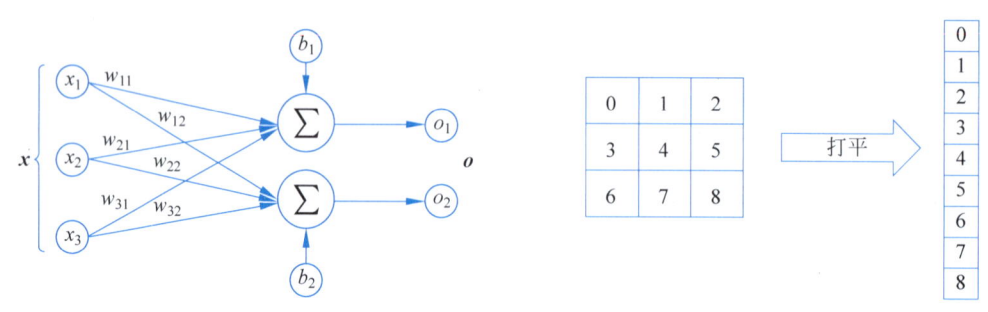

图 3.5　三输入二输出模型　　　　　图 3.6　矩阵打平操作示意图

对于输出标签 y，前面已经介绍了数字编码，它可以用一个数字来表示标签信息，此时输出只需要一个节点即可表示网络的预测类别值，例如数字 1 表示猫，数字 3 表示鱼等（编程实现时一般从 0 开始编号）。但是数字编码存在的一个问题是，数字之间存在天然的大小关系，例如 1<2<3，如果 1、2、3 分别对应的标签是猫、狗、鱼，类别之间并没有大小关系，所以采用数字编码的时候会迫使模型去学习这种不必要的约束，数字编码并不适合分类网络的输出。

那么怎么解决这个问题呢？可以将输出设置为 d_{out} 个输出节点的向量，d_{out} 与类别数相同，同时让第 $i(i\in[1,d_{out}])$ 个输出节点的值表示当前样本属于类别 i 的概率值 $P(\boldsymbol{x}$ 属于类别 $i|\boldsymbol{x})$。只考虑输入图片属于某一个类别的情况，此时输入图片的真实标签已经唯一确定：如果样本属于第 i 类，那么索引为 i 的位置上设置为 1，其他位置设置为 0，一般把这种编码方式叫作 One-hot 编码（独热编码）。以如图 3.7 所示的猫、狗、鱼、鸟识别系统为例，所有的样本只属于猫、狗、鱼、鸟 4 个类别中其一，假设将第 1～4 号索引位置分别表示猫、狗、鱼、鸟的类别，那么对于所有猫的图片，它的数字编码为 0，One-hot 编码为 [1,0,0,0]；对于所有狗的图片，它的数字编码为 1，One-hot 编码为 [0,1,0,0]，以此类推。One-hot 编码方式在分类问题中应用非常广泛，简单有效，需要理解并掌握。

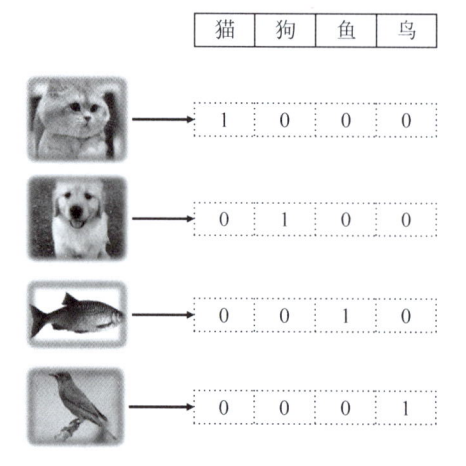

图 3.7　猫、狗、鱼、鸟系统 One-hot 编码示意图

手写数字图片的总类别数有 10 种,即输出节点数 $d_{\text{out}}=10$,那么对于某个样本,假设它属于类别 i,即图片的中数字为 i,则只需要一个长度为 10 的向量 $\boldsymbol{y}$,向量 $\boldsymbol{y}$ 的索引号为 i 的元素设置为 1,其他位为 0。比如图片 0 的 One-hot 编码为 $[1,0,0,\cdots,0]$,图片 2 的 One-hot 编码为 $[0,0,1,\cdots,0]$,图片 9 的 One-hot 编码为 $[0,0,0,\cdots,1]$。One-hot 编码是非常稀疏(Sparse)的,相对于数字编码来说,占用较多的存储空间,因此一般在存储时还是采用数字编码方式,仅在计算时,根据需要把数字编码转换成 One-hot 编码,通过 one_hot 函数即可实现。

```
In [1]:
def one_hot(label, depth = 10):
    ♯One-hot 编码函数,depth 设置向量长度
    out = torch.zeros(label.size(0), depth)
    idx = torch.LongTensor(label).view(-1, 1)
    out.scatter_(dim = 1, index = idx, value = 1)
    return out

y = torch.tensor([0,1,2,3])                    ♯数字编码的 4 个样本标签
y = one_hot(y, depth = 10)                     ♯One-hot 编码,指定类别总数为 10
print(y)
Out[1]:
tensor(
[[1. 0. 0. 0. 0. 0. 0. 0. 0. 0.]               ♯数字 0 的 One-hot 编码向量
 [0. 1. 0. 0. 0. 0. 0. 0. 0. 0.]               ♯数字 1 的 One-hot 编码向量
 [0. 0. 1. 0. 0. 0. 0. 0. 0. 0.]               ♯数字 2 的 One-hot 编码向量
 [0. 0. 0. 1. 0. 0. 0. 0. 0. 0.]])
```

现在回到手写数字图片识别任务,输入是一张打平后的图片向量 $\boldsymbol{x}\in\mathbf{R}^{784}$,输出是一个长度为 10 的向量 $\boldsymbol{o}\in\mathbf{R}^{10}$,图片的真实标签 $\boldsymbol{y}$ 经过 One-hot 编码后变成长度为 10 的非 0 即 1 的稀疏向量 $\boldsymbol{y}\in\{0,1\}^{10}$。预测模型采用多输入、多输出的线性模型 $\boldsymbol{o}=\boldsymbol{W}\boldsymbol{x}+\boldsymbol{b}$,其中模型的输出记为输入的预测值 $\boldsymbol{o}$,通常希望 $\boldsymbol{o}$ 越接近真实标签 $\boldsymbol{y}$ 越好。一般把输入经过一次带参(线性)变换叫作一层网络。

3.3 误差计算

对于分类问题来说,任务的目标是最大化某个性能指标,比如准确率 acc,但是把准确率当作损失函数去优化时,会发现 $\frac{\partial\text{acc}}{\partial\theta}$ 其实是不连续可导的,无法利用梯度下降算法优化网络参数 θ。一般的做法是,设立一个平滑可导的代理目标函数(Proxy Objective),比如优化模型的输出 $\boldsymbol{o}$ 与 One-hot 编码后的真实标签 $\boldsymbol{y}$ 之间的距离(Distance),通过优化代理目标函数得到的模型,通常在其他指标上也能有良好的表现。因此,相对回归问题而言,分类问题的优化目标函数和评价目标函数是不一致的(实际上,回归问题的优化目标和评价目标也可以不一致)。模型的训练目标是通过优化损失函数 $\mathcal{L}$ 来找到最优数值解 $\boldsymbol{W}^*$ 和 $\boldsymbol{b}^*$,即

$$W^*, b^* = \underset{W, b}{\arg\min} \mathcal{L}(o, y)$$

对于分类问题的误差计算来说，更常见的是采用交叉熵(Cross Entropy)损失函数，而较少采用回归问题中介绍的均方误差函数。本书将在第 6 章详细介绍交叉熵损失函数，这里仍然使用均方误差函数来求解手写数字识别问题(机器学习的做法是多样的，理解了算法思想即可合理变通)。

对于 n 个样本的均方误差函数可以表达为

$$\mathcal{L}(o, y) = \frac{1}{n} \sum_{i=1}^{n} \sum_{j=1}^{10} (o_j^{(i)} - y_j^{(i)})^2$$

只需要采用梯度下降算法来优化损失函数得到 W 和 b 的最优解，然后再利用求得的模型去预测未知的手写数字图片 $x \in D^{\text{test}}$ 即可。

3.4 真的解决了吗

按照上述方案，手写数字图片识别问题似乎得到较好的解决。事实果真如此吗？深入研究的话，就会发现，目前的方案至少存在两大问题。

(1) 线性模型。线性模型是机器学习中最简单的数学模型之一，参数量少，计算简单，但是只能表达线性关系。即使是简单如数字图片识别任务，它也属于图片识别的范畴，人类目前对于复杂大脑的感知和决策的研究尚处于初步探索阶段，如果只使用一层简单的线性模型去逼近复杂的人脑图片识别模型，显然难以胜任。

(2) 表达能力。表达能力体现为逼近复杂分布的能力。上面的解决方案只使用了少量神经元组成的一层网络模型，相对于人脑中非线性的千亿级别的神经元互联结构，它的表达能力明显偏弱。

模型的表达能力与数据模态之间的关系可以通过一个简单的例子阐述，如图 3.8 所示，图中绘制了带观测误差的采样点的分布，人为推测数据的真实分布可能是某二次抛物线模型。如图 3.8(a)所示，如果使用表达能力偏弱的线性模型去学习，很难学习到一个好的模型来预测所有数据；如果使用合适的多项式函数模型去学习，例如二次多项式，则能学到比较合适的模型，如图 3.8(b)所示；当学习的模型过于复杂，表达能力过强时，例如 10 次多项式，则很有可能出现过拟合，反而伤害模型的泛化能力，如图 3.8(c)所示。

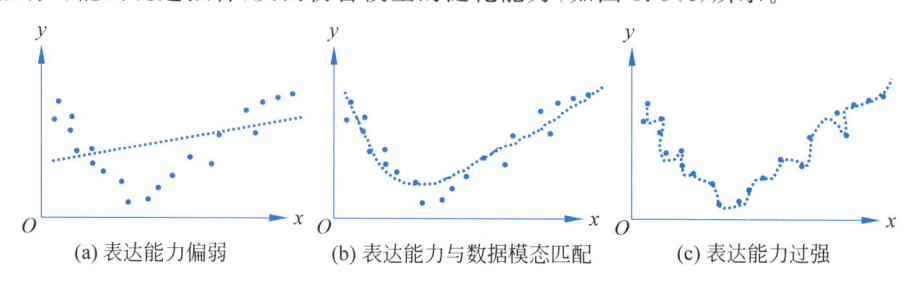

(a) 表达能力偏弱　　(b) 表达能力与数据模态匹配　　(c) 表达能力过强

图 3.8　模型表达能力与数据模态示意图

因此，选择一个合适容量的模型非常重要，目前所采用的多神经元模型仍是线性模型，只有一层，表达能力偏弱，类似于图 3.8(a)的情况，接下来将扩大模型容量来尝试解决这两个问题。

3.5 非线性模型

既然线性模型不可行，那么可以给线性模型嵌套一个非线性函数，即可将其转换为非线性模型。通常把这个非线性函数称为激活函数(Activation Function)，用 σ 表示，即

$$o = \sigma(\boldsymbol{W}\boldsymbol{x} + \boldsymbol{b})$$

这里的 σ 代表了某个具体的非线性激活函数，如 Sigmoid 函数(如图 3.9(a)所示)、ReLU 函数(如图 3.9(b)所示)。

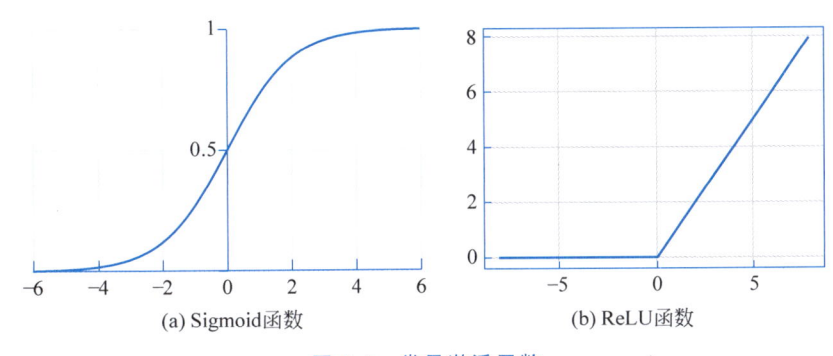

(a) Sigmoid 函数 (b) ReLU 函数

图 3.9 常见激活函数

ReLU 函数非常简单，它在 $y=x$ 的基础上面截去了 $x<0$ 的部分，可以直观地理解为 ReLU 函数仅保留正的输入部分，清零负的输入，具有单边抑制特性。虽然简单，ReLU 函数却有优良的非线性特性，而且梯度计算非常简单，训练稳定，是深度学习中使用最广泛的激活函数之一。因此，这里通过嵌套 ReLU 函数将模型转换为非线性模型，即

$$o = \text{ReLU}(\boldsymbol{W}\boldsymbol{x} + \boldsymbol{b})$$

3.6 表达能力

针对一层模型的表达能力偏弱的问题，可以通过重复堆叠多层变换来增强其表达能力。如果将一层模型理解为火车的一节车厢，那么堆叠多层模型即是将多节车厢首尾相连，上一层网络的输出作为下一层的输入。将单个非线性层堆叠 3 次可得

$$\boldsymbol{h}_1 = \text{ReLU}(\boldsymbol{W}_1 \boldsymbol{x} + \boldsymbol{b}_1)$$
$$\boldsymbol{h}_2 = \text{ReLU}(\boldsymbol{W}_2 \boldsymbol{h}_1 + \boldsymbol{b}_2)$$
$$\boldsymbol{o} = \boldsymbol{W}_3 \boldsymbol{h}_2 + \boldsymbol{b}_3$$

第一层神经元的输出值 h_1 作为第二层神经元模型的输入，第二层神经元的输出 h_2 作为第三层神经元的输入，最后一层神经元的输出作为模型的最终输出 o。

从网络结构上看，如图 3.10 所示，函数的嵌套表现为网络层的前后相连，每堆叠一个（非）线性环节，网络层数增加一层。通常把输入节点 x 所在的层叫作输入层，每一个非线性模块的输出 h_i 连同它的网络层参数 W_i 和 b_i 称为一层网络层。特别地，对于网络中间的层，也叫作隐藏层，最后一层也叫作输出层。这种由大量神经元模型连接形成的网络结构称为神经网络（Neural Network，NN）。从这里可以看到，神经网络的概念并不难理解，神经网络络每层的节点数和神经网络的层数或结构等决定了神经网络的复杂度。

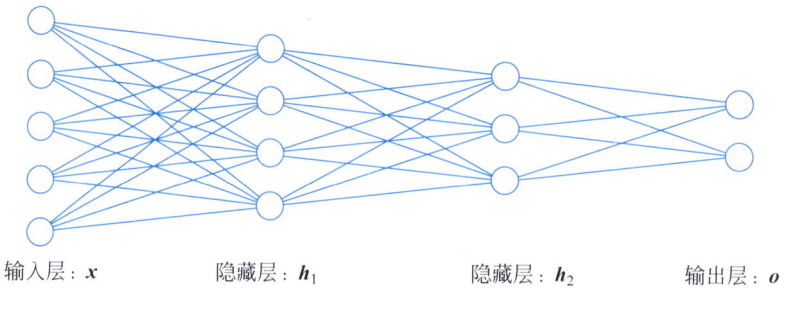

输入层：x　　隐藏层：h_1　　隐藏层：h_2　　输出层：o

图 3.10　3 层神经网络结构

经过上述的改进，网络模型已经升级为 3 层的神经网络，具有较好的非线性表达能力，接下来将讨论如何优化网络参数 W_i 和 b_i 等。

3.7　优化方法

对于仅一层的网络模型，如线性回归模型，可以直接推导出 $\frac{\partial \mathcal{L}}{\partial w}$ 和 $\frac{\partial \mathcal{L}}{\partial b}$ 的偏导数表达式，然后根据梯度表达式直接计算损失函数在每一步的梯度，再根据梯度下降算法循环更新 w 和 b 参数即可。但是，当网络层数增加、数据特征长度增大以及添加复杂的非线性函数之后，模型的表达式将变得非常复杂，很难手动推导出模型和梯度的数学表达式。而且一旦网络结构发生少许变动，网络的模型函数也随之发生改变，依赖手动计算梯度的方式显然效率较低。

这时，深度学习框架的价值就体现出来了，借助于自动求导（Autograd）技术，深度学习框架在计算神经网络每层的输出以及损失函数的过程中，会内部构建神经网络的计算图模型，并自动完成误差对任意参数 θ 的偏导数 $\frac{\partial \mathcal{L}}{\partial \theta}$ 的计算，用户只需要搭建出网络结构，送入数据，框架将自动完成梯度的计算和更新，使用起来非常便捷高效。用户甚至连梯度下降算法也不需要手动编写，交给 PyTorch 提供的优化器包 optim 即可。可见，有了深度学习框架，开发神经网络变得非常轻松。

3.8 手写数字图片识别体验

本节将在未详细介绍 PyTorch 网络层、优化器等使用方法的情况下,先带大家体验一下神经网络的神奇之处。本节的主要目的并不是教会算法的每个细节,而是让读者对神经网络算法先有一个全面和直观的感受,为接下来系统学习 PyTorch 基础和深度学习理论夯实基础。

现在开始体验神奇的手写数字图片识别算法吧!

3.8.1 网络搭建

对于第一层模型来说,它接受的输入 $x \in \mathbf{R}^{784}$,输出 $h_1 \in \mathbf{R}^{256}$ 设计长度为 256 的向量,用户不需要显式地编写 $h_1 = \text{ReLU}(W_1 x + b_1)$ 的计算逻辑,在 PyTorch 中通过一行代码即可实现。代码如下。

```
# 创建一层网络,设置输入节点数为 784,输出节点数为 256
nn.Linear(28 * 28, 256)
```

使用 Sequential 容器可以非常方便地搭建多层的网络。对于 3 层网络,可以通过快速完成 3 层网络的搭建。

```
# 利用 Sequential 容器封装 3 个网络层,前网络层的输出默认作为下一层的输入
model = nn.Sequential(
    # 创建第一层,输入为 784,输出为 256
    nn.Linear(28 * 28, 256),
    nn.ReLU(),                              # 激活函数
    # 创建第二层,输入为 256,输出为 128
    nn.Linear(256, 128),
    nn.ReLU(),                              # 激活函数
    # 创建第三层,输入为 128,输出为 10
    nn.Linear(128, 10),
)
```

第 1 层的输出节点数设计为 256,第 2 层设计为 128,输出层节点数设计为 10。直接调用这个模型对象 $model(x)$ 就可以返回模型最后一层的输出 o。

3.8.2 模型训练

搭建完成 3 层神经网络的对象后,给定输入 x,调用 $model(x)$ 得到模型输出 o 后,通过 F.mse_loss 损失函数计算当前的误差 $\mathcal{L}$。

```
# 创建优化器,并传递需要优化的参数列表:[w1, b1, w2, b2, w3, b3]
# 设置学习率 lr = 0.001
optimizer = optim.SGD(model.parameters(), lr = 0.01)
```

```python
train_loss = []
for epoch in range(5):                                          # 训练 5 个 epoch
    for batch_idx, (x, y) in enumerate(train_loader):           # 按批迭代数据集
        # x: [b, 1, 28, 28], y: [512]
        # 打平操作:[b, 1, 28, 28] => [b, 784]
        x = x.view(x.size(0), 28 * 28)
        # 送入网络模型, => [b, 10]
        out = model(x)
        # 标签进行 One-hot 编码:[b, 10]
        y_onehot = one_hot(y)
        # 计算输出与标签的 MSE
        loss = F.mse_loss(out, y_onehot)
```

在计算参数的梯度之前,通常需要清零梯度信息。

```python
optimizer.zero_grad()                                           # 清零模型参数的梯度值
```

再利用 PyTorch 提供的自动求导函数 loss.backward() 求出模型中所有参数的梯度信息 $\frac{\partial \mathcal{L}}{\partial \theta}, \theta \in \{\boldsymbol{W}_1, \boldsymbol{b}_1, \boldsymbol{W}_2, \boldsymbol{b}_2, \boldsymbol{W}_3, \boldsymbol{b}_3\}$,这些梯度会自动保存在每个张量的 grad 成员变量中,代码如下。

```python
loss.backward()                                                 # 反向传播,计算所有参数的梯度
```

再使用 optim 对象自动按照梯度下降算法去更新模型的参数 θ。

$$\theta' = \theta - \eta \cdot \frac{\partial \mathcal{L}}{\partial \theta}$$

实现如下。

```python
# w' = w - lr * grad
optimizer.step()                                                # 根据梯度下降算法更新参数
```

循环迭代多次后,就可以利用学好的模型 f_θ 去预测未知的图片的类别概率分布。模型的测试部分暂不讨论。

手写数字图片 MNIST 数据集的训练误差曲线如图 3.11 所示,由于 3 层的神经网络表达能力较强,手写数字图片识别任务相对简单,误差值可以较快速、稳定地下降,通常在间隔数个 Epoch 后测试模型的准确率等指标,方便监控模型的训练效果。训练完成后,得到的模型参数具有较低的训练误差,一般在测试集上面也具有较高的准确性,后续可以基于此版本的模型进行模型发版和部署,用于生产作业。

本章将线性回归模型类推到分类问题,提出了表达能力更强的三层非线性神经网络,从而解决手写数字图片识别的问题。本章的内容以体验感受为主,学习完本章读者其实已经了解了(浅层的)神经网络算法,接下来将用两章来学习 PyTorch 的一些基础知识,为后续系统学习和实现深度学习算法夯实基础。

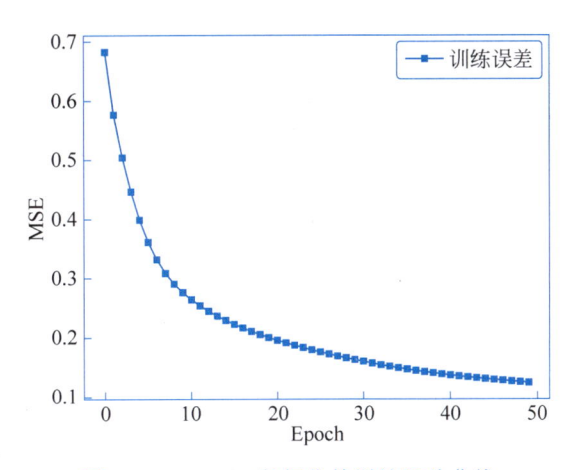

图 3.11　MNIST 数据集的训练误差曲线

第 4 章 PyTorch 基础

CHAPTER 4

> 我设想在未来,我们可能就相当于机器人的宠物狗,到那时我也会支持机器人的。
>
> ——克劳德·香农

PyTorch 是一个面向深度学习算法的科学计算库,内部数据保存在张量(Tensor)对象上,所有的运算操作(Operation,OP)也都是基于张量对象进行的。复杂的神经网络算法本质上就是各种张量相乘、相加等基本运算操作的组合,在深入学习深度学习算法之前,熟练掌握 PyTorch 张量的基础操作方法十分重要。只有掌握了这些操作方法,才能随心所欲地实现各种复杂新奇的网络模型,也才能深刻理解各种模型算法的本质。

4.1 数据类型

首先来介绍 PyTorch 中的基本数据类型,包含数值类型和布尔类型。虽然字符串类型在 Python 语言中使用频繁,但是机器学习主要以数值运算为主,因此 PyTorch 并没有对字符串类型单独提供支持。

4.1.1 数值类型

数值类型的张量是 PyTorch 的主要数据载体,根据维度数(Dimension,dim)来区分,可分为以下内容。

(1) 标量(Scalar)。单个的实数,如 1.2、3.4 等,维度数为 0,shape 为[]。

(2) 向量(Vector)。n 个实数的有序集合,通过中括号表示,如[1.2]、[1.2,3.4]等,维度数为 1,长度不定,shape 为[n]。

(3) 矩阵(Matrix)。n 行 m 列实数的有序集合,如[[1,2],[3,4]],也可以写成

$$\begin{bmatrix} 1 & 2 \\ 3 & 4 \end{bmatrix}$$

的形式。维度数为 2,每个维度上的长度不定,shape 为 $[n,m]$。

(4) 张量。所有维度数 dim>2 的数组统称为张量。张量的每个维度也叫作轴(Axis),通常每个维度代表了特定的物理含义,比如 shape 为 $[2,3,32,32]$ 的张量共有 4 维,如果表示图片数据的话,每个维度/轴代表的含义通常定义为图片数量、图片通道数、图片高度、图片宽度,其中 2 代表了 2 张图片,3 代表了 RGB 共 3 个通道,32 代表了高、宽均为 32。张量的维度数以及每个维度所代表的具体物理含义需要由用户自行定义。

在 PyTorch 中,为了表达方便,一般把标量、向量、矩阵也统称为张量,不作区分,具体情况需要根据张量的维度数或形状来自行判断,本书也沿用此方式。

首先来看标量在 PyTorch 中是如何创建的,实现如下。

```
In [1]:
a = 1.2                                              #Python 语言方式创建标量
aa = torch.tensor(1.2)                               #PyTorch 方式创建标量(张量)
type(a), type(aa), torch.is_tensor(aa)               #测试类型
Out[1]:
    (float, torch.Tensor, True)
```

PyTorch 所有操作均基于张量类型实现,因此须通过 PyTorch 规定的方式创建张量,而不能使用 Python 语言的标准变量创建方式。

通过 print(x) 或 x 可以打印出张量 x 的相关信息,代码如下:

```
In [2]:
x = torch.tensor([1,2.,3.3])                         #创建向量
print(x)                                             #打印
print(x.shape, x.device, x.dtype)                    #打印形状和设备、精度
Out[2]:
tensor([1.0000, 2.0000, 3.3000])
torch.Size([3]),cpu,torch.float32
```

其中,shape 属性表示张量的形状,device 属性代表张量的设备名,dtype 属性表示张量的数值精度,张量 numpy() 方法可以返回 Numpy.array 类型的数据,方便导出数据到系统的其他模块,代码如下。

```
In [3]:x.numpy()          #将 PyTorch 张量的数据导出为 numpy 数组格式
Out[3]:
array([1. , 2. , 3.3], dtype = float32)
```

创建向量、矩阵、张量等,可以通过 List 容器传给 torch.tensor() 函数。例如,创建一个元素的向量,代码如下。

```
In [4]:
a = torch.tensor([1.2])                              #创建一个元素的向量
a, a.shape
Out[4]:
```

```
(tensor([1.2000]), torch.Size([1]))
```

创建 3 个元素的向量,代码如下。

```
In [5]:
a = torch.tensor([1,2, 3.])                    #创建3个元素的向量
a, a.shape
Out[5]:
(tensor([1., 2., 3.]), torch.Size([3]))
```

同样的方法,定义矩阵的实现如下。

```
In [6]:
a = torch.tensor([[1,2],[3,4]])                #创建2行2列的矩阵
a, a.shape
Out[6]:
(tensor([[1, 2],
        [3, 4]]), torch.Size([2, 2]))
```

三维张量的定义实现如下。

```
In [7]:
a = torch.tensor([[[1,2],[3,4]],[[5,6],[7,8]]])   #创建三维张量
Out[7]:
tensor([[[1, 2],
         [3, 4]],
        [[5, 6],
         [7, 8]]])
```

4.1.2 布尔类型

为了方便表达比较运算操作的结果,PyTorch 还支持布尔类型(Boolean,bool)的张量。布尔类型的张量只需要传入 Python 语言的布尔类型数据,转换成 PyTorch 内部布尔型即可,举例如下。

```
In [10]:
a = torch.tensor(True)                         #创建布尔类型标量
a, a.dtype
Out[10]:
(tensor(True), torch.bool)
```

同样地,创建布尔类型的向量,实现如下:

```
In [11]:
a = torch.tensor([True, False])                #创建布尔类型向量
Out[11]:
tensor([ True, False])
```

需要注意的是,PyTorch 的布尔类型和 Python 语言的布尔类型并不等价,不能通用,在进行==运算符比对时,会自动转换为张量对象,举例如下。

```
In [11]:
a = torch.tensor([True])                              # 创建 PyTorch 布尔张量
if a:  # 测试 if 条件
    print('True')
a == True                                             # 测试与 True 比对结果
Out[11]:
True # if 条件成立
tensor([True])                                        # == 比对自动转换为 PyTorch 张量
```

4.2 数值精度

对于数值类型的张量,可以保存为不同字节长度的精度,如浮点数 3.14 既可以保存为 16 位(bit)长度,也可以保存为 32 位甚至 64 位的精度。位越长,精度越高,同时占用的内存空间也就越大。常用的精度类型有 torch.int16、torch.int32、torch.int64、torch.float16、torch.float32、torch.float64 等,其中 torch.float64 即为 torch.double。

在创建张量时,可以通过 dtype 参数指定张量的保存精度,举例如下。

```
In [12]:                                              # 创建指定精度的张量
torch.tensor(123456789, dtype = torch.int16)
torch.tensor(123456789, dtype = torch.int32)
Out[12]:
tensor(-13035, dtype = torch.int16)
tensor(123456789, dtype = torch.int32)
```

可以看到,保存精度过低时,数据 123456789 发生了溢出,得到了错误的结果,在保存整型数据时,一般使用 torch.int32、torch.int64 精度。对于浮点数,高精度的张量可以表示更精准的数据,例如采用 torch.float32 精度保存 π 时,实际保存的数据为 3.1415927。代码如下。

```
In [13]:
import numpy as np
np.pi                                                 # 从 Numpy 中导入 pi 常量
a = torch.tensor(np.pi, dtype = torch.float32)        # 32 位
print("%.20f" % a)
Out[13]:
3.14159274101257324219
```

如果采用 torch.float64 精度保存 π,则能获得更高的精度,实现如下。

```
In [14]:
a = torch.tensor(np.pi, dtype = torch.float64)        # 64 位
print("%.20f" % a)
Out[14]:
3.14159265358979311600
```

对于大部分深度学习算法,一般使用 torch.int32 和 torch.float32 可满足大部分场合的运算精度要求,部分对精度要求较高的算法,如某些强化学习算法,可以选择使用 torch.int64 和 torch.float64 精度保存张量。在训练时,为了减少显存占用,也可以使用混合精度

训练(Mixed-precision Training)技术,即部分参数使用低精度表示,来显著降低大模型对硬件的要求。

4.2.1 读取精度

通过访问张量的 dtype 成员属性可以判断张量的保存精度,举例如下。

```
In [15]:
a = torch.tensor(np.pi, dtype = torch.float64)    # 64 位
print('before:', a.dtype)                          # 读取原有张量的数值精度
if a.dtype != torch.float32:                       # 如果精度不符合要求,则进行转换
    a = a.type(torch.float32)                      # tensor.type 函数可以完成精度转换
print('after :', a.dtype)                          # 打印转换后的精度
Out[15]:
before:torch.float64
after :torch.float32
```

对于某些只能处理指定精度类型的运算操作,需要提前检验输入张量的精度类型,并将不符合要求的张量进行类型转换。

4.2.2 类型转换

系统的每个模块使用的数据类型、数值精度可能各不相同,对于不符合要求的张量的类型及精度,需要通过 tensor.type 函数进行转换,举例如下。

```
In [16]:
a = torch.tensor(np.pi, dtype = torch.float16)    # 创建 float16 低精度张量
a = a.type(torch.double)                           # 转换为高精度张量
Out[16]:
tensor(3.1406, dtype = torch.float64)
```

进行类型转换时,需要保证转换操作的合法性,例如将高精度的张量转换为低精度的张量时,可能发生数据溢出隐患,代码如下。

```
In [17]:
a = torch.tensor(123456789, dtype = torch.int32)
a.type(torch.int16)                                # 转换为低精度整型
Out[17]:
tensor(-13035, dtype = torch.int16)
```

布尔类型与整型之间相互转换也是合法的,是比较常见的操作,举例如下。

```
In [18]:
a = torch.tensor([True, False])
a.int()                                            # 布尔类型转整型
Out[18]:
tensor([1, 0], dtype = torch.int32)
```

一般默认 0 表示 False,1 表示 True,在 PyTorch 中,将非 0 数字都视为 True,举例如下。

```
In [19]:
a = torch.tensor([-1, 0, 1, 2])
a.type(torch.bool)                                          #整型转布尔类型,或调用.bool()
Out[19]:
tensor([ True, False,  True,  True])
```

对于常见张量类型的转换,可以通过 long()、int()、float()、double() 等函数便捷地转换为 torch.int64、torch.int32、torch.float32、torch.float64 精度,举例如下。

```
a = torch.tensor(np.pi, dtype = torch.float64)              #保存为 float64 精度
a = a.long().float()                                        #转 int64 精度,再转 float32 精度
print(a, a.dtype)                                           #打印精度
```

最后获得的张量数值为 3,类型为 torch.float32。

4.3 待优化张量

为了区分需要计算梯度信息的张量与不需要计算梯度信息的张量,PyTorch 给每个张量添加了 requires_grad 属性,在创建张量时可以通过 torch.tensor(value, requires_grad=False) 指定是否需要计算梯度,上述创建的所有张量均使用默认参数 requires_grad=False。由于梯度运算会消耗大量的计算资源,而且会自动更新相关参数,对于不需要的优化的张量,如神经网络的输入 X,设置 requires_grad=False 即可;相反,对于需要计算梯度并优化的张量,如神经网络层的 W 和 b,必须设置 requires_grad=True,以便 PyTorch 跟踪相关梯度信息。

创建待优化张量时,指定 requires_grad=True 参数,这样创建的张量才能求解梯度,并且它的 requires_grad 属性为 True,举例如下。

```
In [20]:
w = torch.tensor(2., requires_grad = True)                  #创建 w 权值张量
print(w)
print(w.requires_grad)
Out[20]:
tensor(2., requires_grad = True)
True
```

除了在创建时指定参数是否需要计算梯度,还可以随时改变张量的属性,调用张量的 requires_grad_(mode) 函数即可,例如 w.requires_grad_(False) 即可将待优化张量转变为普通张量。

PyTorch 的自动梯度功能只允许对待优化张量进行梯度计算,例如:

```
In [21]:
from torch import autograd                                  #导入自动梯度子库

x = torch.tensor(1., requires_grad = False)                 #创建输入张量
w = torch.tensor(2., requires_grad = True)                  #创建 w 权值张量
```

```
b = torch.tensor(3., requires_grad = True)    # 创建 b 偏置张量
y = x * w + b                                  # 计算输出
dy_dw, dy_db = autograd.grad(y, [w,b])        # y 对 w,b 的偏导数
print(dy_dw, dy_db)                            # 打印偏导数
Out[21]:
tensor(1.),tensor(1.)
```

上述代码需要计算输出对 *w* 和 *b* 的偏导数,故在创建 *w* 和 *b* 张量时设置为待优化张量。如果没有设置 requires_grad 参数,则会产生类似如下的错误信息。

RuntimeError: element 0 of tensors does not require grad and does not have a grad_fn

4.4　创建张量

在 PyTorch 中,可以通过多种方式创建张量,如从 Python 列表对象创建,从 Numpy 数组创建,或者创建采样自某种已知分布的张量等,下面将逐一介绍。

4.4.1　从数组、列表对象创建

Numpy Array 数组和 Python List 列表是 Python 程序中非常重要的数据载体容器,很多数据都是通过 Python 语言将数据加载至 Array 或者 List 容器,再转换到 Tensor 类型,通过 PyTorch 运算处理后导出到 Array 或者 List 容器,方便其他模块调用。

通过 torch.tensor()函数可以创建新 Tensor,并将保存在 Python List 对象或者 Numpy Array 对象中的数据导入新 Tensor 中。特别地,对于 Numpy 数组,还可以通过 torch.from_numpy()函数导入,举例如下。

```
In [22]:
torch.from_numpy(np.array([1,2,3.]))           # 从 Numpy 导入张量
Out[22]:
tensor([1., 2., 3.])
```

需要注意的是,Numpy 浮点数数组默认使用 64 位精度保存数据,转换到 Tensor 类型时精度为 torch.float64,可以在需要的时候通过 float()函数将其转换为 torch.float32 类型。

4.4.2　创建全 0 或全 1 张量

将张量创建为全 0 或者全 1 数据是非常常见的张量初始化手段。考虑线性变换 $y = Wx + b$,将权值张量 *W* 初始化为全 1 矩阵,偏置张量 *b* 初始化为全 0 向量,此时线性变化层输出 $y = x$,因此是一种比较好的层初始化状态。通过 torch.zeros()和 torch.ones()即可创建任意形状,且内容全 0 或全 1 的张量。例如,创建为 0 和为 1 的标量,实现如下。

```
In [24]: torch.zeros([]),torch.ones([])        # 创建全 0,全 1 的标量
Out[24]:
(tensor(0.), tensor(1.))
```

同理，创建全 0 和全 1 的向量，实现如下。

```
In [25]: torch.zeros([1]),torch.ones([1])      #创建全0,全1的向量
Out[25]:
(tensor([0.]), tensor([1.]))
```

创建全 0 的矩阵，实现如下。

```
In [26]:torch.zeros([2,2])                    #创建全0矩阵,指定 shape 为 2 行 2 列
Out[26]:
tensor([[0., 0.],
        [0., 0.]])
```

创建全 1 的矩阵，实现如下。

```
In [27]:torch.ones([3,2])                     #创建全1矩阵,指定 shape 为 3 行 2 列
Out[27]:
tensor([[1., 1.],
        [1., 1.],
        [1., 1.]])
```

通过 torch.zeros_like，torch.ones_like 可以方便地新建与某个张量 shape 一致，且内容为全 0 或全 1 的张量。例如，创建与张量 *a* 形状一样的全 0 张量，实现如下。

```
In [28]:a = torch.ones([2,3])                 #创建一个矩阵
torch.zeros_like(a)                           #创建一个与a形状相同,但是全0的新矩阵
Out[28]:
tensor([[0., 0., 0.],
        [0., 0., 0.]])
```

创建与张量 *a* 形状一样的全 1 张量，实现如下。

```
In [29]: a = torch.zeros([3,2])               #创建一个矩阵
torch.ones_like(a)                            #创建一个与a形状相同,但是全1的新矩阵
Out[29]:
tensor([[1., 1.],
        [1., 1.],
        [1., 1.]])
```

torch.*_like 是一系列的便捷函数，可以通过 torch.zeros(a.shape)等方式实现。

4.4.3 创建自定义数值张量

除了初始化为全 0 或全 1 的张量之外，有时也需要全部初始化为某个自定义数值的张量，比如将张量的数值全部初始化为 −1 等。

通过 torch.full(shape，value)可以创建全为自定义数值 value 的张量，形状由 shape 参数指定。例如，创建元素为 −1 的标量，实现如下。

```
In [30]:torch.full([], -1)                    #创建元素为 -1 的标量
Out[30]:
tensor(-1.)
```

例如,创建所有元素为 9 的向量,实现如下。

```
In [31]:torch.full([1], 9)          #创建元素为 9 的向量
Out[31]:
tensor([9.])
```

例如,创建所有元素为 99 的矩阵,实现如下。

```
In [32]:torch.full([2,2], 99)       #创建 2 行 2 列,元素全为 99 的矩阵
Out[32]:
tensor([[99., 99.],
        [99., 99.]])
```

4.4.4　创建已知分布的张量

正态分布(Normal Distribution)和均匀分布(Uniform Distribution)是最常见的分布之一,创建采样自这两种分布的张量非常有用,比如在卷积神经网络中,卷积核张量 **W** 初始化为正态分布有利于网络的训练;在对抗生成网络中,隐藏变量 z 一般采样自均匀分布或正态分布。

通过 torch.randn(*shape)可以创建形状为 shape,均值为 0,标准差为 1 的正态分布 $\mathcal{N}(0,1)$。例如,创建均值为 0,标准差为 1 的正态分布,实现如下。

```
In [33]:torch.randn(2,2)            #创建标准正态分布的张量
Out[33]:
tensor([[ 0.6520,  0.4717],
        [-1.0058, -0.0756]])
```

如果要创建均值为 mean,标准差为 stddev 的任意正态分布,可以先通过 empty(*shape)函数创建一个未初始化的张量,再通过 normal_()函数初始化,即可获得采样自 $\mathcal{N}(mean, stddev^2)$ 分布的张量。例如,创建均值为 1,标准差为 0.5 的正态分布,实现如下。

```
In [34]:
a = torch.empty(2,3)                #创建 2 行 3 列的未初始化张量
a.normal_(mean=1,std=0.5)           #采用均值为 1,标准差为 0.5 的正态分布初始化
Out[34]:
tensor([[1.6049, 1.1765, 0.6371],
        [1.2312, 0.4867, 0.5699]])
```

通过 torch.rand()函数可以创建采样自[0,1)区间的均匀分布的张量。举例如下。

```
In [35]:torch.rand(2,3)             #创建采样自[0,1)均匀分布的矩阵
Out[35]:
tensor([[0.3236, 0.4731, 0.4211],
        [0.9777, 0.2799, 0.1205]])
```

如果希望获得采样自[minval,maxval]区间的分布,可以参照正态分布的方式,先创建张量,再初始化。例如,创建采样自区间[0,10),shape 为[2,3]的矩阵,实现如下。

```
In [36]:
a = torch.empty(2,3)              #创建2行3列的未初始化张量
a.uniform_(0, 10)                 #创建采样自[0,10)均匀分布的矩阵
Out[36]:
tensor([[7.6069, 3.2414, 9.8524],
        [4.6536, 5.4692, 0.9174]])
```

更完备的分布函数可从 torch.distributions 子库中获取,详情可查阅官方文档。

```
In [37]:
from torch.distributions import Bernoulli
dist = Bernoulli(torch.tensor([0.3]))    #创建 p = 0.3 的 Bernoulli 分布
dist.sample(torch.Size([10]))            #采样10次
Out[37]:
tensor([[1.],
        [0.],
        [0.],
        [1.],
        [0.],
        [1.],
        [0.],
        [0.],
        [1.],
        [0.]])
```

可以看到,10次采样中出现数字1的次数为4,随着采样次数增多,产生的分布越来越接近理论分布。

4.4.5 创建序列

在循环计算或者对张量进行索引时,经常需要创建一段连续的整型序列,可以通过 torch.arange()函数实现。torch.arange(start,end,step)可以创建[start,end)之间,步长为 step 的整型序列,不包含 end 本身。例如,创建 0~10,步长为 1 的整型序列,实现如下。

```
In [38]:torch.arange(0,10,1)          #0~10,不包含10
Out[38]:
tensor([0, 1, 2, 3, 4, 5, 6, 7, 8, 9])
```

例如,创建 1~10,步长为 2 的整型序列,实现如下。

```
In [39]:
torch.arange(1, 10, step = 2)          #创建1~10,步长为2的整型向量
Out[39]:
tensor([1, 3, 5, 7, 9])
```

需要注意的是,torch.range(start,end,step)函数是创建[start,limit]区间,步长为 step 的序列,但包含 end 本身。例如,实现如下。

```
In [40]: torch.range(2,10,step = 2)    #2~10,步长为2
Out[40]:
tensor([ 2.,  4.,  6.,  8., 10.])
```

4.5　张量的典型应用

在介绍完张量的相关属性和创建方式后,下面将介绍每种维度数下张量的典型应用,让读者在看到每种张量时,能够直观地联想到它主要的物理意义和用途,为后续张量的维度变换等一系列抽象操作的学习打下基础。

本节在介绍典型应用时不可避免地会提及后续将要学习的网络模型或算法,学习时不需要完全理解,有初步印象即可。

4.5.1　标量

标量最容易理解,它就是一个简单的数字,维度数为 0,shape 为[]。标量的典型用途有误差值的表示、各种测量指标的表示,比如准确率(Accuracy,acc)、精度(Precision,P)和召回率(Recall,R)等。

考虑某个模型的训练曲线,如图 4.1 所示,横坐标为训练步数,纵坐标分别为误差变化趋势(如图 4.1(a)所示)和准确率变化趋势曲线(如图 4.1(b)所示),其中损失值和准确率均由张量计算产生,类型为标量,因此可以直接可视化为曲线图。

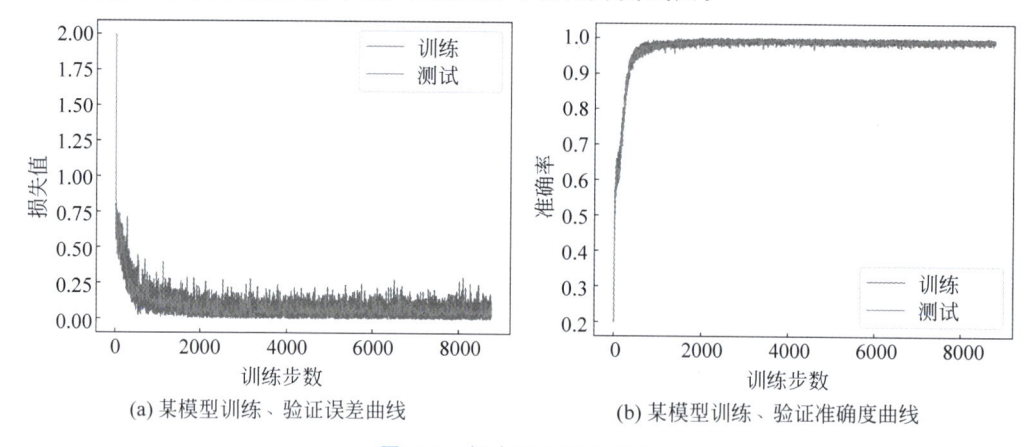

(a) 某模型训练、验证误差曲线　　(b) 某模型训练、验证准确度曲线

图 4.1　损失和准确度曲线

以均方误差函数为例,经过 F.mse_loss 函数返回每个样本上的误差值,最后取误差的均值作为当前 batch 的误差,它是一个标量,代码如下。

```
In [41]:
from torch.nn import functional as F     # 导入函数库
out = torch.randn(4,10)                   # 随机模拟网络输出
y = torch.tensor([2,3,2,0])               # 随机构造样本真实标签
y = F.one_hot(y, num_classes = 10)        # One-hot 编码
loss = F.mse_loss(y, out)                 # 计算每个样本的 MSE
print(loss)
```

Out[41]:
tensor(0.6544)

需要注意的是，为了方便演示，本书大量使用随机函数 randn 来生成模拟的数据，因此每次运行的结果可能会不完全相同。

4.5.2 向量

向量是一种非常常见的数据载体，如在全连接层和卷积神经网络层中，偏置张量 b 就使用向量来表示。如图 4.2 所示，每个全连接层的输出节点都添加了一个偏置值，这里把所有输出节点的偏置表示成向量形式：$b=[b_1,b_2]^T$。

考虑两个输出节点的网络层，这里创建长度为 2 的偏置向量 b，并累加在每个输出节点上，代码如下。

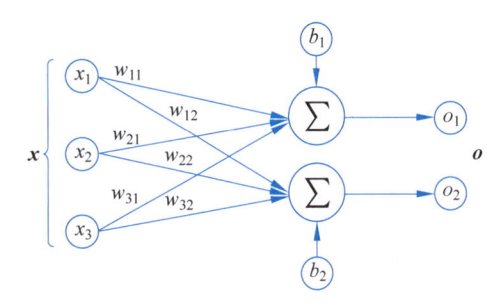

图 4.2 偏置的典型应用

```
In [42]:
# z = wx,模拟获得激活函数的输入 z
z = torch.randn(4,2)                    # 创建 z 向量
b = torch.zeros(2)                      # 创建偏置向量
z = z + b                               # 累加上偏置向量
Out[42]:
tensor([[ 0.3356,  0.4348],
        [ 0.2655, -1.1478],
        [-1.1523, -0.4272],
        [ 0.3958,  0.9067]])
```

注意到这里 shape 为 [4,2] 的 z 向量和 shape 为 [2] 的 b 向量可以直接相加，读者可以思考下为什么呢？原因将在"4.8 Broadcasting 机制"一节为大家揭秘。

通过高层接口类 Linear() 方式创建的网络层，张量 W 和 b 存储在类的内部，由类自动创建并管理。可以通过全连接层的 bias 成员变量查看偏置变量 b，例如创建输入节点数为 4，输出节点数为 3 的线性层网络，那么它的偏置向量 b 的长度应为 3，实现如下。

```
In [43]:
from torch import nn                    # 导入神经网络子库
# 创建一层 Wx + b,输出节点为 3,输出节点数为 4
fc = nn.Linear(3, 4)
fc.bias                                 # 查看偏置向量
Out[43]:
Parameter containing:
tensor([-0.3838, -0.4073, -0.3051, -0.4540], requires_grad=True)
```

可以看到，类的偏置成员 bias 为长度为 4 的向量，同时注意到其 requires_grad 属性为 True，这是因为 W 和 b 都是待优化参数张量，需要在训练时计算梯度信息。

4.5.3 矩阵

矩阵也是非常常见的张量类型,比如全连接层的批量输入张量 X 的形状为 $[b, d_{in}]$,其中 b 表示输入样本的个数,即 Batch Size,d_{in} 表示输入特征的长度。例如特征长度为 4,一共包含 2 个样本的输入可以表示为矩阵,实现如下。

```
x = torch.randn(2,4)          #2 个样本,特征长度为 4 的张量
```

令全连接层的输出节点数为 3,则它的权值张量 W 的 shape 为 $[4, 3]$,利用张量 X、W 和向量 b 可以直接实现一个网络层,代码如下。

```
In [44]:
w = torch.ones(4, 3)          #定义 W 张量
b = torch.zeros(3)            #定义 b 张量
o = x@w + b                   #X@W + b 运算
Out[44]:
tensor([[ 3.0048,  3.0048,  3.0048],
        [-3.2164, -3.2164, -3.2164]])
```

其中 X 和 W 张量均是矩阵,上述代码实现了一个线性变换的网络层,激活函数为空。一般地,$\sigma(X@W+b)$ 网络层称为全连接层(Fully Connected Layer,FC),在 PyTorch 中可以通过 Linear 类直接实现,特别地,当激活函数 σ 为空时,全连接层也称为线性层。比如,通过 Linear 类创建输入 4 个节点,输出 3 个节点的网络层,并通过全连接层的 kernel 成员名查看其权值张量 W,实现如下。

```
In [45]:
#定义全连接层的输出节点为 3,输入节点为 4
fc = nn.Linear(4, 3)
fc.weight                     #查看权值张量 W
Out[45]:
Parameter containing:
tensor([[-0.1410,  0.1454, -0.3955, -0.1701],
        [-0.4014, -0.1272,  0.4098,  0.1506],
        [ 0.3666, -0.0396,  0.4938,  0.2749]], requires_grad=True)
```

同理,权值张量 W 也是待优化张量,requires_grad 属性为 True。上述 nn.Linear 类实现的功能其实和 $X@W+b$ 等价,使用更方便。

4.5.4 三维张量

三维的张量一个典型应用是表示序列信号,它的格式是

$$X = [d_{seq}, b, d_{feat}]$$

其中 b 表示序列信号的数量,d_{seq} 表示序列信号在时间维度上的采样点数或步数,d_{feat} 表示每个点的特征长度。

考虑自然语言处理(Natural Language Processing,NLP)中句子的表示,如评价句子是

否为正面情绪的情感分类任务网络,如图 4.3 所示。为了能够方便字符串被神经网络处理,一般将单词通过嵌入层(Embedding Layer)编码为固定长度的向量,比如"a"编码为某个长度 3 的向量,那么 2 个等长(单词数量为 5)的句子序列可以表示为 shape 为[2,5,3]的三维张量,其中 2 表示句子个数,5 表示单词数量,3 表示单词向量的长度。我们通过 IMDB 数据集来演示如何表示句子,代码如下。

```
In [46]:                                              # 自动加载 IMDB 电影评价数据集
from     torchtext import data, datasets              # 需要先安装 torchtext 库

# 创建 2 个 Field 对象,即文本(设置最长 80 个单词)和文本的标签信息(正、负面评价)
TEXT = data.Field(tokenize = 'spacy', fix_length = 80)
LABEL = data.LabelField(dtype = torch.float)
# 自动下载、加载、切割 IMDB 数据集
train_data, test_data = datasets.IMDB.splits(TEXT, LABEL)

print('len of train data:', len(train_data))          # 打印训练集句子数量
print('len of test data:', len(test_data))            # 打印测试集句子数量
print('example text:', train_data.examples[15].text)  # 随机打印一条句子的内容
print('example label:', train_data.examples[15].label)# 打印这条句子的标签
# 构建词汇表,并分词编码,仅考虑 10000 个单词,耗时约 5 分钟
TEXT.build_vocab(train_data, max_size = 10000, vectors = 'glove.6B.100d')
LABEL.build_vocab(train_data)
# 打印单词数量:10000 + <unk> + <pad>
print(f'Unique tokens in TEXT vocabulary: {len(TEXT.vocab)}')
# 打印标签数量:pos + neg
print(f'Unique tokens in LABEL vocabulary: {len(LABEL.vocab)}')
Out [46]:                                             # 输出
len of train data: 25000
len of test data: 25000
example text: ['If', 'you', "'ve", 'seen', 'this', 'movie', … '.']
example label: pos
Unique tokens in TEXT vocabulary: 10002
Unique tokens in LABEL vocabulary: 2
```

可以看到训练集和测试集的长度都为 25000,即 25000 条句子数量,分词后的单词使用数字编码方式表示,例如,部分单词的数字编码方案如下。

'<unk>': 0, '<pad>': 1, 'the': 2, ',': 3, '.': 4, 'and': 5, 'a': 6, 'of': 7, 'to': 8, 'is': 9, 'in': 10, 'I': 11, 'it': 12, 'that': 13, '"': 14

为了有效表达单词直接的语义相关性,通常需要将数字编码的单词转换为向量编码,即词向量。这里通过 nn.Embedding 层将数字编码的单词转换为长度为 100 个词向量,实现如下。

```
In [47]:
# 创建词向量 Embedding 层,输入最大 10002 个单词,编码长度为 100 的向量
embedding = nn.Embedding(10002, 100)
label = next(iter(train_iterator)).label              # 取一个批的标签
text = next(iter(train_iterator)).text                # 取一个批的句子
```

```
        print('before:', text.shape, label.shape)                    # 打印批形状

        word_vec = embedding(text)                                   # 通过 Embedding 层获取词向量
        print('after:', word_vec.shape)                              # 打印词向量的 shape

Out[47]:
before: torch.Size([80, 30]) torch.Size([30])
after: torch.Size([80, 30, 100])
```

编码前，句子的 shape 为 [80,30]，表示 30 个句子，句子最长长度为 80；经过 Embedding 层编码后，句子张量的 shape 变为 [80,30,100]，其中 100 表示每个单词编码为长度是 100 的向量。这也是三维张量的典型用途之一。

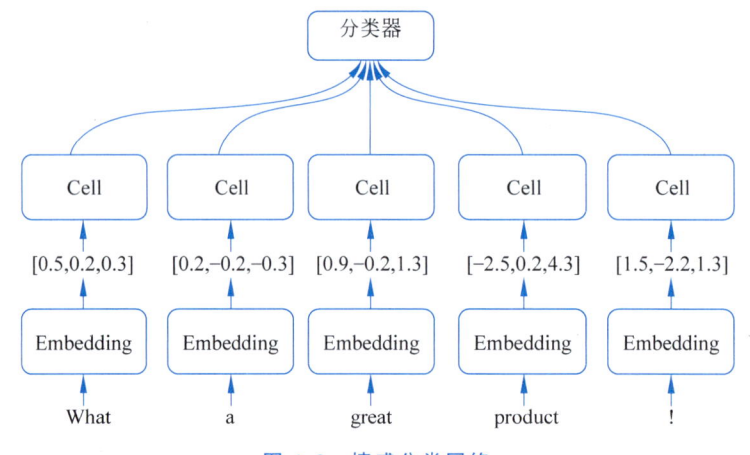

图 4.3　情感分类网络

对于特征长度为 1 的序列信号，比如商品价格在 60 天内的变化曲线，只需要一个标量即可表示商品的价格，因此两件商品的价格变化趋势可以使用 shape 为 [2,60] 的张量表示。为了方便统一格式，也将价格变化趋势表达为 shape 为 [2,60,1] 的张量，其中的 1 表示特征长度为 1。

4.5.5　四维张量

这里只讨论三维张量和四维张量，大于四维的张量并没有什么特殊之处，只是增加了更多的轴，如在元学习（Meta Learning）、目标检测中会采用五维甚至六维的张量表示方法，理解方法与三、四维张量类似，不再赘述。

四维张量在卷积神经网络中应用非常广泛，它用于保存特征图（Feature Maps）数据，格式一般定义为

$$[b,c,h,w]$$

其中 b 表示输入样本的数量，h/w 分别表示特征图的高/宽，c 表示特征图的通道数，部分深度学习框架也会使用 $[b,h,w,c]$ 格式的特征图张量，例如 TensorFlow。图片数据是特征图的一种，对于含有 RGB 3 个通道的彩色图片，每张图片包含了 h 行 w 列像素点，每个点需

要 3 个数值表示 RGB 通道的颜色强度,因此一张图片可以表示为 $[h,w,3]$,在导入 PyTorch 后,需要将通道维度提前。如图 4.4 所示,最上层的图片表示原图,它包含了下面 3 个通道的强度信息。

神经网络中一般并行计算多个输入以提高计算效率,故 b 张图片的张量可表示为 $[b,3,h,w]$,举例如下。

```
In [48]:
#创建32x32的彩色图片输入,个数为4
x = torch.randn(4, 3, 32, 32)
#创建卷积神经网络
layer = nn.Conv2d(3, 16, kernel_size = 3)
out = layer(x)                          #前向计算
out.shape                               #输出大小
Out[48]:torch.Size([4, 16, 30, 30])
```

图 4.4 图片的 RGB 通道特征图

其中卷积核张量 W 也是四维张量,可以通过 weight 成员变量访问:

```
In [49]:layer.weight.shape              #访问卷积核权值张量
Out[49]:torch.Size([16, 3, 3, 3])
```

4.6 索引与切片

通过索引与切片操作可以提取张量的部分数据,它们的使用频率非常高,需要熟练掌握。

4.6.1 索引

PyTorch 张量支持基本的 $[i][j]\cdots[k]$ 标准索引方式,也支持通过逗号分隔索引号的索引方式。考虑输入 X 为 4 张 32×32 大小的彩色图片,shape 为 $[4,32,32,3]$,首先创建张量,代码如下。

```
x = torch.randn(4,32,32,3)              #创建四维张量
```

下面使用索引方式读取张量的部分数据。

(1) 取第 1 张图片的数据,实现如下。

```
In [51]:x[0]            #程序中的第一的索引号应为0,容易混淆,不过不影响理解
Out[51]:
tensor([[[ 1.3005302 ,  1.5301839 , -0.32005513],
         [-1.3020388 ,  1.7837263 , -1.0747638 ], ...
         [-1.1092019 , -1.045254  , -0.4980363 ],
         [-0.9099222 ,  0.3947732 , -0.10433522]]])
```

(2) 取第 1 张图片的第 2 行数据,实现如下。

```
In [52]:x[0][1]
Out[52]:
```

```
tensor([[ 4.2904025e-01,  1.0574218e+00,  3.1540772e-01],
        [ 1.5800388e+00, -8.1637271e-02,  6.3147342e-01], ...,
        [ 2.8893018e-01,  5.8003378e-01, -1.1444757e+00],
        [ 9.6100050e-01, -1.0985689e+00,  1.0827581e+00]])
```

(3) 取第 1 张图片，第 2 行、第 3 列的数据，实现如下。

```
In [53]: x[0][1][2]
Out[53]:
tensor([-0.55954427,  0.14497331,  0.46424514])
```

(4) 取第 3 张图片，第 2 行、第 1 列的像素，B 通道（第 2 个通道）颜色强度值，实现如下：

```
In [54]: x[2][1][0][1]
Out[54]:
Tensor(-0.84922135)
```

当张量的维度数较高时，使用 $[i][j]\cdots[k]$ 的方式书写不方便，可以采用 $[i,j,\cdots,k]$ 的方式索引，它们是等价的。

(5) 取第 2 张图片，第 10 行、第 3 列的数据，实现如下。

```
In [55]: x[1,9,2]
Out[55]:
tensor([ 1.7487534, -0.41491988, -0.2944692 ])
```

4.6.2 切片

通过 start:end:step 切片方式可以方便地提取一段数据，其中 start 为开始读取位置的索引，end 为结束读取位置的索引（不包含 end 位），step 为采样步长。

以 shape 为 [4,32,32,3] 的图片张量为例，解释如何通过切片获得不同位置的数据。例如读取第 2、3 张图片，实现如下。

```
In [56]: x[1:3]
Out[56]:
tensor([[[[ 0.6920027 ,  0.18658352,  0.0568333 ],
          [ 0.31422952,  0.75933754,  0.26853144],
          [ 2.7898    , -0.4284912 , -0.26247284],...
```

start:end:step 切片方式有很多简写方式，其中 start、end 和 step 3 个参数可以根据需要选择性地省略，全部省略时即为 ::，表示从最开始读取到最末尾，步长为 1，即不跳过任何元素。如 x[0,::] 表示读取第 1 张图片的所有行，其中 :: 表示在行维度上读取所有行，它等价于 x[0] 的写法，代码如下。

```
In [57]:
x[0,::]                                      # 读取第 1 张图片
Out[57]:
tensor([[[ 1.3005302 ,  1.5301839 , -0.32005513],
         [-1.3020388 ,  1.7837263 , -1.0747638 ],
         [-1.1230233 , -0.35004002,  0.01514002],
         ...]
```

为了书写更为简洁,:: 可以简写为单个冒号:形式,举例如下。

```
In [58]: x[:,0:28:2,0:28:2,:]
Out[58]:
tensor([[[[ 1.3005302 ,  1.5301839 , -0.32005513],
          [-1.1230233 , -0.35004002,  0.01514002],
          [ 1.3474811 ,  0.639334  , -1.0826371 ],
          ...
```

表示读取所有图片、隔行采样、隔列采样、读取所有通道数据,相当于在图片的高宽维度上各缩放至原来的 50%。

现在来总结一下 start:end:step 切片的简写方式,其中从第一个元素读取时 start 可以省略,取到最后一个元素时 end 可以省略,步长为 1 时 step 可以省略,简写方式总结如表 4.1 所示。

表 4.1 切片方式格式总结

切片方式	意　　义
start:end:step	从 start 开始读取到 end(不包含 end),步长为 step
start:end	从 start 开始读取到 end(不包含 end),步长为 1
start:	从 start 开始读取完后续所有元素,步长为 1
start::step	从 start 开始读取完后续所有元素,步长为 step
:end:step	从 0 开始读取到 end(不包含 end),步长为 step
:end	从 0 开始读取到 end(不包含 end),步长为 1
::step	步长为 step 采样
::	读取所有元素
:	读取所有元素

特别地,step 可以为负数,考虑最特殊的一种例子,当 step=-1 时,start:end:-1 表示从 start 开始,逆序读取至 end 结束(不包含 end),索引号 end≤start。例如,::-1 表示对当前维度的元素逆序读取。

遗憾地是,截至 PyTorch 1.5 版本,负数 step 切片不能被直接支持,需要通过其他方式间接实现。考虑一个 0~9 的简单序列向量,逆序取到第 1 号元素,不包含第 1 号元素,实现如下。

```
In [59]:
x = torch.arange(9)                              #创建 0~9 向量
#从 8 取到 1,逆序 step=-1,不包含 1
inv_idx = torch.arange(8, 1, -1).long()
inv_tensor = x[inv_idx]                          #索引
Out[59]:
tensor([8, 7, 6, 5, 4, 3, 2])
```

逆序取全部元素,实现如下。

```
In [60]:
torch.flip(x,[0])                                #逆序取全部元素,0 参数为维度
Out[60]:
tensor([8, 7, 6, 5, 4, 3, 2, 1, 0])
```

逆序间隔采样,实现如下。

```
In [61]:
#逆序间隔2采样
inv_idx = torch.arange(x.size(0)-1, -1, -2).long()
inv_tensor = x[inv_idx]                              #索引
Out[61]:
tensor([8, 6, 4, 2, 0])
```

读取每张图片的所有通道,其中行按着逆序隔行采样,列按着逆序隔行采样,实现如下。

```
In [62]:
x = torch.randn(4,32,32,3)
#高逆序间隔索引号
h_idx = torch.arange(x.size(1)-1, -1, -2).long()
#宽逆序间隔索引号
w_idx = torch.arange(x.size(2)-1, -1, -2).long()
x = x[:, h_idx]                                      #采样所有图片的高
x = x[:, :, w_idx]                                   #采样所有图片的宽,[4,16,16,3]
Out[62]:
tensor([[[ 0.63320625,  0.0655185 ,  0.19056146],
         [-1.0078577 , -0.61400175,  0.61183935],
         [ 0.9230892 , -0.6860094 , -0.01580668],
         ...)
```

当张量的维度数量较多时,不需要采样的维度一般用单冒号(:)表示采样所有元素,此时有可能出现大量的:。继续考虑 [4,32,32,3] 的图片张量,当需要读取 G 通道上的数据时,前面所有维度全部提取,此时需要写为

```
In [63]:x[:,:,:,1]                                   #取 G 通道数据,[4,32,32]
Out[63]:
tensor([[[ 0.575703  ,  0.11028383, -0.9950867 , ...,  0.38083118,
          -0.11705163, -0.13746642],
         ...)
```

为了避免出现像 $x[:,:,:,1]$ 这样过多冒号的情况,可以使用…符号表示取多个维度上所有的数据,其中维度的数量需根据规则自动推断:当切片方式出现…符号时,…符号左边的维度将自动对齐到最左边,…符号右边的维度将自动对齐到最右边,此时系统再自动推断…符号代表的维度数量,它的切片方式总结如表 4.2 所示。

表 4.2　…符号切片方式总结

切片方式	意义
a,…,b	a 维度对齐到最左边,b 维度对齐到最右边,中间的维度全部读取,其他维度按 a/b 的方式读取
a,…	a 维度对齐到最左边,a 维度后的所有维度全部读取,a 维度按 a 方式读取。这种情况等同于 a 索引/切片方式
…,b	b 维度对齐到最右边,b 维度之前的所有维度全部读取,b 维度按 b 方式读取
…	读取张量所有数据

考虑如下例子。

(1) 读取第 1~2 张图片的 G/B 通道数据,代码如下。

```
In [64]: x[0:2,...,1:]              #高宽维度全部采集,(2, 32, 32, 2)
Out[64]:
tensor([[[[ 0.575703  ,  0.8872789 ],
          [ 0.11028383, -0.27128693],
          [-0.9950867 , -1.7737272 ],
          ...)
```

(2) 读取最后 2 张图片,代码如下。

```
In [65]:x[2:,...]                   #高、宽、通道维度全部采集,等价于x[2:],(2, 32, 32, 3)
Out[65]:
tensor([[[[-8.10753584e-01,  1.10984087e+00,  2.71821529e-01],
          [-6.10031188e-01, -6.47952318e-01, -4.07003373e-01],
          [ 4.62206364e-01, -1.03655539e-01, -1.18086267e+00],
          ...)
```

(3) 读取 R/G 通道数据,代码如下。

```
In [66]:x[...,:2]                   #所有样本,所有高、宽的前2个通道,(4, 32, 32, 2)
Out[66]:
tensor([[[[-1.26881   ,  0.575703  ],
          [ 0.98697686,  0.11028383],
          [-0.66420585, -0.9950867 ],
          ...)
```

4.6.3 小结

张量的索引与切片方式多种多样,尤其是切片操作,初学者容易犯迷糊。但本质上切片操作只有 start:end:step 这一种基本形式,通过这种基本形式有目的地省略掉默认参数,从而衍生出多种简写方法,这也是很好理解的。它衍生的简写形式熟练后一看就能推测出省略掉的信息,书写起来也更方便快捷。由于深度学习一般处理的维度数在四维左右,…符号完全可以用:符号代替,因此理解了这些就会发现张量切片操作并不复杂。

4.7 维度变换

在神经网络运算过程中,维度变换是最核心的张量操作,通过维度变换可以将数据任意地切换形式,满足不同场合的运算需求。

那么为什么需要维度变换呢?考虑线性层的批量形式:

$$Y = X@W + b$$

其中,假设 X 包含了 2 个样本,每个样本的特征长度为 4,X 的 shape 为 [2,4]。线性层的输出为 3 个节点,即 W 的 shape 定义为 [4,3],偏置 b 的 shape 定义为 [3]。那么 $X@W$ 的运算结果张量 shape 为 [2,3]，最后叠加上 shape 为 [3] 的偏置 b。不同 shape 的 2 个张量是怎么直接相加的呢？

回顾设计偏置的初衷，它是给每个层的每个输出节点添加一个偏置，这个偏置数据对所有的样本都是共享的，换言之，每个样本都应该累加上同样的偏置向量 b，如图 4.5 所示。

因此，对于 2 个样本的输入 X，需要将 shape 为 [3] 的偏置

$$b = \begin{bmatrix} b_1 \\ b_2 \\ b_3 \end{bmatrix}$$

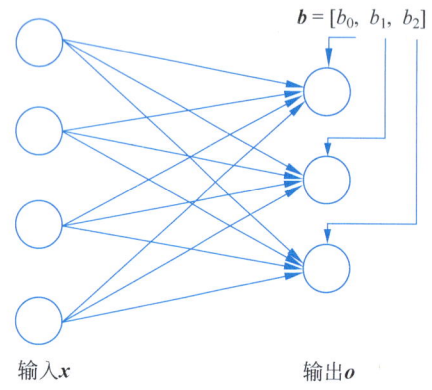

图 4.5 线性层的偏置示意图

按样本数量复制 1 份，变成如下的矩阵形式 B'，即

$$B' = \begin{bmatrix} b_1 & b_2 & b_3 \\ b_1 & b_2 & b_3 \end{bmatrix}$$

$X' = X @ W$，即

$$X' = \begin{bmatrix} x'_{11} & x'_{12} & x'_{13} \\ x'_{21} & x'_{22} & x'_{23} \end{bmatrix}$$

此时 X' 与 B' 的 shape 相同，满足矩阵相加的数学条件，可得

$$Y = X' + B' = \begin{bmatrix} x'_{11} & x'_{12} & x'_{13} \\ x'_{21} & x'_{22} & x'_{23} \end{bmatrix} + \begin{bmatrix} b_1 & b_2 & b_3 \\ b_1 & b_2 & b_3 \end{bmatrix}$$

通过这种方式，既满足了数学定义上矩阵相加需要 shape 一致的条件，又达到了给每个输入样本的输出节点共享偏置向量的逻辑。为了实现这种运算方式，需要给偏置向量 b 插入一个新的维度，并把它定义为 batch 维度，然后在 batch 维度上将数据复制 1 份，得到变换后的 B'，新的张量 shape 为 [2,3]。这一系列的运算操作就是维度变换操作。

算法的每个模块对于数据张量的格式有不同的逻辑要求，当现有的数据格式不满足算法要求时，需要通过维度变换将数据调整为正确的格式。这就是维度变换的功能。维度变换并不是漫无目的地随意变换格式，而是根据业务逻辑，通过改变格式的方式实现相应的运算逻辑。因此理解维度变换的背后逻辑一定需先理解业务逻辑。

基本的维度变换操作函数包含了改变视图 reshape 操作、插入新维度 expand_dims 操作、删除维度 squeeze 操作、交换维度 transpose 操作、复制数据 tile 操作等，下面将逐一介绍。

4.7.1 改变视图

在介绍改变视图 reshape 操作之前，先来认识一下张量的存储（Storage）和视图（View）的概念。张量的视图就是人们理解张量的方式，比如 shape 为 [2,3,4,4] 的张量 A，从逻辑

上可以理解为2张图片,每张图片4行4列,每个位置有RGB 3个通道的数据;张量的存储体现在张量在内存上保存为一段连续的内存区域,它类似于向量的一维结构,无法表达高维数据结构。因此对于同样的存储,可以有不同的维度理解方式,比如上述张量 A,可以在不改变张量的存储的条件下,将张量 A 理解为 2 个样本,每个样本的特征是长度为 48 的向量,甚至还可以理解为 4 个样本,每个样本的特征是长度为 24 的向量。同一个存储,从不同的角度观察数据,可以产生不同的视图,这就是存储与视图的关系。视图的产生是非常灵活的,但需要人为保证是合理且合法的。

通过 torch.arange() 模拟生成一个向量数据,并通过 torch.reshape() 视图改变函数产生不同的视图,举例如下。

```
In [67]:
x = torch.arange(96)                    #生成向量
x = torch.reshape(x,[2,3,4,4])          #改变 x 的视图,获得四维张量,存储并未改变
Out[67]:           #可以观察到数据仍然是 0~95 的顺序,可见数据并未改变,改变的是数据的结构
tensor([[[[ 0,  1,  2,  3],
          [ 4,  5,  6,  7],...
          [88, 89, 90, 91],
          [92, 93, 94, 95]]]])
```

在存储数据时,内存并不支持这个维度层级概念,只能以平铺方式按序写入内存,因此这种层级关系需要人为管理,也就是说,每个张量维度结构需要人为跟踪。为了方便表达,这里把张量 shape 列表中相对靠左侧的维度叫作大维度,shape 列表中相对靠右侧的维度叫作小维度,比如[2,4,4,3]的张量中,图片数量维度与通道数量相比,图片数量叫作大维度,通道数叫作小维度。在优先写入小维度的存储设定下,上述张量的内存布局为

1	2	3	4	5	6	7	8	9	…	…	…	93	94	95

数据在创建时按着初始的维度顺序写入,改变张量的视图仅仅是改变了张量的理解方式,并不会改变张量的存储顺序,这在一定程度上是从计算效率考虑的,大量数据的写入操作会消耗较多的计算资源。存储时数据只有平坦结构,与数据的逻辑结构是分离的,这是一把双刃剑。如果新的逻辑结构不需要改变数据的存储方式,就可以节省大量计算资源,这也是改变视图操作的优势。改变视图操作在提供便捷性的同时,也会带来很多逻辑隐患,这主要的原因是改变视图操作的默认前提是存储不需要改变,否则改变视图操作就是非法的。接下来先介绍合法的视图变换操作,再介绍不合法的视图变换。

例如,张量 A 按着初始视图$[b,c,h,w]$写入的内存布局,如果改变 A 的理解方式,它可以有如下多种合法的理解方式:

① $[b,c,h\cdot w]$张量理解为 b 张图片,c 个通道,$h\cdot w$ 个像素点;
② $[b,c\cdot h,w]$张量理解为 b 张图片,$c\cdot h$ 行,每行的特征长度为 w;
③ $[b,c\cdot h\cdot w]$张量理解为 b 张图片,每张图片的特征长度为 $c\cdot h\cdot w$。

上述新视图的存储都不需要改变,是合理的视图变换。

从语法上来说,视图变换还需要满足新视图的元素总量与存储区域大小相等。对于上

述例子,新视图的元素数量等于

$$b \cdot c \cdot h \cdot w$$

正是由于视图的设计的语法约束很少,合法即可。而合理性完全由用户定义,使得在改变视图时容易出现逻辑隐患。

现在来考虑不合理的视图变换。例如,如果定义新视图为 $[b,w,h,c]$、$[b,c,h \cdot w]$ 或者 $[b,c,h,w]$ 等时,依据逻辑需要调整张量的存储顺序,如果不同步更新张量的存储顺序,那么恢复出的数据将与新视图的逻辑不一致,从而导致数据错乱。合理性通常需要用户正确理解数据,才能判断操作是否合理,因此具有一定主观性,但是对于大部分逻辑变换操作而言,合理性都是可较好判断的。改变张量的存储顺序将在"4.7.3 交换维度"节介绍。

在算法设计过程中,维度变换操作通常是连续反复进行的,为了保持合理的维度变换,常用的技巧就是人为跟踪存储的维度顺序。例如根据"图片数量—行—列—通道"初始视图保存的张量,存储也是按照"图片数量—行—列—通道"的顺序写入的。如果按"图片数量—像素—通道"的方式恢复视图,并没有与"图片数量—行—列—通道"相悖,因此能得到合理的数据。但是如果按"图片数量—通道—像素"的方式恢复数据,由于内存布局是按"图片数量—行—列—通道"的顺序,视图维度顺序与存储维度顺序相悖,提取的数据将是错乱的。

通过 reshape 改变视图时,必须始终记住张量的存储顺序,新视图的维度顺序不能与存储顺序相悖,否则需要通过交换维度操作将存储顺序同步过来。举个例子,对于 shape 为 $[4,3,32,32]$ 的图片数据,通过 reshape 操作将 shape 调整为 $[4,3,1024]$,此时视图的维度顺序为 b-c-pixel,张量的存储顺序为 $[b,c,h,w]$。因此可以将 $[4,3,1024]$ 作如下的恢复操作:

① 当 $[b,c,h,w]=[4,3,32,32]$ 时,新视图的维度顺序与存储顺序无冲突,可以恢复出无逻辑问题的数据;

② 当 $[b,c,w,h]=[4,3,32,32]$ 时,新视图的维度顺序与存储顺序冲突;

③ 当 $[c \cdot h \cdot w,b]=[3072,4]$ 时,新视图的维度顺序与存储顺序冲突。

在 PyTorch 中,可以通过张量的 ndim 和 shape 成员属性、size() 函数来获得张量的维度数和形状,代码如下。

```
In [68]:
x.ndim,x.shape,x.size()        #获取张量的维度数和形状列表
Out[68]:
(4, torch.Size([2, 3, 4, 4]), torch.Size([2, 3, 4, 4]))
```

通过 x.reshape(new_shape) 或 x.view(new_shape),可以将张量的视图自由改变,举例如下。

```
In [69]:
x.view(2,-1)                   # shape = (2, 48)
Out[69]:
tensor([[ 0,  1,  2,  3,  4,  5,  6,  7,  8,  9, 10, 11, 12, 13, 14, 15,
         16, 17, 18, 19, 20, 21, 22, 23, 24, 25, 26, 27, 28, 29, 30, 31,...
         80, 81, 82, 83, 84, 85, 86, 87, 88, 89, 90, 91, 92, 93, 94, 95]])
```

其中的参数-1表示当前轴上长度需要根据张量总元素不变的合法性原则自动推导,从而方便用户书写。比如,上面的-1可以推导为

$$\frac{2\times 4\times 4\times 3}{2}=48$$

再次改变数据的视图为[2,3,16],实现如下。

```
In [70]:x.reshape([2,3,16])
Out[70]:
tensor([[[ 0,  1,  2,  3,  4,  5,  6,  7,  8,  9, 10, 11, 12, 13, 14, 15],
         [16, 17, 18, 19, 20, 21, 22, 23, 24, 25, 26, 27, 28, 29, 30, 31],...
         [64, 65, 66, 67, 68, 69, 70, 71, 72, 73, 74, 75, 76, 77, 78, 79],
         [80, 81, 82, 83, 84, 85, 86, 87, 88, 89, 90, 91, 92, 93, 94, 95]]])
```

再次改变数据的视图为[2,12,4],实现如下。

```
In [71]:x.reshape([2,-1,4])
Out[71]:
tensor([[[ 0,  1,  2,  3],
         [ 4,  5,  6,  7],...
         [88, 89, 90, 91],
         [92, 93, 94, 95]]])
```

通过上述一系列连续变换视图操作时需要意识到,张量的存储顺序始终没有改变,数据在内存中仍然是按着初始写入的顺序0,1,…,95保存的。

4.7.2 增加和删除维度

增加和删除维度操作可以在原有张量结构上增加和删除一个维度定义,并不会改变数据的存储。这两种操作使用得非常频繁。

(1) 增加维度：增加一个长度为1的维度相当于给原有的数据添加一个新维度的概念,维度长度为1,存储并不需要改变,仅仅是改变数据的理解方式,因此它其实可以理解为改变视图的一种特殊方式。

考虑一个具体例子,一张28×28大小的灰度图片的数据保存为shape为[28,28]的张量,在batch维度后插入一新维度,定义为通道数维度channel,此时张量的shape变为[1,28,28],实现如下。

```
In [72]:
x = torch.randint(0,10,[28,28])     #产生28x28矩阵,shape为[28,28]
Out[72]:
tensor([[7, 5, 7, 8, 4, 8, 6, 4, 1, 6, 1, 7, 5, 5, 5, 5, 6, 7, 4, 1, 6, 7, 6, 0,
         9, 1, 2, 9],...)
```

通过torch.unsqueeze(x,dim)可在指定的dim轴前(dim≥0时)可以插入一个新的维度,实现如下。

```
In [73]:
#dim=0 表示维度0前面插入
```

```
x = torch.unsqueeze(x, 0)
x.shape
Out[73]:
tensor([[[7, 5, 7, 8, 4, 8, 6, 4, 1, 6, 1, 7, 5, 5, 5, 6, 7, 4, 1, 6, 7, 6,
         0, 9, 1, 2, 9],...])         #torch.Size([1, 28, 28])
```

可以看到,插入一个新维度后,数据的存储顺序并没有改变,依然按着 7、5、7、8、4、8、⋯ 的顺序保存,仅仅是在插入一个新的维度后,改变了数据的视图。新维度定义为通道维度,原来形状为 28×28 的张量没有通道的概念,插入新维度后,原来的数据即表示该通道上的数据。

同样的方法,可以继续在最前面插入一个新的维度,并命名为图片数量维度,长度为 1,此时张量的 shape 变为 [1,1,28,28],实现如下。

```
In [74]:
#axis=0 表示在 channel 前插入一个新维度,定义为 batch 维度
x = torch.unsqueeze(x, 0)
Out[74]:#torch.Size([1, 1, 28, 28])
tensor([[[[7, 5, 7, 8, 4, 8, 6, 4, 1, 6, 1, 7, 5, 5, 5, 6, 7, 4, 1, 6, 7, 6,
          0, 9, 1, 2, 9],...])
```

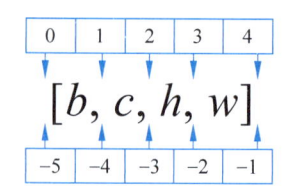

图 4.6　增加维度 dim 参数位置示意图

需要注意的是,参数 dim 为非负时,表示在当前维度之前插入一个新维度;为负时,表示在当前维度之后插入一个新的维度。以 $[b,c,h,w]$ 张量为例,不同 dim 参数下的新维度插入位置如图 4.6 所示。

(2) 删除维度:是增加维度的逆操作,与增加维度一样,删除维度只能删除长度为 1 的维度,也不会改变张量的存储。继续考虑增加维度后 shape 为 [1,1,28,28] 的例子,如果希望将图片数量维度删除,可以通过 torch.squeeze(x,dim) 函数实现,dim 参数为待删除的维度的索引号,例如,删除图片数量的维度轴 dim=0,代码如下。

```
In [75]:
#删除 batch 维度
x = torch.squeeze(x, 0)
x.shape
Out[75]:
torch.Size([1, 28, 28])
```

继续删除通道数维度,由于已经删除了图片数量维度,此时的 x 的 shape 为 [1,28,28],因此删除通道数维度时仍指定 dim=0,实现如下。

```
In [76]:
#删除 channel 维度
x = torch.squeeze(x, dim = 0)
x.shape
Out[76]:
torch.Size([28, 28])
```

特别地，如果不指定维度参数 dim，即 torch.squeeze(x)，那么它会默认删除所有长度为 1 的维度，举例如下。

```
In [77]:
x = torch.randn(1,3,1,4)
x = x.squeeze()                    #删除所有长度为1的维度
x.shape
Out[77]:
torch.Size([3, 4])
```

建议使用 torch.squeeze()时逐一指定需要删除的维度参数 dim，防止 PyTorch 意外删除某些长度为 1 的维度，导致计算结果不合法。

4.7.3 交换维度

改变视图、增加或删减维度都不会影响张量的存储。在实现算法逻辑时，保持维度存储顺序不变的条件下，仅仅改变张量的理解方式是不够的，有时需要直接调整张量的存储顺序，即交换维度（Transpose）操作。通过交换维度操作，改变了张量的存储顺序，同时也改变了张量的视图。

交换维度操作是非常常见的，比如在 PyTorch 中，图片张量的默认存储格式是通道先行格式：$[b,c,h,w]$，但是部分库（如 TensorFlow）的图片格式是通道后行格式：$[b,h,w,c]$，因此需要完成从$[b,c,h,w]$到$[b,h,w,c]$维度交换运算，此时若简单地使用改变视图函数 reshape，则新视图的存储方式未同步改变，因此使用改变视图函数是不合法的（发生这种错误是因为没有理解业务逻辑，只是格式上发生了变换，业务逻辑并未改变），必须使用交换维度操作。

在 PyTorch 中，transpose()和 permute()函数均可实现交换维度的目的，其中 transpose()可以视为 permute()的一种特殊便捷形式。这里以$[b,c,h,w]$转换到$[b,h,w,c]$为例，介绍如何使用 x.permute(perm)函数完成维度交换操作，其中参数 perm 表示新维度的顺序 List。考虑图片张量 shape 为$[2,3,32,32]$，"图片数量、通道数、行、列"的维度索引分别为 0、1、2、3，如果需要交换为$[b,h,w,c]$格式，则新维度的排序为"图片数量、行、列、通道数"，新维度对应到旧维度的索引号为$[0,2,3,1]$，因此参数 perm 需设置为$[0,2,3,1]$，实现如下。

```
In [78]:
x = torch.randn([2,3,32,32])
x = x.permute(0,2,3,1)             #交换维度
x.shape
Out[78]:
torch.Size([2, 32, 32, 3])
```

如果希望将$[b,c,h,w]$交换为$[b,c,w,h]$，即将高、宽维度互换，则新维度索引为$[0,1,3,2]$，实现如下。

```
In [79]:
```

```
x = torch.randn([2,3,32,34])
x = x.permute(0,1,3,2)           # 交换维度
x.shape
Out[79]:
torch.Size([2, 3, 34, 32])
```

特别地，如果仅两个维度的顺序互换，还可以使用transpose()函数，并指定需要互换顺序的维度索引号即可。例如互换高、宽两个维度，代码如下。

```
x = x.transpose(2,3)             # 交换 dim=2, dim=3 维度
x.shape # torch.Size([2, 3, 32, 34])
```

更特别地，对于矩阵转置操作，可以使用t()函数完成。例如对2行2列的矩阵转置运算，代码如下：

```
x = torch.arange(4).view(2,2)    # 创建 2x2 矩阵
x = x.t()                        # 矩阵转置
x # tensor([[0, 2],
[1, 3]])
```

需要注意的是，完成维度交换操作后，张量的存储顺序已发生改变，视图也随之改变，后续的所有操作必须基于新的存续顺序和视图进行。相对于改变视图操作，维度交换操作的计算代价更高。

4.7.4 复制数据

当通过增加维度操作插入新维度后，可能希望在新的维度上面复制若干份数据，满足后续算法的格式要求。考虑 $Y=X@W+b$ 的例子，偏置 b 插入样本数的新维度后，需要在新维度上复制 Batch Size 份数据，将 shape 变为与 $X@W$ 一致后，才能完成张量相加运算。

数据复制操作可以通过 x.repeat(repeats) 函数完成数据在各个维度上的复制操作，参数 repeats 分别指定了每个维度上的复制倍数，对应位置为1表明不复制，为2表明新长度为原来长度的2倍，即数据复制一份，以此类推。

以输入向量为 [2,4]、输出为 3 个节点线性变换层为例，偏置 b 定义为

$$b = \begin{bmatrix} b_1 \\ b_2 \\ b_3 \end{bmatrix}$$

通过 torch.unsqueeze(b, dim=0) 操作在最前面插入新维度，变为矩阵，即

$$B = \begin{bmatrix} b_1 & b_2 & b_3 \end{bmatrix}$$

此时 B 的 shape 为 [1,3]，需要在 dim=0 即图片数量维度上根据输入样本的数量复制若干次，这里的 Batch Size 为 2，即复制一份，变为

$$B = \begin{bmatrix} b_1 & b_2 & b_3 \\ b_1 & b_2 & b_3 \end{bmatrix}$$

通过 b.repeat(repeats=[2,1]) 即可在 dim=0 维度上复制 1 次，在 dim=1 维度不复制，非常好理解，实现如下。

```
In [80]:
b = torch.tensor([1,2,3])          # 创建向量 b
b = torch.unsqueeze(b, dim = 0)    # 插入新维度,变成矩阵
b
Out[80]:
tensor([[1, 2, 3]])
```

在 batch 维度上复制数据 1 份，实现如下。

```
In [81]:
b = b.repeat([2,1])                # 在 batch 维度上复制一份数据,dim = 1 不复制
b
Out[81]:
tensor([[1, 2, 3],
        [1, 2, 3]])
```

此时 ***B*** 的 shape 变为 [2,3]，可以直接与 ***X*** @ ***W*** 进行相加运算，从而获得线性层的输出张量，这才是严格意义上的运算过程。实际上，上述插入维度和复制数据的步骤并不需要开发者手动执行，PyTorch 会自动完成，这是下一节要介绍的自动扩展功能。

考虑另一个例子，输入张量为 2 行 2 列的矩阵，创建张量如下。

```
In [82]:
x = torch.arange(4)
x = torch.reshape(x,[2,2])         # 创建 2 行 2 列矩阵
Out[82]:
tensor([[0, 1],
        [2, 3]])>
```

首先在列维度上复制 1 份数据，实现如下。

```
In [83]:
x = x.repeat(repeats = [1,2])      # 列维度复制 1 份
x
Out[83]:
tensor([[0, 1, 0, 1],
        [2, 3, 2, 3]])>
```

然后在行维度上复制 1 份数据，实现如下。

```
In [84]:
 x = x.repeat(repeats = [2,1])     # 行维度复制 1 份
 x
Out[84]:
tensor([[0, 1, 0, 1],
        [2, 3, 2, 3],
        [0, 1, 0, 1],
        [2, 3, 2, 3]])>
```

经过两个维度上的复制运算后，可以看到数据的变化过程，shape 也变为原来的 2 倍。

这个例子比较直观地帮助大家理解数据复制的过程。

需要注意的是，x.repeat()函数会创建一个新的内存区来保存复制后的张量，由于复制操作涉及大量数据的读写（I/O）运算，计算代价相对较高，因此数据复制操作较为昂贵。神经网络中不同 shape 之间的张量复制操作十分频繁，那么有没有轻量级的复制操作呢？这就是接下来要介绍的 Broadcasting 操作。

4.8 Broadcasting 机制

Broadcasting 机制也称为广播机制（或自动扩展机制），它是一种轻量级的张量复制手段，在逻辑上扩展张量数据的形状，但是只会在需要时才会执行实际存储复制操作。对于大部分场景，Broadcasting 机制都能通过优化手段避免实际复制数据而完成逻辑运算。相对于上一节的 repeat 函数，减少了大量计算代价，但是计算逻辑完全一样。

对于所有长度为 1 的维度，Broadcasting 的效果和 repeat 函数一样，都能在此维度上逻辑复制数据若干份，区别在于 repeat 函数会创建一片新的内存空间，执行 I/O 复制操作，并保存复制后的张量数据，而 Broadcasting 机制并不会立即复制数据，它会在逻辑上改变张量的形状，使得视图上变成了复制后的形状，从而可以继续进行下一步运算。Broadcasting 机制会通过深度学习框架的优化手段避免实际复制数据而完成逻辑运算。用户不必关心具体的实现方式。对于用户来说，Broadcasting 机制和 repeat 函数复制的最终效果是一样的，操作对用户透明，但是 Broadcasting 机制节省了大量计算资源，因此建议在运算过程中尽可能地多利用 Broadcasting 机制提高计算效率。

继续考虑上述 $Y=X@W+b$ 的例子，$X@W$ 的 shape 为 [2,3]，b 的 shape 为 [3]，上一节通过结合 unsqueeze 和 repeat 函数手动完成复制数据操作，将 b 的 shape 变换为 [2,3]，然后与 $X@W$ 完成相加运算。但实际上，直接将 shape 为 [2,3] 与 [3] 的 b 相加在 PyTorch 里也是合法的，举例如下。

```
x = torch.randn(2,4)            # 线性层的输入
w = torch.randn(4,3)            # 线性层的权值张量
b = torch.randn(3)              # 线性层的偏置
y = x@w + b                     # 不同 shape 的张量直接相加
```

上述加法并没有发生逻辑错误，那么它是怎么实现的呢？这是因为它自动调用函数 x.expand(new_shape)，将两者 shape 扩张为相同的 [2,3]，即上式可以等效为

```
y = x@w + b.expand([2,3])       # 手动扩展，并相加
```

也就是说，操作符 + 在遇到 shape 不一致的 2 个张量时，会自动考虑将 2 个张量扩展到一致的 shape，然后再调用 torch.add 完成张量相加运算，这就很好地解释了之前一直存在的困惑。通过自动调用 Broadcasting 机制，既实现了增加维度、复制数据的目的，又避免实际复制数据的昂贵计算代价，同时使书写更加简洁高效。

那么有了 Broadcasting 机制后，所有 shape 不一致的张量是不是都可以直接完成运算？

很显然,所有的运算都需要在正确逻辑下进行,Broadcasting 机制并不会扰乱正常的计算逻辑,它只会针对最常见的场景自动完成增加维度并复制数据的功能,提高开发效率和运行效率。这种最常见的场景是什么呢?这就要说到 Broadcasting 机制设计的核心思想。

Broadcasting 机制的核心思想是普适性,即同一份数据能普遍适合于其他维度。在验证普适性之前,需要先将张量 shape 靠右对齐,然后进行普适性判断:对于长度为 1 的维度,默认这个数据普遍适合于当前维度的其他位置;对于不存在的维度,则在增加新维度后默认当前数据也是普适于新维度的,从而可以扩展为更多维度数、任意长度的张量形状。

考虑 shape 为 $[w,1]$ 的张量 A,需要扩展为 shape:$[b,h,w,c]$,如图 4.7 所示,第一行为欲扩展的 shape,第二行是现有 shape。

图 4.7 Broadcasting 实例

首先将 2 个张量的 shape 靠右对齐,对于通道维度 c,张量的现长度为 1,则默认此数据同样适合当前维度的其他位置,从而可将数据在逻辑上复制 $c-1$ 份,长度变为 c;对于不存在的 b 和 h 维度,则自动插入新维度,新维度长度为 1,同时默认当前的数据普适于新维度的其他位置,即对于其他的图片、其他的行来说,与当前的这一行的数据完全一致。因此将数据 b 和 h 维度的长度自动扩展为 b 和 h,如图 4.8 所示。

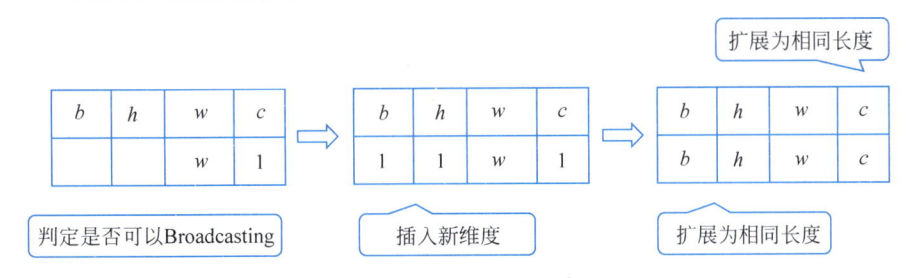

图 4.8 Broadcasting 示意图

通过 x.expand(new_shape) 函数可以显式地在逻辑上扩展数据形状,将现有 shape 扩张为 new_shape,扩充后张量继续完成后续数学运算,可能触发 Broadcasting 机制,相对于昂贵的 repeat 操作来说,expand 操作几乎是零消耗的,用户甚至都不需要显式调用 expand 操作。图 4.8 的代码实现如下。

```
In [87]:
A = torch.arange(32).view(32,1)      # 创建矩阵
A.expand(2,32,32,3)                  # 扩展为四维张量
Out[87]:
<tensor([[[[ 0,  0,  0],
```

```
     [ 1,  1,  1],
     [ 2,  2,  2],
     ...,
     [29, 29, 29],
     [30, 30, 30],
     [31, 31, 31]],

    [[ 0,  0,  0],
     [ 1,  1,  1],
     [ 2,  2,  2],
     ...,
     [29, 29, 29],
     [30, 30, 30],
     [31, 31, 31]],...)
```

可以看到,在普适性原则的指导下,Broadcasting 机制变得直观、好理解,它的设计非常符合人的思维模式。

b	h	w	c
		w	2

长度为2,不具备普适性

图 4.9 Broadcasting 失败案例

考虑一个不满足普适性原则的例子,如图 4.9 所示。

在 c 维度上,张量已经有 2 个特征数据,新 shape 对应维度的长度为 $c(c\neq2,$ 如 $c=3)$,那么当前维度上的这 2 个特征无法普适到长度为 3 的位置上,故不满足普适性原则,无法应用 Broadcasting 机制。将会触发错误,举例如下。

```
In [88]:
B = torch.arange(64).view(32,2)      #创建矩阵
XW = torch.randn(2,32,32,3)          #创建另一个四维张量
XW + B                               #错误1,无法应用 Broadcasting 机制
B = B.expand(32,3)                   #错误2,无法调用 expand 函数显式扩充形状
Out[88]:
#错误1
RuntimeError: The size of tensor a (3) must match the size of tensor b (2) at non - singleton dimension 3
#错误2
RuntimeError: The expanded size of the tensor (3) must match the existing size (2) at non - singleton dimension 1.   Target sizes: [32, 3].   Tensor sizes: [32, 2]
```

在进行张量运算时,有些运算在处理不同 shape 的张量时,会隐式地自动触发 Broadcasting 机制,如 +、-、*、/等运算符等,将参与运算的张量通过 Broadcasting 机制扩展成一个公共 shape,再进行相应的计算。如图 4.10 所示,演示了 3 种不同 shape 下的张量 **A**、**B** 相加的例子。

简单测试一下基本运算符的 Broadcasting 机制,举例如下。

```
a = torch.randn(2,3,32,32)
b = torch.randn(32,1)
#测试加减乘除运算的 Broadcasting 机制,自动扩充为公共 shape:[2,3,32,32]
a + b,a - b,a * b,a/b
```

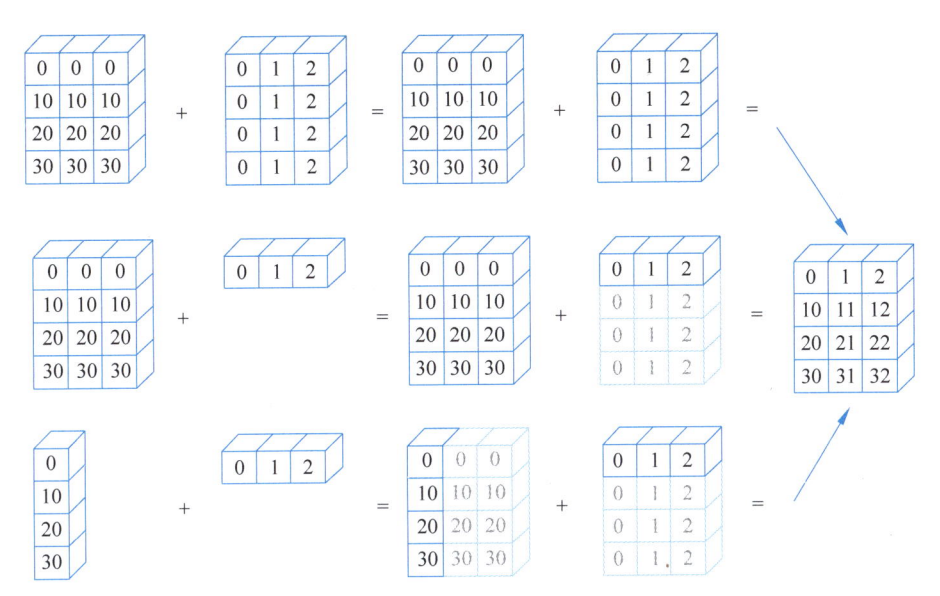

图 4.10 加法运算时自动触发 Broadcasting 机制

这些运算都会隐式扩展成[2,3,32,32]的公共 shape，再进行运算，运算过程即触发 Broadcasting 机制。

熟练掌握并运用 Broadcasting 机制可以让代码更简洁，计算效率更高。

4.9 数学运算

前面的章节已经使用了加、减、乘、除等基本数学运算函数，本节将系统地介绍 PyTorch 中常见的数学运算函数。

4.9.1 加、减、乘、除运算

加、减、乘、除是最基本的数学运算，分别通过 torch.add、torch.sub、torch.mul、torch.div 函数实现，PyTorch 已经重载了＋、－、＊、／运算符，通常推荐直接使用运算符来完成加、减、乘、除运算，简单清晰。

整除和余除也是常见的数学运算之一，分别通过//和％运算符实现。现在来演示整除运算，举例如下。

```
In [89]:
a = torch.arange(5)
b = torch.tensor(2)
a//b                    #整除运算
Out[89]:
tensor([0, 0, 1, 1, 2])
```

余除运算代码实现如下。

```
In [90]:a % b                           #余除运算
Out[90]:
tensor([0, 1, 0, 1, 0])
```

4.9.2 乘方运算

通过 torch.pow(x,a) 可以方便地完成 $y=x^a$ 的乘方运算，也可以通过运算符 ** 实现表示为 $x**a$ 的 x^a 运算，代码如下：

```
In [91]:
x = torch.arange(4)
torch.pow(x,3)                          #乘方运算
Out[91]:
tensor([ 0,  1,  8, 27])
In [92]:x ** 2                          #乘方运算符
Out[92]:
tensor([0, 1, 4, 9])
```

设置指数为 $\frac{1}{a}$ 小数形式，即可实现 $\sqrt[a]{x}$ 根号运算，举例如下。

```
In [93]:
x = torch.tensor([1.,4.,9.])
x ** (0.5)                              #平方根
Out[93]:
tensor([1., 2., 3.])
```

特别地，对于常见的平方和平方根运算，可以使用 torch.square(x) 和 torch.sqrt(x) 实现。平方运算实现如下。

```
In [94]:
x = torch.arange(5)
x = torch.square(x)                     #平方
Out[94]:
tensor([ 0.,  1.,  4.,  9., 16.])
```

平方根运算实现如下。

```
In [95]:
torch.sqrt(x)                           #平方根
Out[95]:
tensor([0., 1., 2., 3., 4.])
```

4.9.3 指数和对数运算

通过 torch.pow(a,x) 或者 ** 运算符也可以方便地实现指数运算 a^x，举例如下。

```
In [96]:
```

```
x = torch.tensor([1.,2.,3.])
2**x                             #指数运算
Out[96]:
tensor([2., 4., 8.])
```

特别地,对于以自然常数 e 为底数的指数运算 e^x,可以通过 torch.exp(x)实现,举例如下。

```
In [97]:
x = torch.arange(3).float()      #转换为浮点数
torch.exp(x)                     #以自然常数 e 为底数的指数运算
Out[97]:
tensor([1.0000, 2.7183, 7.3891])
```

对数运算,例如常见的 $\log_e x$、$\log_2 x$、$\log_{10} x$ 等,可以直接调用 torch.log()、torch.log2()、torch.log10()等函数实现。自然对数 $\log_e x$ 实现如下。

```
In [98]:
x = torch.arange(3).float()      #转换为浮点数
x = torch.exp(x)                 #先指数运算
torch.log(x)                     #再对数运算
Out[98]:
tensor([0., 1., 2.])
```

如果希望计算其他底数的对数,可以根据对数的换底公式,即

$$\log_a x = \frac{\log_e x}{\log_e a}$$

间接地通过 torch.log()实现。这里假设不调用 torch.log10()函数,通过换底公式 $\frac{\log_e x}{\log_e 10}$ 间接计算,实现如下。

```
In [99]:
x = torch.tensor([1.,2.])
x = 10**x                                      #指数运算
torch.log(x)/torch.log(torch.tensor(10.))      #换底公式计算 log10
Out[99]:
tensor([1., 2.])
```

实现起来并不麻烦。实际中通常使用 torch.log()函数就够了。

4.9.4 矩阵相乘运算

神经网络中间包含了大量的矩阵相乘运算,前面已经介绍了通过@运算符可以方便地实现矩阵相乘,还可以通过 torch.matmul(a,b)函数实现。需要注意的是,PyTorch 中的矩阵相乘可以使用批量方式,也就是张量 ***A*** 和 ***B*** 的维度数可以大于 2。当张量 ***A*** 和 ***B*** 维度数大于 2 时,PyTorch 会默认选择 ***A*** 和 ***B*** 的最后两个维度进行矩阵相乘,前面所有的维度都视作 batch 维度。

根据矩阵相乘的定义,矩阵 $\boldsymbol{A}$ 和 $\boldsymbol{B}$ 能够完成矩阵相乘的条件是,$\boldsymbol{A}$ 的倒数第一个维度长度(列)和 $\boldsymbol{B}$ 的倒数第二个维度长度(行)必须相等。比如张量 a shape:[4,3,28,32]可以与张量 b shape:[4,3,32,2]进行矩阵相乘,代码如下。

```
In [100]:
a = torch.randn(4,3,28,32)
b = torch.randn(4,3,32,274)
a@b                           # 批量形式的矩阵相乘,或 torch.matmul(a,b)
Out[100]:
tensor([[[[-1.66706240e+00, -8.32602978e+00],
          [ 9.83304405e+00,  8.15909767e+00],
          [ 6.31014729e+00,  9.26124632e-01],...)
```

得到 shape 为[4,3,28,2]的结果。

矩阵相乘函数同样支持自动 Broadcasting 机制,举例如下。

```
In [101]:
a = torch.randn(4,28,32)
b = torch.randn(32,16)
torch.matmul(a,b)             # 自动扩展,再矩阵相乘
Out[101]:
tensor([[[-1.11323869e+00, -9.48194981e+00,  6.48123884e+00, ...,
           6.53280640e+00, -3.10894990e+00,  1.53050375e+00],
         [ 4.35898495e+00, -1.03704405e+01,  8.90656471e+00, ...])
```

上述运算自动将变量 b 扩展为公共 shape:[4,32,16],再与变量 a 进行批量形式的矩阵相乘,得到 shape 为 [4,28,16]的张量。

4.10　前向传播实战

前面已经相继介绍了如何创建张量、对张量进行索引切片、维度变换和常见的数学运算等操作。最后,将利用已经学到的知识去完成三层神经网络的实现,即

$$\text{out} = \text{ReLU}\{\text{ReLU}\{\text{ReLU}[\boldsymbol{X}@\boldsymbol{W}_1 + \boldsymbol{b}_1]@\boldsymbol{W}_2 + \boldsymbol{b}_2\}@\boldsymbol{W}_3 + \boldsymbol{b}_3\}$$

其中,$\boldsymbol{X} \in \mathbf{R}^{b \times d_{in}}$,$\boldsymbol{b} \in \mathbf{R}^{d_{out}}$,$\boldsymbol{Y} \in \mathbf{R}^{b \times d_{out}}$,$\boldsymbol{W} \in \mathbf{R}^{d_{in} \times d_{out}}$。考虑到每个框架内部张量的格式不尽相同,上述式子在实现时会略有出入。在 PyTorch 中,线性层的权值张量 $\boldsymbol{W}$ 的 shape 定义为 $\mathbf{R}^{d_{out} \times d_{in}}$,偏置向量定义为 $\boldsymbol{b} \in \mathbf{R}^{d_{out}}$,因此利用 PyTorch 实现线性层时,计算式需要变更为

$$\text{out} = \text{ReLU}[\boldsymbol{X}@\boldsymbol{W}^{\text{T}} + \boldsymbol{b}]$$

这里采用的数据集是 MNIST 手写数字图片集,输入节点数为 784,第一层的输出节点数是 256,第二层的输出节点数是 128,第三层的输出节点数是 10,也就是当前样本属于 10 类别的概率。

第一步,加载数据集,并定义批大小和学习率超参数,代码如下。

```python
batch_size = 512                        # batch size
lr = 0.001                              # 学习率

# 自动下载、加载数据集
train_loader = torch.utils.data.DataLoader(
    torchvision.datasets.MNIST('mnist_data', train=True, download=True,
                               transform=torchvision.transforms.Compose([
                                   torchvision.transforms.ToTensor(),
                                   torchvision.transforms.Normalize(
                                       (0.1307,), (0.3081,))
                               ])),
    batch_size=batch_size, shuffle=True)
```

然后创建三个（非）线性层的 W 和 b 张量参数，代码如下。

```python
# 创建 3 层神经网络层，并设置为待优化张量
# 其中权值张量利用正态分布初始化，偏置初始化为 0
# 乘以 0.01 是为了加速收敛，初始化非常重要
w1 = torch.randn(256, 784, requires_grad=True) * 0.01
b1 = torch.zeros(256, requires_grad=True)
w2 = torch.randn(128, 256, requires_grad=True) * 0.01
b2 = torch.zeros(128, requires_grad=True)
w3 = torch.randn(10, 128, requires_grad=True) * 0.01
b3 = torch.zeros(10, requires_grad=True)
```

在前向计算时，首先将 shape 为$[b,28,28]$的输入张量的视图调整为$[b,784]$，即将每个图片的矩阵数据调整为向量特征，这样才适合于网络的输入格式，代码如下。

```python
# x: [b, 1, 28, 28], y: [512]
# 打平操作：[b, 1, 28, 28] => [b, 784]
x = x.view(x.size(0), 28*28)
```

接下来完成第一个层的计算，如前文所述，这里会触发自动扩展操作，代码如下。

```python
x = relu(x@w1.t() + b1)                 # 第一层
```

ReLU 激活函数非常简单，可以手动实现，代码如下。

```python
def relu(x):
    # 手动实现 ReLU 激活函数
    return torch.max(x, torch.zeros_like(x))
```

用同样的方法完成第二个和第三个非线性函数层的前向计算，输出层可以不使用 ReLU 激活函数，这里将三层的计算过程封装到 forward 函数中，代码如下。

```python
def forward(x):
    # 手动实现 3 层网络层的前向计算
    x = relu(x@w1.t() + b1)             # 第一层
    x = relu(x@w2.t() + b2)             # 第二层
    x = (x@w3.t() + b3)                 # 输出层，可以不使用激活函数

    return x
```

将真实的标注张量 y 转变为 One-hot 编码,并计算与 out 的均方误差,代码如下。

```
# 标签进行 One-hot 编码,[b, 10]
y_onehot = one_hot(y)
# 计算 MSE
loss = mse(out, y_onehot)
```

均方误差(MSE)函数定义如下。

```
def mse(out, y):
    # 计算预测张量 out 与标签直接的均方误差
    b = y.size(0)                        # 统计样本个数
    loss = torch.square(out - y).sum()   # 差的平方和
    avg_loss = loss / b                  # 平均
    return avg_loss
```

通过 autograd.grad() 函数求得网络参数到梯度信息,结果保存在 grads 列表变量中,实现如下。

```
# 根据 MSE 误差来对网络中的张量 w1,b1,...求梯度
grads = autograd.grad(loss, [w1, b1, w2, b2, w3, b3])
```

并按照

$$\theta' = \theta - \eta \cdot \frac{\partial \mathcal{L}}{\partial \theta}$$

来更新网络参数,代码如下。

```
# 利用计算的梯度列表 grads 来更新张量 w1,b1,...
for p,g in zip([w1, b1, w2, b2, w3, b3], grads):
    # 梯度下降算法,减去学习率乘以梯度
    p.data = p.data - lr * g
```

其中,lr 为学习率,初始化为 0.01 即可。网络训练误差值的变化曲线如图 4.11 所示。

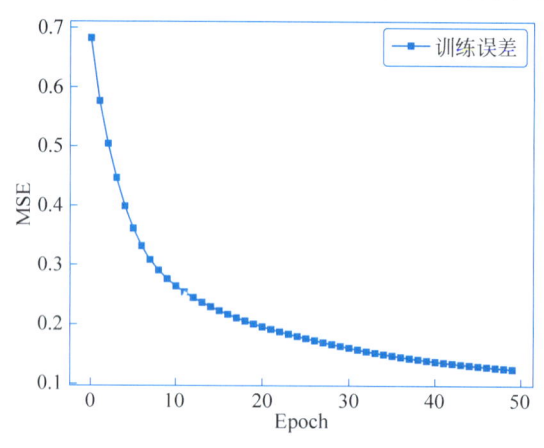

图 4.11　前向传播训练误差曲线

第 5 章 PyTorch 进阶

CHAPTER 5

> 人工智能将是谷歌的终极版本,即可以理解网络上所有内容的终极搜索引擎。它会准确地理解你想要什么,并给你正确的东西。
>
> ——拉里·佩奇

在介绍完张量的基本操作后,继续来进一步学习张量的进阶操作,如张量的合并与分割、范数统计、张量填充、张量限幅等。最后通过 MNIST 数据集的测试实战,来加深读者对 PyTorch 张量进阶操作的理解。

5.1 合并与分割

5.1.1 合并

合并是指将多个张量在某个维度上合并为一个张量。以某学校班级成绩册数据为例,设张量 A 保存了某学校 1~4 号班级的成绩册,每个班级 35 个学生,共 8 门科目成绩,则张量 A 的 shape 应为[4,35,8];同理,张量 B 保存了其他 6 个班级的成绩册,shape 为[6,35,8]。通过合并这两份成绩册,便可得到该学校所有班级的成绩册数据,记为张量 C,它的 shape 应为[10,35,8],其中,数字 10 代表 10 个班级,35 代表 35 个学生,8 代表 8 门科目。这就是张量合并操作的意义所在。

张量的合并可以使用拼接(Concatenate)和堆叠(Stack)操作实现,拼接操作并不会产生新的维度,仅在现有的维度上合并,而堆叠会创建新维度并合并数据。选择使用拼接还是堆叠操作来合并张量,取决于具体的场景是否需要创建新维度。下面来介绍拼接操作和堆叠操作的典型应用场景和使用方法。

(1) 拼接:在 PyTorch 中,可以通过 torch.cat(tensors,dim)函数拼接张量,其中参数

tensors 保存了所有需要合并的张量 List，dim 参数指定需要合并的维度索引。回到上面的例子，需要在班级维度上合并成绩册，这里班级维度索引号为 0，即 dim＝0，合并张量 **A** 和 **B** 的代码如下。

```
In [1]:
a = torch.randn([4,35,8])        ＃模拟成绩册 A，等价于 torch.randn(4,35,8)写法
b = torch.randn([6,35,8])        ＃模拟成绩册 B
c = torch.cat([a,b],dim = 0)     ＃拼接合并成绩册
c.shape
Out[1]:
torch.Size([10, 35, 8])
```

除了可以在班级维度上进行拼接合并，还可以在其他维度上拼接合并张量。考虑张量 **A** 保存了所有班级的所有学生的前 4 门科目成绩，shape 为[10,35,4]，张量 **B** 保存了剩下的 4 门科目成绩，shape 为[10,35,4]，则可以拼接合并 shape 为[10,35,8]的总成绩册张量，实现如下。

```
In [2]:
a = torch.randn([10,35,4])
b = torch.randn([10,35,4])
c = torch.cat([a,b], dim = 2)    ＃在科目维度上拼接
c.shape
Out[2]:
torch.Size([10, 35, 8])
```

从语法上来说，拼接合并操作可以在任意的维度上进行，唯一的约束是所有非合并维度的长度必须一致。比如 shape 为[4,32,8]和 shape 为[6,35,8]的张量不能直接在班级维度 dim＝0 上进行合并，因为学生数量维度 dim＝1 的长度并不一致，一个为 32，另一个为 35，代码如下。

```
In [3]:
a = torch.randn([4,32,8])
b = torch.randn([6,35,8])
torch.cat([a,b], dim = 0)        ＃非法拼接，其他维度长度不相同
Out[3]:
RuntimeError: Sizes of tensors must match except in dimension 0. Got 32 and 35 in dimension 1
```

（2）堆叠：拼接操作直接在现有维度上合并数据，并不会创建新的维度。如果在合并数据时，希望创建一个新的维度，则需要使用 stack 堆叠操作。考虑张量 **A** 保存了某个班级的成绩册，shape 为[35,8]，张量 **B** 保存了另一个班级的成绩册，shape 为[35,8]。合并这两个班级的数据时，则需要创建一个新维度，定义为班级维度，新维度可以选择放置在任意位置，一般根据大小维度的经验法则，将较大概念的班级维度放置在学生维度之前，则合并后的张量的新 shape 应为[2,35,8]，其中 2 代表两个班级。

使用 torch.stack(tensors,dim)可以以堆叠方式合并多个张量，通过 tensors 列表表示，参数 dim 指定新维度插入的位置，dim 的用法与 torch.unsqueeze 函数的一致，当 dim≥0

时,在 dim 之前插入;当 dim<0 时,在 dim 之后插入新维度。例如 shape 为$[b,c,h,w]$的张量,在不同位置通过 stack 操作插入新维度时,dim 参数对应的插入位置设置如图 5.1 所示。

通过堆叠方式合并这两个班级成绩册,班级维度插入在 dim=0 位置,代码如下。

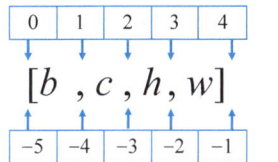

图 5.1 stack 插入维度位置示意图

```
In [4]:
a = torch.randn([35,8])
b = torch.randn([35,8])
c = torch.stack([a,b], dim = 0)    #堆叠合并为 2 个班级,班级维度插入在最前
c.shape
Out[4]:
torch.Size([2, 35, 8])
```

同样可以选择在其他位置插入新维度,例如,最末尾插入班级维度,代码如下。

```
In [5]:
a = torch.randn([35,8])
b = torch.randn([35,8])
c = torch.stack([a,b], dim = 2)    #堆叠合并为 2 个班级,班级维度插入在末尾
c.shape
Out[5]:
torch.Size([35, 8, 2])
```

此时班级的维度在 dim=2 轴上面,理解时也需要按着最新的维度顺序代表的视图去理解数据。对于这个例子,若选择使用 cat 拼接合并上述成绩单,则可以合并为

```
In [6]:
a = torch.randn([35,8])
b = torch.randn([35,8])
c = torch.cat([a,b], dim = 0)    #拼接方式合并,没有 2 个班级的概念
c.shape
Out[6]:
torch.Size([70, 8])
```

可以看到,cat 函数也可以顺利合并数据,但是在理解时,需要按照前 35 个学生来自第一个班级,后 35 个学生来自第二个班级的方式理解张量数据。对这个例子,明显通过 stack 方式创建新维度的方式更合理,得到的 shape 为$[2,35,8]$的张量也更容易理解。

Stack 操作也需要满足张量堆叠合并的条件,它需要所有待合并的张量 shape 完全一致才可合并。来看张量 shape 不一致时进行堆叠合并发生的错误,举例如下。

```
In [7]:
a = torch.randn([35,4])
b = torch.randn([35,8])
torch.stack([a,b], dim = -1)    #非法堆叠操作,张量 shape 不相同
Out[7]:
RuntimeError: stack expects each tensor to be equal size, but got [35, 4] at entry 0 and [35, 8] at entry 1
```

上述操作尝试合并 shape 为[35,4]和[35,8]的两个张量,由于两者 shape 不一致,无法完成合并操作。

5.1.2 分割

合并操作的逆过程就是分割,即将一个张量拆分为多个张量。继续考虑上述成绩册的例子,通过合并操作可得到整个学校的成绩册张量,shape 为[10,35,8],现在需要将数据在班级维度上切割为 10 个张量,每个张量保存了对应班级的成绩册数据,这样即可分别获得每个班级的成绩册数据。

通过 torch.split(x,split_size_or_sections,dim)可以完成张量的分割操作,参数意义定义如下。

(1) x 参数:待分割张量。

(2) split_size_or_sections 参数:切割方案。当 split_size_or_sections 为单个数值时,表示每份的长度,如 2,表示每份长度为 2,即等长切割为 10 份;当 split_size_or_sections 为 List 时,List 的每个元素表示每份的长度,如[2,4,2,2]表示切割为 4 份,每份的长度依次是 2、4、2、2。

(3) dim 参数:指定待分割的维度索引号。

现在将总成绩册张量切割为 10 份,代码如下。

```
In [8]:
x = torch.randn([10,35,8])
# 等长切割为 10 份,每份长度为 1
result = torch.split(x, split_size_or_sections = 1, dim = 0)
len(result)                          # 返回的列表为 10 个张量的列表
Out[8]:10
```

可以查看切割后的某个张量的形状,它应是某个班级的所有成绩册数据,shape 为[35,8],举例如下。

```
In [9]:result[0]                     # 查看第一个班级的成绩册张量
Out[9]: # shape = (1, 35, 8)
tensor([[[ - 1.7786729 , 0.2970506 , 0.02983334, 1.3970423 ,
1.315918 , - 0.79110134, - 0.8501629 , - 1.5549672 ],
    [ 0.5398711 , 0.21478991, - 0.08685189, 0.7730989 , …])
```

可以看到,切割后的班级 shape 为[1,35,8],仍保留了班级维度,这一点需要注意。

现在来进行不等长的切割,例如,将数据切割为 4 份,每份长度分别设计为[4,2,2,2],实现如下。

```
In [10]:
x = torch.randn([10,35,8])
# 自定义长度的切割,切割为 4 份,返回 4 个张量的列表 result
result = torch.split(x, [4,2,2,2] , dim = 0)
len(result)
Out[10]:4
```

查看第一个张量的 shape,根据上述的切割方案,它应该包含了 4 个班级的成绩册,shape 应为[4,35,8],验证如下。

```
In [10]:
result[0]
Out[10]:
# torch.Size([4, 35, 8])
tensor([[[ - 6.95693314e - 01, 3.01393479e - 01, 1.33964568e - 01, ...,]]])
```

除了 split 函数可以实现张量分割外,PyTorch 还提供了另一个函数 torch.chunk。它的用法与 torch.split 非常类似,区别在于 chunk 函数的参数 chunks 指定了切割份数,而 split 函数的参数 split_size_or_sections 则是每份长度,本质上两个函数是等价的。例如,将总成绩册张量在班级维度进行 chunk 操作,等分为 2 份,代码如下。

```
In [11]:
x = torch.randn([10,35,8])
a,b = torch.chunk(x, chunks = 2, dim = 0)        # 等分为 2 份
a.shape, b.shape
Out[11]:
(torch.Size([5, 35, 8]), torch.Size([5, 35, 8]))
```

将总成绩册张量在班级维度进行 chunk 操作,等分为 10 份,代码如下。

```
In [12]:
x = torch.randn([10,35,8])
result = torch.chunk(x, chunks = 10, dim = 0)    # 等分为 10 份
len(result), result[0].shape
Out[12]:
(10, torch.Size([1, 35, 8]))
```

可以看到,torch.chunk 函数完成的功能与 torch.split 完全一样。

此外,torch.unbind(x,dim)函数也具有分割张量的功能,它沿着 dim 维度按长度为 1 的方式将张量分割成长度为 1 的每份。例如,shape 为[10,35,8]的张量,沿着 dim=0 维度进行 unbind 切分,则获得 10 个 shape 为[35,8]的张量。

5.2 数据统计

在神经网络的计算过程中,经常需要统计数据的各种属性,如最值、最值元素所在位置、均值、范数等信息。由于张量维度通常较大,直接观察数据很难获得有用信息,因此通过获取这些张量的统计信息可以较轻松地推测张量数值的分布。下面介绍一些常用的张量统计函数。

5.2.1 向量范数

向量范数(Vector Norm)是表征向量"长度"的一种度量方法,它可以推广到张量上。

在神经网络中,常用来表示张量的权值大小、梯度大小等。常用的向量范数有

(1) L1 范数,定义为向量 x 的所有元素绝对值之和,即
$$\|x\|_1 = \sum_i |x_i|$$

(2) L2 范数,定义为向量 x 的所有元素的平方和,再开根号,即
$$\|x\|_2 = \sqrt{\sum_i |x_i|^2}$$

(3) ∞范数,定义为向量 x 的所有元素绝对值的最大值,即
$$\|x\|_\infty = \max_i(|x_i|)$$

对于矩阵和张量,同样可以利用向量范数的计算思想,等价于将矩阵和张量打平成向量后计算,统称为向量范数。

在 PyTorch 中,可以通过 torch.norm(x,p,dim=None)求解张量的 L1、L2、∞等范数,其中参数 p 指定为 1、2 时计算 L1、L2 范数,指定为 np.inf 时计算∞范数,举例如下。

```
In [13]:
x = torch.ones([2,2])
torch.norm(x, p = 1)                    # 计算 L1 范数
Out[13]:
tensor(4.)
In [14]:
torch.norm(x, p = 2)                    # 计算 L2 范数
Out[14]:
tensor(2.)
In [15]:
import numpy as np
torch.norm(x, p = np.inf)               # 计算 ∞ 范数
Out[15]:
tensor(1.)
```

在神经网络调试的过程中,通常需要在合适的地方查看张量的数值,直接打印张量并不合适。通常打印张量的范数即可大致推测张量的数值范数。例如,当梯度张量的 L2 范数较大时,可以推测梯度张量的部分元素或整体元素较大,容易出现梯度爆炸现象。

5.2.2 最值、均值、和

通过 torch.max(x,dim)、torch.min(x,dim)、torch.mean(x,dim)、torch.sum(x,dim)函数可以求解张量在某个 dim 维度上的最大值、最小值、均值以及和,也可以求全局最大值、最小值、均值以及和。不提供 dim 参数时即计算全局的最大值、最小值、均值以及和。

考虑 shape 为[4,10]的张量,其中,第一个维度 4 代表样本数量,第二个维度 10 代表了当前样本分别属于 10 个类别的概率。需要求出每个样本的概率最大值,则可以通过 max 函数实现,代码如下。

```
In [16]:
x = torch.randn([4,10])                 # 模拟数据
```

```
x = torch.softmax(x, dim = 1)              # 转换为[0,1]区间的概率
value, idx = torch.max(x, dim = 1)         # 统计概率维度上的最大值
value, idx                                 # 打印最值和最值所在位置
Out[16]:
(tensor([0.2243, 0.4890, 0.2667, 0.2982]), tensor([7, 3, 8, 3]))
```

Torch.max 函数返回为元组(Tuple),包含了两个元素。第一个元素为长度为 4 的向量,代表了每个样本的最大概率值;第二个元素为长度为 4 的整型向量,代表了最大值元素出现的位置索引。

同样求出每个样本概率的最小值,实现如下。

```
In [17]:
value, idx = x.min(dim = 1)                # 统计概率维度上的最小值
value, idx                                 # 打印最值和最值所在位置
Out[17]:
(tensor([0.0102, 0.0176, 0.0091, 0.0215]), tensor([1, 4, 6, 8]))
```

求出每个样本的概率的均值,实现如下。

```
In [18]:
value = x.mean(dim = 1)                    # 统计概率维度上的均值
value                                      # 打印均值
Out[18]:
tensor([0.1000, 0.1000, 0.1000, 0.1000])
```

当不指定 dim 参数时,上述函数会求解出全局元素的最大值、最小值、均值以及和等数据,举例如下。

```
In [19]:
x = torch.randn([4,10])
# 统计全局的最大值、最小值、均值以及和,返回的张量均为标量
x.max(),x.min(),x.mean(),x.sum()
Out [19]:
(tensor(2.3259), tensor(-1.9073), tensor(0.1330), tensor(5.3181))
```

在求解神经网络的平均误差时,需要计算目标值与预测值的差的平方和,再计算样本上的平均误差。首先计算目标值与预测值的差的平方和,实现如下。

```
In [20]:
from torch.nn import functional as F
out = torch.randn([4,10])                  # 模拟网络预测输出
y = torch.tensor([1,2,2,0])                # 模拟真实标签
y = F.one_hot(y, num_classes = 10)         # One-hot 编码
loss = torch.square(y - out)               # 计算差的平方
loss = loss.sum(dim = 1)                   # 求各个样本的误差平方和
loss
Out[20]:
tensor([11.3666, 4.0145, 6.6415, 8.9286])
```

通过 sum 函数求和后,再计算样本维度的均值,即可得到平均误差。可以通过 mean 函数实现,它可以求解张量在 dim=0 轴上所有特征的平均值,实现如下。

```
In [21]:
loss = loss.mean(dim = 0)              # 计算样本维度上的平均误差
loss                                    # 打印误差
Out[21]:
tensor(7.7378)
```

除了希望获取张量的最值信息，有时还需要获得最值元素所在的位置索引号，例如分类任务的标签预测，就需要知道概率最大值所在的位置索引号，并把这个位置索引号作为预测的类别。考虑 10 分类问题，可以得到神经网络的输出张量 out，其 shape 为 [2,10]，代表了两个样本属于 10 个类别的概率，由于元素的位置索引代表了当前样本属于此类别的概率，预测时往往会选择概率值最大的元素所在的索引号作为样本类别的预测值，举例如下。

```
In [22]:
x = torch.randn([2,10])                 # 模拟数据
x = torch.softmax(x, dim = 1)           # 转换为[0, 1]区间的概率
idx = torch.argmax(x, dim = 1)          # 统计概率维度上的最大值
x, idx                                   # 打印网络输出 x 和预测类别值
Out[22]:
tensor([[0.0542, 0.0816, 0.0259, 0.0273, 0.0655, 0.1295, 0.0131, 0.3547, 0.0854, 0.1628],
        [0.0461, 0.1030, 0.1025, 0.0075, 0.2999, 0.1521, 0.0217, 0.0116, 0.0791, 0.1766]]),
tensor([7, 4])
```

以第一个样本为例，可以看到，它概率最大值的索引为 $i=7$，最大概率值为 0.3547。由于每个索引号上的概率值代表了样本属于此索引号的类别的概率，因此第一个样本属于 0 类的概率最大，在预测时第一个样本应最有可能属于类别 0。这就是需要求解最大值的索引号的一个典型应用。

通过 torch.argmax(x,dim) 和 torch.argmin(x,dim) 可以求解在 dim 轴上，x 的最大值、最小值所在的索引号，例如：

```
In [23]:
pred = x.argmin(dim = 1)                # 选取概率最小的位置
pred
Out[23]:
tensor([6, 3])
```

可以看到，概率最小值出现在索引 6 和索引 3 上，读者可自行验证这两个元素是否是最小值。

5.3 张量比较

为了计算分类任务的准确率等指标，通常需要将预测结果和真实标签比较，统计比较结果中正确的数量来计算准确率。考虑 100 个样本的预测结果，通过 torch.argmax 获取预测类别，实现如下。

```
In [24]:
```

```
In [24]:
out = torch.randn([100,10])
out = F.softmax(out, dim = 1)        # 输出转换为概率
pred = torch.argmax(out, dim = 1)    # 计算预测值
pred                                 # 打印预测结果
Out[24]:
tensor([4, 4, 8, 2, 5, 8, 1, 8, 3, 5, 0, 4, 7, 5, 1, 8, 7, 0, 2, 5, 7, 7, 8, 5,
        7, 1, 1, 2, 4, 9, 1, 3, 9, 9, 1, 2, 9, 4, 1, 6, 1, 1, 4, 9, 5, 5, 8, 7,
        2, 4, 4, 0, 9, 1, 9, 5, 9, 2, 1, 6, 8, 6, 8, 0, 3, 9, 9, 0, 6, 6, 7, 8,...])
```

变量 pred 保存了这 100 个样本的预测类别值，需要与这 100 个样本的真实标签 y 进行比较，举例如下。

```
In [25]:
y = torch.randint(0, 10, [100])      # 模拟生成真实标签
y
Out[25]:
tensor([1, 4, 8, 3, 0, 9, 2, 3, 8, 7, 3, 8, 0, 3, 1, 5, 0, 9, 7, 6, 0, 1, 0, 0,
        8, 7, 4, 2, 9, 5, 9, 0, 9, 7, 4, 5, 0, 8, 1, 0, 1, 8, 4, 9, 5, 4, 9, 3,
        6, 5, 3, 8, 0, 8, 4, 0, 6, 3, 4, 4, 4, 1, 0, 0, 2, 7, 7, 4, 4, 2, 6, 5,...])
```

即可获得代表每个样本是否预测正确的布尔类型张量。通过 torch.eq(a,b) 函数可以比较这 2 个张量是否相等，举例如下。

```
In [26]:
res = torch.eq(y, pred)              # 预测值与真实值比较，返回布尔类型的张量
res                                  # 打印比较结果
Out[26]:
tensor([False, True, True, False, False, False, False, False, False, False,
        False, False, False, False, True, False, False, False, False, False,
        False, False,...])
```

torch.eq()函数返回布尔类型的张量比较结果，只需要统计张量中 True 元素的个数，即可知道预测正确的个数。为了达到这个目的，先将布尔类型转换为整型张量，即 True 对应为 1，False 对应为 0，再求和其中元素为 1 的个数，就可以得到比较结果中 True 元素的个数，代码如下。

```
In [27]:
res = res.int()                      # 布尔型转 int 型
correct = res.sum()                  # 统计 True 的个数
Out[27]:
tensor(13)
```

可以看到，此处随机产生的预测数据中预测正确的个数是 13，因此它的准确率是

$$\text{accuracy} = \frac{13}{100} = 13\%$$

这也是随机预测模型的正常水平。

除了比较相等的 torch.eq(a,b) 函数，其他的比较函数用法类似，如表 5.1 所示。

表 5.1 常用比较函数总结

函　　数	比 较 逻 辑
torch.gt	$a>b$
torch.lt	$a<b$
torch.ge	$a\geqslant b$
torch.le	$a\leqslant b$
torch.ne	$a\neq b$
torch.isnan	$a=\mathrm{nan}$

此外，torch.equal(a,b)函数与 torch.eq(a,b)函数是不同的，它并不是逐元素的比较操作，而是比较两个张量是否完全相等，返回一个布尔标量。

5.4　填充与复制

本节介绍张量的填充操作和复制操作。

5.4.1　填充

对于图片数据的高和宽、序列信号的长度等，每个样本的维度长度可能各不相同。为了方便网络的并行运算，通常需要将不同长度的数据扩张为相同长度，之前介绍了通过复制的方式可以增加数据的长度，但是重复复制数据会破坏原有的数据结构，并且复制数据只能以倍数方式增加，并不适合于此处。为了统一不同样本数据的长度，通常的做法是，在需要补充长度的数据开始或结束处填充足够数量的特定数值，这些特定数值一般代表了无效意义，例如数字 0，使得填充后的长度满足模型要求。这种操作就叫作填充(Padding)操作。

考虑两个句子张量，每个单词使用数字编码方式表示，如 1 代表单词 I、2 代表单词 like 等。第一个句子为

"I like the weather today."

假设句子数字编码为[1,2,3,4,5,6]，第二个句子为

"So do I."

它的编码为[7,8,1,6]。为了能够将这两个句子保存在同一个张量中，需要将这两个句子的长度保持一致，也就是说，需要将第二个句子的长度扩充为 6。常见的填充方案是在句子末尾填充若干数量的 0，变成

[7,8,1,6,0,0]

此时这两个句子可通过堆叠操作合并成 shape 为[2,6]的张量。

填充操作可以通过 F.pad(x,pad)函数实现(F 代表 torch.nn.functional 模块，下文同)，参数 pad 是包含了多个[Left Padding,Right Padding]的嵌套方案 List，并且从最后一个维度开始制定，如[0,0,2,1,1,2]表示倒数第一个维度首部填充 0 个单元、尾部填充 0 个单元，倒数第二个维度首部填充两个单元、尾部填充一个单元，倒数第三个维度首部填充一

个单元、尾部填充两个单元。特别注意这里 pad 参数指定的填充格式是从最末维度开始的。

考虑上述两个句子的例子，需要在第二个句子的第一个维度的右边填充 2 个单元，则填充方案为[0,2]，代码如下。

```
In [28]:
a = torch.tensor([1,2,3,4,5,6])      ♯第一个句子
b = torch.tensor([7,8,1,6])          ♯第二个句子
b = F.pad(b, [0,2])                  ♯句子末尾填充 2 个 0
b                                    ♯填充后的结果
Out[28]:
tensor([7, 8, 1, 6, 0, 0])
```

填充后句子张量形状一致，再将这两个句子堆叠在一起，代码如下。

```
In [29]:
torch.stack([a,b], dim = 0)          ♯堆叠合并，创建句子数维度
Out[29]:
tensor([[1, 2, 3, 4, 5, 6],
        [7, 8, 1, 6, 0, 0]])>
```

在自然语言处理中，往往需要加载不同句子长度的数据集，有些句子长度较小，如仅 10 个单词，而部分句子长度较长，如超过 100 个单词。为了能够将多个句子保存在同一张量中，一般会选取能够覆盖大部分句子长度的阈值，如 80 个单词，来统一句子的长度。对于小于 80 个单词的句子，在末尾填充相应数量的 0；对大于 80 个单词的句子，则截断超过规定长度的部分单词。以 IMDB 数据集的加载为例，下面来演示如何将不等长的句子变换为等长结构，代码如下。

```
In [30]:
total_words = 10000                  ♯设定词汇量大小
max_review_len = 80                  ♯最大句子长度
embedding_len = 100                  ♯词向量长度
♯加载 IMDB 数据集
(x_train, y_train), (x_test, y_test) = keras.datasets.imdb.load_data(num_words = total_words)
♯将句子填充或截断到相同长度，设置为末尾填充和末尾截断方式
x_train = keras.preprocessing.sequence.pad_sequences(x_train, maxlen = max_review_len,
truncating = 'post',padding = 'post')
x_test  = keras.preprocessing.sequence.pad_sequences(x_test, maxlen = max_review_len,
truncating = 'post',padding = 'post')
print(x_train.shape,x_test.shape)    ♯打印等长的句子张量形状
Out[30]:(25000, 80) (25000, 80)
```

上述代码中，将句子的最大长度 max_review_len 设置为 80 个单词，通过 keras.preprocessing.sequence.pad_sequences 函数可以快速完成句子的填充和截断工作，以其中某个句子为例，观察其变换后的向量内容为

```
[ 1   778  128   74    12  630  163   15    4  1766 7982 1051    2   32
  85   156   45   40   148  139  121  664  665   10    10 1361  173    4
 749    2   16  3804    8    4  226   65   12   43  127   24    2   10
  10    0    0    0     0    0    0    0    0    0    0    0    0    0
   0    0    0    0     0    0    0    0    0    0    0    0    0    0
   0    0    0    0     0    0    0    0    0    0    0    0]
```

可以看到在句子末尾填充了若干数量的 0，使得句子的长度刚好为 80。实际上，也可以选择当句子长度不够时，在句子前面填充 0；句子长度过长时，截断句首的单词。经过处理后，所有的句子长度都变为 80，从而训练集可以统一保存在 shape 为 [25000,80] 的张量中，测试集可以保存在 shape 为 [25000,80] 的张量中。

下面来介绍同时在多个维度进行填充的例子。考虑对图片的高宽维度进行填充。以 28×28 大小的图片数据为例，如果网络层所接受的数据高宽为 32×32，则必须将 28×28 大小填充到 32×32，可以选择在图片矩阵的上、下、左、右方向各填充 2 个单元，如图 5.2 所示。

上述填充方案可以表达为倒数第一个维度填充 [2,2]，倒数第二个维度填充 [2,2]，则填充参数设置为 [2,2,2,2]，实现如下。

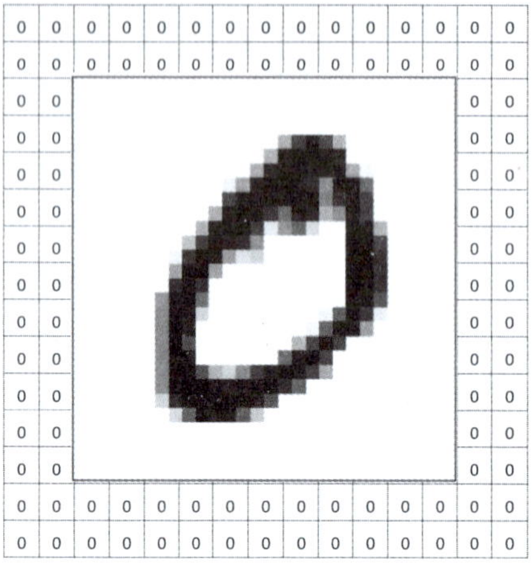

图 5.2　图片填充示意图

```
In [31]:
x = torch.randn([4,1, 28,28])        #28x28 大小灰度图片
#图片上下，左右各填充 2 个单元
x2 = F.pad(x, [2,2,2,2])
x2[0,0]                              #打印其中一个矩阵
Out[31]:
tensor([[ 0.0000, 0.0000, 0.0000, ..., 0.0000, 0.0000, 0.0000],
        [ 0.0000, 0.0000, 0.0000, ..., 0.0000, 0.0000, 0.0000],
        [ 0.0000, 0.0000, -2.3530, ..., 1.0238, 0.0000, 0.0000],
        ...,
        [ 0.0000, 0.0000, 0.2458, ..., -1.3867, 0.0000, 0.0000],
        [ 0.0000, 0.0000, 0.0000, ..., 0.0000, 0.0000, 0.0000],
        [ 0.0000, 0.0000, 0.0000, ..., 0.0000, 0.0000, 0.0000]])
```

通过填充操作后，所有高宽的两边均填充两个单位的 0，图片的大小变为 32×32，满足神经网络的输入要求。

5.4.2　复制

在"4.7 维度变换"一节，介绍了通过 torch.repeat(repeats) 函数实现长度为 1 的维度复制的功能。torch.repeat 函数除了可以复制若干份长度为 1 的维度，还可以复制若干份任意长度的维度，进行复制时会根据原来的数据次序重复复制。由于前面已经介绍过，此处仅作简单回顾。

通过 torch.repeat(repeats) 函数可以在任意维度将数据重复复制多份，如 shape 为 [4,3,32,32] 的数据，复制方案为 repeats = [2,1,3,3]，即通道数据不复制，高和宽方向分别复制 2 份，图片数再复制 1 份，实现如下。

```
In [32]:
x = torch.randn([4,3,32,32])
x2 = x.repeat([2,1,3,3])                #数据复制
x2.shape
Out[32]:
torch.Size([8, 3, 96, 96])
```

5.5 数据限幅

现在来考虑怎么实现非线性激活函数 ReLU 的问题。它其实可以通过简单的数据限幅运算实现,只需要限制元素的范围 $x \in [0, +\infty)$ 即可。

在 PyTorch 中,可以通过 torch.max(x,a)实现数据的下限幅,即 $x \in [a, +\infty)$;可以通过 torch.min(x,a)实现数据的上限幅,即 $x \in (-\infty, a]$。举例如下。

```
In [33]:
x = torch.arange(9)
torch.max(x, torch.tensor(2))           #与 2 进行比较,取较大值
Out[33]:
tensor([2, 2, 2, 3, 4, 5, 6, 7, 8])
In [34]:
torch.min(x, torch.tensor(7))           #上限幅为 7
Out[34]:
tensor([0, 1, 2, 3, 4, 5, 6, 7, 7])
```

基于 torch.max 函数,可以实现 ReLU 函数如下。

```
def relu(x):                            #ReLU 函数
    return torch.max(x, torch.tensor(0))     #下限幅为 0 即可
x = torch.arange(-4, 4)                 #创建输入张量
print('x:', x)                          #打印输入 tensor([-4, -3, -2, -1, 0, 1, 2, 3])
print('relu:', relu(x))                 #打印 relu 输出 tensor([0, 0, 0, 0, 0, 1, 2, 3])
```

需要注意的是,torch.max(x,dim)函数调用为求解 dim 维度上的最大值,此时 dim 应为整型数字。torch.max(x,a)方式的 x 和 a 参数皆为张量,这两种调用方式需要特别注意区分。

通过组合 torch.max(x,a)和 torch.min(x,b)可以实现同时对数据的上下边界限幅,即 $x \in [a, b]$,举例如下。

```
In [35]:
x = torch.arange(9)
torch.min(torch.max(x, torch.tensor(2)), torch.tensor(7))    #限幅为 2~7
Out[35]:
tensor([2, 2, 2, 3, 4, 5, 6, 7, 7])
```

更方便地,可以使用 torch.clamp 函数实现张量的上下限幅,代码如下。

```
In [36]:
```

```
x = torch.arange(9)
torch.clamp(x, 2, 7)              # 限幅为 2～7
Out[36]:
tensor([2, 2, 2, 3, 4, 5, 6, 7, 7])
```

5.6　高级操作

上述介绍的操作函数大部分是常用并且容易理解的，接下来将介绍部分常用，但是稍复杂的功能函数。

5.6.1　索引采样

torch.index_select()函数可以实现根据索引号收集数据的目的。考虑班级成绩册的例子，假设共有 4 个班级，每个班级 35 个学生，8 门科目，则保存成绩册的张量 shape 为[4,35,8]。随机创建张量如下。

```
x = torch.randint(0,100,[4,35,8])     # 成绩册张量
```

现在需要收集第 1～2 个班级的成绩册，可以给定需要收集班级的索引号：[0,1]，并指定班级的维度 dim＝0，通过 torch.index_select()函数收集数据，代码如下。

```
In [38]:
# 选择班级维度的 0,1 号班级
out = torch.index_select(x, dim = 0, index = torch.tensor([0,1]))
out.shape
Out[38]:
torch.Size([2, 35, 8])
```

实际上，对于上述需求，通过切片 $x[:2]$ 操作可以更加方便地实现。但是对于不规则的索引方式，比如，需要抽查所有班级的第 1、4、9、12、13、27 号同学的成绩数据，则切片方式实现起来非常麻烦，而 torch.index_select 则是针对此需求设计的，使用起来更加方便，实现如下。

```
In [39]:
# 收集第 1,4,9,12,13,27 号同学成绩
out = torch.index_select(x, dim = 1, index = torch.tensor([0,3,8,11,12,26]))
out.shape
Out[39]:
torch.Size([4, 6, 8])
```

如果需要收集所有同学的第 3 和第 5 门科目的成绩，则可以指定科目维度 dim＝2，实现如下。

```
In [40]:
# 第 3,5 科目的成绩
out = torch.index_select(x, dim = 2, index = torch.tensor([2, 4]))
```

```
out.shape
Out[40]:
torch.Size([4, 35, 2])
```

可以看到，torch.index_select 函数非常适合索引号没有规则的场合，并且索引号可以乱序排列，此时收集的数据也是对应顺序排列，举例如下。

```
In [41]:
a = torch.arange(8)
a = a.reshape([4,2])                    #生成张量 a
Out[41]:
tensor([[0, 1],
        [2, 3],
        [4, 5],
        [6, 7]])
In [42]:
#收集第 4,2,1,3 号元素
torch.index_select(a, dim = 0, index = torch.tensor([3,1,0,2]))
Out[42]:
tensor([[6, 7],
        [2, 3],
        [0, 1],
        [4, 5]])
```

现在将问题变得稍复杂一点。如果希望抽查第[2,3]班级的第[3,4,6,27]号同学的科目成绩，则可以通过组合多个 torch.index_select 函数实现。首先采样第[2,3]班级，实现如下。

```
In [43]:
x = torch.randint(0,100,[4,35,8])       #成绩册张量
#收集第 2,3 号班级
students = x.index_select(dim = 0, index = torch.tensor([1,2]))
students.shape
Out[43]:
torch.Size([2, 35, 8])
```

再从这两个班级的同学中提取对应学生成绩，代码如下：

```
In [44]:
#基于 students 张量继续收集指定编号学员
students.index_select(1, torch.tensor([2,3,5,26]))
Out[44]:
tensor([[[60, 15, 86, 81, 58, 0, 21, 60],
         [10, 4, 2, 75, 42, 66, 56, 25],
         [16, 60, 46, 78, 1, 9, 59, 51],
         [77, 6, 21, 33, 0, 72, 34, 36]],
        [[15, 25, 91, 33, 26, 98, 70, 50],
         [67, 43, 52, 33, 19, 3, 20, 49],
         [54, 6, 61, 98, 14, 99, 26, 14],
         [65, 82, 96, 15, 8, 65, 72, 12]]])
```

此时得到这两个班级的 4 个同学的成绩张量,shape 为 [2,4,8]。

继续将问题进一步复杂化。这次希望抽查第 2 个班级的第 2 个同学的所有科目,第 3 个班级的第 3 个同学的所有科目,第 4 个班级的第 4 个同学的所有科目。那么怎么实现呢?

可以通过"笨方法",一个一个地手动提取数据。首先提取第一个采样点的数据:$x[1,1]$,可得到 8 门科目的数据向量,代码如下。

```
In [45]:
x[1,1]                                    #收集第 2 个班级的第 2 个同学
Out[45]:
tensor([95, 54, 34, 29, 52, 21, 9, 91])
```

再串行提取第二个采样点的数据 $x[2,2]$,以及第三个采样点的数据 $x[3,3]$,最后通过 stack 方式合并采样结果,实现如下。

```
In [46]:
print('1:', torch.stack([x[1,1],x[2,2],x[3,3]], dim = 0))    #方式一
idx = torch.tensor([[1,1],[2,2],[3,3]]).long()
print('2:', x[idx[:,0], idx[:,1]])                           #方式二
Out[46]:
#方式一
tensor([[95, 54, 34, 29, 52, 21, 9, 91],
        [15, 25, 91, 33, 26, 98, 70, 50],
        [71, 21, 84, 24, 88, 50, 84, 71]])
#方式二
tensor([[95, 54, 34, 29, 52, 21, 9, 91],
        [15, 25, 91, 33, 26, 98, 70, 50],
        [71, 21, 84, 24, 88, 50, 84, 71]])
```

方式一也能正确地得到 shape 为 [3,8] 的结果,其中 3 表示采样点的个数,8 表示每个采样点的数据长度,看上去似乎也不错。方式二更加简洁,将坐标信息表示在张量 idx 中,然后通过分别知道每个维度坐标信息来采样数据。方式二中的采样方式与 TensorFlow 框架中的 gather_nd 函数是类似的。

实际上,通过 [] 索引方式既可以实现 index_select 函数,又可以实现多维坐标索引方式,更值得推荐。

5.6.2 掩码采样

除了可以通过给定索引号的方式采样,还可以通过给定掩码(Mask)的方式进行采样。继续以 shape 为 [4,35,8] 的成绩册张量为例,这次以掩码方式进行数据提取。

考虑在班级维度上进行采样,对这 4 个班级的采样方案的掩码为

$$mask=[True, False, False, True]$$

即采样第 1 个和第 4 个班级的数据,通过 x[mask] 索引方式可以在指定轴上根据 mask 方案进行采样,实现为

```
In [47]:                                  #根据掩码方式采样班级,给出掩码和维度索引
```

```
x = torch.randint(0, 9, [4,35,8])
x[mask].shape                          #选择班级维度,根据掩码
Out[47]:
torch.Size([2, 35, 8])
```

注意掩码的长度必须与对应维度的长度一致,如在班级维度上采样,则必须对这4个班级是否采样的掩码全部指定,掩码长度为4。

如果对8门科目进行掩码采样,设掩码采样方案为

$$\text{mask}=[\text{True},\text{False},\text{False},\text{True},\text{True},\text{False},\text{False},\text{True}]$$

即采样第1、4、5、8门科目,则可以实现为

```
In [48]:                               #根据掩码方式采样科目
mask = torch.tensor([True,False,False,True,True,False,False,True])
x[:, :, mask].shape                    #选择科目维度,根据掩码
Out[48]:
torch.Size([4, 35, 4])
```

不难发现,这种通过 Mask 方式的用法其实与 index_select 非常类似,只不过一个通过掩码方式采样,另一个直接给出索引号采样。

现在来考虑多维掩码采样方式。为了方便演示,这里将班级数量减少到2个,学生的数量减少到3个,即一个班级只有3个学生,shape 为[2,3,8]。如果希望采样第1个班级的第1~2号学生,第2个班级的第2~3号学生,可以实现为

```
In [49]:
x = torch.randint(0, 9, [2,3,8])
idx = torch.tensor([[0,0], [0,1], [1,1], [1,2]])
x[idx[:,0], idx[:,1]]                  #多维坐标采样
Out[49]:
tensor([[3, 5, 8, 1, 1, 0, 1, 2],
        [0, 7, 0, 7, 4, 7, 6, 5],
        [2, 7, 7, 5, 4, 3, 3, 3],
        [2, 8, 6, 2, 8, 5, 3, 7]])
```

共采样4个学生的成绩,张量 shape 为[4,8]。

如果用掩码方式,可以表示为如表5.2所示的成绩册掩码采样方案,表中数据表达了对应位置的采样情况。

表 5.2 成绩册掩码采样方案

班级	学生0	学生1	学生2
班级0	True	True	False
班级1	False	True	True

因此,通过这张表就能很好地表征利用掩码方式的采样方案。下面通过 x[mask]方式来实现多维掩码方式采样,代码实现如下。

```
In [50]:                               #多维掩码采样
mask = torch.tensor([[True,True,False],[False,True,True]])
```

```
x[mask]                              # 多维掩码方式
Out[50]:
tensor([[3, 5, 8, 1, 1, 0, 1, 2],
        [0, 7, 0, 7, 4, 7, 6, 5],
        [2, 7, 7, 5, 4, 3, 3, 3],
        [2, 8, 6, 2, 8, 5, 3, 7]])
```

采样结果与直接给出多维坐标的完全一致。实际上，掩码坐标与索引坐标之间可以进行等价转换，掩码坐标转索引坐标可以通过 idx=mask.nonzero()方式实现，而索引坐标转掩码可以通过 mask[idx[:,0],idx[:,1]]=True 类似的方式实现。

特别应该注意的是，PyTorch 中提供的掩码函数 torch.masked_select 反而使用方式比较单一，并不如上述掩码方式灵活。它需要指定每个维度的掩码坐标，再进行采样。接下来考虑采集张量中负数的问题，需要返回某张量中所有负数的元素。

首先创建随机输入张量，并通过 lt 小于函数来获取负数掩码，代码如下：

```
x = torch.randn([2,2])               # 创建张量
print('x:', x)
mask = torch.lt(x, 0)                # 获取负数坐标掩码
print('mask:', mask)
```

然后通过 masked_select 函数来选择所有负数元素并返回，代码如下：

```
torch.masked_select(x, mask)         # 返回负数元素
```

正如上文所述，推荐大家直接用[]形式进行索引采样或者掩码采样，功能强大且表达简洁。

5.6.3 gather 采样函数

在多维坐标索引采样中，需要给出所有采样点的多维坐标信息。尤其是当需要采样某个维度上的部分数据，而其他维度全部采样时，直接使用多维坐标采样方式表示非常烦琐，此时可以通过 Gather 函数实现。

考虑这样一个具体问题，现需要随机采样每个同学的两门科目成绩。为了便于演示，设成绩张量 shape 为[2,3,4]，即共有两个班级，每个班级 3 位学生，4 门科目成绩。这里将采样方案的张量表达为

```
# 随机采样方案
idx = torch.tensor([
    # 第一个班级采样方案
    [[0,1],                          # 班级 1,学生 1,采样第 1,2 门科目
     [1,2],                          # 班级 1,学生 2,采样第 2,3 门科目
     [2,3]],                         # 班级 1,学生 3,采样第 3,4 门科目
    # 第二个班级采样方案
    [[3,2],                          # 班级 2,学生 1,采样第 4,3 门科目
     [2,1],                          # 班级 2,学生 2,采样第 3,2 门科目
     [1,0]],                         # 班级 2,学生 3,采样第 2,1 门科目
])
```

采样方案张量的 shape 为[2,3,2]，除了采样维度 dim=2 外，其他维度与成绩张量的长度保持一致。上述采样方法的实现如下。

```
In [51]:
x = torch.randint(0,9,[2,3,4])          #随机生成成绩张量
print('x:', x)
out = torch.gather(x, dim = 2, index = idx)   #在科目维度上采集数据
print('out:', out)
Out[51]:
#成绩张量
x: tensor([[[5, 0, 7, 8],
            [8, 4, 5, 8],
            [4, 2, 2, 0]],
           [[8, 1, 7, 5],
            [0, 6, 7, 3],
            [2, 3, 2, 0]]])
#采样结果
out: tensor([[[5, 0],                   #班级1,学生1,采样第1、2门科目
              [4, 5],                   #班级1,学生2,采样第2、3门科目
              [2, 0]],                  #班级1,学生3,采样第3、4门科目

             [[5, 7],                   #班级2,学生1,采样第4、3门科目
              [7, 6],                   #班级2,学生2,采样第3、2门科目
              [3, 2]]])                 #班级2,学生3,采样第2、1门科目
```

可以看到，gather 的采样方式与 index_select 等的采样方式是完全不同的，读者需要仔细体会两者的区别。

5.6.4 where 采样函数

通过 torch.where(cond,a,b)操作可以根据 cond 条件的真假从参数 **A** 或 **B** 中读取数据，条件判定规则为

$$o_i = \begin{cases} a_i, & \text{cond}_i \text{ 为 True} \\ b_i, & \text{cond}_i \text{ 为 False} \end{cases}$$

其中，i 为张量的元素索引，返回的张量大小与 **A** 和 **B** 一致，当对应位置的 cond_i 为 True 时，o_i 从 a_i 中复制数据；当对应位置的 cond_i 为 False 时，o_i 从 b_i 中复制数据。考虑从 2 个全 1 和全 0 的 3×3 大小的张量 **A** 和 **B** 中提取数据，其中 cond_i 为 True 的位置从 **A** 中对应位置提取元素 1，cond_i 为 False 的位置从 **B** 对应位置提取元素 0，代码如下。

```
In [53]:
a = torch.ones([3,3])                   #构造 a 为全 1 矩阵
b = torch.zeros([3,3])                  #构造 b 为全 0 矩阵
#构造采样条件
cond = torch.tensor([[True,False,False],[False,True,False],[True,True,False]])
torch.where(cond,a,b)                   #根据条件从 a,b 中采样
Out[53]:
```

```
tensor([[1., 0., 0.],
        [0., 1., 0.],
        [1., 1., 0.]])
```

可以看到,返回的张量中为 1 的位置全部来自张量 a,返回的张量中为 0 的位置全部来自张量 b。

当参数 a=b=None 时,即 a 和 b 参数不指定,torch.where 会返回 cond 张量中所有 True 的元素的索引坐标,此时 torch.where 等价于 torch.nonzero 函数。考虑如下 cond 张量,代码为

```
In [54]: cond                              #构造的 cond 张量
Out[54]:
tensor([[ True, False, False],
        [False,  True, False],
        [ True,  True, False]])
```

其中 True 共出现 4 次,每个 True 元素位置处的索引分别为[0,0]、[1,1]、[2,0]、[2,1],可以直接通过 torch.where(cond)形式来获得这些元素的索引坐标,代码如下。

```
In [55]:
#获取 cond 中为 True 的元素索引
print('where:', torch.where(cond))
print('nonzero:', cond.nonzero())
Out[55]:
where: (tensor([0, 1, 2, 2]), tensor([0, 1, 0, 1]))
nonzero: tensor([[0, 0],
                 [1, 1],
                 [2, 0],
                 [2, 1]])
```

可以看到,where 与 nonzero 函数是完全等价的,但是在结果的表达方式上略有不同,where 函数会将坐标信息拆开为元组表示。

那么这有什么用途呢?考虑一个场景,需要提取张量中所有正数的数据和索引。首先构造张量 a,并通过比较运算得到所有正数的位置掩码,代码如下。

```
In [56]:
x = torch.randn([3,3])                     #构造张量 a
Out[56]:
tensor([[ 0.6784, -0.3506, -0.1932],
        [ 0.2462,  0.3916,  0.8359],
        [ 0.8373, -0.5131,  1.0343]])
```

通过比较运算,得到所有正数的掩码,代码如下。

```
In [57]:mask = x > 0                       #比较操作
mask
Out[57]:
tensor([[ True, False, False],
        [ True,  True,  True],
        [ True, False,  True]])
```

通过 where 提取此掩码处 True 元素的索引坐标,代码如下。

```
In [58]:
idx = torch.where(mask)                    #提取所有大于0的元素索引
Out[58]:
(tensor([0, 1, 1, 1, 2, 2]), tensor([0, 0, 1, 2, 0, 2]))
```

拿到索引后,通过多维坐标索引即可恢复出所有正数的元素,代码如下。

```
In [59]:
x[idx[0], idx[1]]                          #多维坐标索引,提取正数的元素值
Out[59]:
tensor([0.6784, 0.2462, 0.3916, 0.8359, 0.8373, 1.0343])
```

实际上,当得到掩码 mask 之后,也可以直接通过多维掩码索引方式获取所有正数的元素向量,代码如下。

```
In [60]:
x[mask]                                    #直接利用掩码进行多维索引
Out[60]:
tensor([0.6784, 0.2462, 0.3916, 0.8359, 0.8373, 1.0343])
```

结果也是一致的。

通过上述一系列的比较、索引号收集和掩码收集的操作组合,相信读者能够比较直观地感受到这个功能是有很大的实际应用价值的,深刻理解它们的本质有利于更加灵活地选用简便高效的方式实现算法逻辑。

5.6.5　scatter 写入函数

前面介绍了 gather 采样方式,它通过 idx 张量指定的采样坐标来从张量中读取数据,gather 函数的逆过程可以理解为根据 idx 张量指定的采样坐标来更新张量的部分数据,可以通过 scatter 函数或 scatter_函数来实现。在 PyTorch 中,函数名加下画线后缀一般表示原地更新(In-place Update)操作,类似的函数还有 fill_、add_等。

通过 x.scatter(dim,index,src)函数可以高效地写入张量的部分数据,特别适合需要根据坐标来更新张量的部分数据的场合。其中 dim 表示更新的维度,index 参数意义等价于 gather 函数的 index 参数,用于选定需要更新数据的坐标,而待写入的数据则用 src 张量表示。通常把 x 张量称为目标张量,src 张量称为源张量。

如图 5.3 所示,演示了一维张量的 scatter 操作过程。目标张量保存为张量 x,需要刷新的数据索引号通过 index 表示,新数据保存在源张量 src 中。根据 index 给出的索引位置将 src 中新的数据依次写入 x 中,并返回更新后的结果张量。

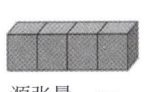

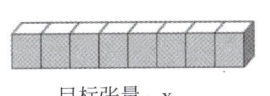

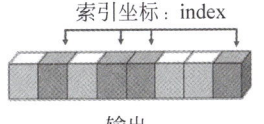

图 5.3　scatter 更新数据示意图

实现一个图5.3中向量的刷新实例,代码如下。

```
In [61]:
#构造需要刷新数据的位置参数,即为4、3、1和7号位置
idx = torch.tensor([4,3,1,7])
#构造需要写入的数据,4号位写入4.4,3号位写入3.3,以此类推
src = torch.tensor([4.4, 3.3, 1.1, 7.7])
#创建目标张量,为便于演示,创建为全0张量
x = torch.zeros([8])
#在长度为8的全0向量上根据索引位置(indices)写入刷新(updates)数据
x.scatter(dim=0, index=idx, src=src)
Out[61]:
tensor([0.0000, 1.1000, 0.0000, 3.3000, 4.4000, 0.0000, 0.0000, 7.7000])
```

可以看到,在长度为8的目标张量x上,写入了对应位置的数据,4个位置的数据被刷新。scatter的索引方式可以视为gather的逆过程。

考虑三维张量的刷新例子,如图5.4所示,目标张量x的shape为[4,4,4],同理数据设置为全0,共有4个通道的特征图,每个通道大小为4×4,现有2个通道的源张量src,其shape为[2,4,4],需要写入索引为[1,3]的通道上。

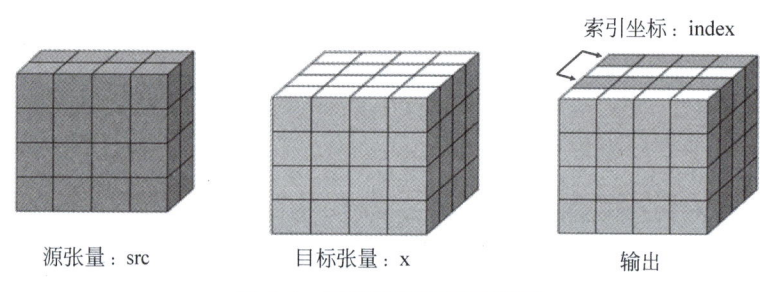

图5.4 三维张量更新示意图

下面将新的特征图写入目标张量中,实现如下。

```
In [62]:
idx = torch.tensor([1, 3])                      #构造写入位置,即2个位置
src = torch.tensor([                            #构造写入数据,即2个矩阵
    [[5,5,5,5],[6,6,6,6],[7,7,7,7],[8,8,8,8]],
    [[1,1,1,1],[2,2,2,2],[3,3,3,3],[4,4,4,4]]
]).float()
x = torch.zeros([4,4,4])
x[idx] = src                                    #这种单一维度的索引写入不需要scatter函数
x
Out[62]:
tensor([[[0, 0, 0, 0],
         [0, 0, 0, 0],
         [0, 0, 0, 0],
         [0, 0, 0, 0]],
        [[5, 5, 5, 5],                          #写入的新数据1
         [6, 6, 6, 6],
         [7, 7, 7, 7],
```

```
          [8, 8, 8, 8]],
         [[0, 0, 0, 0],
          [0, 0, 0, 0],
          [0, 0, 0, 0],
          [0, 0, 0, 0]],
         [[1, 1, 1, 1],            # 写入的新数据 2
          [2, 2, 2, 2],
          [3, 3, 3, 3],
          [4, 4, 4, 4]]])>
```

可以看到，数据被刷新到第 2 和第 4 个通道特征图上。上述实现非常简单，并不需要 scatter 这种复杂的索引方式。

下面将继续使用 5.6.3 节中的例子来更新部分科目成绩数据。考虑 shape 为 [2,3,4] 的成绩张量，即共有两个班级，每个班级 3 位学生，4 门科目成绩。继续使用坐标为 idx 的采样方案，并生成目标张量 x，代码如下。

```
# 随机采样方案
idx = torch.tensor([
    # 第一个班级采样方案
    [[0,1],                        # 班级 1,学生 1,采样第 1、2 门科目
     [1,2],                        # 班级 1,学生 2,采样第 2、3 门科目
     [2,3]],                       # 班级 1,学生 3,采样第 3、4 门科目
    # 第二个班级采样方案
    [[3,2],                        # 班级 2,学生 1,采样第 4、3 门科目
     [2,1],                        # 班级 2,学生 2,采样第 3、2 门科目
     [1,0]],                       # 班级 2,学生 3,采样第 2、1 门科目
])
x = torch.randint(0,9,[2,3,4]).float()    # 随机生成成绩张量
print('x:', x)
```

其中 x 成绩张量内容为

```
tensor([[[2., 5., 8., 0.],
         [4., 2., 2., 2.],
         [0., 7., 0., 7.]],
        [[4., 2., 8., 3.],
         [1., 5., 6., 2.],
         [5., 1., 8., 0.]]])
```

现需要从源张量 src 中更新目标张量的部分数据，这里将采样的科目成绩全部设置为 10，即

```
src = torch.full([2,3,2], 10)     # 这里简单设置新更新的数据全为 10
```

通过 scatter 进行更新，代码如下。

```
x.scatter(dim = 2, index = idx, src = src)
```

返回张量如下。

```
tensor([[[10., 10.,  8.,  0.],
         [ 4., 10., 10.,  2.],
         [ 0.,  7., 10., 10.]],
```

```
        [[ 4.,  2., 10., 10.],
         [ 1., 10., 10.,  2.],
         [10., 10.,  8.,  0.]]])
```

可以看到，idx 坐标所选定的科目成绩更新为 10，结果符合预期。这个例子比较好地展示了 scatter 函数的强大之处。

5.6.6 meshgrid 网格函数

算法中对特征位置进行编码（Positional Encoding）时，或者可视化 3D 函数时，通常需要生成一组网格点的坐标张量。在 PyTorch 中，可以通过 torch.meshgrid 函数方便地生成二维网格的采样点坐标。考虑 2 个自变量 x 和 y 的 sinc 函数表达式为

$$z = \frac{\sin(x^2 + y^2)}{x^2 + y^2}$$

如果需要绘制在 $x \in [-8, 8]$，$y \in [-8, 8]$ 区间的 sinc 函数的 3D 曲面，如图 5.5 所示，则首先需要生成 x 轴和 y 轴的网格点坐标集合 $\{(x, y)\}$，这样才能通过 sinc 函数的表达式计算函数在每个 (x, y) 位置的输出值 z。

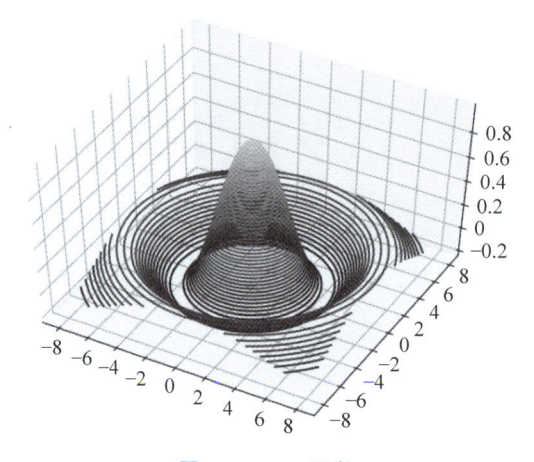

图 5.5 sinc 函数

可以通过如下方式生成 1 万个坐标采样点：

```
points = []                          # 保存所有点的坐标列表
for x in range(-8,8,100):            # 循环生成 x 坐标,100 个采样点
    for y in range(-8,8,100):        # 循环生成 y 坐标,100 个采样点
        z = sinc(x,y)                # 计算每个点(x,y)处的 sinc 函数值
        points.append([x,y,z])       # 保存采样点
```

很明显这种串行采样方式效率极低，那么有没有简洁高效的方式生成网格坐标呢？答案是肯定的，meshgrid 函数即可实现。

通过在 x 轴上进行采样 100 个数据点，y 轴上采样 100 个数据点，然后利用 torch.meshgrid(x,y) 即可返回这 1 万个数据点的张量数据，保存在 shape 为 $[100, 100, 2]$ 的张量

中。为了方便计算，torch.meshgrid 会返回在 dim=2 维度切割后的 2 个张量 A 和 B，其中张量 A 包含了所有点的 x 坐标，B 包含了所有点的 y 坐标，shape 都为[100,100]，实现如下。

```
In [63]:
x = torch.linspace(-8.,8,100)          # 设置 x 轴的采样点
y = torch.linspace(-8.,8,100)          # 设置 y 轴的采样点
x,y = torch.meshgrid(x,y)              # 生成网格点，并内部拆分后返回
x.shape,y.shape                        # 打印拆分后的所有点的 x,y 坐标张量 shape
Out[63]:
torch.Size([100, 100]), torch.Size([100, 100])
```

利用生成的网格点坐标张量 A 和 B，sinc 函数在 PyTorch 中实现如下。

```
z = torch.sqrt(x**2 + y**2)
z = torch.sin(z)/z                     # sinc 函数实现
```

通过 matplotlib 库即可绘制出函数在 $x \in [-8,8]$，$y \in [-8,8]$ 区间的 3D 曲面，如图 5.5 所示。代码如下。

```
import matplotlib
from matplotlib import pyplot as plt
# 导入 3D 坐标轴支持
from mpl_toolkits.mplot3d import Axes3D

fig = plt.figure()
ax = Axes3D(fig)                       # 设置 3D 坐标轴
# 根据网格点绘制 sinc 函数 3D 曲面
ax.contour3D(x.numpy(), y.numpy(), z.numpy(), 50)
plt.show()
```

5.7 经典数据集加载

到这里为止，张量的常用操作方法已经介绍完，用户能够实现大部分深度网络的技术储备。最后，将以一个完整的张量方式实现的分类网络模型实战收尾本章。在进入实战之前，先正式介绍对于常用的经典数据集，如何利用 PyTorch 生态链提供的工具便捷地加载数据集。对于自定义的数据集的加载，将会在后续章节介绍。

PyTorch 发布至今，受到越来越多的开发者的青睐，目前在很多国际会议论文中的使用率已经远超 TensorFlow。使用的人越多，生态系统相应地越加完善，目前涌现出如 torchvision、torchtext、torchaudio、transformers、deepspeed、accelerate 等一系列优秀的面向各个行业应用的第三方库，极大地方便了开发人员的使用。在图片和视频相关应用中，torchvision 是使用最多的库之一，它提供了经典数据集的加载以及常见网络模型、图片的增强变换、可视化等快捷功能，本书视觉相关任务均采用 torchvision 库完成。

torchvision 库提供了常用的经典数据集的自动下载、管理、加载与转换功能，配合 PyTorch 的 DataLoader 类，可以方便地实现多线程（Multi-threading）、数据变换（Transformation）、

随机打散(Shuffle)和批训练(Training on Batch)等常用数据处理逻辑。

对于常用的经典图片数据集,介绍如下。

① MNIST、Fashion MNIST 等:手写数字图片数据集;
② CIFAR10/100:小规模图片数据集;
③ ImageNet:大规模图片数据集;
④ VOC:图片分割数据集;
⑤ Kinetics-400:视频动作理解数据集。

这些数据集在机器学习或深度学习的研究和学习中使用地非常频繁。对于新提出的算法,通常优先在经典的数据集上面进行测试和验证,再尝试迁移到更大规模、更复杂的数据集上。torchvision 均对这些常见数据集的加载提供了便捷支持,对于如 MNIST、CIFAR 这种小型数据集,可以直接在线下载、自动加载;对于如 ImageNet、Kinetics-400 这种大型数据集,用户需要自行下载数据集文件,并在 torchvision 中指定路径。

通过 torchvision.datasets.xxx 函数即可实现经典数据集的自动加载,其中 xxx 代表具体的数据集名称,如"CIFAR10""MNIST"等。torchvision 会默认将数据缓存在用户指定的文件夹中,如图 5.6 所示,用户不需要关心数据集是如何保存的。如果当前数据集不在缓存中,则会自动从网络下载、解压和加载数据集;如果已经在缓存中,则自动完成加载。例如,自动加载 MNIST 数据集,代码如下。

```
In [66]:
import torch
import torch.nn as nn
import torch.nn.functional as F
import torch.optim as optim
# 常用数据集加载类,数据变换类
from torchvision import datasets, transforms

batch_size = 200
learning_rate = 0.01
epochs = 10

# 导入 MNIST 数据集
train_db = datasets.MNIST('./data',
                         train = True,           # 训练集
                         download = True,        # 没有则下载
                    # 数据变换
                    transform = transforms.Compose([
                        transforms.ToTensor(),
                        transforms.Normalize((0.1307,), (0.3081,))
                    ])
                    )
print('数据集大小:', len(train_db))
x,y = train_db[0]
print("样本:", x.shape, y)
Out [66]: # 返回数组的形状
```

```
数据集大小: 60000
样本: torch.Size([1, 28, 28]) 5
```

通过对 train_db 对象进行迭代会返回相应格式的数据，对于图片数据集 MNIST、CIFAR10 等，会返回 2 个 tuple，tuple 保存了用于训练的数据 x 和 y 训练集对象；对测试 test_db 进行迭代，tuple 则保存了用于测试的数据 x_test 和 y_test 测试集对象，所有的数据都用 Numpy 数组容器保存。

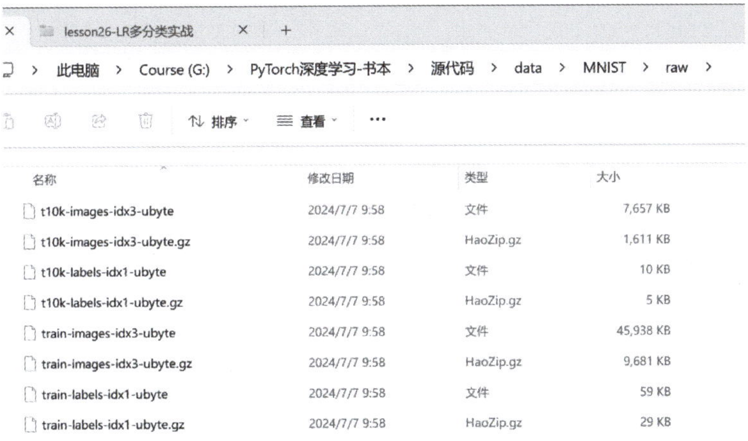

图 5.6　PyTorch 缓存经典数据集的位置

数据集类只有单个样本的读取能力，但是没有批量读取等便捷功能。一般需要再添加一系列的数据集标准处理步骤，如预处理、随机打散、批训练等。

5.7.1　预处理

从 torchvision.datasets 中加载的数据集的格式一般是初始的样本数据，大部分情况都不能直接满足模型的输入要求，因此需要根据模型的逻辑自行实现预处理步骤。PyTorch 提供了 transform 函数作为输入参数，可以接受并调用用户自定义的预处理逻辑，并且常用的预处理逻辑已经在 torchvision 中内置支持了，可以直接调用 torchvision.transforms 来构建常用的预处理逻辑组合。例如，下方代码显示的是调用 ToTensor 和 Normalize 进行预处理的过程。

```
# 数据变换
transform = transforms.Compose([
    # 将 Numpy 数据转换为 PyTorch 张量
    transforms.ToTensor(),
    # 对张量进行归一化
    transforms.Normalize((0.1307,), (0.3081,))
])
```

考虑 MNIST 手写数字图片，从 datasets 中经.batch()后加载的图片 x 的 shape 为 [1,28,28]，像素使用区间[−1,1]表示；标签 shape 为[1]，即采样数字编码方式。实际的神经网络输入,一般需要将图片数据标准化到[0,1]或[-1,1]等0附近区间,同时根据网络的设置,需要将 shape 为[28,28]的输入视图调整为合法的格式;对于标签信息,可以选择在预处理时进行 One-hot 编码,也可以在计算误差时进行 One-hot 编码。

Transforms 也支持自定义的预处理函数:transforms.Lambda,将 MNIST 图片中的 ToTensor 和 Normalize 删除,全部自行实现在 myimgproc 函数中。myimgproc 函数实现如下。

```
def myimgproc(img):
    img = np.array(img)
    #转换为 float Tensor
    img = torch.tensor(img).float()
    #裁剪到区间[-1,1]
    img = torch.clip(img, -1.0, 1.0)
    #转换为想要的格式
    img = img.reshape([1, 28, 28])

    #自行实现的归一化逻辑
    img = (img - 0.1307) / 0.3081

    return img

#自定义数据变换
transform = transforms.Compose([
    #将 Numpy 数据转换为 PyTorch 张量
    # transforms.ToTensor(),
    #自行实现的预处理逻辑
    transforms.Lambda(myimgproc),
    #对张量进行归一化,在这里自行实现
    # transforms.Normalize((0.1307,), (0.3081,)),
])
```

5.7.2 随机打散

通过 DataLoader 类工具可以设置 Dataset 对象随机打散数据之间的顺序,防止每次训练时数据按固定顺序产生,从而使得模型尝试"记忆"住标签信息,代码实现如下。

```
#随机打散样本,不会打乱样本与标签的映射关系
#构建 DataLoader 对象
train_loader = torch.utils.data.DataLoader(
    train_db,
    batch_size = batch_size,                #设置批大小
    shuffle = True,                          #设置随机打散
    )
#同样的方法构建 test loader
test_loader = torch.utils.data.DataLoader(
    datasets.MNIST('./data', train = False, transform = transforms.Compose([
        transforms.ToTensor(),
```

```
            transforms.Normalize((0.1307,), (0.3081,))
        ])),
        batch_size = batch_size, shuffle = True)
```

5.7.3 批训练

为了利用显卡的并行算力,一般在网络的计算过程中会同时计算多个样本,把这种训练方式叫作批训练,通过对 DataLoader 类进行迭代,即可实现批训练,实现如下。

```
# 迭代 DataLoader
batchx, batchy = next(iter(train_loader))
print('批加载:', batchx.shape)
print('批加载:', batchy)
批加载:torch.Size([32, 1, 28, 28])
批加载:tensor([2, 0, 2, 1, 7, 6, 7, 8, 2, 8, 3, 8, 7, 4, 1, 9, 5, 0, 4, 0, 3, 1, 0, 6, 6, 5, 6, 0,
            6, 1, 8, 1])
```

其中 32 为 Batch Size 参数,即一次并行计算 32 个样本的数据。Batch Size 一般根据用户的 GPU 显存资源来设置,当显存不足时,可以适量减少 Batch Size 来减少算法的显存使用量。

5.7.4 循环训练

对于 Dataset 对象,在使用时可以通过

```
for step, (x,y) in enumerate(train_db):        # 迭代数据集对象,带 step 参数
```

或

```
for x,y in train_db:                           # 迭代数据集对象
```

方式进行迭代,每次返回的 x 和 y 对象即为批量样本和标签。当对 train_db 的所有样本完成一次迭代后,for 循环终止退出。这样完成一个 batch 的数据训练,叫作一个 step;通过多个 step 来完成整个训练集的一次迭代,叫作一个 epoch。在实际训练时,通常需要对数据集迭代多个 epoch 才能取得较好地训练效果。例如,固定训练 20 个 epoch,实现如下:

```
for epoch in range(20):                        # 训练 epoch 数
    for step, (x,y) in enumerate(train_db):    # 迭代 step 数
    # training...
```

5.8 MNIST 测试实战

前面已经介绍并实现了前向传播和数据集的加载部分,现在来完成剩下的分类任务逻辑。在训练的过程中,通过间隔数个 step 后打印误差数据,可以有效监督模型的训练进度,代码如下。

```
# # 间隔 100 个 step 打印一次训练误差
```

```python
if batch_idx % 100 == 0:
    print('Train epoch: {} [{}/{} ({:.0f}%)]\tLoss: {:.6f}'.format(
        epoch, batch_idx * len(data), len(train_loader.dataset),
        100. * batch_idx / len(train_loader), loss.item()))
```

由于 loss 为张量类型，因此可以通过 item() 函数将标量转换为标准的 Python 浮点数。在若干 step 或者若干 epoch 训练后，可以进行一次测试（验证），以获得模型的当前性能。

现在利用学习到的 PyTorch 张量操作函数，完成模型的计算实战。首先考虑一个 batch 的样本 x，通过前向计算可以获得网络的预测值，代码如下。

```python
def forward(x):
    # 前向计算函数

    # 第一层 + 激活函数
    x = x@w1.t() + b1
    x = F.relu(x)
    # 第二层 + 激活函数
    x = x@w2.t() + b2
    x = F.relu(x)
    # 第三层 + 激活函数
    x = x@w3.t() + b3
    # x = F.relu(x)
    return x
```

预测值 out 的 shape 为 $[b,10]$，分别代表样本属于每个类别的概率，根据 argmax 或者 max 函数选出概率最大值出现的索引号，也即样本最有可能的类别号，代码如下。

```python
for data, target in test_loader:
    data = data.view(-1, 28 * 28)
    logits = forward(data)

    _, pred = logits.data.max(1)               # 选取概率最大的类别
```

通过 eq 函数可以比较这两者的结果是否相等，代码如下。

```python
    correct += pred.eq(target.data).sum()      # 比较预测值与真实值
```

并求和比较结果中所有 True（转换为 1）的数量，即为预测正确的数量。预测正确的数量除以总测试数量即可得到准确度，并打印出来，实现如下。

```python
print('\nTest set: Average loss: {:.4f}, Accuracy: {}/{} ({:.0f}%)\n'.format(
    test_loss, correct, len(test_loader.dataset),
    100. * correct / len(test_loader.dataset)))
```

通过简单的 3 层神经网络，训练固定的 20 个 epoch 后，在测试集上获得了 87.25% 的准确率。如果使用大规模预训练技术，即更复杂的神经网络模型，增加数据增强环节，细调网络超参数等技巧，可以获得更高的模型性能。模型的训练误差曲线如图 5.7 所示，测试准确率曲线如图 5.8 所示。

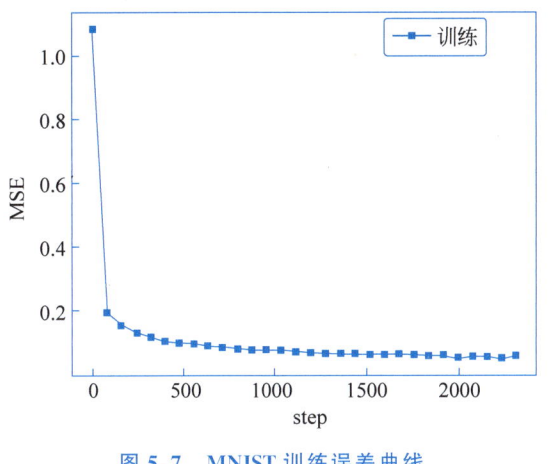

图 5.7　MNIST 训练误差曲线

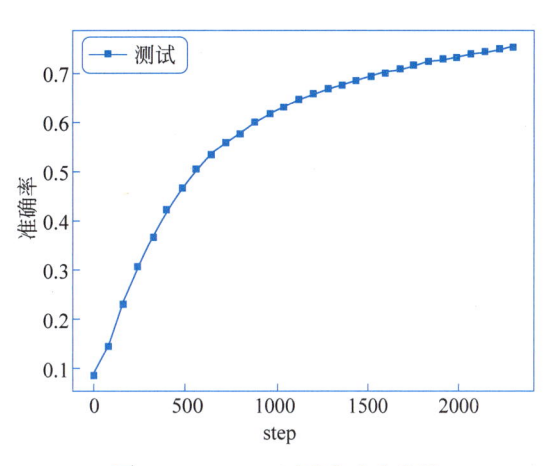

图 5.8　MNIST 测试准确率曲线

第6章 神经网络

CHAPTER 6

> 很难想象哪一个大行业不会被人工智能改变。人工智能会在这些行业里发挥重大作用,这个走向非常明显。
>
> ——吴恩达

机器学习的自动学习目标是找到一组良好的参数 θ,使得 θ 表示的模型函数能够很好地从训练集中学到映射关系 $f_\theta: \boldsymbol{x} \to \boldsymbol{y}, \boldsymbol{x}, \boldsymbol{y} \in D^{\text{train}}$,从而利用训练好的 $f_\theta(\boldsymbol{x}), \boldsymbol{x} \in D^{\text{test}}$ 去预测新样本。神经网络属于机器学习的一个研究分支,它特指利用多个神经元去参数化映射函数 f_θ 的模型。这一节开始,将深入介绍神经网络算法原理。

6.1 感知机

1943 年,美国神经科学家 Warren Sturgis McCulloch 和数理逻辑学家 Walter Pitts 从生物神经元的结构上得到启发,提出了人工神经元的数学模型,这进一步被美国神经物理学家 Frank Rosenblatt 发展并提出了感知机(Perceptron)模型。1957 年,Frank Rosenblatt 在一台 IBM-704 计算机上面模拟实现了他发明的感知机模型,这个网络模型可以完成一些简单的视觉分类任务,比如区分三角形、圆形、矩形等。

感知机模型的结构如图 6.1 所示,它接收长度为 n 的一维向量 $\boldsymbol{x} = [x_1, x_2, \cdots, x_n]$,每个输入节点通过权值为 $w_i, i \in [1, n]$ 的连接汇集为变量 z,即

$$z = w_1 x_1 + w_2 x_2 + \cdots + w_n x_n + b$$

其中,b 称为感知机的偏置(Bias),一维向量 $\boldsymbol{w} = [w_1, w_2, \cdots, w_n]$ 称为感知机的权值(Weight),z 称为感知机的净活性值(Net Activation)。

上式写成向量形式,即

$$z = \boldsymbol{w}^{\mathrm{T}} \boldsymbol{x} + b$$

感知机是线性模型,并不能处理线性不可分问题。通过在线性模型后添加激活函数后得到

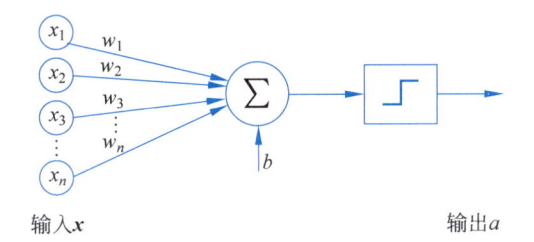

图 6.1 感知机模型的结构

活性值(Activation) a:
$$a = \sigma(z) = \sigma(\boldsymbol{w}^\mathrm{T}\boldsymbol{x} + b)$$

其中激活函数可以是阶跃函数(Step Function),如图 6.2 所示,阶跃函数的输出只有 0/1 两种数值,当 $z<0$ 时输出 0,代表类别 0;当 $z\geqslant 0$ 时输出 1,代表类别 1,即

$$a = \begin{cases} 1, & \boldsymbol{w}^\mathrm{T}\boldsymbol{x} + b \geqslant 0 \\ 0, & \boldsymbol{w}^\mathrm{T}\boldsymbol{x} + b < 0 \end{cases}$$

也可以是符号函数(Sign Function),如图 6.3 所示,表达式为

$$a = \begin{cases} 1, & \boldsymbol{w}^\mathrm{T}\boldsymbol{x} + b \geqslant 0 \\ -1, & \boldsymbol{w}^\mathrm{T}\boldsymbol{x} + b < 0 \end{cases}$$

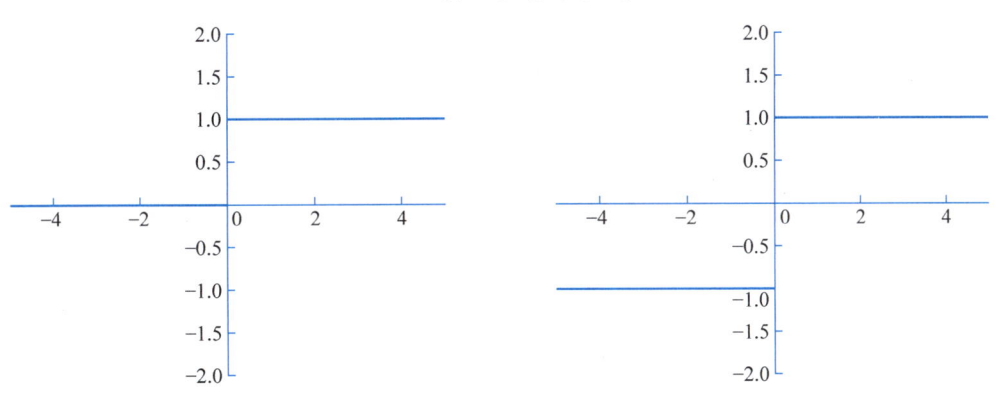

图 6.2 阶跃函数　　　　图 6.3 符号函数

添加激活函数后,感知机可以用来完成二分类任务。阶跃函数和符号函数在 $z=0$ 处是不连续的,其他位置导数为 0,无法利用梯度下降算法进行参数优化。

为了能够让感知机模型能够从数据中间自动学习,Frank Rosenblatt 提出了感知机的学习算法,如算法 1 所示。

算法 1:感知机训练算法

初始化参数 $\boldsymbol{w}=\boldsymbol{0}, \boldsymbol{b}=\boldsymbol{0}$
repeat
　　从训练集随机采样一个样本 $(\boldsymbol{x}_i, \boldsymbol{y}_i)$

计算感知机的输出 $a = \text{sign}(\boldsymbol{w}^\text{T} \boldsymbol{x}_i + \boldsymbol{b})$

如果 $a \neq \boldsymbol{y}_i$：

$$w' \leftarrow w + \boldsymbol{\eta} \cdot \boldsymbol{y}_i \cdot \boldsymbol{x}_i$$
$$b' \leftarrow b + \boldsymbol{\eta} \cdot \boldsymbol{y}_i$$

until 训练次数达到要求

输出：分类网络参数 w 和 b

其中 η 为学习率。

虽然感知机提出之处被寄予了良好的发展潜力，但是 Marvin Lee Minsky 和 Seymour Papert 于 1969 年在 *Perceptrons* 一书中证明了以感知机为代表的线性模型不能解决异或（XOR）等线性不可分问题，这直接导致了当时新兴的神经网络的研究进入了低谷期。尽管感知机模型不能解决线性不可分问题，但当时书中也提到通过嵌套多层神经网络可以解决，这一点在之前的章节已经得以实现。

6.2 全连接层

感知机模型的不可导特性严重约束了它的潜力，使得它只能解决极其简单的任务。实际上，现代深度学习动辄数百万甚至上百亿的参数规模，但它的核心结构与感知机并没有多大差别。它在感知机的基础上，将不连续的阶跃激活函数换成了其他连续可导的激活函数，并通过堆叠多个网络层来增强网络的表达能力，基本思路不变。

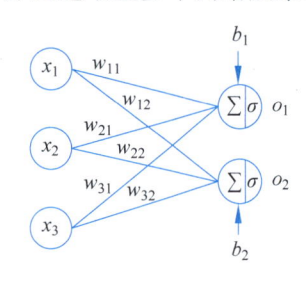

本节通过替换感知机的激活函数，同时并行堆叠多个神经元来实现多输入、多输出的网络层结构。如图 6.4 所示，并行堆叠了 2 个神经元，即 2 个替换了激活函数的感知机，构成 3 输入节点、2 个输出节点的网络层。其中第一个输出节点的输出为

$$o_1 = \sigma(w_{11} \cdot x_1 + w_{21} \cdot x_2 + w_{31} \cdot x_3 + b_1)$$

第二个输出节点的输出为

$$o_2 = \sigma(w_{12} \cdot x_1 + w_{22} \cdot x_2 + w_{32} \cdot x_3 + b_2)$$

输出向量为 $\boldsymbol{o} = [o_1, o_2]$。整个网络层可以通过矩阵关系式表达为

图 6.4 全连接层

$$[o_1 \quad o_2] = [x_1 \quad x_2 \quad x_3] @ \begin{bmatrix} w_{11} & w_{12} \\ w_{21} & w_{22} \\ w_{31} & w_{32} \end{bmatrix} + [b_1 \quad b_2] \tag{6-1}$$

即

$$\boldsymbol{O} = \boldsymbol{X} @ \boldsymbol{W} + \boldsymbol{b}$$

其中输入矩阵 $\boldsymbol{X}$ 的 shape 定义为 $[b, d_\text{in}]$，b 为样本数量，此处只有 1 个样本参与前向运算，d_in 为输入节点数；权值张量 $\boldsymbol{W}$ 的 shape 定义为 $[d_\text{in}, d_\text{out}]$，$d_\text{out}$ 为输出节点数，偏置向量 $\boldsymbol{b}$

的 shape 定义为 $[d_{out}]$。

考虑批量并行计算，例如 2 个样本，$\boldsymbol{x}^{(1)}=[x_1^{(1)},x_2^{(1)},x_3^{(1)}]$，$\boldsymbol{x}^{(2)}=[x_1^{(2)},x_2^{(2)},x_3^{(2)}]$，则可以方便地将式(6-1)推广到批量形式，即

$$\begin{bmatrix} o_1^{(1)} & o_2^{(1)} \\ o_1^{(2)} & o_2^{(2)} \end{bmatrix} = \begin{bmatrix} x_1^{(1)} & x_2^{(1)} & x_3^{(1)} \\ x_1^{(2)} & x_2^{(2)} & x_3^{(2)} \end{bmatrix} @ \begin{bmatrix} w_{11} & w_{12} \\ w_{21} & w_{22} \\ w_{31} & w_{32} \end{bmatrix} + \begin{bmatrix} b_1 & b_2 \end{bmatrix}$$

其中输出矩阵 $\boldsymbol{O}$ 包含了 b 个样本的输出特征，shape 为 $[b,d_{out}]$。由于每个输出节点与全部的输入节点相连接，这种网络层称为全连接层(Fully-connected Layer，FC)，或者稠密连接层(Dense Layer)，$\boldsymbol{W}$ 矩阵叫作全连接层的权值张量，$\boldsymbol{b}$ 向量叫作全连接层的偏置张量。

6.2.1 张量方式实现

在 PyTorch 中，要实现全连接层，只需要定义好权值张量 $\boldsymbol{W}$ 和偏置张量 $\boldsymbol{b}$，并利用 PyTorch 提供的批量矩阵相乘函数 torch.matmul() 即可完成网络层的计算。例如，创建输入 $\boldsymbol{X}$ 矩阵为 $b=2$ 个样本，每个样本的输入特征长度为 $d_{in}=784$，输出节点数为 $d_{out}=256$，故定义权值张量 $\boldsymbol{W}$ 的 shape 为 $[784,256]$，并采用正态分布初始化 $\boldsymbol{W}$；偏置张量 $\boldsymbol{b}$ 的 shape 定义为 $[256]$，在计算完 $\boldsymbol{X}@\boldsymbol{W}$ 后相加即可，最终全连接层的输出 $\boldsymbol{O}$ 的 shape 为 $[2,256]$，即 2 个样本的特征，每个特征长度为 256，代码实现如下。

```
In [1]:                                    # 创建 W,b 张量
import torch
from   torch.nn import functional as F

x = torch.randn([2,784])
w1 = torch.randn([784, 256])
b1 = torch.zeros([256])
o1 = torch.matmul(x, w1) + b1              # 线性变换
o1 = F.relu(o1)                            # 激活函数

print('output:', o1.shape)
Out[1]:
output: torch.Size([2, 256])
```

实际上，之前已经多次使用过上述代码实现网络层。

6.2.2 层方式实现

全连接层本质上是矩阵的相乘和相加运算，实现并不复杂。但是作为最常用的网络层之一，PyTorch 中有更高层、使用更方便的层实现方式：nn.Linear(in_features,out_features)。通过 nn.Linear 类，只需要指定输入节点数 in_features 和输出节点数 out_features 即可。注意，正如 nn.Linear 名字所表达的意思，Linear 层只提供了线性变换部分，非线性的激活函数需要组合其他的激活函数来实现。举例如下。

```
In [2]:
from torch import nn                    # 导入层模块

x = torch.randn([4, 28 * 28])
# 创建全连接层,指定输入节点数和输出节点数
fc = nn.Linear(28 * 28, 512)
# 通过 fc 类实例完成一次全连接层的计算,返回输出张量
h1 = fc(x)
print('h1:', h1.shape)
Out[2]:
h1: torch.Size([4, 512])
```

上述通过一行代码即可以创建一层全连接层实例 fc,并指定输入节点数为 784,输出节点数为 512,并创建内部权值张量 W 和偏置张量 b。可以通过类内部的成员名 weight 和 bias 来获取权值张量 W 和偏置张量 b 对象,代码如下。

```
In [3]:
print(fc.weight.shape)
# 获取 Dense 类的权值张量
Out[3]:
torch.Size([512, 784])
In [4]:
print(fc.bias.shape)
# 获取 Dense 类的偏置张量
Out[4]:
torch.Size([512])
```

可以看到,偏置张量 b 的 shape 符合上述的定义,即输出节点数 out_features,但是 PyTorch 中全连接层类的权值张量 W 的 shape 定义为 [out_features, in_features],因此在进行计算时,PyTorch 是按照 $X@W^T+b$ 方式进行,这一点需要注意。无论深度学习框架如何定义内部的张量形式,其在数学上都是等价的。

在优化参数时,需要获得网络的所有待优化的张量参数列表,可以通过类的 parameters 函数来返回待优化张量参数列表,代码如下。

```
In [5]:
for p in fc.parameters():
    print(p.shape)
Out[5]:                                  # 返回待优化张量参数列表
torch.Size([512, 784])
torch.Size([512])
```

实际上,网络层除了保存了待优化张量参数列表 parameters,还有部分层包含了不参与梯度优化的张量,如后续要介绍的 Batch Normalization 层,可以通过 named_buffers 函数返回所有不需要优化的张量参数列表。

除了通过 parameters 函数获得匿名的待优化张量参数列表外,还可以通过成员函数 named_parameters 获得待优化张量名和对象列表。举例如下。

```
In [6]:
```

```
# 返回所有参数列表
for name,p in fc.named_parameters():
    print(name, p.shape)
Out[6]:
weight torch.Size([512, 784])
bias torch.Size([512])
```

对于全连接层,待优化张量只有 weight 和 bias 两个。

利用网络层类对象进行前向计算时,只需要调用类的__call__方法即可,即写成 fc(x)方式便可,它会自动调用类的__call__方法,在__call__方法中会自动调用 forward 方法,这一设定由 PyTorch 框架自动完成,因此用户只需要将网络层的前向计算逻辑实现在 forward 方法中。对于全连接层类,在 forward 方法中实现 $\sigma(\boldsymbol{X}@\boldsymbol{W}+\boldsymbol{b})$ 的运算逻辑(或者 $\boldsymbol{X}@\boldsymbol{W}^\mathrm{T}+\boldsymbol{b}$ 的),非常简单,最后返回全连接层的输出张量即可,读者朋友可自行阅读 PyTorch 的对应部分源代码学习官方的实现方式。

6.3 神经网络

通过层层堆叠图 6.4 中的全连接层,同时保证前一层的输出节点数与当前层的输入节点数匹配,即可堆叠出任意层数的网络。把这种由神经元相互连接而成的网络叫作神经网络。如图 6.5 所示,通过堆叠 4 个全连接层,可以获得层数为 4 的神经网络,由于每层均为全连接层,称为全连接网络。其中第 1~3 个全连接层在网络中间,称为隐藏层 1、2、3,最后一个全连接层的输出作为网络的输出,称为输出层。隐藏层 1、2、3 的输出节点数分别为[256,128,64],输出层的输出节点数为 10。

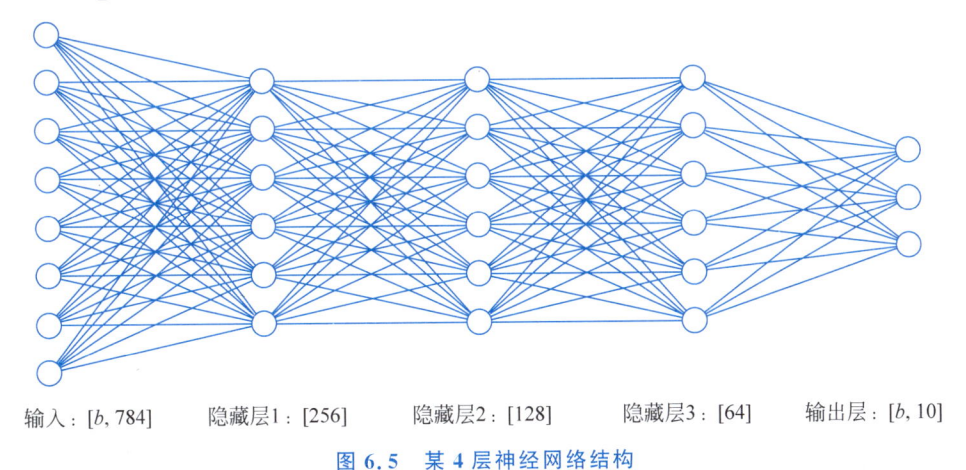

输入: $[b, 784]$　　隐藏层1: $[256]$　　隐藏层2: $[128]$　　隐藏层3: $[64]$　　输出层: $[b, 10]$

图 6.5　某 4 层神经网络结构

在设计全连接网络时,网络的结构配置等超参数可以按经验法则自由设置,只需要遵循少量的约束即可。例如,隐藏层 1 的输入节点数需和数据的实际特征长度匹配,每层的输入层节点数与上一层输出节点数匹配,输出层的激活函数和节点数需要根据任务的具体设定进行设计。总的来说,神经网络模型的结构设计自由度较大,如图 6.5 层中每层的输出节点数不一定要设计为[256,128,64,10]，可以自由配置，如[256,256,64,10]或[512,64,32,10]等都是可行的。至于哪一组超参数是最优的，这需要丰富的领域经验知识和大量的实验尝试，或者可以通过 AutoML(Auto Machine Learning)技术搜索出较优设定。

下面将使用两种方式来实现一个多层的全连接网络模型。

6.3.1 张量方式实现

对于多层神经网络，以图 6.5 网络结构为例，需要分别定义各层的权值张量 W 和偏置张量 b。有多少个全连接层，则需要分别定义各层的内部张量 W 和 b，并且每层的参数只能用于对应的层，不能混淆使用。图 6.5 的网络模型实现如下。

```
#隐藏层1张量
w1 = torch.randn([784, 256])
b1 = torch.zeros([256])
#隐藏层2张量
w2 = torch.randn([256, 128])
b2 = torch.zeros([128])
#隐藏层3张量
w2 = torch.randn([128, 64])
b3 = torch.zeros([64])
#输出层张量
w4 = torch.randn([64, 10])
b4 = torch.zeros([10])
```

在计算时，只需要按照网络层的顺序，将上一层的输出作为当前层的输入即可，重复直至最后一层，并将输出层的输出作为网络的输出，代码如下。

```
#x: [b, 28 * 28]
#隐藏层1前向计算,[b, 28 * 28] => [b, 256]
h1 = x@w1 + torch.broadcast_to(b1, [x.shape[0], 256])
h1 = F.relu(h1)
#隐藏层2前向计算,[b, 256] => [b, 128]
h2 = h1@w2 + b2
h2 = F.relu(h2)
#隐藏层3前向计算,[b, 128] => [b, 64]
h3 = h2@w3 + b3
h3 = F.relu(h3)
#输出层前向计算,[b, 64] => [b, 10]
h4 = h3@w4 + b4
```

输出层是否需要添加激活函数通常视具体的任务而定，这里选择不添加激活函数，直接输出。

不同于 Numpy 实现的数值计算模式，PyTorch 张量在计算的同时也在内部构建了计算图，方便后续的梯度方向传播。如果只需要实现纯数值计算，可以将代码包裹在 torch.no_grad 环境中。

6.3.2 层方式实现

对于常规的网络层，通过层方式实现起来更加简洁高效。首先新建各个网络层类，并指定各层的激活函数类型，代码如下。

```python
from torch import nn
# 创建隐藏层 1 的线性层和激活函数
fc1 = nn.Linear(784, 256)
act1 = nn.ReLU()
# 创建隐藏层 2 的线性层和激活函数
fc2 = nn.Linear(256, 128)
act2 = nn.ReLU()
# 创建隐藏层 3 的线性层和激活函数
fc3 = nn.Linear(128, 64)
act3 = nn.ReLU()
# 创建输出层,无激活函数
fc4 = nn.Linear(64, 10)
```

在前向计算时,依序通过各个网络层即可,代码如下：

```python
x = torch.randn([4, 28 * 28])
h1 = fc1(x)                          # 通过隐藏层 1 得到输出
h2 = fc2(h1)                         # 通过隐藏层 2 得到输出
h3 = fc3(h2)                         # 通过隐藏层 3 得到输出
h4 = fc4(h3)                         # 通过输出层得到网络输出
```

对于这种数据依次向前传播的网络,也可以通过 Sequential 容器封装成一个网络大类对象,调用大类的前向计算函数一次即可完成所有层的前向计算,使用起来更加方便,实现如下。

```python
# 通过 Sequential 容器封装为一个网络类
model = nn.Sequential(
    nn.Linear(784, 256),             # 创建隐藏层 1
    nn.ReLU(),
    nn.Linear(256, 128),             # 创建隐藏层 2
    nn.ReLU(),
    nn.Linear(128, 64),              # 创建隐藏层 3
    nn.ReLU(),
    nn.Linear(64, 10),               # 创建输出层
)
```

前向计算时只需要调用一次网络大类对象,即可完成所有层的按序计算,实现如下。

```python
out = model(x)                       # 前向计算得到输出
```

6.3.3 优化目标

一般把神经网络从输入到输出的计算过程叫作前向传播(Forward Propagation)或前向计算。神经网络的前向传播过程,也是数据张量(Tensor)从输入流动(Flow)至输出层的过程,即从输入数据开始,途径各个隐藏层,直至得到模型输出并计算误差,这也是另一个深度学习框架 TensorFlow 的名字由来。PyTorch 框架是继承了 Torch 框架的设计理念,并采用 Python 语言作为主要支持语言,因而命名为 PyTorch。

前向传播的最后一步就是完成误差的计算,即

$$\mathcal{L} = g(f_\theta(\boldsymbol{x}), \boldsymbol{y})$$

其中，$f_\theta(\cdot)$ 代表了利用 θ 参数化的神经网络模型，$g(\cdot)$ 称为误差函数，用来描述当前网络的预测值 $f_\theta(x)$ 与真实标签 y 之间的差距度量，比如常用的均方误差函数。$\mathcal{L}$ 称为网络的误差（Error，或损失 Loss），一般为标量。通常希望通过在训练集 D^{train} 上面学习到一组参数 θ 使得训练的误差 $\mathcal{L}$ 最小，即

$$\theta^* = \underbrace{\arg\min}_{\theta} g(f_\theta(x), y), \quad x \in D^{\text{train}}$$

上述的最小化优化问题一般采用误差反向传播算法来求解网络参数 θ 的梯度信息，并利用梯度下降算法迭代更新参数，即

$$\theta' = \theta - \eta \cdot \nabla_\theta \mathcal{L}$$

其中，η 为学习率。

可以从另一个角度来理解神经网络，它完成的是特征的维度变换的功能，比如 4 层的 MNIST 手写数字图片识别的全连接网络，它依次完成了 784→256→128→64→10 的特征降维过程。原始的特征通常具有较高的维度，包含了很多底层特征及无用信息，通过神经网络的层层特征变换，将较高的维度降维到较低的维度，此时的特征一般包含了与任务强相关的高层抽象特征信息，通过对这些特征进行简单的逻辑判定即可完成特定的任务，如图片的类别判断。

网络的参数量是衡量网络规模的重要指标。那么怎么计算全连接层的参数量呢？考虑权值张量 W，偏置张量 b，输入特征长度为 d_{in}，输出特征长度为 d_{out} 的网络层，W 的参数量为 $d_{\text{in}} \cdot d_{\text{out}}$，再加上偏置 b 的参数，则总参数量为 $d_{\text{in}} \cdot d_{\text{out}} + d_{\text{out}}$。对于多层的全连接神经网络，比如 784→256→128→64→10，总参数量的计算表达式为

$$256 \times 784 + 256 + 128 \times 256 + 128 + 64 \times 128 + 64 + 10 \times 64 + 10 = 242762$$

即约 24.2 万个参数。

全连接层作为最基本的神经网络类型，对于后续的神经网络模型，例如卷积神经网络和循环神经网络等的研究具有十分重要的意义，通过对其他网络类型的学习，读者会发现它们或多或少地都源自全连接层网络的思想。Geoffrey Hinton、Yoshua Bengio 和 Yann LeCun 三人长期坚持在神经网络的前沿领域研究，为人工智能的发展做出了杰出贡献，因此他们（图 6.6，从左至右依次是 Yann LeCun、Geoffrey Hinton、Yoshua Bengio）获得了 2018 年计算机图灵奖。

图 6.6 2018 年图灵奖得主

6.4 激活函数

下面来介绍神经网络中的常见激活函数,它们通常是非线性的,可以为神经网络带来强大的非线性表达能力。

6.4.1 Sigmoid

Sigmoid 函数也叫 Logistic 函数,定义为

$$\text{Sigmoid}(x) \triangleq \frac{1}{1+e^{-x}}$$

它的一个优良特性就是能够把 $x \in \mathbf{R}$ 的输入"压缩"到 $x \in (0,1)$ 区间,这个区间的数值在机器学习中常用来表示以下意义。

(1) 概率分布:$(0,1)$ 区间的输出和概率的分布范围 $[0,1]$ 契合,可以通过 Sigmoid 函数将输出转译为概率输出。

(2) 信号强度:一般可以将 0~1 理解为某种信号的强度,如像素的颜色强度,1 代表当前通道颜色最强,0 代表当前通道无颜色;抑或代表门控值(Gate)的强度,1 代表当前门控全部开放,0 代表门控关闭。

Sigmoid 函数连续可导,如图 6.7 所示,可以直接利用梯度下降算法优化网络参数,应用的非常广泛。

在 PyTorch 中,可以通过 F.sigmoid 实现 Sigmoid 函数,也可以利用 nn.Sigmoid 类,代码如下。

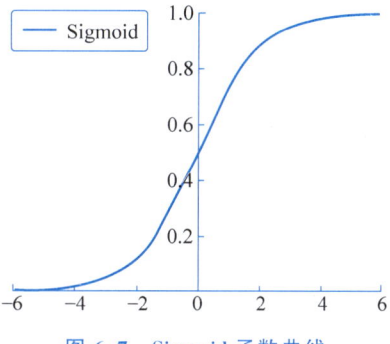

图 6.7 Sigmoid 函数曲线

```
In [7]:
# 构造-6~6的输入向量,函数式
x = torch.linspace(-6., 6., 10)
out = F.sigmoid(x)
print(out)
Out[7]:
tensor([0.0025, 0.0093, 0.0344, 0.1192, 0.3392, 0.6608, 0.8808, 0.9656, 0.9907, 0.9975])
In [8]:
# 通过Sigmoid函数,类方式
act = nn.Sigmoid()
out = act(x)
print(out)
Out[8]:
tensor([0.0025, 0.0093, 0.0344, 0.1192, 0.3392, 0.6608, 0.8808, 0.9656, 0.9907, 0.9975])
```

可以看到,向量中元素值的范围由 $[-6,6]$ 映射到 $(0,1)$ 区间。

6.4.2 ReLU

在修正线性单元(Rectified Linear Unit, ReLU)激活函数提出之前, Sigmoid 函数通常是神经网络的激活函数首选。但是 Sigmoid 函数在输入值较大或较小时容易出现梯度值接近于 0 的现象,称为梯度弥散现象。出现梯度弥散现象时,网络参数长时间得不到更新,导致训练不收敛或停滞不动的现象发生,较深层次的网络模型中更容易出现梯度弥散现象。2012 年提出的 8 层 AlexNet 模型采用了一种名叫 ReLU 的激活函数,使得网络层数达到了 8 层,自此 ReLU 函数应用的越来越广泛。ReLU 函数定义为

$$\mathrm{ReLU}(x) \triangleq \max(0, x)$$

函数曲线如图 6.8 所示。可以看到,ReLU 对小于 0 的值全部抑制为 0;对于正数则直接输出,这种单边抑制特性来源于生物学。2001 年,神经科学家 Dayan 和 Abott 模拟得出更加精确的脑神经元激活模型,如图 6.9 所示,它具有单侧抑制、相对宽松的兴奋边界等特性, ReLU 函数的设计与之非常类似。

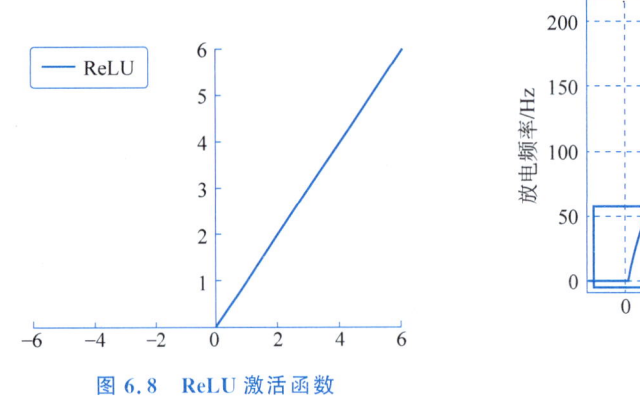

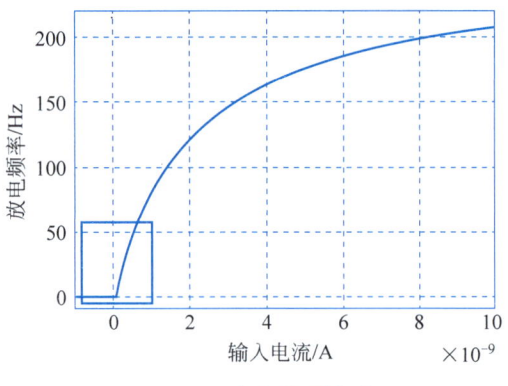

图 6.8 ReLU 激活函数

图 6.9 人脑激活模型

在 PyTorch 中,可以通过 F.relu 实现 ReLU 函数,代码如下。

```
In [9]:
# 构造 -6~6 的输入向量
x = torch.linspace(-6., 6., 10)
out = F.relu(x)                                    # 通过 ReLU 激活函数
print(out)
Out[9]:
tensor([0.0000, 0.0000, 0.0000, 0.0000, 0.0000, 0.6667, 2.0000, 3.3333, 4.6667, 6.0000])
```

可以看到,经过 ReLU 激活函数后,负数全部抑制为 0,正数得以保留。

除了可以使用函数式接口 F.relu 实现 ReLU 函数外,还可以像 Linear 层一样将 ReLU 函数作为一个网络层添加到网络中,对应的类为 nn.ReLU()类。一般来说,激活函数类并不是主要的网络参数层,不单独计入网络的层数,而是将其与前后的网络层合计为一层。

ReLU 函数的设计源自神经科学,函数值和导数值的计算均十分简单,同时有着优良的

梯度特性,在大量的深度学习应用中被验证非常有效,是应用最广泛的激活函数之一。

6.4.3 LeakyReLU

ReLU 函数在 $x<0$ 时导数值恒为 0,也可能会造成梯度弥散现象,为了克服这个问题,LeakyReLU 函数被提出,如图 6.10 所示,LeakyReLU 的表达式为

$$\text{LeakyReLU} \triangleq \begin{cases} x, & x \geqslant 0 \\ px, & x < 0 \end{cases}$$

其中,p 为用户自行设置的某较小数值的超参数,如 0.02 等。当 $p=0$ 时,LeakyReLU 函数退化为 ReLU 函数;当 $p \neq 0$ 时,$x<0$ 处能够获得较小的导数值 p,从而避免出现梯度弥散现象。

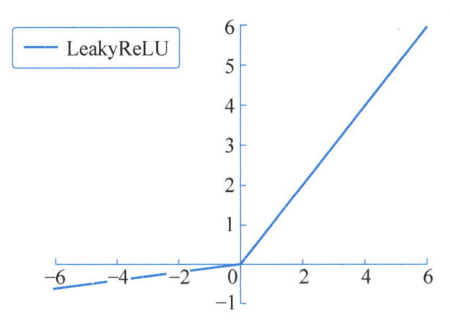

图 6.10　LeakyReLU 函数曲线

在 PyTorch 中,可以通过 F.leaky_relu 实现 LeakyReLU 函数,代码如下:

```
In [10]:
# 构造 -6~6 的输入向量
x = torch.linspace(-6., 6., 10)
# 通过 LeakyReLU 激活函数,负数部分斜率为 0.01
out = F.leaky_relu(x, negative_slope=0.01)
print(out)
Out[10]:
tensor([-0.0600, -0.0467, -0.0333, -0.0200, -0.0067, 0.6667, 2.0000, 3.3333, 4.6667, 6.0000])
```

其中 negative_slope 参数代表 p。F.leaky_relu 对应的类为 nn.LeakyReLU,可以通过 LeakyReLU(negative_slope)创建 LeakyReLU 网络层,并设置 p 参数,像 Sigmoid 层一样将 LeakyReLU 层放置在网络的合适位置。

6.4.4 tanh

tanh 函数能够将 $x \in \mathbf{R}$ 的输入"压缩"到 $(-1,1)$ 区间,定义为

$$\tanh(x) = \frac{e^x - e^{-x}}{e^x + e^{-x}} = 2 \cdot \text{Sigmoid}(2x) - 1$$

可以看到 tanh 激活函数可通过 Sigmoid 函数缩放平移后实现,函数曲线如图 6.11 所示。

在 PyTorch 中,可以通过 torch.tanh 实现 tanh 函数,代码如下。

```
In [11]:
```

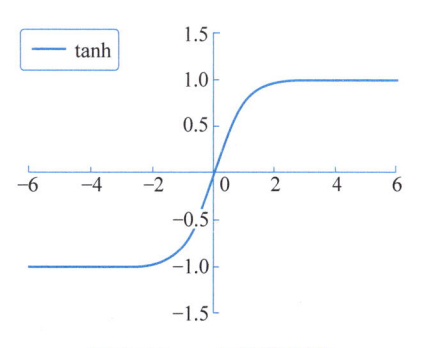

图 6.11　tanh 函数曲线

```
out = torch.tanh(x)                    # 通过 tanh 激活函数
print(out)
Out[11]:
tensor([-1.0000, -0.9998, -0.9975, -0.9640, -0.5828, 0.5828, 0.9640, 0.9975, 0.9998, 1.0000])
```

可以看到向量元素值的范围被映射到(−1,1)区间。注意，这里调用的 tanh 位于 torch 命名空间下，而不是 F.tanh。PyTorch 大部分的函数式接口在 torch.nn.functional 下，当然也有少数例外，例如此处。读者知悉即可，不必深究。

6.5 输出层设计

这里来特别讨论网络的最后一层的设计，它除了和所有的隐藏层一样，完成维度变换、特征提取的功能，还作为输出层使用，需要根据具体的任务场景来决定是否使用激活函数，以及使用什么类型的激活函数等。

根据输出值的区间范围分类讨论，常见的几种输出类型包括：

（1）$o_i \in \mathbf{R}^d$ 输出属于整个实数空间，或者某段普通的实数空间，比如函数值趋势的预测、年龄的预测问题等。

（2）$o_i \in [0,1]$ 输出值特别地落在[0,1]区间，如图片生成，图片像素值一般用[0,1]区间的值表示；或者二分类问题的概率，如硬币正反面的概率预测问题。

（3）$o_i \in [0,1], \sum_i o_i = 1$ 输出值落在[0,1]区间，并且所有输出值之和为 1，常见的如多分类问题，如 MNIST 手写数字图片识别，图片属于 10 个类别的概率之和应为 1。

（4）$o_i \in [-1,1]$ 输出值落在[−1,1]之间。

6.5.1 普通实数空间

这一类问题比较普遍，像正弦函数曲线预测、年龄的预测、股票走势的预测等都属于整个或者部分连续的实数空间，输出层可以不加激活函数。误差的计算直接基于最后一层的输出 o 和真实值 y 进行计算，如采用均方误差函数度量输出值 o 与真实值 y 之间的距离，即

$$\mathcal{L} = g(o, y)$$

其中 g 代表了某个具体的误差计算函数，例如 MSE 等。

6.5.2 [0,1]区间

输出值属于[0,1]区间也比较常见，比如图片的生成、二分类问题等。在机器学习中，一般会将图片的像素值归一化到[0,1]区间，如果直接使用输出层的值，像素的值范围会分布在整个实数空间。为了让像素的值范围映射到[0,1]的有效实数空间，需要在输出层后添加某个合适的激活函数 σ，其中 Sigmoid 函数刚好具有此功能。

同样地，对于二分类问题，如硬币的正反面的预测，输出层可以只设置一个节点，表示某

个事件 A 发生的概率 $P(A|\boldsymbol{x})$，$\boldsymbol{x}$ 为网络输入。如果利用网络的输出标量 o 表示正面事件出现的概率，那么反面事件出现的概率即为 $1-o$，网络结构如图 6.12 所示。

$$P(正面|\boldsymbol{x})=o$$
$$P(反面|\boldsymbol{x})=1-o$$

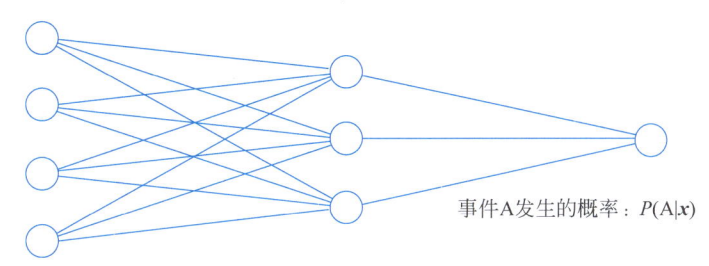

图 6.12 单输出节点的二分类网络

此时只需要在输出层的净活性值 z 后添加 Sigmoid 函数即可将输出转译为概率值。

对于二分类问题，除了可以使用单个输出节点表示事件 A 发生的概率 $P(A|\boldsymbol{x})$ 外，还可以分别预测 $P(A|\boldsymbol{x})$ 和 $P(\overline{A}|\boldsymbol{x})$，并满足约束

$$P(A|\boldsymbol{x})+P(\overline{A}|\boldsymbol{x})=1$$

其中，$\overline{A}$ 表示事件 A 的对立事件。如图 6.13 所示，二分类网络的输出层设置为 2 个节点，第一个节点的输出值表示为事件 A 发生的概率 $P(A|\boldsymbol{x})$，第二个节点的输出值表示对立事件发生的概率 $P(\overline{A}|\boldsymbol{x})$，考虑到 Sigmoid 函数只能将单个值压缩到 $(0,1)$ 区间，并不会考虑 2 个节点值之间的关系。我们希望除了满足 $o_i \in [0,1]$ 之外，还希望它们能满足概率之和为 1 的约束，即

$$\sum_i o_i = 1$$

这种情况就是 6.5.3 节要介绍的问题设定。

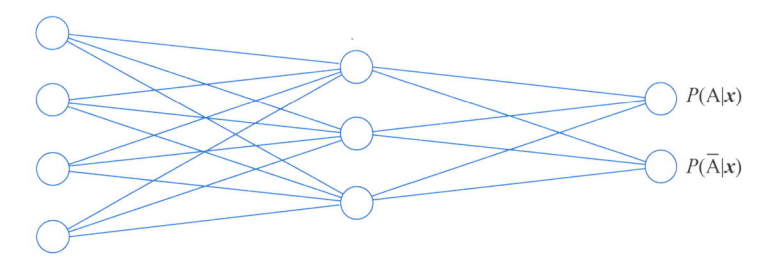

图 6.13 二个输出节点的二分类网络

6.5.3 $[0,1]$区间，和为 1

输出值 $o_i \in [0,1]$，且所有输出值之和为 1，这种设定以多分类问题最为常见。如图 6.14 所示，输出层的每个输出节点代表了一种类别，图中网络结构用于处理 3 分类任务，3 个节点的输出值分布代表了当前样本属于类别 A、类别 B 和类别 C 的概率 $P(A|\boldsymbol{x})$、$P(B|\boldsymbol{x})$、

$P(C|\boldsymbol{x})$，考虑多分类问题中的样本只可能属于所有类别中的某一种，因此满足所有类别概率之和为 1 的约束。

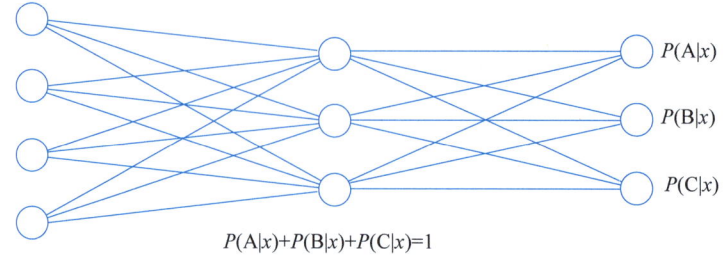

图 6.14　多分类网络结构

如何实现此约束逻辑呢？可以通过在输出层添加 Softmax 函数实现。Softmax 函数定义为

$$\text{Softmax}(z_i) \triangleq \frac{e^{z_i}}{\sum_{j=1}^{d_{\text{out}}} e^{z_j}}$$

Softmax 函数不仅可以将输出值映射到[0,1]区间，还满足所有的输出值之和为 1 的特性。如图 6.15 中的例子，输出层的输出为[2.0,1.0,0.1]，经过 Softmax 函数计算后，得到输出为[0.66,0.24,0.10]，每个值代表了当前样本属于每个类别的概率，概率值之和为 1。通过 Softmax 函数可以将输出层的输出转译为类别概率，在分类问题中使用得非常频繁。

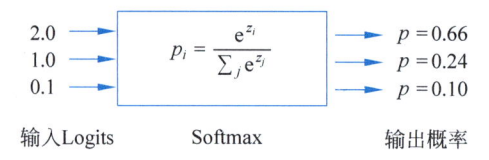

图 6.15　Softmax 函数示例

在 PyTorch 中，可以通过 F.softmax 实现 Softmax 函数，代码如下。

```
In [12]:
# 创建输入张量
z = torch.tensor([2., 1., 0.1])
# 通过 Softmax 函数，dim 参数指定要计算的维度
out = F.softmax(z, dim = 0)
print(out)
Out[12]:
tensor([0.6590, 0.2424, 0.0986])
```

与 Linear 层类似，Softmax 函数也可以作为网络层类使用，通过类 nn.Softmax(dim=-1)可以方便添加 Softmax 层，其中 dim 参数指定需要进行计算的维度。

除了 Softmax 激活函数外，还有一个 Log Softmax 函数 F.log_softmax，它就是在完成 Softmax 计算后，再进行 Log 运算。

在Softmax函数的数值计算过程中,容易因输入值偏大发生数值溢出现象;在计算交叉熵时,也会出现数值溢出的问题。为了数值计算的稳定性,PyTorch中提供了一个统一的接口nn.CrossEntropyLoss类,将Softmax函数和交叉熵损失函数同时实现,同时也处理了可能发生数值不稳定的异常,一般推荐使用这个接口,避免自行调用Softmax、Log、NLLLoss这一系列运算实现交叉熵损失函数。

下面利用一个具体的例子来验证Softmax、Log、NLLLoss和CrossEntropyLoss之间的关系。首先按照数学定义,独立实现交叉熵损失值计算,实现如下。

```
In [13]:
#构造输出层的输出
z = torch.randn([2, 10])
#计算Log Softmax值,在dim=1为概率值的维度
a = F.log_softmax(z, dim=1)
#构造真实值,整型
y = torch.tensor([1, 3]).long()
loss = nn.NLLLoss()(a, y)
print('loss:', loss)
Out[13]:
loss: tensor(2.9610)
```

下面直接基于nn.CrossEntropyLoss实现Softmax、Log与NLLLoss的统一计算,代码如下。

```
In [14]:
#创建Softmax与交叉熵计算类,输出层的输出z未使用softmax
loss = nn.CrossEntropyLoss()(z, y)
print('loss:', loss)
loss
Out[14]:
loss: tensor(2.9610)
```

可以看到,两者等价,但是nn.CrossEntropyLoss更为简洁且安全。

6.5.4 (−1,1)区间

如果希望输出值的范围分布在(−1,1)区间,可以简单地使用tanh激活函数,代码如下。

```
In [15]:
x = torch.linspace(-6, 6, 10)
out = torch.tanh(x)
print('out:', out)
Out[15]:
out: tensor([-1.0000, -0.9998, -0.9975, -0.9640, -0.5828, 0.5828, 0.9640, 0.9975, 0.9998, 1.0000])
```

输出层的设计具有一定的灵活性,可以根据实际的应用场景自行设计,充分利用现有激活函数的特性。

6.6 误差计算

在搭建完模型结构后,下一步就是选择合适的误差函数来计算误差。常见的误差函数有均方误差、交叉熵、KL 散度、Hinge Loss 函数等,其中均方误差函数和交叉熵损失函数在深度学习中比较常见,均方误差函数主要用于回归问题,交叉熵损失函数主要用于分类问题。

6.6.1 均方误差函数

均方误差函数把输出向量和真实向量映射到笛卡儿坐标系的两个点上,通过计算这两个点之间的欧氏距离来衡量两个向量之间的差距,即

$$\text{MSE}(\boldsymbol{y},\boldsymbol{o}) \triangleq \frac{1}{d_{\text{out}}} \sum_{i=1}^{d_{\text{out}}} (y_i - o_i)^2$$

MSE 函数的值总是大于或等于 0,当 MSE 函数达到最小值 0 时,输出等于真实标签,此时神经网络的参数达到最优状态。

均方误差函数广泛应用在回归问题中。实际上,分类问题中也可以应用均方误差函数。在 PyTorch 中,可以通过函数方式或层方式实现 MSE 计算。例如,使用函数方式实现 MSE 计算,代码如下。

```
In [16]:
o = torch.randn([2,10])                    #构造网络输出
y_onehot = torch.tensor([1,3])             #构造真实类别值
#将类别值编码为 One-hot 形式,总类别数为 10 类
y_onehot = F.one_hot(y_onehot, num_classes = 10)
loss = F.mse_loss(o,y_onehot)              #计算均方误差
print('loss:', loss)
Out[16]:
loss: tensor(0.9939)
```

F.mse_loss(input,target,reduction = 'mean')函数默认的参数 reduction 设置为'mean',即求平样本的平均误差值,可以将 reduction 设置为'none'来返回每个样本每个特征点上的误差,实现如下。

```
In [17]:
loss = F.mse_loss(o,y_onehot, reduction = 'none')    #计算均方误差
print('loss shape:', loss.shape)
#求特征维度上的平均误差
loss = loss.mean(dim = 1)
print('loss on feature:', loss)
#求样本的平均误差
loss = loss.mean(dim = 0)
print('loss on sample:', loss)
Out[17]:
loss shape: torch.Size([2, 10])
```

```
loss on feature: tensor([0.8478, 1.1400])
loss on sample: tensor(0.9939)
```

也可以通过层方式实现,对应的类为 nn.MSELoss(),和其他层的类一样,调用 forward 函数即可完成前向计算,代码如下。

```
In [18]:
# 创建 MSE 类
criterion = nn.MSELoss(reduction = 'mean')
loss = criterion(o, y_onehot)
print('loss:', loss)
Out[18]:
loss: tensor(0.9939)
```

6.6.2 交叉熵误差函数

在介绍交叉熵损失函数之前,首先介绍信息学中熵(Entropy)的概念。1948 年,Claude Shannon 将热力学中熵的概念引入信息论中,用来衡量信息的不确定度。熵在信息学科中也叫信息熵,或者香农熵。熵越大,代表不确定性越大,信息量也就越大。某个分布 $P(i)$ 的熵定义为

$$H(P) \triangleq -\sum_i P(i)\log_2 P(i)$$

实际上,$H(P)$ 也可以使用其他底数的 log 函数计算。举个例子,对于 4 分类问题,如果某个样本的真实标签是第 4 类,那么标签的 One-hot 编码为[0,0,0,1],即这张图片的分类是唯一确定的,它属于第 4 类的概率 $P(y\text{ 为 }4|\boldsymbol{x})=1$,不确定性为 0,它的熵可以简单地计算为

$$-0\times\log_2 0 - 0\times\log_2 0 - 0\times\log_2 0 - 1\times\log_2 1 = 0$$

也就是说,对于确定的分布,熵为 0,不确定性最低。

如果它预测的概率分布是[0.1,0.1,0.1,0.7],它的熵可以计算为:

$$-0.1\times\log_2 0.1 - 0.1\times\log_2 0.1 - 0.1\times\log_2 0.1 - 0.7\times\log_2 0.7 \approx 1.356$$

这种情况比前面确定性类别的例子的确定性要稍微大点。

考虑随机分类器,它每个类别的预测概率是均等的,即[0.25,0.25,0.25,0.25],同样的方法,可以计算它的熵约为 2,这种情况的不确定性略大于上面一种情况。

由于 $P(i)\in[0,1]$,$\log_2 P(i)\leqslant 0$,因此熵 $H(P)$ 总是大于或等于 0。当熵取得最小值 0 时,不确定性为 0。分类问题的 One-hot 编码的分布就是熵为 0 的典型例子。在 PyTorch 中间,可以利用 torch.log2 来计算熵。

在介绍完熵的概念后,基于熵引出交叉熵(Cross Entropy)的定义,即

$$H(p\|q) \triangleq -\sum_i p(i)\log_2 q(i)$$

通过变换,交叉熵可以分解为 p 的熵 $H(p)$ 和 p 与 q 的 KL 散度(Kullback-Leibler Divergence)的和,即

$$H(p\|q) = H(p) + D_{KL}(p\|q)$$

其中 KL 散度定义为

$$D_{KL}(p\|q) = \sum_i p(i) \log\left(\frac{p(i)}{q(i)}\right)$$

KL 散度是 Solomon Kullback 和 Richard A. Leibler 在 1951 年提出的用于衡量 2 个分布之间距离的指标。$p=q$ 时，$D_{KL}(p\|q)$ 取得最小值 0，p 与 q 之间的差距越大，$D_{KL}(p\|q)$ 也越大。需要注意的是，交叉熵和 KL 散度都不是对称的，即

$$H(p\|q) \neq H(q\|p)$$
$$D_{KL}(p\|q) \neq D_{KL}(q\|p)$$

交叉熵可以很好地衡量 2 个分布之间的"距离"。特别地，当分类问题中 y 的编码分布 p 采用 One-hot 编码 y 时：$H(p)=0$，此时

$$H(p\|q) = H(p) + D_{KL}(p\|q) = D_{KL}(p\|q)$$

退化到真实标签分布 y 与输出概率分布 o 之间的 KL 散度上。

根据 KL 散度的定义，推导分类问题中交叉熵的计算表达式：

$$H(p\|q) = D_{KL}(p\|q) = \sum_j y_j \log\left(\frac{y_j}{o_j}\right)$$
$$= 1 \cdot \log\frac{1}{o_i} + \sum_{j \neq i} 0 \cdot \log\left(\frac{0}{o_j}\right)$$
$$= -\log o_i$$

其中 i 为 One-hot 编码中为 1 的索引号，也是当前输入的真实类别。可以看到，$\mathcal{L}$ 只与真实类别 i 上的概率 o_i 有关，对应概率 o_i 越大，$H(p\|q)$ 越小。当对应类别上的概率为 1 时，交叉熵 $H(p\|q)$ 取得最小值 0，此时网络输出 o 与真实标签 y 完全一致，神经网络取得最优状态。

因此最小化交叉熵损失函数的过程也是最大化正确类别节点上的预测概率、最小化其他节点概率值的过程。从这个角度去理解交叉熵损失函数，非常直观易懂。

6.7 神经网络类型

全连接层是神经网络最基本的网络类型，对后续神经网络类型的研究有巨大的贡献，全连接层前向计算流程相对简单，梯度求导也较简单，但是它有一个最大的缺陷，在处理较大特征长度的数据时，全连接层的参数量往往较大，使得深层数的全连接网络参数量巨大，训练起来比较困难。近年来，社交媒体的发达产生了海量的图片、视频、文本等数字资源，极大地促进了神经网络在计算机视觉、自然语言处理等领域中的研究，相继提出了一系列的神经网络变种类型。

6.7.1 卷积神经网络

如何识别、分析并理解图片、视频等数据是计算机视觉的一个核心问题,全连接层在处理高维度的图片、视频数据时往往出现网络参数量巨大、训练非常困难的问题。通过利用局部相关性和权值共享的思想,Yann Lecun 在 1986 年提出了卷积神经网络。随着深度学习的兴盛,卷积神经网络在计算机视觉中的表现大大地超越了其他算法模型,呈现统治计算机视觉领域之势。这其中比较流行的模型有用于图片分类的 AlexNet、VGG、GoogLeNet、ResNet、DenseNet、EfficientNet 等,用于目标检测的 R-CNN、Fast RCNN、Faster RCNN、Mask RCNN、YOLO、RetinaNet、CenterNet 等。第 10 章将详细介绍卷积神经网络原理。

6.7.2 循环神经网络

除了具有空间结构的图片、视频等数据外,序列信号也是一种非常常见的数据类型,其中一个最具代表性的序列信号就是文本数据。如何处理并理解文本数据是自然语言处理的一个核心问题。卷积神经网络由于缺乏 Memory 机制和处理不定长序列信号的能力,并不擅长序列信号的任务。循环神经网络在 Yoshua Bengio、Jürgen Schmidhuber 等的持续研究下,被证明非常擅长处理序列信号。1997 年,Jürgen Schmidhuber 提出了 LSTM 网络,作为 RNN 的变种,它较好地克服了 RNN 缺乏长期记忆、不擅长处理长序列的问题,在自然语言处理中得到了广泛的应用。基于 LSTM 模型,Google 提出了用于机器翻译的 Seq2Seq 模型,并成功商用于谷歌神经机器翻译系统(GNMT)。其他的 RNN 变种还有 GRU、双向 RNN 等。第 11 章将详细介绍循环神经网络原理。

6.7.3 注意力(机制)网络

RNN 并不是自然语言处理的最优解决方案,近年来随着注意力机制(Attention Mechanism)的提出,克服了 RNN 训练不稳定、难以并行化等缺陷,在自然语言处理和图片生成等领域中逐渐崭露头角,甚至基于自注意力 Self-attention 的一系列 Transformer 模型已经开始进入计算机视觉领域。注意力机制最初在图片分类任务上提出,但逐渐开始侵蚀 NLP 各大任务。2017 年,Google 提出了第一个利用纯注意力机制实现的网络模型 Transformer,随后基于 Transformer 模型相继提出了一系列的用于机器翻译的注意力网络模型,如 GPT、BERT、CLIP、Vision Transformer 等。OpenAI 提出的 GPT/GPT2/GPT3/ChatGPT/GPT4 等一系列大语言模型刷新了业界对于 scaling laws 的认知,一系列基于 LLM/VLM(视觉语言模型,Vision Language Model)的开源、闭源大模型的基础模型(Foundation Model)如雨后春笋般涌现,极大地提升了人工智能的上限。强烈建议读者朋友关注基于注意力机制的一系列业界算法动态。

6.7.4 图卷积神经网络

图片、文本等数据具有规则的空间、时间结构,称为 Euclidean Data(欧几里得数据)。

卷积神经网络和循环神经网络被证明非常擅长处理这种类型的数据。而像类似于社交网络、通信网络、蛋白质分子结构等一系列的不规则空间拓扑结构的数据,它们往往显得力不从心。2016 年,Thomas Kipf 等基于前人在一阶近似的谱卷积算法上提出了图卷积网络(Graph Convolution Network,GCN)模型。GCN 算法实现简单,从空间一阶邻居信息聚合的角度也能直观地理解,在半监督任务上取得了不错效果。随后,一系列的网络模型相继被提出,如 GAT、EdgeConv、DeepGCN 等。

6.8 汽车油耗预测实战

本节将利用全连接网络模型来完成汽车的效能指标 MPG(每加仑燃油可行驶的英里数,Mile Per Gallon)的预测问题实战。为了方便读者下载数据集,这里直接利用 TensorFlow 框架来自动下载和预处理数据集,并保存为 Numpy 数组文件。读者可以运行下述代码处理数据集,也可以直接下载最终生成的 npy 文件。

由于只需要利用 TensorFlow 的很少一部分功能,这里推荐大家安装 TensorFlow CPU 版本即可,网络模型仍然使用 PyTorch 实现,读者可以不必要理解这里的 TensorFlow 处理细节,关注算法模型部分即可。TensorFlow CPU 版本安装命令如下。

```
#安装 TensorFlow CPU 版本
pip install tensorflow-cpu
```

6.8.1 数据集

本实验采用 Auto MPG 数据集,它记录了各种汽车效能指标与气缸数、重量、马力等其他因子的真实数据,查看数据集的前 8 项,如表 6.1 所示,其中每个字段的含义列在表 6.2 中。除了产地的数字字段表示类别外,其他字段都是数值类型。对于产地地段,1 表示美国,2 表示欧洲,3 表示日本。

表 6.1 Auto MPG 数据集前 8 项

MPG	Cylinders (气缸数)/个	Displacement (排量)/L	Horsepower (功率)/马力	Weight (质量)/kg	Acceleration (加速度)/ $(m \cdot s^{-2})$	Model Year (型号年份)	Origin (产地)
18.0	8	370.0	130.0	3504.0	12.0	1970 年	1
15.0	8	350.0	165.0	3693.0	11.5	1970 年	1
18.0	8	318.0	150.0	3436.0	11.0	1970 年	1
16.0	8	304.0	150.0	3433.0	12.0	1970 年	1
17.0	8	302.0	140.0	3449.0	10.5	1970 年	1

注:1 马力=735.5W;马力为已过时的计量单位,但由于本书代码环境中默认单位为马力,因此本表中保留单位"马力"。

Auto MPG 数据集一共记录了 398 项数据，可以从 UCI 服务器下载并读取数据集到 DataFrame 对象中，代码如下。

```python
import tensorflow as tf
from tensorflow import keras
import pandas as pd

# 在线下载汽车效能数据集
dataset_path = keras.utils.get_file("auto-mpg.data", "http://archive.ics.uci.edu/ml/machine-learning-databases/auto-mpg/auto-mpg.data")
# 利用 pandas 读取数据集，字段有效能(英里数每加仑)、气缸数、排量、马力、质量
# 加速度、型号年份、产地
column_names = ['MPG','Cylinders','Displacement','Horsepower','Weight',
                'Acceleration', 'Model Year', 'Origin']
raw_dataset = pd.read_csv(dataset_path, names=column_names,
                    na_values = "?", comment='\t',
                    sep=" ", skipinitialspace=True)
dataset = raw_dataset.copy()
# 查看部分数据
dataset.head()
```

原始表格中的数据可能含有空字段(缺失值)的数据项，需要清除这些记录项，代码如下。

```python
dataset.isna().sum()          # 统计空白数据
dataset = dataset.dropna()    # 删除空白数据项
dataset.isna().sum()          # 再次统计空白数据
```

清除后，观察到数据集记录项减为 392 项。

由于 Origin 字段为类别类型数据，应当将其移除，并转换为新的 3 个字段：USA、Europe 和 Japan，分别代表是否来自此产地，代码如下。

```python
# 处理类别型数据，其中 origin 列代表了类别 1,2,3,分布代表产地：美国、欧洲、日本
# 先弹出(删除并返回)origin 这一列
origin = dataset.pop('Origin')
# 根据 origin 列来写入新的 3 个列
dataset['USA'] = (origin == 1)*1.0
dataset['Europe'] = (origin == 2)*1.0
dataset['Japan'] = (origin == 3)*1.0
dataset.tail()                # 查看新表格的后几项
```

按 8 : 2 的比例切分数据集为训练集和测试集，代码如下。

```python
# 切分为训练集和测试集
train_dataset = dataset.sample(frac=0.8,random_state=0)
test_dataset = dataset.drop(train_dataset.index)
```

将 MPG 字段移出为标签数据，代码如下。

```python
# 移动 MPG 油耗效能这一列为真实标签 Y
train_labels = train_dataset.pop('MPG')
test_labels = test_dataset.pop('MPG')
```

统计训练集的各个字段数值的均值和标准差,并完成数据的标准化,通过 norm() 函数实现,代码如下。

```
# 查看训练集的输入 X 的统计数据
train_stats = train_dataset.describe()
train_stats.pop("MPG")                          # 仅保留输入 X
train_stats = train_stats.transpose()           # 转置
# 标准化数据
def norm(x): # 减去每个字段的均值,并除以标准差
    return (x - train_stats['mean']) / train_stats['std']
normed_train_data = norm(train_dataset)         # 标准化训练集
normed_test_data = norm(test_dataset)           # 标准化测试集
```

打印出训练集和测试集的大小,代码如下。

```
print(normed_train_data.shape,train_labels.shape)
print(normed_test_data.shape, test_labels.shape)
(314, 9) (314,)          # 训练集共 314 行,输入特征长度为 9,标签用一个标量表示
(78, 9) (78,)            # 测试集共 78 行,输入特征长度为 9,标签用一个标量表示
```

将上述预处理的数据和标签张量保存为 npy 文件,代码如下。

```
import numpy as np
# 保存训练集的特征和标签
np.save('normed_train_data.npy', normed_train_data)
np.save('train_labels.npy', train_labels)
# 保存测试集的特征和标签
np.save('normed_test_data.npy', normed_test_data)
np.save('test_labels.npy', test_labels)
```

可以通过简单地统计数据集中各字段之间的两两分布来观察各个字段对 MPG 的影响,如图 6.16 所示。可以大致观察到,其中汽车排量、重量与 MPG 的关系比较简单,随着排量或重量的增大,汽车的 MPG 降低,能耗增加;气缸数越小,汽车能做到的最好 MPG 也越高,越可能更节能,这都是符合生活经验的。

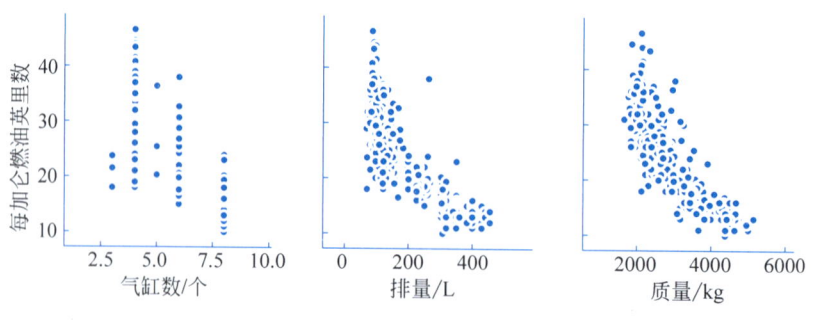

图 6.16 特征之间的两两分布

6.8.2 创建网络

考虑到 Auto MPG 数据集规模较小，因此只创建一个 3 层的全连接网络来完成 MPG 值的预测任务。输入 **X** 的特征共有 9 种，因此第一层的输入节点数为 9。第一层、第二层的输出节点数设计为 64 和 64，由于只有一种预测值，输出层输出节点设计为 1。考虑 MPG$\in \mathbf{R}^+$，因此输出层的激活函数可以不加，也可以添加 ReLU 激活函数。

这里将网络实现为一个自定义网络类，只需要在初始化函数中创建各个子网络层，并在前向计算函数 forward 中实现自定义网络类的计算逻辑即可。自定义网络类继承自 nn.Module 基类，这也是自定义网络类的标准写法，以方便地利用 nn.Module 基类提供的 parameters、load_state_dict、state_dict 等各种便捷功能。网络模型类实现如下。

```python
import torch
from    torch import nn
from    torch.nn import functional as F
from    torch import optim

class MyNetwork(nn.Module):

    def __init__(self):
        super(MyNetwork, self).__init__()
        #创建 3 个全连接层
        self.fc1 = nn.Linear(9, 64)
        self.fc2 = nn.Linear(64, 64)
        self.fc3 = nn.Linear(64, 1)

    def forward(self, x):
        #依次通过 3 个全连接层
        x = F.relu(self.fc1(x))
        x = F.relu(self.fc2(x))
        x = self.fc3(x)

        return x
```

6.8.3 训练与测试

首先，加载预处理过的特征文件和标签文件，代码如下。

```python
import numpy as np
#加载特征文件和标签文件
normed_train_data = np.load('normed_train_data.npy')
train_labels = np.load('train_labels.npy')
normed_test_data = np.load('normed_test_data.npy')
test_labels = np.load('test_labels.npy')
```

在完成主网络模型类的创建后，来实例化网络对象和创建优化器，代码如下。

```python
model = MyNetwork()              # 创建网络类实例
# 打印网络结构
print(model)
```

PyTorch 可以非常直观地打印网络结构,直接调用 print(model)即可,代码如下。

```
MyNetwork(
  (fc1): Linear(in_features = 9, out_features = 64, bias = True)
  (fc2): Linear(in_features = 64, out_features = 64, bias = True)
  (fc3): Linear(in_features = 64, out_features = 1, bias = True)
)
```

创建优化器代码如下。

```python
# 创建优化器,传入模型待优化参数列表,指定学习率
optimizer = optim.RMSprop(model.parameters(), lr = 0.001)
```

将 Numpy 数组转换为 PyTorch Tensor 对象,代码如下。

```python
# numpy 转 tensor
normed_train_data = torch.from_numpy(normed_train_data).float()
train_labels = torch.from_numpy(train_labels).float()
normed_test_data = torch.from_numpy(normed_test_data).float()
test_labels = torch.from_numpy(test_labels).float()
```

接下来实现网络训练部分。通过 epoch 和 step 组成的双层循环训练网络,共训练 200 个 epoch,代码如下。

```python
for epoch in range(200):                                      # 200 个 epoch
    for step, (x, y) in enumerate(zip(normed_train_data.chunk(10), train_labels.chunk(10))):

        # 遍历一次训练集
        out = model(x)                              # 通过网络获得输出
        loss = F.mse_loss(out, y)                   # 计算 MSE
        mae_loss = torch.abs(out - y).sum()         # 计算 MAE

        if step % 2 == 0:                           # 间隔性地打印训练误差
            print(epoch, step, loss.item())
        # 计算梯度,并更新
        optimizer.zero_grad()
        loss.backward()
        optimizer.step()
```

对于回归问题,除了均方误差 MSE 可以用于模型的性能测试,还可以用平均绝对误差 (Mean Absolute Error,MAE)来衡量模型的性能,它被定义为

$$\text{MAE} \triangleq \frac{1}{d_{\text{out}}} \sum_i |y_i - o_i|$$

程序运算时记录每个 epoch 结束时的训练和测试 MAE 数据,并绘制变化曲线,如图 6.17 所示。

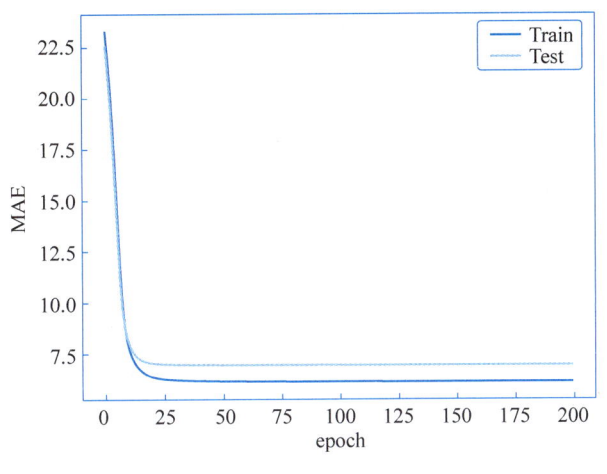

图 6.17　MAE 变化曲线

可以观察到，在训练到约第 25 个 epoch 时，MAE 的下降变得较缓慢，其中训练集的 MAE 还在继续缓慢下降，但是测试集 MAE 几乎保持不变，因此可以在约第 25 个 epoch 时提前结束训练，并利用此时的网络参数来预测新的输入样本。

第 7 章 反向传播算法

CHAPTER 7

> 回首得越久，你会看得越远。
>
> ——温斯顿·丘吉尔

第 6 章已经系统地介绍了基础的神经网络算法：从输入和输出的表示开始，介绍感知机模型，多输入、多输出的全连接层，然后扩展至多层神经网络；介绍了针对不同的问题场景下输出层的设计，最后介绍常用的损失函数，及其实现方法。

本章将从理论层面学习神经网络中的核心算法之一：反向传播(Back Propagation，BP)算法。实际上，反向传播算法在 20 世纪 60 年代早期就已经被提出，然而并没有引起业界重视。1970 年，Seppo Linnainmaa 在其硕士论文中提出了自动链式求导方法，并将反向传播算法实现在计算机上。1974 年，Paul Werbos 在其博士论文中首次提出了将反向传播算法应用到神经网络的可能性，但遗憾的是，Paul Werbos 并没有后续的相关研究发表。实际上，Paul Werbos 认为，这种研究思路对解决感知机问题是有意义的，但是由于人工智能寒冬，这个圈子大体已经失去解决那些问题的信念。直到约 10 年后，1986 年，Geoffrey Hinton 等在神经网络上应用反向传播算法，使得反向传播算法在神经网络中焕发出勃勃生机。

有了深度学习框架自动求导、自动更新参数的功能，算法设计者几乎不需要对反向传播算法有深入的了解也可以搭建复杂的模型和网络，通过调用优化工具可以方便地训练网络模型。但是，反向传播算法和梯度下降算法是神经网络的核心算法，深刻理解其工作原理十分重要。先回顾导数、梯度等数学概念，然后推导常用激活函数、损失函数的梯度形式，并开始逐渐推导感知机、多层神经网络的梯度传播方式。

7.1 导数与梯度

导数(Derivative)被定义为自变量 x 产生一个微小扰动 Δx 后，函数输出值的增量 Δy 与自变量增量 Δx 的比值在 Δx 趋于 0 时的极限 a，如果存在，a 即为在 x_0 处的导数，即表

示为

$$a = \lim_{\Delta x \to 0} \frac{\Delta y}{\Delta x} = \lim_{\Delta x \to 0} \frac{f(x+\Delta x)-f(x)}{\Delta x}$$

函数的导数可以记为 $f'(x)$ 或 $\frac{\mathrm{d}y}{\mathrm{d}x}$。从几何角度来看,一元函数在某处的导数就是函数的切线在此处的斜率,即函数值沿着 x 方向的变化率。考虑物理学中例子:自由落体运动的位移函数的表达式 $y=\frac{1}{2}gt^2$,位移对时间的导数 $\frac{\mathrm{d}y}{\mathrm{d}t}=\frac{\mathrm{d}\frac{1}{2}gt^2}{\mathrm{d}t}=gt$,考虑到速度 v 定义为位移的变化率,因此 $v=gt$,位移对时间的导数即为速度。

实际上,导数是一个非常宽泛的概念,只是因为以前接触到的函数大多是一元函数,自变量 Δx 只有两个方向:x^+ 和 x^-。当函数的自变量数大于一个时,函数的导数概念拓展为函数值沿着任意 Δx 方向的变化率。导数本身是标量,没有方向,但是导数表征了函数值在某个方向 Δx 的上变化率。在这些任意 Δx 方向中,沿着坐标轴的几个方向比较特殊,此时的导数也叫作偏导数(Partial Derivative)。对于一元函数,导数记为 $\frac{\mathrm{d}y}{\mathrm{d}x}$;对于多元函数的偏导数,记为 $\frac{\partial y}{\partial x_1}, \frac{\partial y}{\partial x_2}, \cdots$。偏导数是导数的特例,也没有方向。

考虑本质上为多元函数的神经网络模型,比如 shape 为 [784,256] 的权值张量 $\boldsymbol{W}$,它包含了 784×256 个连接权值 w,需要求出 784×256 个偏导数。需要注意的是,在数学表达习惯中,一般要讨论的自变量记为 $\boldsymbol{x}$,但是在神经网络中,$\boldsymbol{x}$ 一般用来表示输入,比如图片、文本、语音数据等,网络的自变量是网络参数集 $\theta=\{w_1,b_1,w_2,b_2,\cdots\}$。利用梯度下降算法优化网络时,需要求出网络的所有偏导数。因此,重点是误差函数输出 $\mathcal{L}$ 沿着自变量 θ_i 方向上的导数,即 $\mathcal{L}$ 对网络参数 θ_i 的偏导数 $\frac{\partial \mathcal{L}}{\partial w_1}, \frac{\partial \mathcal{L}}{\partial b_1}, \cdots$。把函数所有偏导数写成向量形式,即

$$\nabla_\theta \mathcal{L} = \left(\frac{\partial \mathcal{L}}{\partial \theta_1}, \frac{\partial \mathcal{L}}{\partial \theta_2}, \frac{\partial \mathcal{L}}{\partial \theta_3}, \cdots, \frac{\partial \mathcal{L}}{\partial \theta_n}\right)$$

此时梯度下降算法可以按着向量形式进行更新,即

$$\theta' = \theta - \eta \cdot \nabla_\theta \mathcal{L}$$

η 为学习率超参数。梯度下降算法一般是寻找函数 $\mathcal{L}$ 的最小值,有时也希望求解函数的最大值,如强化学习中希望最大化回报函数,则可按着梯度方向更新,即

$$\theta' = \theta + \eta \cdot \nabla_\theta \mathcal{L}$$

这种更新方式称为梯度上升算法。梯度下降算法和梯度上升算法思想上是相同的,一是朝着梯度的反向更新,一是朝着梯度的方向更新,两者都需要求解偏导数。这里把向量 $\left(\frac{\partial \mathcal{L}}{\partial \theta_1}, \frac{\partial \mathcal{L}}{\partial \theta_2}, \frac{\partial \mathcal{L}}{\partial \theta_3}, \cdots, \frac{\partial \mathcal{L}}{\partial \theta_n}\right)$ 称为函数的梯度(Gradient),它由所有偏导数组成,用来表征方向。

梯度的正向表示函数值上升最快的方向，梯度的反向表示函数值下降最快的方向。

通过梯度下降算法并不能保证得到全局最优解，这主要是由目标函数的非凸性造成的。考虑图 7.1 非凸函数，不同的优化轨迹可能得到不同的最优数值解，这些数值解并不一定是全局最优解。

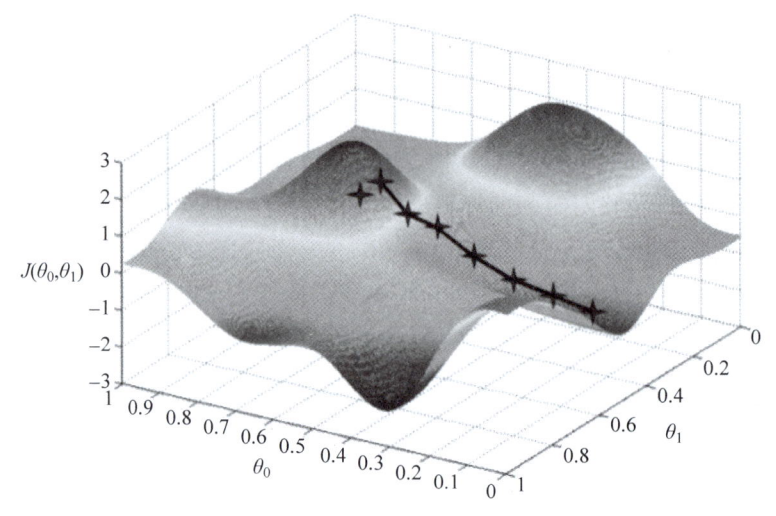

图 7.1 非凸函数示例

神经网络的模型表达式通常非常复杂，模型参数量可达千万、数亿级别，几乎所有的神经网络的优化问题都是依赖于深度学习框架去自动计算网络参数的梯度，然后采用梯度下降算法循环迭代优化网络的参数直至性能满足需求。深度学习框架这里主要实现的算法就是反向传播算法和梯度下降算法，因此理解这两个算法的原理有利于了解深度学习框架的作用。

在介绍多层神经网络的反向传播算法之前，先介绍导数的常见属性，常见激活函数、损失函数的梯度推导，然后再推导多层神经网络的梯度传播规律。

7.2 导数常见性质

本节介绍常见函数的求导法则和样例解释，为神经网络相关函数的求导铺垫。

7.2.1 基本函数的导数

(1) 常数函数 c 导数为 0，如 $y=2$ 函数的导数 $\dfrac{\mathrm{d}y}{\mathrm{d}x}=0$；

(2) 线性函数 $y=ax+c$ 导数为 a，如函数 $y=2x+1$ 导数 $\dfrac{\mathrm{d}y}{\mathrm{d}x}=2$；

(3) 幂函数 x^a 导数为 ax^{a-1}，如 $y=x^2$ 函数 $\dfrac{\mathrm{d}y}{\mathrm{d}x}=2x$；

(4) 指数函数 a^x 导数为 $a^x \ln a$，如 $y=e^x$ 函数 $\dfrac{dy}{dx}=e^x \ln e=e^x$；

(5) 对数函数 $\log_a x$ 导数为 $\dfrac{1}{x\ln a}$，如 $y=\ln x$ 函数 $\dfrac{dy}{dx}=\dfrac{1}{x\ln e}=\dfrac{1}{x}$。

7.2.2 常用导数性质

(1) 函数加减 $(f+g)'=f'+g'$；

(2) 函数相乘 $(fg)'=f'\cdot g+f\cdot g'$；

(3) 函数相除 $\left(\dfrac{f}{g}\right)'=\dfrac{f'g-fg'}{g^2}$，$g\neq 0$；

(4) 复合函数的导数考虑复合函数 $f(g(x))$，令 $u=g(x)$，其导数为

$$\dfrac{df(g(x))}{dx}=\dfrac{df(u)}{du}\dfrac{dg(x)}{dx}=f'(u)\cdot g'(x)$$

7.2.3 导数求解实战

考虑目标函数 $\mathcal{L}=x\cdot w^2+b^2$，则其偏导数为

$$\dfrac{\partial \mathcal{L}}{\partial w}=\dfrac{\partial x\cdot w^2}{\partial w}=x\cdot 2w$$

$$\dfrac{\partial \mathcal{L}}{\partial b}=\dfrac{\partial b^2}{\partial b}=2b$$

考虑目标函数 $\mathcal{L}=x\cdot e^w+e^b$，则其偏导数为

$$\dfrac{\partial \mathcal{L}}{\partial w}=\dfrac{\partial x\cdot e^w}{\partial w}=x\cdot e^w$$

$$\dfrac{\partial \mathcal{L}}{\partial b}=\dfrac{\partial e^b}{\partial b}=e^b$$

考虑目标函数 $\mathcal{L}=[y-(xw+b)]^2=[(xw+b)-y]^2$，令 $g=xw+b-y$，则其偏导数为

$$\dfrac{\partial \mathcal{L}}{\partial w}=2g\cdot \dfrac{\partial g}{\partial w}=2g\cdot x=2(xw+b-y)\cdot x$$

$$\dfrac{\partial \mathcal{L}}{\partial b}=2g\cdot \dfrac{\partial g}{\partial b}=2g\cdot 1=2(xw+b-y)$$

考虑目标函数 $\mathcal{L}=a\ln(xw+b)$，令 $g=xw+b$，则其偏导数为

$$\dfrac{\partial \mathcal{L}}{\partial w}=a\cdot \dfrac{1}{g}\cdot \dfrac{\partial g}{\partial w}=\dfrac{a}{xw+b}\cdot x$$

$$\dfrac{\partial \mathcal{L}}{\partial b}=a\cdot \dfrac{1}{g}\cdot \dfrac{\partial g}{\partial b}=\dfrac{a}{xw+b}$$

7.3 激活函数导数

这里介绍神经网络中常用的激活函数的导数推导。

7.3.1 Sigmoid 函数导数

回顾 Sigmoid 函数表达式,即

$$\sigma(x) = \frac{1}{1+e^{-x}}$$

Sigmoid 函数的导数表达式的推导过程为

$$\begin{aligned}
\frac{d}{dx}\sigma(x) &= \frac{d}{dx}\left(\frac{1}{1+e^{-x}}\right) \\
&= \frac{e^{-x}}{(1+e^{-x})^2} \\
&= \frac{(1+e^{-x})-1}{(1+e^{-x})^2} \\
&= \frac{1+e^{-x}}{(1+e^{-x})^2} - \left(\frac{1}{1+e^{-x}}\right)^2 \\
&= \sigma(x) - \sigma(x)^2 \\
&= \sigma(1-\sigma)
\end{aligned}$$

可以看到,Sigmoid 函数的导数表达式最终可以表达为激活函数的输出值的简单运算,利用这一性质,在神经网络的梯度计算中,通过缓存每层的 Sigmoid 函数输出值,即可在需要的时候计算出其导数。Sigmoid 函数的导数曲线如图 7.2 所示。

为了帮助理解反向传播算法的实现细节,本章选择不使用 PyTorch/TensorFlow 的自动求导功能,本章的实现部分全部使用 Numpy 演示,将使用 Numpy 实现一个通过反向传播算法优化的多层神经网络。首先通过 Numpy 实现 Sigmoid 函数的导数,代码如下。

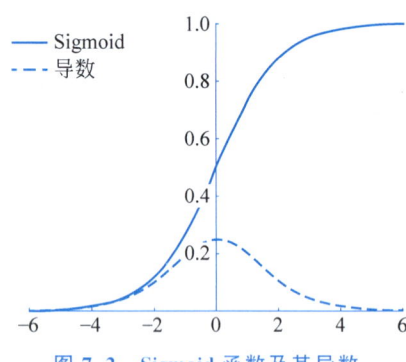

图 7.2　Sigmoid 函数及其导数

```
import numpy as np                              # 导入 Numpy 库
def sigmoid(x):                                 # 实现 Sigmoid 函数
    return 1 / (1 + np.exp(-x))

def derivative(x):                              # Sigmoid 导数的计算
    # Sigmoid 函数的表达式由手动推导而得
    return sigmoid(x) * (1 - sigmoid(x))
```

7.3.2 ReLU 函数导数

回顾 ReLU 函数的表达式，即
$$\text{ReLU}(x) = \max(0, x)$$
它的导数推导非常简单，直接可得
$$\frac{\mathrm{d}}{\mathrm{d}x}\text{ReLU} = \begin{cases} 1, & x \geqslant 0 \\ 0, & x < 0 \end{cases}$$

可以看到，ReLU 函数的导数计算简单，$x \geqslant 0$ 时，导数值恒为 1，在反向传播过程中，它既不会放大梯度，造成梯度爆炸（Gradient Exploding）现象；也不会缩小梯度，造成梯度弥散（Gradient Vanishing）现象。ReLU 函数及其导数曲线如图 7.3 所示。

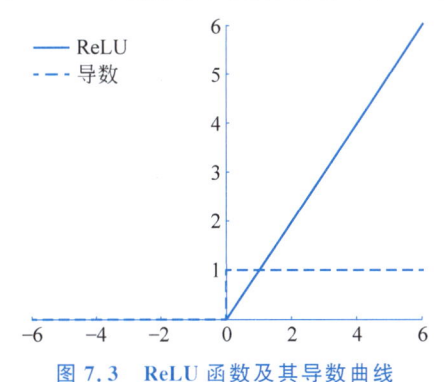

图 7.3 ReLU 函数及其导数曲线

在 ReLU 函数被广泛应用之前，神经网络中激活函数采用 Sigmoid 函数居多，但是 Sigmoid 函数容易出现梯度弥散现象，当网络的层数增加后，较前层的参数由于梯度值非常微小，参数长时间得不到有效更新，无法训练较深层的神经网络，导致神经网络的研究一直停留在浅层。随着 ReLU 函数的提出，很好地缓解了梯度弥散的现象，神经网络的层数能够达到较深层数，如 AlexNet 中采用了 ReLU 激活函数，层数达到了 8 层，后续提出的上百层的卷积神经网络也多是采用 ReLU 激活函数。

通过 Numpy，可以方便地实现 ReLU 函数的导数，代码如下。

```
def derivative(x):                           # ReLU 函数的导数
    d = np.array(x, copy = True)             # 用于保存梯度的张量
    d[x < 0] = 0                             # 元素为负的导数为 0
    d[x >= 0] = 1                            # 元素为正的导数为 1
return d
```

7.3.3 LeakyReLU 函数导数

回顾 LeakyReLU 函数的表达式，即
$$\text{LeakyReLU} = \begin{cases} x, & x \geqslant 0 \\ px, & x < 0 \end{cases}$$

它的导数可以推导为

$$\frac{\mathrm{d}}{\mathrm{d}x}\text{LeakyReLU} = \begin{cases} 1, & x \geqslant 0 \\ p, & x < 0 \end{cases}$$

它和 ReLU 函数的不同之处在于，当 $x<0$ 时，LeakyReLU 函数的导数值并不为 0，而是常数 p，p 一般设置为某较小的数值，如 0.01 或 0.02。LeakyReLU 函数的导数曲线如图 7.4 所示。

LeakyReLU 函数有效地克服了 ReLU 函数的缺陷，使用也比较广泛。可以通过 Numpy 实现 LeakyReLU 函数的导数，代码如下。

```
# 其中 p 为 LeakyReLU 的负半段斜率，为超参数
def derivative(x, p):
    dx = np.ones_like(x)        # 创建梯度张量，全部初始化为 1
    dx[x < 0] = p               # 元素为负的导数为 p
    return dx
```

7.3.4 tanh 函数梯度

回顾 tanh 函数的表达式，即

$$\tanh(x) = \frac{\mathrm{e}^x - \mathrm{e}^{-x}}{\mathrm{e}^x + \mathrm{e}^{-x}}$$
$$= 2 \cdot \text{Sigmoid}(2x) - 1$$

它的导数推导为

$$\frac{\mathrm{d}}{\mathrm{d}x}\tanh(x) = \frac{(\mathrm{e}^x + \mathrm{e}^{-x})(\mathrm{e}^x + \mathrm{e}^{-x}) - (\mathrm{e}^x - \mathrm{e}^{-x})(\mathrm{e}^x - \mathrm{e}^{-x})}{(\mathrm{e}^x + \mathrm{e}^{-x})^2}$$
$$= 1 - \frac{(\mathrm{e}^x - \mathrm{e}^{-x})^2}{(\mathrm{e}^x + \mathrm{e}^{-x})^2} = 1 - \tanh^2(x)$$

tanh 函数及其导数曲线如图 7.5 所示。

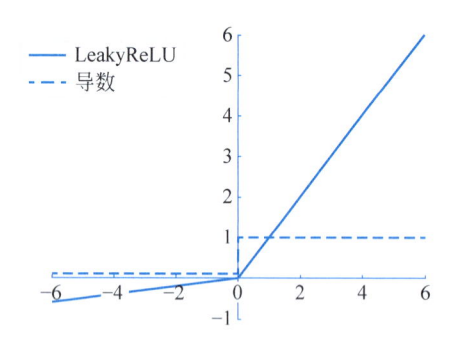

图 7.4 LeakyReLU 函数及其导数曲线

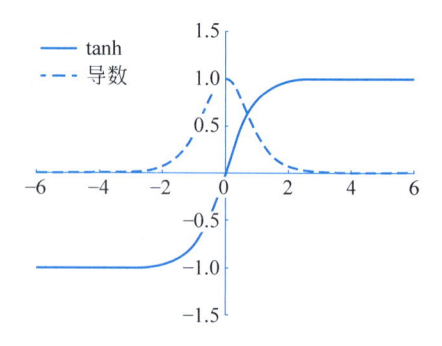

图 7.5 tanh 函数及其导数曲线

在 Numpy 中，借助于 Sigmoid 函数实现 tanh 函数的导数，代码如下。

```
def sigmoid(x):                 # Sigmoid 函数实现
    return 1 / (1 + np.exp(-x))
```

```
def tanh(x):                              # tanh 函数实现
    return 2 * sigmoid(2 * x) - 1

def derivative(x):                        # tanh 导数实现
    return 1 - tanh(x) ** 2
```

7.4　损失函数梯度

前面已经介绍了常见的损失函数,这里主要推导均方误差函数和交叉熵损失函数的梯度表达式。

7.4.1　均方误差函数梯度

均方误差函数表达式为

$$\mathcal{L} = \frac{1}{2}\sum_{k=1}^{K}(y_k - o_k)^2$$

式中的 $\frac{1}{2}$ 项用于简化计算,也可以利用 $\frac{1}{K}$ 进行平均,这些缩放运算均不会改变梯度方向。则它的偏导数 $\frac{\partial \mathcal{L}}{\partial o_i}$ 可以展开为

$$\frac{\partial \mathcal{L}}{\partial o_i} = \frac{1}{2}\sum_{k=1}^{K}\frac{\partial}{\partial o_i}(y_k - o_k)^2$$

利用复合函数导数法则分解为

$$\frac{\partial \mathcal{L}}{\partial o_i} = \frac{1}{2}\sum_{k=1}^{K} 2 \cdot (y_k - o_k) \cdot \frac{\partial (y_k - o_k)}{\partial o_i}$$

即

$$\frac{\partial \mathcal{L}}{\partial o_i} = \sum_{k=1}^{K}(y_k - o_k) \cdot (-1) \cdot \frac{\partial o_k}{\partial o_i}$$

$$= \sum_{k=1}^{K}(o_k - y_k) \cdot \frac{\partial o_k}{\partial o_i}$$

考虑到 $\frac{\partial o_k}{\partial o_i}$ 仅当 $k=i$ 时才为 1,其他点都为 0,也就是说,偏导数 $\frac{\partial \mathcal{L}}{\partial o_i}$ 只与第 i 号节点相关,与其他节点无关,因此上式中的求和符号可以去掉。均方误差函数的导数可以推导为

$$\frac{\partial \mathcal{L}}{\partial o_i} = (o_i - y_i)$$

7.4.2　交叉熵损失函数梯度

在计算交叉熵损失函数时,一般将 Softmax 函数与交叉熵函数统一实现。先推导

Softmax 函数的梯度,再推导交叉熵损失函数的梯度。

1. Softmax 函数梯度

回顾 Softmax 函数的表达式,即

$$p_i = \frac{e^{z_i}}{\sum_{k=1}^{K} e^{z_k}}$$

它的功能是将 K 个输出节点的值转换为概率,并保证概率之和为 1,如图 7.6 所示。

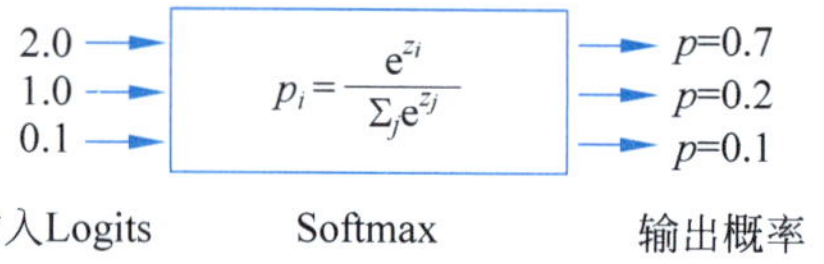

回顾

$$f(x) = \frac{g(x)}{h(x)}$$

函数的导数表达式为

$$f'(x) = \frac{g'(x)h(x) - h'(x)g(x)}{h(x)^2}$$

图 7.6 Softmax 函数示意图

对于 Softmax 函数,$g(x) = e^{z_i}$,$h(x) = \sum_{k=1}^{K} e^{z_k}$,下面根据 $i = j$ 和 $i \neq j$ 来分别推导 Softmax 函数的梯度。

(1) $i = j$ 时,Softmax 函数的偏导数 $\frac{\partial p_i}{\partial z_j}$ 可以展开为

$$\frac{\partial p_i}{\partial z_j} = \frac{\partial \frac{e^{z_i}}{\sum_{k=1}^{K} e^{z_k}}}{\partial z_j} = \frac{e^{z_i} \sum_{k=1}^{K} e^{z_k} - e^{z_j} e^{z_i}}{\left(\sum_{k=1}^{K} e^{z_k}\right)^2}$$

提取公共项 e^{z_i} 得

$$\frac{\partial p_i}{\partial z_j} = \frac{e^{z_i} \left(\sum_{k=1}^{K} e^{z_k} - e^{z_j}\right)}{\left(\sum_{k=1}^{K} e^{z_k}\right)^2}$$

拆分为两部分得

$$\frac{\partial p_i}{\partial z_j} = \frac{e^{z_i}}{\sum_{k=1}^{K} e^{z_k}} \times \frac{\left(\sum_{k=1}^{K} e^{z_k} - e^{z_j}\right)}{\sum_{k=1}^{K} e^{z_k}}$$

可以看到,上式是概率值 p_i 和 $1 - p_j$ 的相乘,同时满足 $p_i = p_j$。因此 $i = j$ 时,Softmax 函

数的偏导数 $\dfrac{\partial p_i}{\partial z_j}$ 为

$$\dfrac{\partial p_i}{\partial z_j} = p_i(1-p_j), \quad i=j$$

(2) $i \neq j$ 时,展开 Softmax 函数为

$$\dfrac{\partial p_i}{\partial z_j} = \dfrac{\partial \dfrac{e^{z_i}}{\sum_{k=1}^{K} e^{z_k}}}{\partial z_j} = \dfrac{0 - e^{z_j} e^{z_i}}{\left(\sum_{k=1}^{K} e^{z_k}\right)^2}$$

去掉 0 项,并分解为两项相乘得

$$\dfrac{\partial p_i}{\partial z_j} = \dfrac{-e^{z_j}}{\sum_{k=1}^{K} e^{z_k}} \times \dfrac{e^{z_i}}{\sum_{k=1}^{K} e^{z_k}}$$

即

$$\dfrac{\partial p_i}{\partial z_j} = -p_j \cdot p_i$$

可以看到,虽然 Softmax 函数的梯度推导过程稍复杂,但是最终表达式还是很简洁的,偏导数表达式为

$$\dfrac{\partial p_i}{\partial z_j} = \begin{cases} p_i(1-p_j), & i=j \\ -p_i \cdot p_j, & i \neq j \end{cases}$$

2. 交叉熵损失函数梯度

考虑交叉熵损失函数的表达式,即

$$\mathcal{L} = -\sum_{k} y_k \log(p_k)$$

这里直接推导最终损失值 $\mathcal{L}$ 对网络输出 logits 变量 z_i 的偏导数,展开为

$$\dfrac{\partial \mathcal{L}}{\partial z_i} = -\sum_{k} y_k \dfrac{\partial \log(p_k)}{\partial z_i}$$

将 $\log h$ 复合函数分解为

$$\dfrac{\partial \mathcal{L}}{\partial z_i} = -\sum_{k} y_k \dfrac{\partial \log(p_k)}{\partial p_k} \cdot \dfrac{\partial p_k}{\partial z_i}$$

即

$$\dfrac{\partial \mathcal{L}}{\partial z_i} = -\sum_{k} y_k \dfrac{1}{p_k} \cdot \dfrac{\partial p_k}{\partial z_i}$$

其中 $\dfrac{\partial p_k}{\partial z_i}$ 即为已经推导的 Softmax 函数的偏导数。

将求和符号拆分为 $k=i$ 以及 $k\neq i$ 两种情况，并代入 $\dfrac{\partial p_k}{\partial z_i}$ 求解的公式，可得

$$\dfrac{\partial \mathcal{L}}{\partial z_i} = -y_i(1-p_i) - \sum_{k\neq i} y_k \dfrac{1}{p_k}(-p_k \cdot p_i)$$

$$= -y_i(1-p_i) + \sum_{k\neq i} y_k \cdot p_i$$

$$= -y_i + y_i p_i + \sum_{k\neq i} y_k \cdot p_i$$

提取公共项 p_i，可得

$$\dfrac{\partial \mathcal{L}}{\partial z_i} = p_i\left(y_i + \sum_{k\neq i} y_k\right) - y_i$$

完成交叉熵损失函数的梯度推导。

特别地，对于分类问题中标签 $\boldsymbol{y}$ 通过 One-hot 编码的方式，则有如下关系，即

$$\begin{cases} \sum_k y_k = 1 \\ y_i + \sum_{k\neq i} y_k = 1 \end{cases}$$

因此交叉熵损失函数的偏导数可以进一步简化为

$$\dfrac{\partial \mathcal{L}}{\partial z_i} = p_i - y_i$$

7.5 全连接层梯度

在介绍完梯度的基础知识后，可以正式进入神经网络的反向传播算法的推导。实际使用的神经网络的结构多种多样，不可能一一分析其梯度表达式。本节将以全连接层网络、激活函数采用 Sigmoid 函数、误差函数为 Softmax＋MSE 函数的神经网络为例，推导其梯度传播规律。

7.5.1 单神经元梯度

对于采用 Sigmoid 激活函数的神经元模型，它的数学模型可以写为

$$o^{(1)} = \sigma(\boldsymbol{w}^{(1)\text{T}}\boldsymbol{x} + b^{(1)})$$

其中变量的上标表示层数，方便与后续推导统一格式，如 $o^{(1)}$ 表示第一层的输出，$\boldsymbol{x}$ 表示网络的输入，以权值参数 w_{j1} 的偏导数 $\dfrac{\partial \mathcal{L}}{\partial w_{j1}}$ 推导为例。为了方便演示，神经元模型的绘制如图 7.7 所示，图中未画出偏置 b，输入节点数为 J。其中输入第 j 个节点到输出 $o^{(1)}$ 的权值连接记为 $w_{j1}^{(1)}$，上标表示权值参数属于的层数，下标表示当前连接的起始节点号和终止节

点号,如下标 $j1$ 表示上一层的第 j 号节点到当前层的第 1 号节点。经过激活函数 σ 之前的变量叫作 $z_1^{(1)}$,经过激活函数 σ 之后的变量叫 $o_1^{(1)}$,由于只有一个输出节点,故 $o_1^{(1)}=o^{(1)}=o$。输出与真实标签之间通过误差函数计算误差值,误差值记为 $\mathcal{L}$。

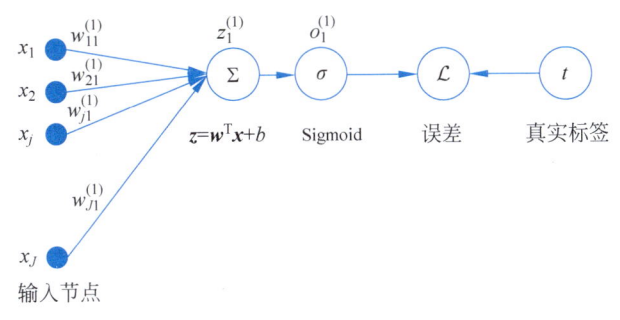

图 7.7　神经元模型

如果采用均方误差函数,考虑到单个神经元只有一个输出 $o_1^{(1)}$,那么损失可以表达为

$$\mathcal{L}=\frac{1}{2}(o_1^{(1)}-t)^2=\frac{1}{2}(o_1-t)^2$$

其中 t 为真实标签值,添加 $\frac{1}{2}$ 并不影响梯度的方向,计算更简便。我们以权值连接的第 j 号节点($j\in[1,J]$)的权值变量 w_{j1} 为例,考虑损失函数 $\mathcal{L}$ 对其的偏导数 $\frac{\partial \mathcal{L}}{\partial w_{j1}}$ 为

$$\frac{\partial \mathcal{L}}{\partial w_{j1}}=(o_1-t)\frac{\partial o_1}{\partial w_{j1}}$$

将 $o_1=\sigma(z_1)$ 代入,考虑到 Sigmoid 函数的导数 $\sigma'=\sigma(1-\sigma)$,则有

$$\frac{\partial \mathcal{L}}{\partial w_{j1}}=(o_1-t)\frac{\partial \sigma(z_1)}{\partial w_{j1}}$$

$$=(o_1-t)\sigma(z_1)(1-\sigma(z_1))\frac{\partial z_1^{(1)}}{\partial w_{j1}}$$

$\sigma(z_1)$ 写成 o_1,继续推导 $\frac{\partial z_1^{(1)}}{\partial w_{j1}}$,即

$$\frac{\partial \mathcal{L}}{\partial w_{j1}}=(o_1-t)o_1(1-o_1)\frac{\partial z_1^{(1)}}{\partial w_{j1}}$$

考虑 $\frac{\partial z_1^{(1)}}{\partial w_{j1}}=x_j$,可得

$$\frac{\partial \mathcal{L}}{\partial w_{j1}}=(o_1-t)o_1(1-o_1)x_j$$

从上式可以看到,误差对权值 w_{j1} 的偏导数只与输出值 o_1、真实值 t 以及当前权值连接的输入 x_j 有关。

7.5.2 全连接层梯度

把单个神经元模型推广到单层的全连接层的网络上,如图 7.8 所示。输入层通过一个全连接层得到输出向量 $o^{(1)}$,与真实标签向量 t 计算均方误差。输入节点数为 J,输出节点数为 K。

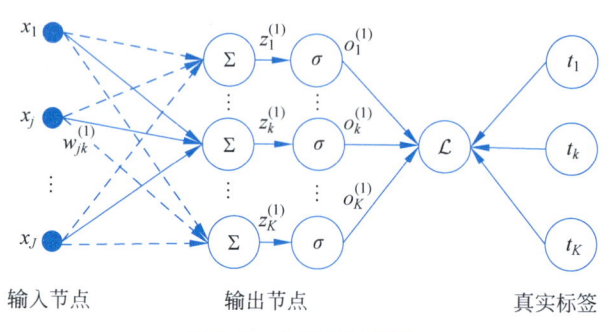

图 7.8 全连接层模型

多输出的全连接网络层模型与单个神经元模型不同之处在于,它多了很多的输出节点 $o_1^{(1)}, o_2^{(1)}, o_3^{(1)}, \cdots, o_K^{(1)}$,每个输出节点分别对应到真实标签 $t_1, t_2, \cdots, t_K$。w_{jk} 是输入第 j 号节点与输出第 k 号节点的连接权值。均方误差可以表达为

$$\mathcal{L} = \frac{1}{2} \sum_{i=1}^{K} (o_i^{(1)} - t_i)^2$$

由于 $\dfrac{\partial \mathcal{L}}{\partial w_{jk}}$ 只与节点 $o_k^{(1)}$ 有关联,上式中的求和符号可以去掉,即 $i = k$:

$$\frac{\partial \mathcal{L}}{\partial w_{jk}} = (o_k - t_k) \frac{\partial o_k}{\partial w_{jk}}$$

将 $o_k = \sigma(z_k)$ 代入可得

$$\frac{\partial \mathcal{L}}{\partial w_{jk}} = (o_k - t_k) \frac{\partial \sigma(z_k)}{\partial w_{jk}}$$

考虑 Sigmoid 函数的导数 $\sigma' = \sigma(1-\sigma)$,代入可得

$$\frac{\partial \mathcal{L}}{\partial w_{jk}} = (o_k - t_k) \sigma(z_k)(1 - \sigma(z_k)) \frac{\partial z_k^{(1)}}{\partial w_{jk}}$$

将 $\sigma(z_k)$ 记为 o_k,即

$$\frac{\partial \mathcal{L}}{\partial w_{jk}} = (o_k - t_k) o_k (1 - o_k) \frac{\partial z_k^{(1)}}{\partial w_{jk}}$$

将 $\dfrac{\partial z_k^{(1)}}{\partial w_{jk}} = x_j$ 替换,最终可得

$$\frac{\partial \mathcal{L}}{\partial w_{jk}} = (o_k - t_k) o_k (1 - o_k) x_j$$

由此可以看到，某条连接 w_{jk} 上面的偏导数，只与当前连接的输出节点 $o_k^{(1)}$、对应的真实值节点的标签 $t_k^{(1)}$，以及对应的输入节点 x_j 有关。

令 $\delta_k = (o_k - t_k) o_k (1 - o_k)$，则 $\dfrac{\partial \mathcal{L}}{\partial w_{jk}}$ 可以表达为

$$\frac{\partial \mathcal{L}}{\partial w_{jk}} = \delta_k x_j$$

其中 δ_k 变量表征连接线的终止节点的误差梯度传播的某种特性，使用 δ_k 表示后，$\dfrac{\partial \mathcal{L}}{\partial w_{jk}}$ 偏导数只与当前连接的起始节点 x_j、终止节点处 δ_k 有关，理解起来比较简洁直观。后续将会看到 δ_k 在循环推导梯度中的作用。

现在已经推导完单层神经网络（即输出层）的梯度传播方式，接下来尝试推导倒数第二层的梯度传播方式。完成了倒数第二层的传播推导后，就可以类似地循环往复推导所有隐藏层的梯度传播方式，从而获得所有层参数的梯度计算表达式。

在介绍反向传播算法之前，先学习导数传播的一个核心法则：链式法则。

7.6 链式法则

前面介绍了输出层的梯度 $\dfrac{\partial \mathcal{L}}{\partial w_{jk}}$ 计算方法，现在来介绍链式法则，它能在不需要通过显式计算推导神经网络的数学表达式的情况下，逐层推导梯度的核心公式，非常重要。

实际上，前面在推导梯度的过程中已经或多或少地用到了链式法则。考虑复合函数 $y = f(u), u = g(x)$，则 $\dfrac{\mathrm{d}y}{\mathrm{d}x}$ 可由 $\dfrac{\mathrm{d}y}{\mathrm{d}u}$ 和 $\dfrac{\mathrm{d}u}{\mathrm{d}x}$ 推导出

$$\frac{\mathrm{d}y}{\mathrm{d}x} = \frac{\mathrm{d}y}{\mathrm{d}u} \cdot \frac{\mathrm{d}u}{\mathrm{d}x} = f'(g(x)) \cdot g'(x)$$

考虑多元复合函数，$z = f(x, y)$，其中 $x = g(t), y = h(t)$，那么 $\dfrac{\mathrm{d}z}{\mathrm{d}t}$ 的导数可以由 $\dfrac{\partial z}{\partial x}$ 和 $\dfrac{\partial z}{\partial y}$ 等推导出，具体表达为

$$\frac{\mathrm{d}z}{\mathrm{d}t} = \frac{\partial z}{\partial x} \frac{\mathrm{d}x}{\mathrm{d}t} + \frac{\partial z}{\partial y} \frac{\mathrm{d}y}{\mathrm{d}t}$$

例如，$z = (2t+1)^2 + \mathrm{e}^{t^2}$，令 $x = 2t+1, y = t^2$，则 $z = x^2 + \mathrm{e}^y$，利用上式，可得

$$\frac{\mathrm{d}z}{\mathrm{d}t} = \frac{\partial z}{\partial x} \frac{\mathrm{d}x}{\mathrm{d}t} + \frac{\partial z}{\partial y} \frac{\mathrm{d}y}{\mathrm{d}t} = 2x \cdot 2 + \mathrm{e}^y \cdot 2t$$

将 $x = 2t + 1, y = t^2$ 代入可得

$$\frac{\mathrm{d}z}{\mathrm{d}t} = 2(2t+1) \cdot 2 + \mathrm{e}^{t^2} \cdot 2t$$

即

$$\frac{\mathrm{d}z}{\mathrm{d}t} = 4(2t+1) + 2t\,\mathrm{e}^{t^2}$$

神经网络的损失函数 $\mathcal{L}$ 来自于各个输出节点 $o_k^{(K)}$，如图 7.9 所示，其中输出节点 $o_k^{(K)}$ 又与隐藏层的输出节点 $o_j^{(J)}$ 相关联，因此链式法则非常适合于神经网络的梯度推导。下面来考虑损失函数 $\mathcal{L}$ 如何应用链式法则。

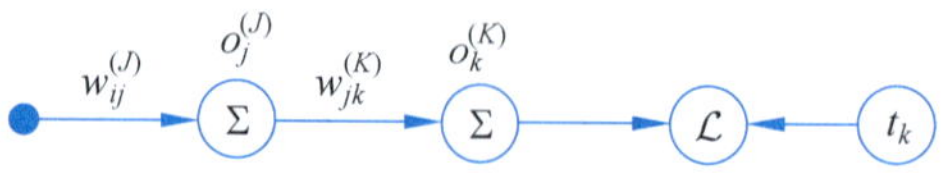

图 7.9　各层梯度传播示意图

前向传播时，数据经过 $w_{ij}^{(J)}$ 传到倒数第二层的节点 $o_j^{(J)}$，再传播到输出层的节点 $o_k^{(K)}$。在每层只有一个节点时，$\dfrac{\partial \mathcal{L}}{\partial w_{ij}^{(J)}}$ 可以利用链式法则，逐层分解为

$$\frac{\partial \mathcal{L}}{\partial w_{ij}^{(J)}} = \frac{\partial \mathcal{L}}{\partial o_j^{(J)}} \frac{\partial o_j^{(J)}}{\partial w_{ij}^{(J)}} = \frac{\partial \mathcal{L}}{\partial o_k^{(K)}} \frac{\partial o_k^{(K)}}{\partial o_j^{(J)}} \frac{\partial o_j^{(J)}}{\partial w_{ij}^{(J)}}$$

其中，$\dfrac{\partial \mathcal{L}}{\partial o_k^{(K)}}$ 可以由误差函数直接推导出，$\dfrac{\partial o_k^{(K)}}{\partial o_j^{(J)}}$ 可以由全连接层公式推导出，$\dfrac{\partial o_j^{(J)}}{\partial w_{ij}^{(J)}}$ 的导数即为输入 $x_i^{(I)}$。可以看到，通过链式法则，不需要显式计算 $\mathcal{L}=f(w_{ij}^{(J)})$ 的具体数学表达式，直接可以将偏导数进行分解，层层迭代即可推导出。

这里简单使用 PyTorch 自动求导功能，来体验链式法则的魅力。举例如下。

```
import torch
from    torch import autograd

# 构建输入张量
x = torch.tensor(1.)
# 构建待优化变量, 待优化张量需要设置 requires_grad = True
w1 = torch.tensor(2., requires_grad = True)
b1 = torch.tensor(1., requires_grad = True)
w2 = torch.tensor(2., requires_grad = True)
b2 = torch.tensor(1., requires_grad = True)

# 构建 2 层网络
y1 = x * w1 + b1
y2 = y1 * w2 + b2

# 独立求解出各偏导数
# 为了防止释放计算图资源, 设置 retain_graph = True
dy2_dy1 = autograd.grad(y2, [y1], retain_graph = True)[0]
dy1_dw1 = autograd.grad(y1, [w1], retain_graph = True)[0]
dy2_dw1 = autograd.grad(y2, [w1], retain_graph = True)[0]

# 验证链式法则, 2 个输出应相等
print(dy2_dy1 * dy1_dw1)
```

```
print(dy2_dw1)
```

以上代码,通过自动求导功能计算出 $\frac{\partial y_2}{\partial y_1}$、$\frac{\partial y_1}{\partial w_1}$ 和 $\frac{\partial y_2}{\partial w_1}$,借助链式法则可以推断 $\frac{\partial y_2}{\partial y_1} \cdot \frac{\partial y_1}{\partial w_1}$ 与 $\frac{\partial y_2}{\partial w_1}$ 应该是相等的,计算结果如下。

```
tensor(2.)
tensor(2.)
```

可以看到 $\frac{\partial y_2}{\partial y_1} \cdot \frac{\partial y_1}{\partial w_1} = \frac{\partial y_2}{\partial w_1}$,偏导数的传播是符合链式法则的。

7.7 反向传播算法

现在来推导隐藏层的梯度传播规律。简单回顾一下输出层的偏导数公式,即

$$\frac{\partial \mathcal{L}}{\partial w_{jk}} = (o_k - t_k) o_k (1 - o_k) x_j = \delta_k x_j$$

考虑倒数第二层的偏导数 $\frac{\partial \mathcal{L}}{\partial w_{ij}}$,如图 7.10 所示,输出层节点数为 K,输出为 $\boldsymbol{o}^{(K)} = [o_1^{(K)}, o_2^{(K)}, \cdots, o_K^{(K)}]$;倒数第二层节点数为 J,输出为 $\boldsymbol{o}^{(J)} = [o_1^{(J)}, o_2^{(J)}, \cdots, o_J^{(J)}]$;倒数第三层的节点数为 I,输出为 $\boldsymbol{o}^{(I)} = [o_1^{(I)}, o_2^{(I)}, \cdots, o_I^{(I)}]$。

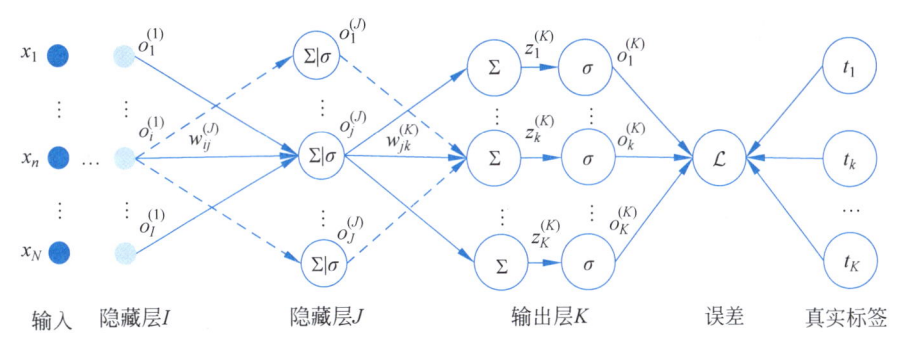

图 7.10 反向传播算法

为了表达简洁,部分变量的上标有时会省略掉。首先将均方误差函数展开,即

$$\frac{\partial \mathcal{L}}{\partial w_{ij}} = \frac{\partial}{\partial w_{ij}} \frac{1}{2} \sum_k (o_k - t_k)^2$$

由于 $\mathcal{L}$ 通过每个输出节点 o_k 与 w_{ij} 相关联,故此处不能去掉求和符号,运用链式法则将均方误差函数拆解,得

$$\frac{\partial \mathcal{L}}{\partial w_{ij}} = \sum_k (o_k - t_k) \frac{\partial}{\partial w_{ij}} o_k$$

将 $o_k = \sigma(z_k)$ 代入可得

$$\frac{\partial \mathcal{L}}{\partial w_{ij}} = \sum_k (o_k - t_k) \frac{\partial}{\partial w_{ij}} \sigma(z_k)$$

利用 Sigmoid 函数的导数 $\sigma' = \sigma(1-\sigma)$ 进一步分解为

$$\frac{\partial \mathcal{L}}{\partial w_{ij}} = \sum_k (o_k - t_k) \sigma(z_k)(1 - \sigma(z_k)) \frac{\partial z_k}{\partial w_{ij}}$$

将 $\sigma(z_k)$ 写回 o_k 形式，并利用链式法则，将 $\frac{\partial z_k}{\partial w_{ij}}$ 分解为

$$\frac{\partial \mathcal{L}}{\partial w_{ij}} = \sum_k (o_k - t_k) o_k (1 - o_k) \frac{\partial z_k}{\partial o_j} \cdot \frac{\partial o_j}{\partial w_{ij}}$$

其中 $\frac{\partial z_k}{\partial o_j} = w_{jk}$，因此有

$$\frac{\partial \mathcal{L}}{\partial w_{ij}} = \sum_k (o_k - t_k) o_k (1 - o_k) w_{jk} \frac{\partial o_j}{\partial w_{ij}}$$

考虑到 $\frac{\partial o_j}{\partial w_{ij}}$ 与 k 无关，可提取公共项，即

$$\frac{\partial \mathcal{L}}{\partial w_{ij}} = \frac{\partial o_j}{\partial w_{ij}} \sum_k (o_k - t_k) o_k (1 - o_k) w_{jk}$$

进一步利用 $o_j = \sigma(z_j)$，并利用 Sigmoid 导数 $\sigma' = \sigma(1-\sigma)$，将 $\frac{\partial o_j}{\partial w_{ij}}$ 拆分为

$$\frac{\partial \mathcal{L}}{\partial w_{ij}} = o_j (1 - o_j) \frac{\partial z_j}{\partial w_{ij}} \sum_k (o_k - t_k) o_k (1 - o_k) w_{jk}$$

其中 $\frac{\partial z_j}{\partial w_{ij}}$ 的导数可直接推导出为 o_i，上式可写为：

$$\frac{\partial \mathcal{L}}{\partial w_{ij}} = o_j (1 - o_j) o_i \sum_k \underbrace{(o_k - t_k) o_k (1 - o_k)}_{\delta_k^{(K)}} w_{jk}$$

其中 $\delta_k^{(K)} = (o_k - t_k) o_k (1 - o_k)$，则 $\frac{\partial \mathcal{L}}{\partial w_{ij}}$ 的表达式可简写为：

$$\frac{\partial \mathcal{L}}{\partial w_{ij}} = o_j (1 - o_j) o_i \sum_k \delta_k^{(K)} w_{jk}$$

类似地，仿照输出层 $\frac{\partial \mathcal{L}}{\partial w_{jk}} = \delta_k^{(K)} x_j$ 的书写方式，将 δ_j^J 定义为：

$$\delta_j^J \triangleq o_j (1 - o_j) \sum_k \delta_k^{(K)} w_{jk}$$

此时 $\frac{\partial \mathcal{L}}{\partial w_{ij}}$ 可以写为当前连接的起始节点的输出值 o_i 与终止节点 j 的梯度变量信息 $\delta_j^{(J)}$ 的简单相乘运算，即

$$\frac{\partial \mathcal{L}}{\partial w_{ij}} = \delta_j^{(J)} o_i^{(I)}$$

可以看到，通过定义 δ 变量，每一层的梯度表达式变得更加清晰简洁，其中 δ 可以简单理解为当前连接 w_{ij} 对误差函数的贡献值。

现在来总结一下每层的偏导数的传播规律。

输出层：

$$\frac{\partial \mathcal{L}}{\partial w_{jk}} = \delta_k^{(K)} o_j$$

$$\delta_k^{(K)} = o_k(1-o_k)(o_k - t_k)$$

倒数第二层：

$$\frac{\partial \mathcal{L}}{\partial w_{ij}} = \delta_j^{(J)} o_i$$

$$\delta_j^{(J)} = o_j(1-o_j) \sum_k \delta_k^{(K)} w_{jk}$$

倒数第三层：

$$\frac{\partial \mathcal{L}}{\partial w_{ni}} = \delta_i^{(I)} o_n$$

$$\delta_i^{(I)} = o_i(1-o_i) \sum_j \delta_j^{(J)} w_{ij}$$

其中 o_n 为倒数第三层的输入，即倒数第四层的输出。

依照此规律，只需要循环迭代计算每一层每个节点的 $\delta_k^{(K)}$、$\delta_j^{(J)}$、$\delta_i^{(I)}$ 等值即可求得当前层的偏导数，从而得到每层权值张量 **W** 的梯度，再通过梯度下降算法迭代优化网络参数即可。

至此，反向传播算法介绍完毕。

下面进行两个案例实战：第一个实战是采用 PyTorch 提供的自动求导来优化 Himmelblau 函数的极值；第二个实战是基于 Numpy 实现反向传播算法，并完成多层神经网络的二分类任务训练。

7.8 Himmelblau 函数优化实战

Himmelblau 函数是用来测试优化算法的常用样例函数之一，它包含了两个自变量 x 和 y，数学表达式为

$$f(x,y) = (x^2 + y - 11)^2 + (x + y^2 - 7)^2$$

首先，通过如下代码实现 Himmelblau 函数的表达式，代码如下。

```
def himmelblau(x):
    #himmelblau 函数实现,传入参数 x 为 2 个元素的 List
    return (x[0] ** 2 + x[1] - 11) ** 2 + (x[0] + x[1] ** 2 - 7) ** 2
```

然后完成 Himmelblau 函数的可视化操作。通过 np.meshgrid 函数（PyTorch 中也有 meshgrid 函数）生成二维平面网格点坐标，代码如下。

```
x = np.arange(-6, 6, 0.1)                    # 可视化的 x 坐标范围为 -6~6
y = np.arange(-6, 6, 0.1)                    # 可视化的 y 坐标范围为 -6~6
print('x,y range:', x.shape, y.shape)
# 生成 x-y 平面采样网格点, 方便可视化
X, Y = np.meshgrid(x, y)
print('X,Y maps:', X.shape, Y.shape)
Z = himmelblau([X, Y])                        # 计算网格点上的函数值
```

并利用 Matplotlib 库可视化 Himmelblau 函数,如图 7.11 所示,绘图代码如下。

```
# 绘制 himmelblau 函数曲面
fig = plt.figure('himmelblau')
ax = fig.gca(projection = '3d')              # 设置 3D 坐标轴
ax.plot_surface(X, Y, Z)                      # 3D 曲面图
ax.view_init(60, -30)
ax.set_xlabel('x')
ax.set_ylabel('y')
plt.show()
```

图 7.12 为 Himmelblau 函数的等高线图,可以看出,它共有 4 个局部极小值点,并且局部极小值都是 0,所以这 4 个局部极小值也是全局最小值。可以通过解析的方法计算出局部极小值的精确坐标,它们分别是

$$(3,2),(-2.805,3.131),(-3.779,-3.283),(3.584,-1.848)$$

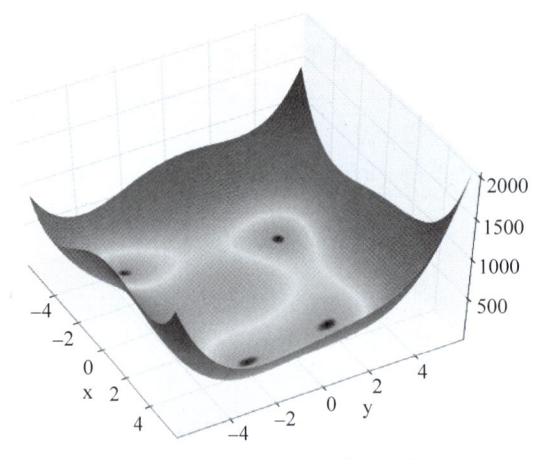

图 7.11 Himmelblau 函数 3D 曲面

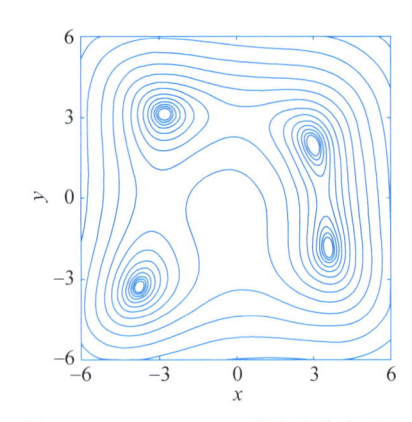

图 7.12 Himmelblau 函数的等高线图

在已经知晓极值解析解的情况下,现在利用梯度下降算法来优化 Himmelblau 函数的极小值数值解。

利用 PyTorch 自动求导来求出函数在 x 和 y 的偏导数,并循环迭代更新 x 值和 y 值,代码如下。

```
# 参数的初始化值对优化的影响不容忽视,可以通过尝试不同的初始化值,
# 检验函数优化的极小值情况
# 可选的初始化值:[1., 0.], [-4, 0.], [4, 0.]
```

```
#x = torch.tensor([4., 0.])
#x = torch.tensor([1., 0.])
#x = torch.tensor([-4., 0.])
x = torch.tensor([-2., 2.], requires_grad=True)

for step in range(200):                              #循环优化
    y = himmelblau(x)                                #前向传播
    #反向传播
    grads = autograd.grad(y, [x])[0]
    #修改计算图中待优化张量x的数值
    with torch.no_grad():
        #更新参数,0.01 为学习率
        x -= 0.01 * grads
    #打印优化的极小值
    if step % 20 == 19:
        #打印待优化张量,需要通过detach函数断开梯度连接
        print('step {}: x = {}, f(x) = {}'
              .format(step, x.detach().numpy(), y.detach().numpy()))
```

经过200次迭代更新后,程序可以找到一个极小值解,此时函数值接近于0。找到的数值解为

step 199: x = [-2.805118   3.1313124], f(x) = 2.2737367544323206e-13

这与解析解之一(-2.80,3.13)几乎一样。

实际上,通过改变网络参数的初始化状态,程序可以得到多种极小值数值解。参数的初始化状态是可能影响梯度下降算法的搜索轨迹的,甚至有可能搜索出完全不同的数值解,如表7.1所示。这个例子就比较好地解释了不同的初始状态对梯度下降算法的影响。

表 7.1 初始值对优化结果的影响

x 初始值	数值解	对应解析解
(4,0)	(3.58,-1.84)	(3.58,-1.84)
(1,0)	(3,1.99)	(3,2)
(-4,0)	(-3.77,-3.28)	(-3.77,-3.28)
(-2,2)	(-2.80,3.13)	(-2.80,3.13)

7.9 反向传播算法实战

本节将利用前面介绍的多层全连接网络的梯度推导结果,直接利用Python循环计算每一层的梯度,并按梯度下降算法手动更新。由于PyTorch具有自动求导功能,所以选择没有自动求导功能的Numpy实现网络,并利用Numpy手动计算梯度并手动更新网络参数。

需要注意的是,本章推导的梯度传播公式是针对多层全连接层,只有Sigmoid一种激活函数,并且损失函数为均方误差函数的网络类型。对于其他类型的网络,比如激活函数采用ReLU,损失函数采用交叉熵的网络,需要重新推导梯度传播表达式,但是方法是一样的。正是因为手动推导梯度的方法局限性较大,在实践中极少采用,更多的是利用自动求导工具计算。

此处通过实现一个4层的全连接网络,来完成二分类任务。网络输入节点数为2,隐藏层的节点数设计为25、50和25,输出层有两个节点,分别表示属于类别1的概率和类别2的概率,如图7.13所示。这里并没有采用Softmax函数将网络输出概率值之和进行约束,而是直接利用均方误差函数计算与One-hot编码的真实标签之间的误差,所有的网络激活函数全部采用Sigmoid函数,这些设计都是为了能直接利用梯度传播公式。

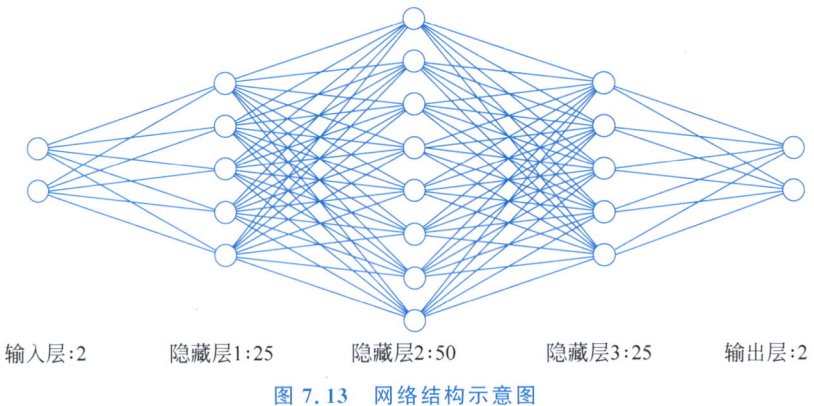

输入层:2　　隐藏层1:25　　隐藏层2:50　　隐藏层3:25　　输出层:2

图 7.13　网络结构示意图

7.9.1　数据集

这里通过scikit-learn库提供的便捷工具生成2000个线性不可分的二分类数据集,数据的特征长度为2,采样出的数据分布如图7.14所示,所有的红色点(因本书为双色印刷,图中用黑色点表示)为一类,所有的蓝色点为一类,可以看到每个类别数据的分布呈月牙状,并且是线性不可分的,无法用线性网络获得较好效果。为了测试网络的性能,按7:3比例

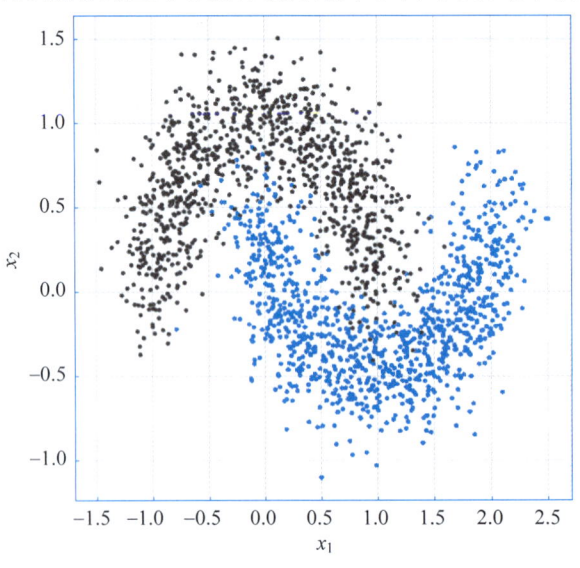

图 7.14　数据集分布

切分训练集和测试集，其中 2000×0.3＝600 个样本点用于测试，不参与训练，剩下的 1400 个点用于网络的训练。

数据集的采集直接使用 scikit-learn 提供的 make_moons 函数生成，设置采样点数和切割比率，代码如下。

```
N_SAMPLES = 2000                               # 采样点数
TEST_SIZE = 0.3                                # 测试数量比率
# 利用工具函数直接生成数据集
X, y = make_moons(n_samples = N_SAMPLES, noise = 0.2, random_state = 100)
# 将 2000 个点按着 7∶3 分割为训练集和测试集
X_train, X_test, y_train, y_test = train_test_split(X, y, test_size = TEST_SIZE, random_state = 42)
print(X.shape, y.shape)
```

可以通过如下可视化代码绘制数据集的分布，如图 7.14 所示。代码如下。

```
# 绘制数据集的分布，X 为 2D 坐标，y 为数据点的标签
def make_plot(X, y, plot_name, file_name = None, XX = None, YY = None, preds = None, dark = False):
    if (dark):
        plt.style.use('dark_background')
    else:
        sns.set_style("whitegrid")
    plt.figure(figsize = (16,12))
    axes = plt.gca()
    axes.set(xlabel = "$x_1$", ylabel = "$x_2$")
    plt.title(plot_name, fontsize = 30)
    plt.subplots_adjust(left = 0.20)
    plt.subplots_adjust(right = 0.80)
    if(XX is not None and YY is not None and preds is not None):
        plt.contourf(XX, YY, preds.reshape(XX.shape), 25, alpha = 1, cmap = cm.Spectral)
        plt.contour(XX, YY, preds.reshape(XX.shape), levels = [.5], cmap = "Greys", vmin = 0, vmax = .6)
    # 绘制散点图，根据标签区分颜色
    plt.scatter(X[:, 0], X[:, 1], c = y.ravel(), s = 40, cmap = plt.cm.Spectral, edgecolors = 'none')

    plt.savefig('dataset.svg')
    plt.close()
# 调用 make_plot 函数绘制数据的分布，其中 X 为 2D 坐标，y 为标签
make_plot(X, y, "Classification Dataset Visualization ")
plt.show()
```

7.9.2 网络层

通过新建类 Layer 实现一个网络层，需要传入网络层的输入节点数、输出节点数、激活函数类型等参数，权值 weights 和偏置张量 bias 在初始化时根据输入、输出节点数自动生成并初始化。代码如下。

```
class Layer:
    # 全连接网络层
```

```
def __init__(self, n_input, n_neurons, activation = None, weights = None, bias = None):
    """
    :param int n_input: 输入节点数
    :param int n_neurons: 输出节点数
    :param str activation: 激活函数类型
    :param weights: 权值张量,默认类内部生成
    :param bias: 偏置,默认类内部生成
    """
    #通过正态分布初始化网络权值,初始化非常重要,不合适的初始化将导致网络不收敛
    self.weights = weights if weights isnotNoneelse np.random.randn(n_input, n_neurons) * np.sqrt(1 / n_neurons)
    self.bias = bias if bias isnotNoneelse np.random.rand(n_neurons) * 0.1
    self.activation = activation        #激活函数类型,如'sigmoid'
    self.last_activation = None         #激活函数的输出值 o
    self.error = None                   #用于计算当前层的 delta 变量的中间变量
    self.delta = None                   #记录当前层的 delta 变量,用于计算梯度
```

网络层的前向传播函数实现如下,其中 last_activation 变量用于保存当前层的输出值。代码如下。

```
def activate(self, x):
    #前向传播函数
    r = np.dot(x, self.weights) + self.bias   #X@W + b
    #通过激活函数,得到全连接层的输出 o
    self.last_activation = self._apply_activation(r)
    returnself.last_activation
```

上述代码中的 self._apply_activation 函数实现了不同类型的激活函数的前向计算过程,尽管此处只使用 Sigmoid 激活函数一种,代码如下。

```
def _apply_activation(self, r):
    #计算激活函数的输出
    if self.activation isNone:
        return r                              #无激活函数,直接返回
    #ReLU 激活函数
    elif self.activation == 'relu':
        return np.maximum(r, 0)
    #tanh 激活函数
    elif self.activation == 'tanh':
        return np.tanh(r)
    #Sigmoid 激活函数
    elif self.activation == 'sigmoid':
        return1 / (1 + np.exp(-r))

    return r
```

针对不同类型的激活函数,它们的导数计算实现如下。

```
def apply_activation_derivative(self, r):
    #计算激活函数的导数
    #无激活函数,导数为1
```

```
            if self.activation isNone:
                    return np.ones_like(r)
       #ReLU 函数的导数实现
       elif self.activation == 'relu':
                    grad = np.array(r, copy = True)
                    grad[r > 0] = 1.
                    grad[r <= 0] = 0.
                    return grad
       #tanh 函数的导数实现
       elif self.activation == 'tanh':
                    return1 − r ** 2
       #Sigmoid 函数的导数实现
       elif self.activation == 'sigmoid':
                    return r * (1 − r)

       return r
```

可以看到，Sigmoid 函数的导数实现为 $r(1-r)$，其中 r 即为 $\sigma(z)$。

7.9.3 网络模型

创建单层网络类后，可以实现网络模型的 NeuralNetwork 类，它内部维护各层的网络层 Layer 类对象，可以通过 add_layer 函数追加网络层，实现创建不同结构的网络模型目的。代码如下。

```
class NeuralNetwork:
     #神经网络模型大类
     def __init__(self):
         self._layers = []                           #网络层对象列表

     def add_layer(self, layer):
         #追加网络层
         self._layers.append(layer)
```

网络的前向传播只需要循环调各个网络层对象的前向计算函数即可，代码如下。

```
def feed_forward(self, X):
     #前向传播
     for layer inself._layers:
             #依次通过各个网络层
             X = layer.activate(X)
     return X
```

根据图 7.13 的网络结构配置，利用 NeuralNetwork 类创建网络对象，并添加 4 层全连接层，代码如下。

```
nn = NeuralNetwork()                         #实例化网络类
nn.add_layer(Layer(2, 25, 'sigmoid'))        #隐藏层1, 2 => 25
nn.add_layer(Layer(25, 50, 'sigmoid'))       #隐藏层2, 25 => 50
nn.add_layer(Layer(50, 25, 'sigmoid'))       #隐藏层3, 50 => 25
```

```
nn.add_layer(Layer(25, 2, 'sigmoid'))          # 输出层, 25 = > 2
```

网络模型的反向传播实现稍复杂,需要从最末层开始,计算每层的 δ 变量,然后根据推导出的梯度公式,将计算出的 δ 变量存储在 Layer 类的 delta 变量中。代码如下。

```
def backpropagation(self, X, y, learning_rate):
    # 反向传播算法实现
    # 前向计算,得到输出值
    output = self.feed_forward(X)
    for i in reversed(range(len(self._layers))):    # 反向循环
        layer = self._layers[i]   # 得到当前层对象
        # 如果是输出层
        if layer == self._layers[-1]:               # 对于输出层
            layer.error = y - output                # 计算二分类任务的均方误差的导数
            # 关键步骤:计算最后一层的 delta,参考输出层的梯度公式
            layer.delta = layer.error * layer.apply_activation_derivative(output)
        else:                                       # 如果是隐藏层
            next_layer = self._layers[i + 1]        # 得到下一层对象
            layer.error = np.dot(next_layer.weights, next_layer.delta)
            # 关键步骤:计算隐藏层的 delta,参考隐藏层的梯度公式
            layer.delta = layer.error * layer.apply_activation_derivative(layer.last_activation)
        ... # 代码接下面
```

在反向计算完每层的 δ 变量后,只需要按 $\dfrac{\partial \mathcal{L}}{\partial w_{ij}} = o_i \delta_j^{(J)}$ 公式计算每层参数的梯度,并更新网络参数即可。由于代码中的 delta 计算的其实是 $-\delta$,因此更新时使用了加号。代码如下。

```
def backpropagation(self, X, y, learning_rate):
    ... # 代码接上面
    # 循环更新权值
    for i in range(len(self._layers)):
        layer = self._layers[i]
        # o_i 为上一网络层的输出
        o_i = np.atleast_2d(X if i == 0 else self._layers[i - 1].last_activation)
        # 梯度下降算法,delta 是公式中的负数,故这里用加号
        layer.weights += layer.delta * o_i.T * learning_rate
```

因此,在 backpropagation 函数中,反向计算每层的 δ 变量,并根据梯度公式计算每层参数的梯度值,按着梯度下降算法完成一次参数的更新。

7.9.4 网络训练

这里的二分类任务网络设计为两个输出节点,因此需要将真实标签 *y* 进行 One-hot 编码,代码如下。

```
def train(self, X_train, X_test, y_train, y_test, learning_rate, max_epochs):
    # 网络训练函数
    # One-hot 编码
```

```
            y_onehot = np.zeros((y_train.shape[0], 2))
            y_onehot[np.arange(y_train.shape[0]), y_train] = 1
```

将 One-hot 编码后的真实标签与网络的输出计算均方误差,并调用反向传播函数更新网络参数,循环迭代训练集 1000 遍即可。代码如下。

```
mses = []
for i in range(max_epochs):                    # 训练 1000 个 epoch
    for j in range(len(X_train)):              # 一次训练一个样本
        self.backpropagation(X_train[j], y_onehot[j], learning_rate)
    if i % 10 == 0:
        # 打印出 MSE Loss
        mse = np.mean(np.square(y_onehot - self.feed_forward(X_train)))
        mses.append(mse)
        print('epoch: #%s, MSE: %f' % (i, float(mse)))

        # 统计并打印准确率
        print('Accuracy: %.2f%%' % (self.accuracy(self.predict(X_test), y_test.flatten()) * 100))

return mses
```

7.9.5 网络性能

将每个 epoch 的训练损失 $\mathcal{L}$ 值记录下来,并绘制为曲线,如图 7.15 所示。

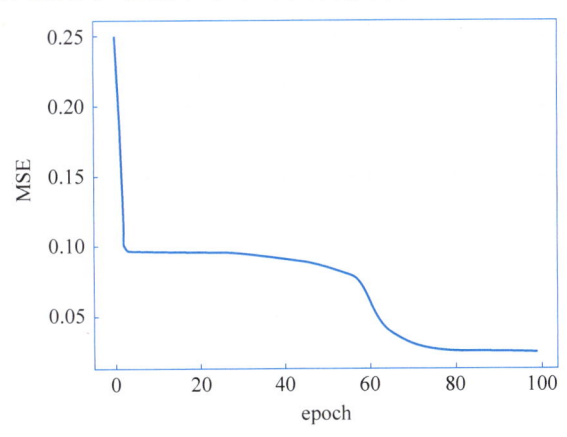

图 7.15 训练误差曲线

在训练完 1000 个 epoch 后,在测试集 600 个样本上得到的准确率为

```
epoch: #990, MSE: 0.024335
Accuracy: 97.67%
```

可以看到,通过手动计算梯度公式并手动更新网络参数的方式,也能在简单的二分类任务上获得较低的错误率。通过精调网络超参数等技巧,还可以获得更好的网络性能。

在每个 epoch 中,会完成一次测试集上的准确度测试,并绘制成曲线,如图 7.16 所示。

可以看到，随着 epoch 的进行，模型的准确率稳步提升，开始阶段提升较快，后续提升较为平缓。

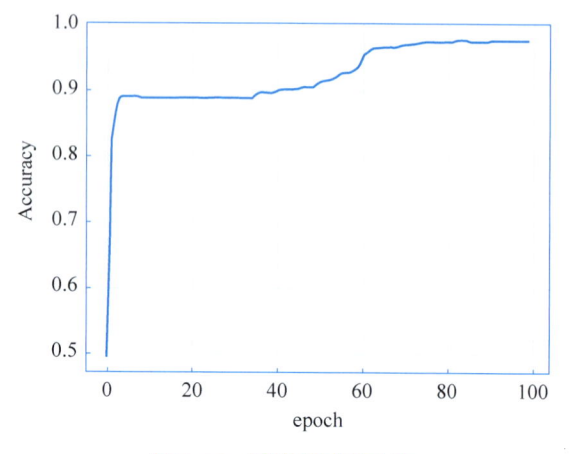

图 7.16　网络测试准确率

通过这个基于 Numpy 手动计算梯度而实现的二分类全连接网络，读者们能够更加深刻地体会到深度学习框架在算法实现中的角色。没有诸如 PyTorch、TensorFlow 这些框架，同样能够实现复杂的神经网络，但是灵活性、稳定性、开发效率和计算效率都较差，基于这些深度学习框架进行算法设计与训练，将大大提高算法开发人员的工作效率。同时读者也应当意识到，框架只是一个工具，更重要的是，对算法本身的理解——这才是算法开发者最重要的能力。

第8章 PyTorch 高级用法

CHAPTER 8

> 人工智能难题不仅是计算机科学问题,更是数学、认知科学和哲学问题。
>
> ——弗朗索瓦·肖莱

8.1 常见功能模块

PyTorch 提供了一系列高层的神经网络训练相关类和函数,如经典数据集加载函数、网络层类、模型容器、损失函数类、优化器类、经典模型类等。

对于经典数据集,通过一行代码即可下载、管理、加载数据集,这些数据集包括 CIFAR 图片数据集、MNIST/FashionMNIST 手写数字图片数据集、Caltech256 数据集等。前面已经介绍过,不再赘述。

8.1.1 常见网络层类

对于常见的神经网络层,可以使用张量方式的底层接口函数来实现,这些接口函数一般在 torch.nn.functional 模块中。更常用地,对于常见的网络层,一般直接使用层方式来完成模型的搭建,在 torch.nn 命名空间中提供了大量常见网络层的类,如全连接层、激活函数层、池化层、卷积层、循环神经网络层、多头注意力层等。对于这些网络层类,只需要在创建时指定网络层的相关参数,并调用 forward 方法即可完成前向计算。在调用 forward 方法时,PyTorch 会自动调用每个层的前向传播逻辑主函数,这些逻辑一般实现在类的 forward 函数中。

以 Softmax 层为例,它既可以使用 F.softmax 函数在前向传播逻辑中完成 Softmax 运算,也可以通过 nn.Softmax(dim) 类搭建 Softmax 网络层,其中 dim 参数指定进行 Softmax 运算的维度。首先导入相关的子模块,实现如下。

```
from torch import nn                                    # 导入常见网络层类
```

然后创建 Softmax 层，并调用 forward 方法完成前向计算，代码如下。

```
In [1]:
x = torch.tensor([2., 1., 0.1])                         # 创建输入张量
layer = nn.Softmax(dim = -1)                            # 创建 Softmax 层
out = layer(x)                                          # 调用 Softmax 函数完成前向计算，输出为 out
```

经过 Softmax 网络层后，得到概率分布 out 为

```
Out[1]:
tensor([0.6590, 0.2424, 0.0986])
```

当然，也可以直接通过 F.softmax() 函数完成计算，代码如下：

```
out = F.softmax(x, dim = -1)                            # 调用 Softmax 函数完成前向计算
```

8.1.2 网络容器

对于常见的网络，需要手动调用每一层的类实例完成前向传播运算，当网络层数变得较深时，这一部分代码显得非常臃肿。可以通过 PyTorch 提供的网络容器 Sequential 将多个网络层封装成一个大网络模型，只需要调用网络模型的实例一次即可完成数据从第一层到最末层的顺序传播运算。需要注意的是，Sequential 容器中的上一层的输出必须完全匹配下一层的输入，Sequential 容器本身并不会对数据格式进行转换。

例如，两层的全连接层加上单独的激活函数层，可以通过 Sequential 容器封装为一个网络。

```
# 使用 Sequential 容器封装 2 层的全连接层网络
network = nn.Sequential(                                # 封装为一个网络
    nn.Linear(3, 3),                                    # 全连接层
    nn.ReLU(),                                          # 激活函数层
    nn.Linear(3, 3),                                    # 全连接层
    nn.ReLU()                                           # 激活函数层
)
x = torch.randn([4, 3])
out = network(x)                                        # 输入从第一层开始，逐层传播至输出层，并返回输出层的输出
```

Sequential 容器也可以通过 add_module() 方法继续追加新的网络层，实现动态创建网络的功能，实现如下。

```
In [2]:
layers_num = 3                                          # 堆叠 3 次
network = nn.Sequential()                               # 先创建空的网络容器
for i in range(layers_num):
    network.add_module(f"layer{i}d", nn.Linear(3,3))    # 添加全连接层
    network.add_module(f"layer{i}a", nn.ReLU())         # 添加激活函数层
print(network)
```

上述代码通过指定任意的 layers_num 参数即可创建对应层数的网络结构，add_module 函

数还需要对每层网络进行命名,这一点与前面初始化传入网络的方式是不同的,初始化传入网络时,Sequential类内部自动按序进行了命名,可以通过 print(network)方式查看网络的基本结构,打印结果如下。

```
Out[2]:
Sequential(
    (layer0d): Linear(in_features = 3, out_features = 3, bias = True)
    (layer0a): ReLU()
    (layer1d): Linear(in_features = 3, out_features = 3, bias = True)
    (layer1a): ReLU()
    (layer2d): Linear(in_features = 3, out_features = 3, bias = True)
    (layer2a): ReLU()
)
```

可以看到冒号前为每层的变量名字,这个名字由 add_module 传入或者自动生成,冒号后面为每层的网络信息,这个信息是可以通过重写 __repr__ 函数实现自定义的网络信息打印的。作为最常见的全连接层,网络的输入维度长度 in_features,输出维度长度 out_features 为最关键的参数,在打印的时候可以进行查看校对,此外,bias 表示当前的全连接层是否包含了 bias 待优化参数,这个可以在初始化时进行设定。

通过 Sequential 或者其他方式创建的模型,都继承自 nn.Module 基类,因此都可以通过 self.parameters 或 self.buffers 等查看内部参数或非优化参数。例如,对于 nn.Linear 网络层中的 weight/bias 变量,如果需要优化,则可以通过 self.parameters 找到;对于 nn.BatchNorm 中的 running_mean/running_var 等张量,一般是非优化张量或缓存张量,可以通过 self.buffers 找到。对应的,self.named_parameters 和 self.named_buffers 函数返回元组列表,即同时包含了张量的变量名和张量本身。

当我们通过 Sequential 容量封装多个网络层时,每层的参数列表将会自动并入 Sequential 容器的参数列表中,不需要人为合并网络参数列表,这也是 Sequential 容器的便捷之处。容器参数列表的迭代示例如下。

```
In [3]:                    #打印网络的待优化参数名与 shape
#打印所有的参数
print("all parameters:")
for n,p in network.named_parameters():
    print(n, p.shape)
print("all trainable parameters:")
#打印所有的待优化参数
for n,p in network.named_parameters():
    if p.requires_grad:
        print(n, p.shape)
#打印所有的非优化参数
print("all non-trainable parameters:")
for n,p in network.named_buffers():
    print(n, p.shape)
Out[3]:
all parameters:
```

```
0.weight torch.Size([3, 3])
0.bias torch.Size([3])
1.weight torch.Size([3])
1.bias torch.Size([3])

all trainable parameters:
0.weight torch.Size([3, 3])
0.bias torch.Size([3])
1.weight torch.Size([3])
1.bias torch.Size([3])

all non-trainable parameters:
1.running_mean torch.Size([3])
1.running_var torch.Size([3])
1.num_batches_tracked torch.Size([])
```

Sequential 容器是最常用的类之一，对于快速搭建多层神经网络非常有用，应尽量多使用来简化网络模型的实现。

8.2 模型创建、训练与测试

在训练网络时，一般的流程是通过前向计算获得网络的输出值，再通过损失函数计算网络的误差，然后通过自动求导工具计算梯度并更新模型参数。训练过程中会间隔性地穿插测试网络性能的代码，通过测试代码来确定模型当前的效果或者决定是否需要提前结束训练。

8.2.1 模型创建

PyTorch 中网络层的基类为 nn.Module，像 nn.Sequential、nn.Linear 等网络类都继承自 nn.Module。上面介绍了 nn.Sequential 来方便地串联多个网络层，这种方式非常方便快捷，但是灵活性相对较低。下面来介绍一种更为通用的模型创建方式。

以 MNIST 分类为例，这里实现了一个包含 3 个子网络的模型代码。

(1) 第一部分子网络：一个 Sequential 容器，包含了 2 层的全连接层。

(2) 第二部分子网络：通过 nn.ModuleList 容器实现，包含了 2 个全连接层的列表实例，nn.ModuleList 容器包含的网络只用于集中管理网络层，而对于容器中每层的计算逻辑，并不像 nn.Sequential 那样定义为从首传到尾，这部分计算逻辑需要在 forward 函数中自行实现。

(3) 第三部分子网络：通过一个全连接层实现输出类别的映射。

网络的实现代码如下。

```
class MyModel(nn.Module):
```

```python
    def __init__(self, in_dim, out_dim) -> None:
        super().__init__()

        #模型的第一部分为一个Sequential容器,依次通过
        self.block1 = nn.Sequential(
            nn.Linear(in_dim, 256),
            nn.ReLU(),
            nn.Linear(256, 256),
        )

        #模型的第二部分为一个nn.ModuleList容器,这个容器只保存了一个网络层的列表
        #并不负责张量怎么通过容器的计算逻辑,该部分计算逻辑在forward函数中实现
        self.block2 = nn.ModuleList()
        for i in range(2):
            self.block2.add_module(f"l{i}", nn.Linear(256, 256))

        print(self.block2)

        #模型的第三部分,输出层,转为输出的类别数
        self.out_proj = nn.Linear(256, out_dim)

    def forward(self, x):

        #通过第一部分
        x = self.block1(x)

        #第二部分的计算逻辑比较负责,先通过某层,然后进行残差连接,再通过ReLU激活函数
        #再进入ModuleList的下一层
        for layer in self.block2:
            x = F.relu(layer(x) + x)

        #通过第三部分
        x = self.out_proj(x)
        return x
```

通过print(model)可以查看MyModel的基本结构,但是无法准确地绘制出内部的张量前向传播逻辑,代码如下。

```
#创建模型实例,输入为784,输出为10类别
model = MyModel(784, 10)
print(model)
ModuleList(
  (l0): Linear(in_features=256, out_features=256, bias=True)
  (l1): Linear(in_features=256, out_features=256, bias=True)
)
MyModel(
  (block1): Sequential(
    (0): Linear(in_features=784, out_features=256, bias=True)
    (1): ReLU()
    (2): Linear(in_features=256, out_features=256, bias=True)
```

)
    (block2): ModuleList(
        (10): Linear(in_features = 256, out_features = 256, bias = True)
        (11): Linear(in_features = 256, out_features = 256, bias = True)
)
    (out_proj): Linear(in_features = 256, out_features = 10, bias = True)
)
```

### 8.2.2 模型训练

模型训练环节是指对数据集进行前向计算和反向传播梯度更新的过程。由于需要对数据集进行循环迭代，每次迭代又是按批次 batch 进行数据读取，故需要掌握下列常见的步骤。

（1）创建数据集类，继承自 torch.utils.data.Dataset，需要自行实现 __len__ 和 __getitem__(idx)方法，这个类负责对数据集中的每个样本进行读取。其中数据集的总长度通过 __len__ 函数实现，PyTorch 调用 __len__ 函数获取数据集的总长度后，每次读取数据时，随机生成一个由 0 至总长度的直接的索引，__getitem__(idx)根据传入的索引参数 idx 来完成对应样本的读取和预处理，以及对应样本的标签值的读取。值得一提的是，如果是 MNIST、CIFAR 这种经典的数据集，PyTorch 的第三方库 torchvision 里面 torchvision.datasets.MNIST 就已经实现了上述的 __len__ 和 __getitem__(idx)函数，读者不妨查看相关的源代码。

（2）创建数据集批加载类 torch.utils.data.DataLoader。SGD 等优化方法一般基于小批次 batch 进行模型参数优化，因此 PyTorch 提供了一个多线程的 DataLoader 类，方便进行数据的高效读取。提供 batch_size 的大小，线程数 num_workers 等参数即可实现批读取。

（3）创建优化器 torch.optim。PyTorch 提供了多种常见的梯度优化算法，例如 SGD、Adam、AdamW、Rprop 等，读者可阅读相关的文献了解每种优化器算法的差异性。一般使用 SGD、Adam 优化器类，在创建优化器类时，需要指明哪些参数是需要优化的，优化器内部会根据传入的待优化参数列表，进行梯度的计算和参数的更新。梯度保存在每个变量的成员中，可通过 tensor.grad 变量名进行访问其梯度张量。可通过 tensor.requires_grad 来判断当前张量是否是待优化参数。

（4）前向计算。这一部分前面已经讲述非常详细，调用前向计算函数即可。

（5）零梯度、反向传播和梯度更新。通过调用 optimizer.zero_grad()、loss.backward()、optimizer.step()函数实现，顺序非常关键。例如在调用 loss.backward()函数之前进行清零梯度，保证当前梯度不会累加在 grad 变量上，在调用 optimizer.step()函数更新梯度之前需要保证 backward 已经完成了梯度的计算等。

（6）训练上述过程，完成对数据集的一次或者多次迭代。

创建网络后，正常的流程是循环迭代数据集多个 epoch，每次按批产生训练数据、前向
```

计算,然后通过损失函数计算误差值,并反向传播自动计算梯度、更新网络参数。

如下代码为一个非常典型的训练框架极简实现。

```python
from torchvision import datasets
from torchvision import transforms
from torch.utils.data import DataLoader
from torch import nn, optim

def main():
    # 设置批大小
    batchsz = 32
    # 在线下载 MNIST 数据集,并保存到 mnist_data 文件夹
    train_db = datasets.MNIST('mnist_data', True, transform = transforms.Compose([
        transforms.Resize((28, 28)),
        transforms.ToTensor()
    ]), download = True)
    train_loader = DataLoader(train_db, batch_size = batchsz, shuffle = True)

    val_db = datasets.MNIST('mnist_data', False, transform = transforms.Compose([
        transforms.Resize((28, 28)),
        transforms.ToTensor()
    ]), download = True)
    val_loader = DataLoader(val_db, batch_size = batchsz, shuffle = False)

    # 加载一个 batch,并查看数据
    x, label = iter(train_loader).next()
    print('x:', x.shape, 'label:', label.shape)

    # 创建网络模型
    device = torch.device('cuda')
    model = MyModel(784, 10).to(device)
    print(model)                                            # 打印模型结构
    # 创建 loss 函数
    criteon = nn.CrossEntropyLoss().to(device)
    # 创建优化器,学习率 lr = 0.0001
    optimizer = optim.Adam(model.parameters(), lr = 1e - 4)

    # 训练 10 个 epoch
    for epoch in range(10):
        # 模型切换到 train 模式
        model.train()
        for step, (x, label) in enumerate(train_loader):
            # x 张量:[b, 1, 32, 32]
            # label 张量:[b]
            x, label = x.to(device), label.to(device)
            x = x.reshape([x.shape[0], 28 * 28])

            # 前向传播
            logits = model(x)
            # logits: [b, 10]
```

```
                        #label: [b]
                        #计算loss损失值,标量
                        loss = criteon(logits, label)

                        #清零梯度,反向传播,并更新梯度
                        optimizer.zero_grad()
                        loss.backward()
                        optimizer.step()

                        #打印loss值
                        print(epoch, 'loss:', loss.item())
```

8.2.3 模型测试

在模型训练的过程中或者训练完成后,都需要对模型的性能进行评估。关于验证和测试的区别,之后会在"第9章 过拟合"中详细阐述,此处可以将验证和测试理解为模型评估的一种方式。

模型的预测主要体现在前向计算中,数据张量经过预处理、前向计算和后处理,即可拿到模型的结果,例如,一个典型的分类模型的测试代码框架如下。

```
            #切换到测试模式
            model.eval()
            #构建无梯度环境
            with torch.no_grad():
                total_correct = 0                       #统计正确样本数量
                total_num = 0                           #统计总样本数量
                for x, label in val_loader:
                    x, label = x.to(device), label.to(device)
                    x = x.reshape([x.shape[0], 28 * 28])

                    #前向计算,获得10类别的预测分布,[b,1,28,28] => [b, 10]
                    logits = model(x)
                    #标准的流程需要先经过Softmax,再argmax
                    #但是由于Softmax不改变元素的大小相对关系,故可省去
                    pred = logits.argmax(dim = 1)
                    #统计预测正确数量
                    correct = torch.eq(pred, label).float().sum().item()
                    total_correct += correct
                    #统计预测样本总数
                    total_num += x.size(0)
            #计算准确率
            acc = total_correct / total_num
            print(epoch, 'acc:', acc)
```

其中logits即为网络的输出,对于分类任务,logits需要通过Softmax函数转换为类别的概率分布,然后选取概率最高的类别作为模型的预测类别,通过argmax函数实现。通过上述代码即可使用训练好的模型去预测新样本的标签信息。

模型的训练日志如下。

```
0 loss: 0.14907892048358917
0 acc: 0.9383
1 loss: 0.04078512266278267
1 acc: 0.962
2 loss: 0.07429910451173782
2 acc: 0.9656
3 loss: 0.061831098049879074
3 acc: 0.9714
...
6 loss: 0.05872822180390358
6 acc: 0.9759
7 loss: 0.018076207488775253
7 acc: 0.9757
```

上述训练和测试代码非常经典，复杂的模型通常也是采用相似的训练和测试流程。一些流行的第三方库，例如 pytorch_lightning，对于上述框架有更为成熟优雅的封装，在使用中更为方便快捷。

8.3 模型保存与加载

模型训练完成后，需要将模型保存到文件系统上，从而方便后续的模型测试与部署工作。实际上，在训练时间隔性地保存模型状态也是非常好的习惯，这一点对于训练大规模的网络尤其重要。一般大规模的网络需要训练数天乃至数月的时长，一旦训练过程被中断或者发生宕机等意外，之前训练的进度将全部丢失。如果能够间断地保存模型状态到文件系统，即使发生宕机等意外，也可以从最近一次的网络状态文件中恢复，从而避免浪费大量的训练时间和计算资源。因此模型的保存与加载非常重要。

在 PyTorch 中，有两种常用的模型保存与加载方法。

8.3.1 张量方式

网络的状态主要体现在网络的结构以及网络层内部张量数据上，因此在有网络结构源文件的条件下，直接保存网络张量参数到文件系统上是最轻量级的一种方式。以 MNIST 手写数字图片识别模型为例，通过调用 torch.save(mode.state_dict(),path)方法即可将当前的网络参数保存到 path 文件上，代码如下。

```
torch.save(model.state_dict(), 'weights.pth')        # 保存模型的所有张量数据
```

上述代码将 network 模型保存到 weights.ckpt 文件上。在需要的时候，先创建好网络对象，然后调用网络对象的 load_weights(path)方法即可将指定的模型文件中保存的张量数值写入当前网络参数中去，举例如下。

```
# 重新创建网络模型
```

```python
model = MyModel(784, 10).to(device)
# 从断点加载模型参数
model.load_state_dict(torch.load('weights.pth'))
# 切换到测试模式
model.eval()
# 构建无梯度环境
with torch.no_grad():
    total_correct = 0                                    # 统计正确样本数量
    total_num = 0                                        # 统计总样本数量
    for x, label in val_loader:
        x = x.reshape([x.shape[0], 28 * 28])
        x, label = x.to(device), label.to(device)
        # 前向计算,获得 10 类别的预测分布,[b,1,28,28] => [b, 10]
        logits = model(x)
        # 标准的流程需要先经过 softmax,再 argmax
        # 但是由于 softmax 不改变元素的大小相对关系,故可省去
        pred = logits.argmax(dim = 1)
        # 统计预测正确数量
        correct = torch.eq(pred, label).float().sum().item()
        total_correct += correct
        # 统计预测样本总数
        total_num += x.size(0)
    # 计算准确率
    acc = total_correct / total_num
    print(epoch, 'final acc:', acc)
```

这种保存与加载网络的方式最为轻量级,文件中保存的仅仅是张量参数的数值,并没有其他额外的结构参数。但是它需要使用相同的网络结构才能够正确恢复网络状态,因此一般在拥有网络源文件的情况下使用。

那么保存的 weights.pth 文件到底是什么内容? 实际上,weights.pth 就是一个序列化的字典对象,可以通过 torch.load 函数加载后进行数据解析,代码如下。

```python
# 加载 checkpoints 字典
weights_dict = torch.load('weights.pth')
# 剖析字典对象的内容
for k,v in weights_dict.items():
    print(k, v.shape)
```

输出如下。

```
block1.0.weight torch.Size([256, 784])
block1.0.bias torch.Size([256])
block1.2.weight torch.Size([256, 256])
block1.2.bias torch.Size([256])
block2.l0.weight torch.Size([256, 256])
block2.l0.bias torch.Size([256])
block2.l1.weight torch.Size([256, 256])
block2.l1.bias torch.Size([256])
out_proj.weight torch.Size([10, 256])
out_proj.bias torch.Size([10])
```

8.3.2 网络方式

现在来介绍一种不需要网络源文件,仅仅需要模型参数文件即可恢复出网络模型的方法。通过 torch.save(model,path)函数可以将模型的结构以及模型的参数保存到 path 文件上,在不需要网络源文件的条件下,通过 model=torch.load(path)即可恢复网络结构和网络参数。

首先将 MNIST 手写数字图片识别模型保存到文件上,并且删除网络对象,代码如下。

```
# 保存整个模型对象
torch.save(model, 'model.pth')
```

此时通过 model.pth 文件即可恢复出网络的结构和状态,不需要提前创建网络对象,代码如下。

```
# 从模型文件恢复模型对象
model = torch.load("model.pth")
```

可以看到,model.pth 文件除了保存了模型参数外,还应保存了网络结构信息,不需要提前创建模型即可直接从文件中恢复出网络对象。

8.4 自定义网络

尽管 PyTorch 提供了很多的常用网络层类,但深度学习可以使用的网络层远远不止这些。科研工作者一般是率先实现了较为新颖的网络层,经过大量实验验证有效后,主流深度学习框架才会跟进,内置对这些网络层的支持。因此掌握自定义网络层、网络的实现非常重要。

对于需要创建自定义逻辑的网络层,可以通过自定义类来实现。在创建自定义网络层类时,需要继承自 nn.Module 基类,这样建立的自定义类才能够方便地利用 nn.Module 基类提供的参数管理等功能,同时也能够与其他的标准网络层类交错使用。

8.4.1 自定义网络层

对于自定义的网络层,至少需要实现初始化__init__方法和前向传播逻辑 forward 方法。以某个具体的自定义网络层为例,假设需要一个没有偏置向量的全连接层,即 bias 为 0,同时内置了固定的激活函数为 ReLU 函数。尽管这可以通过标准的 Linear 和 ReLU 层创建,但这里还是通过实现这个"特别的"网络层类来阐述如何实现自定义网络层。

首先创建类,并继承自 nn.Module 基类。创建初始化方法,并调用母类的初始化函数,由于是全连接层,因此需要设置两个参数:输入特征的长度 inp_dim 和输出特征的长度 outp_dim,并通过 nn.Parameter(tensor)创建名字为 weight 的张量 W,并设置为需要优化。代码如下。

```python
#自定义的网络层
class MyLinear(nn.Module):
    def __init__(self, inp_dim, outp_dim) -> None:
        super().__init__()
        self.inp_dim = inp_dim
        self.outp_dim = outp_dim

        #创建权值张量,并利用 nn.Parameter 进行包裹
        self.weight = nn.Parameter(torch.FloatTensor([outp_dim, inp_dim]))

        self.relu = nn.ReLU()

    def forward(self, x):
        #线性变换
        x = torch.matmul(self.weight, x)
        #固定的激活函数
        x = self.relu(x)

        return x

    def __repr__(self):
        #自定义的网络层打印信息
        returnf"MyLinear{self.inp_dim, self.outp_dim} + ReLU()"
```

实例化 MyLinear 类,并查看其参数列表,举例如下。

```
In [5]:
mylinear = MyLinear(784, 256)
print(mylinear)
#查看网络层的参数
for n,p in mylinear.named_parameters():
    print(n, p.shape)
Out[5]:
MyLinear(784, 256) + ReLU()
weight torch.Size([2])
```

可以看到 W 张量被自动纳入类的参数列表。

对于某些网络层,有些参数不参与梯度优化,例如 BatchNorm 层中的 running_mean/running_var 等,PyTorch 提供了 register_buffer(name, tensor) 函数,可以将某些张量纳入管理,并通过 named_buffers 进行迭代。代码如下。

```
#创建一个不参与梯度优化的 bias,即本网络层总是有一个固定的偏置项
self.register_buffer("bias", torch.tensor(0.1))
```

8.4.2 自定义网络

在完成了自定义的全连接层类实现之后,基于上述的"自定义全连接层"来实现 MNIST 手写数字图片模型的创建。

自定义网络类可以和其他标准类一样，通过 Sequential 容器方便地封装成一个网络模型，代码如下。

```
#创建一个基于自定义网络层的模型,由于该模型已经包含激活函数,故此处不再添加激活函数
model = nn.Sequential(MyLinear(784, 256),
                     MyLinear(256,128),
                     MyLinear(128, 10))
print(model)
```

网络结构如下。

```
Sequential(
  (0): MyLinear(784, 256) + ReLU()
  (1): MyLinear(256, 128) + ReLU()
  (2): MyLinear(128, 10) + ReLU()
)
```

可以看到，通过堆叠自定义网络层类，一样可以实现 3 层的全连接层网络，每层全连接层自定义实现，同时激活函数固定地使用 ReLU 函数。

自定义的网络和标准的 Linear、ReLU 层一样，都是标准的网络层的实现，可以任意交替使用，代码如下。

```
class MyModel(nn.Module):

    def __init__(self, in_dim, out_dim) -> None:
        super().__init__()

        #模型的第一部分为一个 sequential 容器,依次通过
        self.block1 = nn.Sequential(
            MyLinear(784, 256),
            nn.Linear(256, 256),
        )

        #模型的第二部分为一个 nn.ModuleList 容器,这个容器只保存了一个网络层的列表
        #并不负责张量怎么通过容器的计算逻辑,该部分计算逻辑在 forward 函数中实现
        self.block2 = nn.ModuleList()
        for i in range(2):
            self.block2.add_module(f"l{i}", nn.Linear(256, 256))

        print(self.block2)

        #模型的第三部分,输出层,转为输出的类别数
        self.out_proj = MyLinear(256, out_dim)
```

这个例子中两处使用了自定义的网络层 MyLinear 来替代 nn.Linear 层。从用法上来说，自定义的网络层和标准的网络层是一样的。

8.5　模型乐园

PyTorch 不但能够创建并使用经典的网络层，还能够对经典的网络模型进行创建。对于常用的网络模型，如 ResNet、VGG、YOLO、MobileNet 等，不需要额外的代码创建网络，

可以直接从 torchvision 或者 torch hub 子模块中通过一行代码创建并使用这些经典模型，同时还可以通过设置各种参数来实现不同类型的网络结构，非常方便。

8.5.1 加载模型

以 ResNet18 网络模型为例，首先利用 torchvision 模型库加载 ImageNet 预训练好的 ResNet18 网络，代码如下。

```
from torchvision.models.resnet import resnet18
# 创建 resnet18 模型
resnet = resnet18(pretrained = True)
# 打印模型结构
print(resnet)

# 测试网络的输出
x = torch.randn([4, 3, 224, 224])
out = resnet(x)                              # 获得子网络的输出
out.shape
```

上述代码自动从服务器下载模型结构和在 ImageNet 数据集上预训练好的网络参数。代码如下。

```
ResNet(
  (conv1): Conv2d(3, 64, kernel_size = (7, 7), stride = (2, 2), padding = (3, 3), bias = False)
  (bn1): BatchNorm2d(64, eps = 1e - 05, momentum = 0.1, affine = True, track_running_stats = True)
  (relu): ReLU(inplace = True)
  (maxpool): MaxPool2d(kernel_size = 3, stride = 2, padding = 1, dilation = 1, ceil_mode = False)
  (layer1): Sequential(
    (0): BasicBlock(
      (conv1): Conv2d(64, 64, kernel_size = (3, 3), stride = (1, 1), padding = (1, 1), bias = False)
      (bn1): BatchNorm2d(64, eps = 1e - 05, momentum = 0.1, affine = True, track_running_stats = True)
      (relu): ReLU(inplace = True)
      (conv2): Conv2d(64, 64, kernel_size = (3, 3), stride = (1, 1), padding = (1, 1), bias = False)
      (bn2): BatchNorm2d(64, eps = 1e - 05, momentum = 0.1, affine = True, track_running_stats = True)
    )
    (1): BasicBlock(
      (conv1): Conv2d(64, 64, kernel_size = (3, 3), stride = (1, 1), padding = (1, 1), bias = False)
      (bn1): BatchNorm2d(64, eps = 1e - 05, momentum = 0.1, affine = True, track_running_stats = True)
      (relu): ReLU(inplace = True)
      (conv2): Conv2d(64, 64, kernel_size = (3, 3), stride = (1, 1), padding = (1, 1), bias = False)
```

```
      (bn2): BatchNorm2d(64, eps = 1e − 05, momentum = 0.1, affine = True, track_running_stats =
True)
    )
  )
  (layer2): Sequential(
    (0): BasicBlock(
      (conv1): Conv2d(64, 128, kernel_size = (3, 3), stride = (2, 2), padding = (1, 1), bias =
False)
      (bn1): BatchNorm2d(128, eps = 1e − 05, momentum = 0.1, affine = True, track_running_stats =
True)
...
  )
  (avgpool): AdaptiveAvgPool2d(output_size = (1, 1))
  (fc): Linear(in_features = 512, out_features = 1000, bias = True)
    )
```

8.5.2 微调模型

基于预训练的经典模型进行微调,可以在少样本上面获得良好的迁移学习效果。一般选择微调典型模型的少数网络层,其他网络层参数则保持冻结或者使用更小的学习率。以ResNet18 为例,最后一层为全连接层,代码如下。

```
(fc): Linear(in_features = 512, out_features = 1000, bias = True)
```

根据任务类别的不同,对最后一层进行微调。在创建预训练的 ResNet18 特征子网络上,去除最后一层,并加入 nn.Flatten 层和新的全连接层上,重新利用 Sequential 容器封装成一个新的网络,代码如下。

```
mymodel = nn.Sequential( * list(resnet.children())[: − 1],
                         nn.Flatten(),
                         nn.Linear(512, 10))
print(mymodel)

# 测试网络的输出
x = torch.randn([4, 3, 224, 224])
out = mymodel(x)              # 获得网络的输出
out.shape
```

可以看到新的网络模型的结构信息为

```
Sequential(
  (0): Conv2d(3, 64, kernel_size = (7, 7), stride = (2, 2), padding = (3, 3), bias = False)
  (1): BatchNorm2d(64, eps = 1e − 05, momentum = 0.1, affine = True, track_running_stats = True)
  (2): ReLU(inplace = True)
  (3): MaxPool2d(kernel_size = 3, stride = 2, padding = 1, dilation = 1, ceil_mode = False)
  (4): Sequential(
    (0): BasicBlock(
      (conv1): Conv2d(64, 64, kernel_size = (3, 3), stride = (1, 1), padding = (1, 1), bias =
False)
```

```
      (bn1): BatchNorm2d(64, eps = 1e − 05, momentum = 0.1, affine = True, track_running_stats = True)
      (relu): ReLU(inplace = True)
      (conv2): Conv2d(64, 64, kernel_size = (3, 3), stride = (1, 1), padding = (1, 1), bias = False)
      (bn2): BatchNorm2d(64, eps = 1e − 05, momentum = 0.1, affine = True, track_running_stats = True)
    )
    (1): BasicBlock(
      (conv1): Conv2d(64, 64, kernel_size = (3, 3), stride = (1, 1), padding = (1, 1), bias = False)
      (bn1): BatchNorm2d(64, eps = 1e − 05, momentum = 0.1, affine = True, track_running_stats = True)
      (relu): ReLU(inplace = True)
      (conv2): Conv2d(64, 64, kernel_size = (3, 3), stride = (1, 1), padding = (1, 1), bias = False)
      (bn2): BatchNorm2d(64, eps = 1e − 05, momentum = 0.1, affine = True, track_running_stats = True)
    )
  )
  (5): Sequential(
    (0): BasicBlock(
      (conv1): Conv2d(64, 128, kernel_size = (3, 3), stride = (2, 2), padding = (1, 1), bias = False)
      (bn1): BatchNorm2d(128, eps = 1e − 05, momentum = 0.1, affine = True, track_running_stats = True)
  ...
  (8): AdaptiveAvgPool2d(output_size = (1, 1))
  (9): Flatten(start_dim = 1, end_dim = − 1)
  (10): Linear(in_features = 512, out_features = 10, bias = True)
)
```

通过设置 p.requires_grad 选择冻结 ResNet 部分的网络参数，只训练新建的网络层，从而快速、高效完成网络模型的训练。当然也可以在自定义任务上更新网络的全部参数。

```
#冻结所有待优化参数
for p in mymodel.parameters():
    p.requires_grad_(False)
#设置最后一个 fc 层参数 weight 可优化，其中 10 可以通过 print(mymodel)得到
getattr(mymodel, '10').weight.requires_grad_(True)
#查看网络的所有待优化参数
for n,p in mymodel.named_parameters():
    if p.requires_grad:
        print(n, p.shape)
```

8.6 测量工具

在网络的训练过程中，经常需要统计准确率、精度、召回率等测量指标，除了可以通过手动计算的方式获取这些统计数据外，PyTorch 提供了一些常用的测量工具，位于 torchmetrics

模块中,专门用于统计训练过程中常用的指标数据。安装命令如下。

```
pip install torchmetrics
```

测量工具的使用方法一般有 4 个主要步骤:新建测量器、写入数据、统计数据和清除状态。

8.6.1 新建测量器

在 torchmetrics 模块中,提供了较多的常用测量器类,如统计准确率的 Accuracy 类、统计余弦相似度的 CosineSimilarity 类、统计误差的 MSE 类等。下面以统计误差值为例。在前向运算时,会得到每一个 batch 的平均误差,但是希望统计每个 step 的平均误差,因此选择使用 MSE 测量器。代码如下。

```
#新建 MSE 测量器,适合 loss 数据
mse_meter = MeanSquaredError()
```

8.6.2 写入数据

通过测量器的 update 函数可以写入新的数据,测量器会根据自身逻辑记录并处理采样数据。例如,在每个 step 结束时采集一次 loss 值,代码如下。

```
#记录采样的一批数据
mse_meter.update_state(pred, target)
```

上述采样代码放置在每个 batch 运算结束后,测量器会自动根据采样的数据来统计 MSE 值。

8.6.3 统计数据

在采样多次数据后,可以选择在需要的地方调用测量器的 compute() 函数,来获取统计值。例如,间隔性统计 MSE loss 均值,代码如下。

```
#复位一次状态
mse_meter.reset()
for i in range(55):
    #循环进行记录
    mse_meter.update(torch.tensor([i,i]),
                     torch.tensor([i+1, i+1]))

#统计 MSE
print(mse_meter.compute())
```

8.6.4 清除状态

由于测量器会统计所有历史记录的数据,因此在启动新一轮统计时,有必要清除历史状态。通过 reset 即可实现清除状态功能。

8.6.5 准确率统计实战

按照测量工具的使用方法,可以利用准确率测量器 Accuracy 类来统计训练过程中的准确率。首先新建准确率测量器,代码如下。

```
# 创建准确率计量器
acc_meter = Accuracy(task = "multiclass", num_classes = 10).to(device)
```

在每次前向计算完成后,记录训练准确率数据。需要注意的是,Accuracy 类的 update_state 函数的参数为预测值和真实值,而不是当前 batch 的准确率。将当前 batch 样本的标签和预测结果写入测量器,代码如下。

```
# 更新统计记录
acc_meter.update(pred, label)
```

在统计完测试集所有 batch 的预测值后,打印统计的平均准确率,并清零测量器,代码如下。

```
# 计算准确率 1
acc = total_correct / total_num
print('final acc(handcrafted):', acc)
# 计算准确率 2
print('final acc(torchmetric):', acc_meter.compute())
```

8.7 可视化

在网络训练的过程中,通过 Web 端远程监控网络的训练进度,可视化网络的训练结果,对于提高开发效率和实现远程监控是非常重要的。TensorFlow 提供了一个专门的可视化工具,叫作 TensorBoard,它通过 TensorFlow 将监控数据写入文件系统,并利用 Web 后端监控对应的文件目录,从而可以允许用户从远程查看网络的监控数据。PyTorch 框架同样支持 TensorBoard 进行数据可视化,用法和 TensorFlow 类似。

TensorBoard 的使用需要模型代码和浏览器相互配合。在使用 TensorBoard 之前,需要安装 TensorBoard 库,安装命令如下。

```
# 安装 TensorBoardX
pip install tensorboardX
```

接下来我们分模型端和浏览器端介绍如何使用 TensorBoard 工具监控网络训练进度。

8.7.1 模型端

在模型端,需要创建写入监控数据的 SummaryWriter 类,并在需要的时候写入监控数据。首先通过 SummaryWriter 创建监控对象类实例,并指定监控数据的写入目录,代码如下。

```
# 创建监控类,监控数据将写入 runs 目录
writer = SummaryWriter('./runs')
```

以监控误差数据和可视化图片数据为例,介绍如何写入监控数据。在前向计算完成后,对于误差这种标量数据,可以通过 writer.add_scalar 函数记录监控数据,并指定时间戳 step 参数。这里的 step 参数类似于每个数据对应的时间刻度信息,也可以理解为数据曲线的 x 坐标,因此不宜重复。每类数据通过字符串名字来区分,同类的数据需要写入相同名字的数据库中。举例如下。

```
# SummaryWriter 需要一个 global_step 来作为全局的时间信息坐标
global_step += 1

# 监控 loss 值
writer.add_scalar("loss", loss, global_step)
```

TensorBoard 通过字符串 ID 来区分不同类别的监控数据,因此对于误差数据,可将它命名为"loss",其他类别的数据不可写入,防止造成数据污染。

对于图片类型的数据,可以通过 writer.add_image 函数写入监控图片数据。例如,在训练时,可以通过 writer.add_image 函数可视化样本图片。借助 torchvision.utils.make_grid 函数可以将 batch 内部多张图片拼接为一张大图,利用 writer.add_image 函数进行可视化,代码如下。

```
# 将黑白图片转化为 3 通道的彩色图片
images = x.reshape([x.shape[0], 1, 28, 28])
images = torch.tile(images, [1,3,1,1])
# 将多张图片拼成一张大图,方便可视化
img_grid = torchvision.utils.make_grid(images)
writer.add_image("train-images", img_grid, global_step)
```

运行模型程序,相应的数据将实时写入指定文件目录中。

8.7.2 浏览器端

在运行程序时,监控数据被写入指定文件目录中。如果要实时远程查看、可视化这些数据,还需要借助于浏览器和 Web 后端。首先是打开 Web 后端,通过在 cmd 终端运行 tensorboard --logdir path 指定 Web 后端监控的文件目录 path,即可打开 Web 后端监控进程,如图 8.1 所示。

```
(base) G:\PyTorch深度学习-书本\源代码\ch08-自定义网络模型\runs>tensorboard --logdir .
TensorFlow installation not found - running with reduced feature set.
Serving TensorBoard on localhost; to expose to the network, use a proxy or pass --bind_all
TensorBoard 2.8.0a20211217 at http://localhost:6006/ (Press CTRL+C to quit)
```

图 8.1 启动 Web 服务器

此时打开浏览器,并输入网址 http://localhost:6006(也可以通过 IP 地址远程访问,具体端口号可能会变动,可查看命令提示)即可监控网络训练进度。TensorBoard 可以同时显

示多条监控记录,在监控页面的左侧可以选择监控记录,如图 8.2 所示。

在监控页面的上端可以选择不同类型数据的监控页面,比如标量监控页面 SCALARS、图片可视化页面 IMAGES 等。对于这个例子,需要监控的训练误差和测试准确率为标量类型数据,它的曲线在 SCALARS 页面可以查看,如图 8.3 和图 8.4 所示。

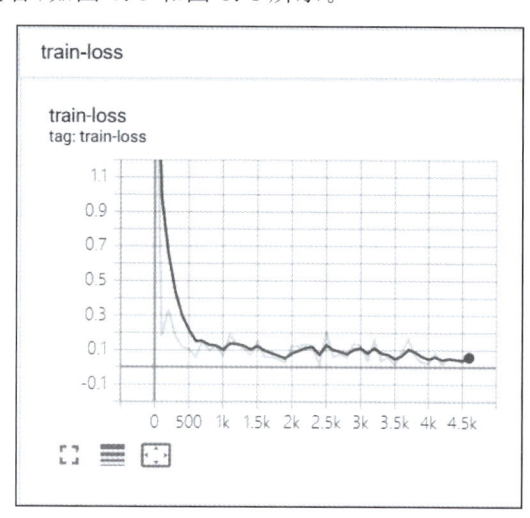

图 8.2　选择监控记录截图

图 8.3　训练误差曲线

在 IMAGES 页面,可以查看每个 step 的图片可视化效果,如图 8.5 所示。

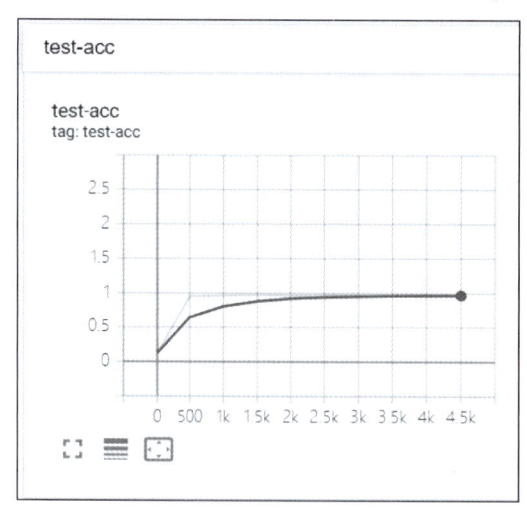

图 8.4　训练准确率曲线

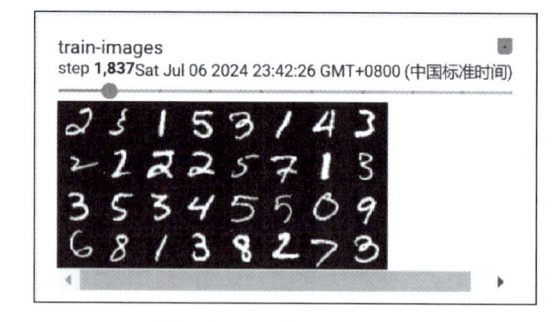

图 8.5　图片可视化效果

除了监控标量数据和图片数据外,TensorBoard 还支持通过 writer.add_histogram 查看张量数据的直方图分布,以及通过 writer.add_text 打印文本信息等功能。举例如下。

```
writer.add_text('Text','text logged at step.' + str(n_iter),n_iter)
```

在 HISTOGRAMS 页面即可查看张量的直方图,如图 8.6 所示,在 TEXT 页面可以查看文本信息，如图 8.7 所示。

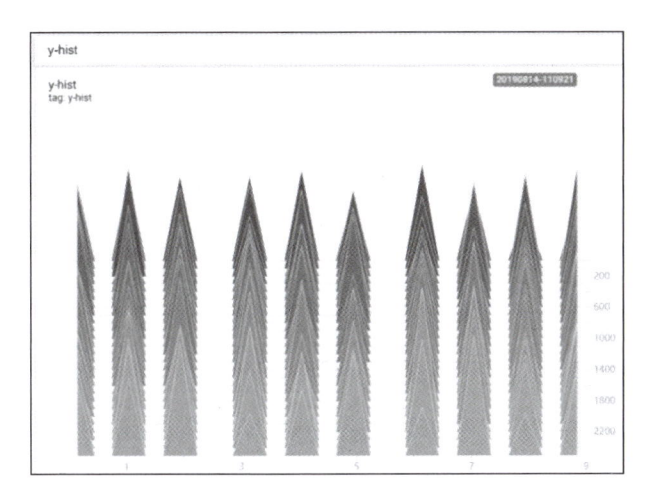

图 8.6　直方图可视化效果

图 8.7　文本显示效果

实际上，除了 TensorBoard 工具可以无缝监控 PyTorch 的模型数据外，Meta 开发的 Visdom 工具同样可以方便可视化数据，并且支持的可视化方式丰富，实时性高，使用起来较为方便。图 8.8 展示了 Visdom 数据的可视化方式。Visdom 可以直接接受 PyTorch 的张量类型的数据，但不能直接接受 TensorFlow 的张量类型数据，需要转换为 Numpy 数组。对于追求丰富可视化手段和实时性监控的读者，Visdom 可能也是一个较好的选择。

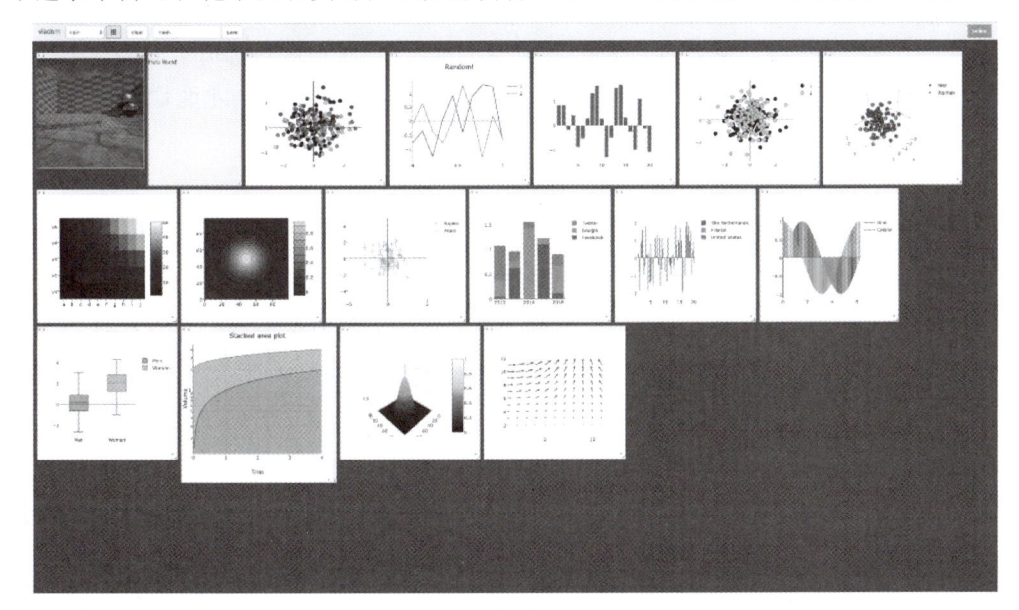

图 8.8　Visdom 监控页面

第 9 章 过 拟 合

CHAPTER 9

> 一切都应该尽可能地简单,但不能过于简单。
> ——阿尔伯特·爱因斯坦

机器学习的自动学习目标是从训练集上学习到数据的真实模型,从而能够在未见过的测试集上也能够表现良好,这种能力被称作泛化能力。通常来说,训练集和测试集都采样自某个相同的数据分布 $p(x)$。采样到的样本是相互独立的,但是又来自相同的分布,这种假设叫作独立同分布假设(Independent Identical Distribution assumption,i.i.d.)。

前面已经提到了模型的表达能力,也称为模型的容量(Capacity)。当模型的表达能力偏弱时,比如单一线性层,它只能学习到线性模型,无法良好地逼近非线性模型;但模型的表达能力过强时,它就有可能把训练集的噪声模态也学到,导致在测试集上面表现不佳的现象(泛化能力偏弱)。因此针对不同的任务,设计合适容量的模型算法才能取得较好的泛化性能。

9.1 模型的容量

通俗地讲,模型的容量或表达能力,是指模型拟合复杂函数的能力。一种体现模型容量的指标为模型的假设空间(Hypothesis Space)大小,即模型可以表示的函数集的大小。假设空间越大越完备,从假设空间中搜索出逼近真实模型的函数也就越有可能;反之,如果假设空间非常受限,就很难从中找到逼近真实模型的函数。

考虑采样自真实分布

$$p_{\text{data}} = \{(x,y) \mid y = \sin(x), x \in [-5,5]\}$$

的数据集,从真实分布中采样少量样本点构成训练集,其中包含了观测误差 ε,如图 9.1 中的小圆点。如果只搜索所有 1 次多项式的模型空间,令偏置为 0,即 $y = ax$,如图 9.1 中 1 次多项式的直线所示,则很难找到一条直线较好地逼近真实数据的分布。稍微增大假设空间,令假设空间为所有的3次多项式函数,即 $y=ax^3+bx^2+cx$,很明显此假设空间明显大于1次多项式的假设空间,可以找到一条曲线,如图9.1中3次多项式曲线所示,它比1次多项式模型更好地反映了数据的关系,但是仍然不够好。再次增大假设空间,使得可以搜索的函数为5次多项式,即 $y=ax^5+bx^4+cx^3+dx^2+ex$,在此假设空间中,可以搜索到一个较好的函数,如图9.1中5次多项式所示。再次增加假设空间后,如图9.1中7、9、11、13、15、17次多项式曲线所示,函数的假设空间越大,就越有可能找到一个函数更好地逼近真实分布的函数模型。

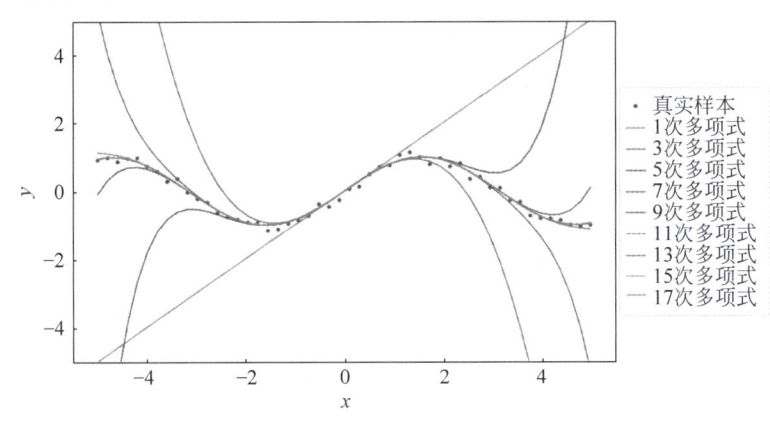

图 9.1　多项式模型容量示意图

但是过大的假设空间无疑会增加搜索难度和计算代价。实际上,在有限的计算资源的约束下,较大的假设空间并不一定能搜索出更好的函数模型。同时由于观测误差的存在,较大的假设空间中可能包含了大量表达能力过强的函数,这些函数能够将训练样本的观测误差也学习进来,从而伤害了模型的泛化能力。挑选合适容量的学习模型是一个很大的难题。

9.2　欠拟合与过拟合

由于真实数据的分布往往是未知而且复杂的,无法推断出其分布函数的类型和相关参数,因此人们在选择学习模型的容量时,往往会根据经验值选择稍大的模型容量。但模型的容量过大时,有可能出现在训练集上表现较好,但是测试集上表现较差的现象,如图9.2中竖线右边区域所示;当模型的容量过小时,有可能出现在训练集和测试集表现皆不佳的现象,如图9.2中竖线左边区域所示。

当模型的容量过大时,网络模型除了学习到训练集数据的模态之外,还把额外的观测误差也学习进来,导致学习的模型在训练集上面表现较好,但是在未见的样本上表现不佳,也就是模型泛化能力偏弱,这种现象叫作过拟合(Overfitting)。当模型的容量过小时,模型不能够很好地学习到训练集数据的模态,导致训练集上表现不佳,同时在未见的样本上表现也不佳,这种现象叫作欠拟合(Underfitting)。

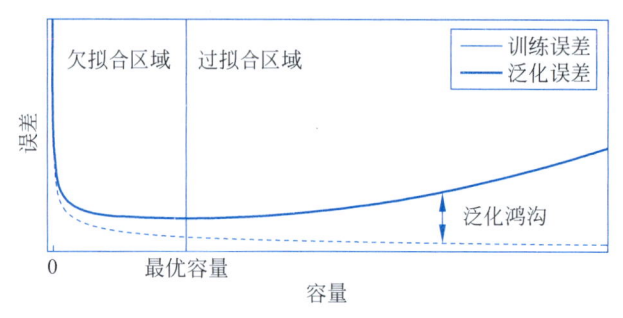

图 9.2　模型容量和误差之间的关系

这里用一个简单的例子来解释模型的容量与数据的分布之间的关系。图 9.3 绘制了某种数据的分布图,可以大致推测数据可能属于某 2 次多项式分布。如果用简单的线性函数去学习时,会发现很难学习到一个较好的函数,从而出现训练集和测试集表现都不理想的现象,如图 9.3(a)所示,这种现象叫作欠拟合。但如果用较复杂的函数模型去学习时,有可能学习到的函数会过度地"拟合"训练集样本,从而导致在测试集上表现不佳,如图 9.3(b)所示,这种现象叫做过拟合。只有学习的模型和真实模型容量大致匹配时,模型才能具有较好的泛化能力,如图 9.3(c)所示。

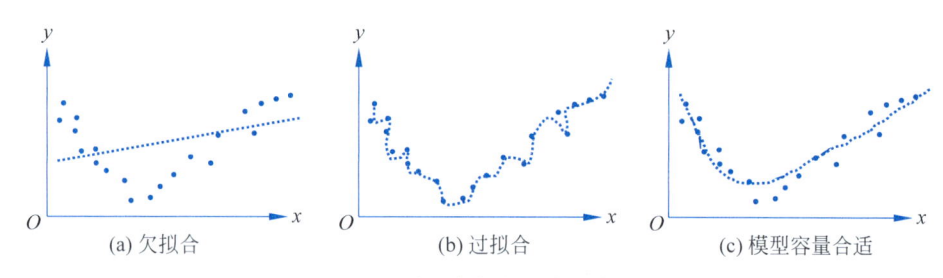

图 9.3　过拟合与欠拟合示意图

考虑数据点(x,y)的分布p_{data},其中

$$y = \sin(1.2 \cdot \pi \cdot x)$$

在采样时,添加随机高斯噪声$\mathcal{N}(0,1)$,共获得 120 个点的数据集,如图 9.4 所示,图中曲线为真实模型函数的曲线,圆形点为训练样本,矩形点为测试样本。

在已知真实模型的情况下,自然可以设计容量合适的函数假设空间,从而获得不错的学习模型,如图 9.5 所示,将模型假设为 2 次多项式模型,学习得到的函数曲线较好地逼近真实模型的函数曲线。但是在实际场景中,真实模型往往是无法得知的,因此设计的假设空间如果过小,导致无法搜索到合适的学习模型;设计的假设空间过大,导致模型泛化能力过差。

那么如何去选择模型的容量?统计学习理论提供了一些思路,其中 VC 维度(Vapnik-Chervonenkis 维度)是一个应用比较广泛的度量函数容量的方法。尽管这些方法给机器学习提供了一定程度的理论保证,但是这些方法却很少应用到深度学习中去,一部分原因是神经网络过于复杂,很难去确定网络结构背后的数学模型的 VC 维度。

图 9.4　数据集及其真实模型　　　　　　　　　图 9.5　容量合适的模型

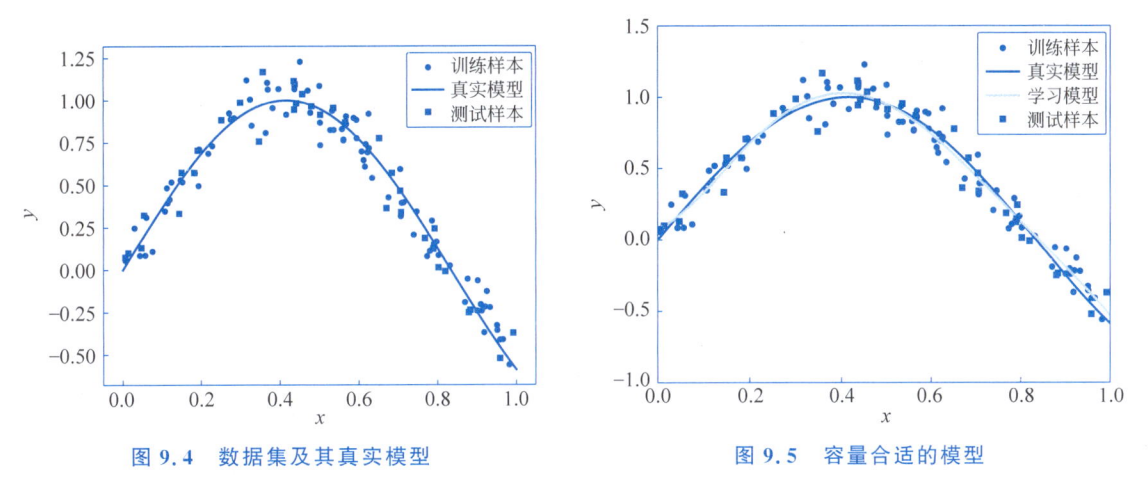

尽管统计学习理论很难给出神经网络所需要的最小容量,但是却可以根据奥卡姆剃刀原理(Occam's razor)来指导神经网络的设计和训练。奥卡姆剃刀原理是由 14 世纪逻辑学家、圣方济各会修士奥卡姆的威廉(William of Occam)提出的一个解决问题的法则,他在《箴言书注》2 卷 15 题说"切勿浪费较多东西,去做'用较少的东西,同样可以做好的事情'。"也就是说,如果两层的神经网络结构能够很好地表达真实模型,那么三层的神经网络也能够很好地表达,但是应该优先选择使用更简单的两层神经网络,因为它的参数量更少,更容易训练,也更容易通过较少的训练样本获得不错的泛化误差。

9.2.1　欠拟合

本小节来考虑欠拟合的现象。如图 9.6 所示,圆点和矩形点均独立采样自某抛物线函数的分布,在已知数据的真实模型的条件下,如果用模型容量小于真实模型的线性函数去回归这些数据,会发现很难找到一条线性函数较好地逼近训练集数据的模态,具体表现为学习到的线性模型在训练集上的误差(如均方误差)较大,同时在测试集上面的误差也较大。

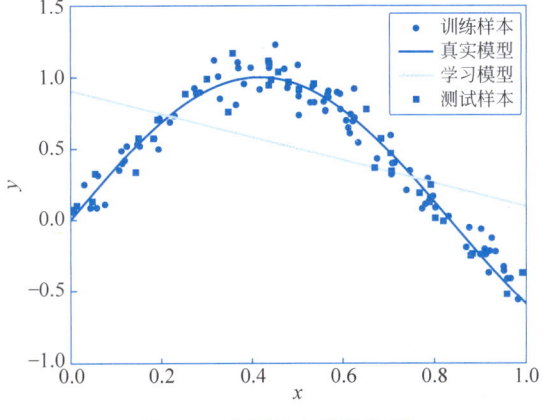

图 9.6　典型的欠拟合模型

当发现当前的模型在训练集上误差一直维持较高的状态,很难优化减少,同时在测试集上也表现不佳时,此时可以考虑是否出现了欠拟合的现象。这个时候可以通过增加神经网络的层数、增大中间维度的大小等手段,来比较好地解决欠拟合的问题。但是由于现代深度神经网络模型可以很轻易达到较深的层数,用来学习的模型的容量一般来说是足够的,在实际使用过程中,更多出现的是过拟合现象。

9.2.2 过拟合

继续来考虑同样的问题,训练集圆点和测试机矩形点均独立采样自同分布的某抛物线模型,当设置模型的假设空间为 25 次多项式时,它远大于真实模型的函数容量,这时发现学到的模型很有可能过分去拟合训练样本,导致学习模型在训练样本上的误差非常小,甚至比真实模型在训练集上的误差还要小。但是对于测试样本,模型性能急剧下降,泛化能力非常差,如图 9.7 所示。

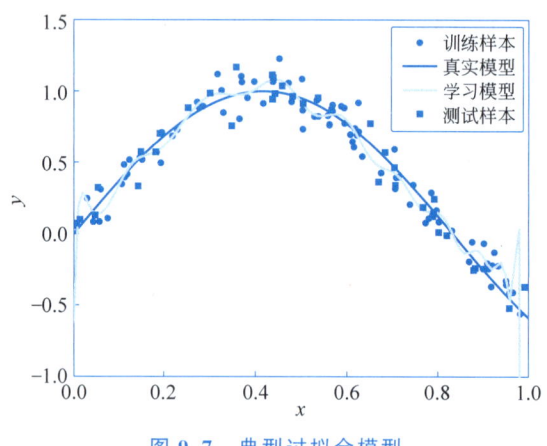

图 9.7 典型过拟合模型

现代深度神经网络中过拟合现象非常容易出现,主要是因为神经网络的表达能力非常强,训练集样本数欠缺时,很容易就出现神经网络的容量偏大的情况。那么如何有效检测并减少过拟合现象?

接下来将介绍一系列的方法,来帮助检测并抑制过拟合现象。

9.3 数据集划分

前面介绍了数据集需要划分为训练集(Train set)和测试集(Test set),但是为了挑选模型超参数和检测过拟合现象,一般需要将原来的训练集再次切分为新的训练集和验证集(Validation set),即数据集需要切分为训练集、验证集和测试集 3 个子集。此时的验证集起到了检测过拟合,挑选超参数的作用。

9.3.1 验证集与超参数

前面已经介绍了训练集和测试集的区别,训练集 D^{train} 用于训练模型参数,测试集 D^{test} 用于测试模型的泛化能力,测试集中的样本不能参与模型的训练,防止模型"记忆"住数据的特征,损害模型的泛化能力。训练集和测试集都是采样自相同的数据分布,比如 MNIST 手写数字图片集共有 7 万张样本图片,其中 6 万张图片用于训练集,余下的 1 万张图片用于测试集。训练集与测试集的分配比例可以由用户自行定义,比如 80% 的数据用于训练,剩下的 20% 用于测试。当数据集规模偏小时,为了测试集能够比较准确地测试出模型的泛化能力,可以适当增加测试集的比例。图 9.8 所示为 MNIST 手写数字图片集的划分:80% 用于训练,剩下的 20% 用于测试。

图 9.8 训练集—测试集划分示意图

但是将数据集划分为训练集与测试集是不够的,由于测试集的性能不能作为模型训练的反馈,而在模型训练时需要挑选出较合适的模型超参数,以判断模型是否过拟合等,因此需要将训练集再次切分为训练集 D^{train} 和验证集 D^{val},如图 9.9 所示。划分过的训练集与原来的训练集的功能一致,用于训练模型的参数,而验证集则用于选择模型的超参数(模型选择,Model Selection),它的功能包括如下内容。

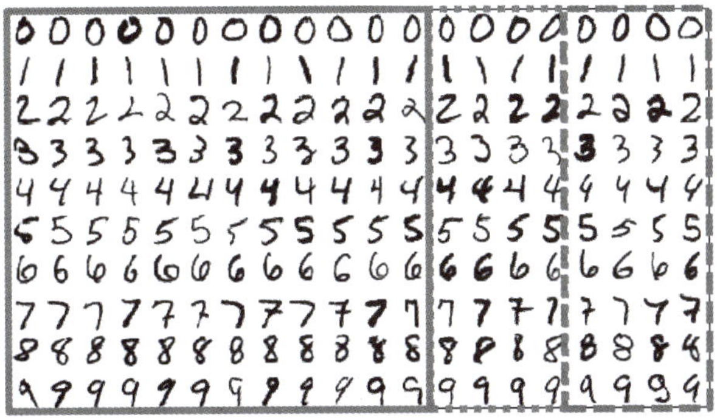

图 9.9 训练集—验证集—测试集划分

（1）根据验证集的性能表现来调整学习率、权值衰减系数、训练次数等。
（2）根据验证集的性能表现来重新调整网络拓扑结构。
（3）根据验证集的性能表现判断是否过拟合和欠拟合。

和训练集—测试集的划分类似，训练集—验证集—测试集可以按着自定义的比例来划分，比如常见的 60%—20%—20% 的划分，图 9.9 所示为 MNIST 手写数据集的划分示意图。

验证集与测试集的区别在于，算法设计人员可以根据验证集的表现来调整模型的各种超参数的设置，提升模型的泛化能力，但是测试集的表现却不能用来反馈模型的调整，否则测试集将和验证集的功能重合，因此在测试集上的性能表现将无法代表模型的泛化能力。

某些情况下，部分开发人员会错误地使用测试集来挑选最好的模型，然后将其作为模型泛化性能汇报，此时的测试集其实充当了验证集的功能，因此汇报的"泛化性能"本质上是验证集上的性能，而不是真正的泛化性能。为了防止出现这种作弊行为，可以选择随机生成多个测试集子集，这样即使开发人员使用了其中一个测试子集来挑选模型，还可以使用其他测试子集来评价模型。

9.3.2 提前停止

一般把对训练集中的一个 batch 运算更新一次叫作一个 step，对训练集的所有样本循环迭代一次叫作一个 epoch。验证集可以在数次 step 或数次 epoch 后使用，计算模型的验证性能。验证的步骤过于频繁，能够精准地观测模型的训练状况，但是也会引入额外的计算代价，一般建议几个 epoch 后进行一次验证运算。

以分类任务为例，在训练时，关注的指标有训练误差、训练准确率等，相应地，验证时也有验证误差和验证准确率等，测试时也有测试误差和测试准确率等。通过观测训练准确率和验证准确率可以大致推断模型是否出现过拟合和欠拟合。如果模型的训练误差较低，训练准确率较高，但是验证误差较高，验证准确率较低，那么可能出现了过拟合现象。如果训练集和验证集上面的误差都较高，准确率较低，那么可能出现了欠拟合现象。

当观测到过拟合现象时，可以重新设计网络模型的容量，如降低网络的层数、降低网络的参数量、添加正则化手段、添加假设空间的约束等，使得模型的实际容量降低，从而减轻或解决过拟合现象；当观测到欠拟合现象时，可以尝试增大网络的容量，如加深网络的层数、增加网络的参数量，尝试更复杂的网络结构。

实际上，由于网络的实际容量可以随着训练的进行发生改变，因此在相同的网络设定下，随着训练的进行，可能观测到不同的过拟合、欠拟合状况。如图 9.10 所示为分类问题的典型训练曲线，实线为训练准确率，虚线为测试准确率。从图中可以看到，在训练的前期，随着训练的进行，模型的训练准确率和测试准确率都呈现增大的趋势，此时并没有出现过拟合现象；在训练后

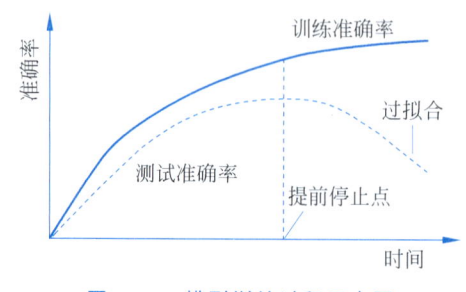

图 9.10　模型训练过程示意图

期，即使是相同网络结构下，由于模型的实际容量发生改变，观察到了过拟合的现象，具体表现为训练准确度继续改善，但是泛化能力变弱（测试准确率减低）。

这意味着，对于神经网络，即使网络结构超参数保持不变（即网络最大容量固定），模型依然可能会出现过拟合的现象，这是因为神经网络的有效容量和网络参数的状态息息相关，神经网络的有效容量可以很大，也可以通过稀疏化参数、添加正则化等手段降低有效容量。在训练的前中期，神经网络的过拟合现象还没有出现，当随着训练 Epoch 数的增加，过拟合程度越来越严重。图 9.10 中竖直虚线所处的网络状态最佳，没有出现明显的过拟合现象，网络的泛化能力最佳。

那么如何选择合适的 epoch 提前停止训练（Early Stopping），避免出现过拟合现象？可以通过观察验证指标的变化，来预测最适合的 epoch 可能的位置。具体地，对于分类问题，可以记录模型的验证准确率，并监控验证准确率的变化，当发现验证准确率连续 n 个 epoch 没有下降时，可以预测已经达到了最适合的 epoch 附近，从而提前终止训练。图 9.11 中绘制了某次具体的训练过程中，训练和验证准确率随训练 epoch 的变化曲线，可以观察到，在 epoch 为 30 左右时，模型达到最佳状态，提前终止训练。

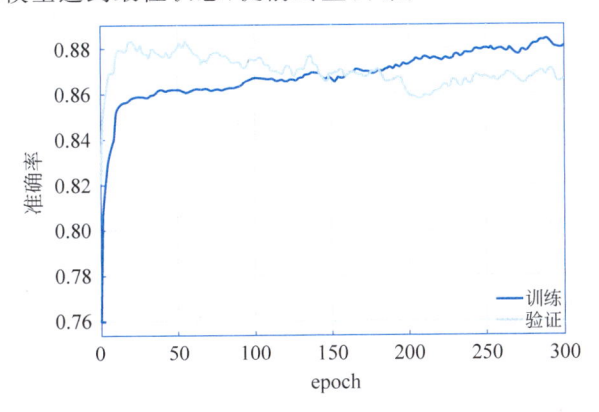

图 9.11 某实验训练曲线

算法 1 是采用提前停止的模型训练算法伪代码。

算法 1：带 Early Stopping 功能的网络训练算法

随机初始化参数 θ
repeat
 for step$=1,\ldots,N$ **do**
  随机采样 batch $\{(\boldsymbol{x},y)\} \sim \mathbb{D}^{\text{train}}$
$$\theta \leftarrow \theta - \eta \nabla_\theta \mathcal{L}(f(\boldsymbol{x}),y)$$
 end

 if 每第 n 个 epoch **do**
  测试所有 $\{(\boldsymbol{x},y)\} \sim \mathbb{D}^{\text{val}}$ 上的验证性能
  if 验证性能连续数次不提升 **do**

保存网络状态,提前停止训练
　　　　end
　　do
until 训练达到最大回合数 epoch
利用保存的网络测试 $\{(\boldsymbol{x},y)\}\sim D^{\text{test}}$ 性能
输出：网络参数 θ 与测试性能

9.4　模型设计

通过验证集可以判断网络模型是否过拟合或者欠拟合,从而为调整网络模型的容量提供判断依据。对于神经网络来说,网络的层数和参数量是网络容量很重要的参考指标,通过减少网络的层数,并减少每层中网络参数量的规模,可以有效降低网络的容量。反之,如果发现模型欠拟合,需要增大网络的容量,可以通过增加层数,增大每层的参数量等方式实现。

为了演示网络层数对网络容量的影响,这里可视化了一个分类任务的决策边界(Decision boundary)。图9.12、图9.13、图9.14 和图9.15 所示分别为在不同的网络层数下训练二分类任务的决策边界图,其中矩形块和圆形块分别代表了训练集上的2类样本,保持其他超参数一致,仅调整网络的层数,训练获得样本上的分类效果,如图中所示,可以看到,随着网络层数的加深,学习到的模型决策边界越来越逼近训练样本,出现了过拟合现象。对于此任务,2 层的神经网络即可获得不错的泛化能力,更深层数的网络并没有提升性能,反而出现过拟合现象,泛化能力变差,同时计算代价也更高。

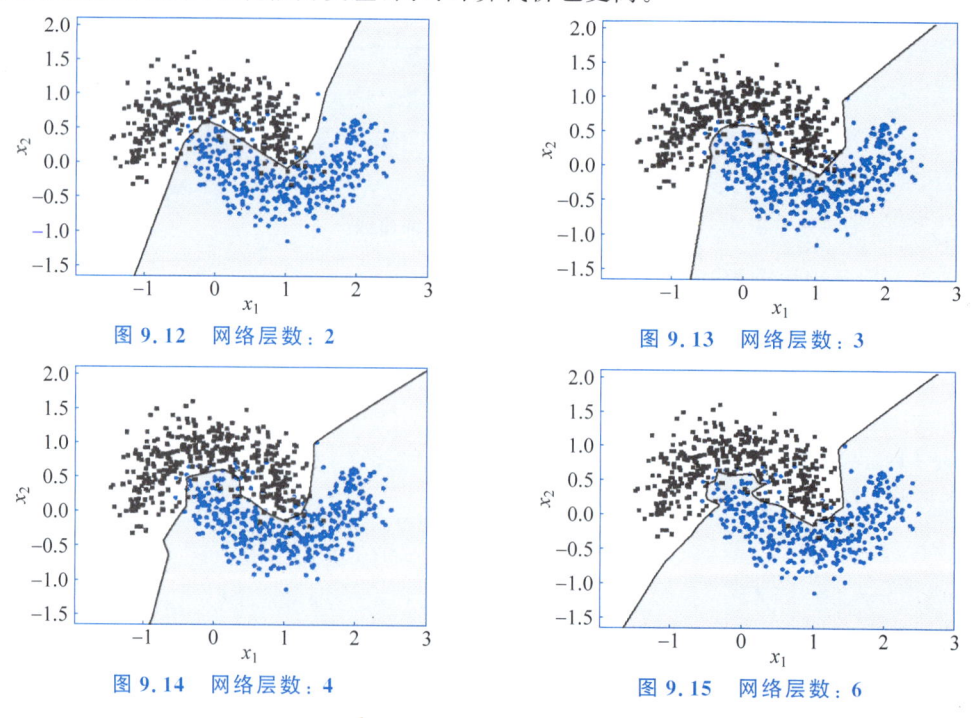

图 9.12　网络层数：2

图 9.13　网络层数：3

图 9.14　网络层数：4

图 9.15　网络层数：6

9.5 正则化

通过设计不同层数、大小的网络模型可以为优化算法提供初始的函数假设空间，但是模型的实际容量可以随着网络参数的优化更新而产生变化。以多项式函数模型为例，有

$$y = \beta_0 + \beta_1 x + \beta_2 x^2 + \beta_3 x^3 + \cdots + \beta_n x^n + \varepsilon$$

上述模型的容量可以通过 n 简单衡量。在训练的过程中，如果网络参数 $\beta_{k+1},\cdots,\beta_n$ 均为 0，那么网络的实际容量退化到 k 次多项式的函数容量。因此，通过限制网络参数的稀疏性，可以来约束网络的实际容量。

这种约束一般通过在损失函数上添加额外的参数稀疏性惩罚项实现，在未加约束之前的优化目标是

$$\min \mathcal{L}(f_{\boldsymbol{\theta}}(\boldsymbol{x}), y), (\boldsymbol{x}, y) \in \mathbb{D}^{\text{train}}$$

对模型的参数添加额外的约束后，优化的目标变为

$$\min \mathcal{L}(f_{\boldsymbol{\theta}}(\boldsymbol{x}), y) + \lambda \cdot \Omega(\boldsymbol{\theta}), (\boldsymbol{x}, y) \in \mathbb{D}^{\text{train}}$$

其中 $\Omega(\boldsymbol{\theta})$ 表示对网络参数 $\boldsymbol{\theta}$ 的稀疏性约束函数。一般地，参数 $\boldsymbol{\theta}$ 的稀疏性约束通过约束参数 $\boldsymbol{\theta}$ 的 l 范数实现，即

$$\Omega(\boldsymbol{\theta}) = \sum_{\boldsymbol{\theta}_i} \parallel \boldsymbol{\theta}_i \parallel_l$$

其中 $\parallel \boldsymbol{\theta}_i \parallel_l$ 表示参数 $\boldsymbol{\theta}_i$ 的 l 范数。

新的优化目标除了要最小化原来的损失函数 $\mathcal{L}(\boldsymbol{x}, y)$ 之外，还需要约束网络参数的稀疏性 $\Omega(\boldsymbol{\theta})$，优化算法会在降低 $\mathcal{L}(\boldsymbol{x}, y)$ 的同时，尽可能地迫使网络参数 $\boldsymbol{\theta}_i$ 变得稀疏，它们之间的权重关系通过超参数 λ 来平衡。较大的 λ 意味着网络的稀疏性更重要；较小的 λ 则意味着网络的训练误差更重要。通过选择合适的 λ 超参数，可以获得较好的训练性能，同时保证网络的稀疏性，从而获得不错的泛化能力。

常用的正则化方式有 L0、L1、L2 正则化。

9.5.1 L0 正则化

L0 正则化是指采用 L0 范数作为稀疏性惩罚项 $\Omega(\boldsymbol{\theta})$ 的正则化计算方式，即

$$\Omega(\boldsymbol{\theta}) = \sum_{\boldsymbol{\theta}_i} \parallel \boldsymbol{\theta}_i \parallel_0$$

其中 L0 范数 $\parallel \boldsymbol{\theta}_i \parallel_0$ 定义为 $\boldsymbol{\theta}_i$ 中非零元素的个数。通过约束 $\sum_{\boldsymbol{\theta}_i} \parallel \boldsymbol{\theta}_i \parallel_0$ 的大小可以迫使网络中的连接权值大部分为 0，从而降低网络的实际参数量和网络容量。但是由于 L0 范数 $\parallel \boldsymbol{\theta}_i \parallel_0$ 并不可导，不能利用梯度下降算法进行优化，在神经网络中使用的并不多。

9.5.2 L1 正则化

采用 L1 范数作为稀疏性惩罚项 $\Omega(\boldsymbol{\theta})$ 的正则化计算方式叫作 L1 正则化，即

$$\Omega(\boldsymbol{\theta}) = \sum_{\boldsymbol{\theta}_i} \|\boldsymbol{\theta}_i\|_1$$

其中 L1 范数 $\|\boldsymbol{\theta}_i\|_1$ 定义为张量 $\boldsymbol{\theta}_i$ 中所有元素的绝对值之和。L1 正则化也叫 Lasso Regularization，它是连续可导的，在神经网络中使用广泛。

L1 正则化可以实现如下。

```
import torch

# 创建网络参数 w1,w2
w1 = torch.randn([4,3])
w2 = torch.randn([4,2])
# 计算 L1 正则化项
loss_reg = torch.abs(w1).sum() + torch.abs(w2).sum()
print('l1 reg:', loss_reg)
```

9.5.3　L2 正则化

采用 L2 范数作为稀疏性惩罚项 $\Omega(\boldsymbol{\theta})$ 的正则化计算方式叫作 L2 正则化，即

$$\Omega(\boldsymbol{\theta}) = \sum_{\boldsymbol{\theta}_i} \|\boldsymbol{\theta}_i\|_2$$

其中 L2 范数 $\|\boldsymbol{\theta}_i\|_2$ 定义为张量 $\boldsymbol{\theta}_i$ 中所有元素的平方和。L2 正则化也叫 Ridge Regularization，它和 L1 正则化一样，也是连续可导的，在神经网络中使用广泛。

L2 正则化项实现如下。

```
# 创建网络参数 w1,w2
w1 = torch.randn([4,3])
w2 = torch.randn([4,2])

# 计算 L2 正则化项
loss_reg = torch.square(w1).sum() + torch.square(w2).sum()
print('l2 reg:', loss_reg)
```

9.5.4　正则化效果

继续以月牙形的二分类数据为例。在维持网络结构等其他超参数不变的条件下，在损失函数上添加 L2 正则化项，并通过改变不同的正则化超参数 λ 来获得不同程度的正则化效果。

在训练了 500 个 epoch 后，可以获得学习模型的分类决策边界，如图 9.16、图 9.17、图 9.18 和图 9.19 分别代表了正则化系数 $\lambda=0.00001$、0.001、0.1、0.13 时的分类效果。可以看到，随着正则化系数 λ 的增加，网络对参数稀疏性的惩罚变大，从而迫使优化算法搜索让网络容量更小的模型。在 $\lambda=0.00001$ 时，正则化的作用比较微弱，网络出现了过拟合现象；但是 $\lambda=0.1$ 时，网络已经能够优化到合适的容量，并没有出现明显过拟合或者欠拟合现象。

图 9.16 正则化系数：0.00001

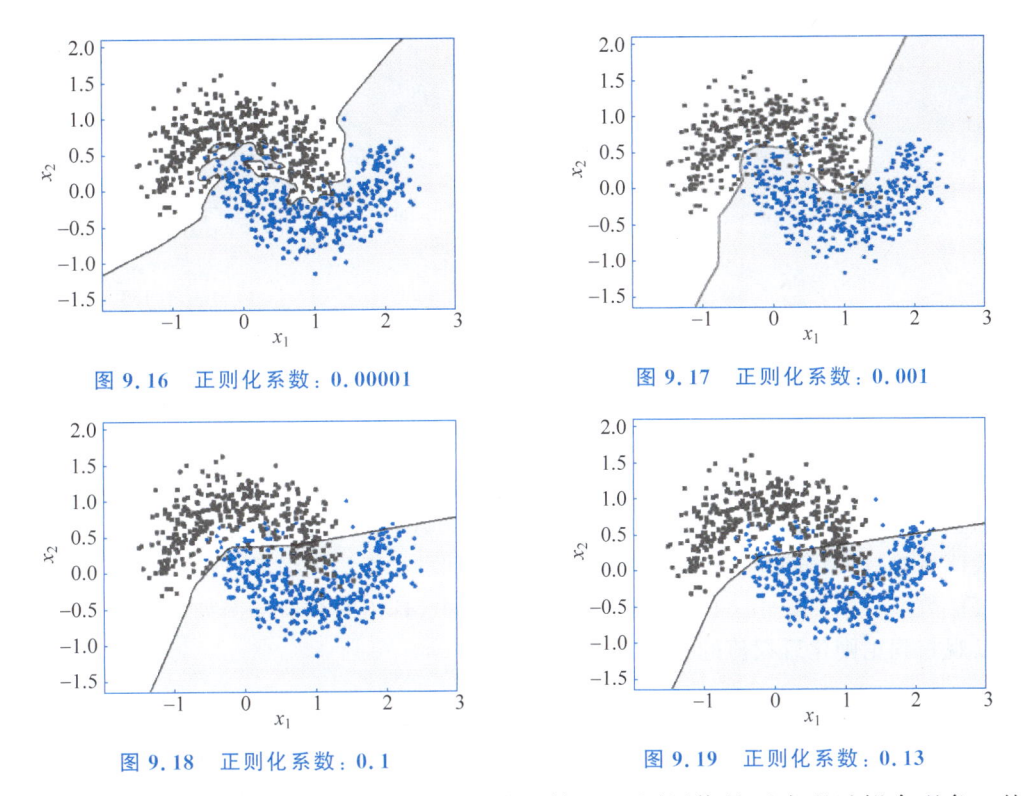

图 9.17 正则化系数：0.001

图 9.18 正则化系数：0.1

图 9.19 正则化系数：0.13

实际训练时，一般优先尝试较小的正则化系数 λ，观测网络是否出现过拟合现象。然后尝试逐渐增大 λ 参数来增加网络参数稀疏性，提高泛化能力。但是，过大的 λ 参数有可能导致网络不收敛，需要根据实际任务调节。

在不同的正则化系数 λ 下，统计网络中每个连接权值的数值范围。考虑网络的第 2 层的权值张量 $\boldsymbol{W}$，其 shape 为 $[256,256]$，即将输入长度为 256 的向量转换为 256 的输出向量。从全连接层权值连接的角度来看，$\boldsymbol{W}$ 一共包含了 256×256 根连接线的权值，将它对应到图 9.20、图 9.21、图 9.22 和图 9.23 中的 X-Y 网格中，其中 X 轴的范围为 $[0,255]$，Y 轴的范

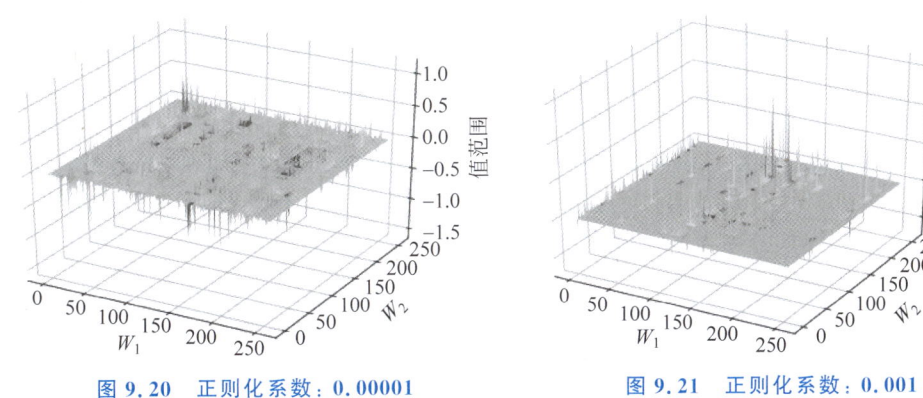

图 9.20 正则化系数：0.00001

图 9.21 正则化系数：0.001

图 9.22　正则化系数：0.1　　　　　图 9.23　正则化系数：0.13

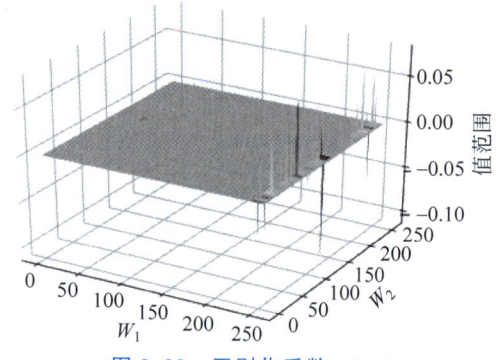

围为[0,255]，X-Y 网格的所有整数点分别代表了 shape 为[256,256]的权值张量 **W** 的每个位置，每个网格点绘制出当前连接上的权值。从图 9.20～图 9.23 中可以看到，添加了不同程度的正则化约束对网络权值的影响。在 $\lambda = 0.00001$ 时，正则化的作用比较微弱，网络中权值数值相对较大，分布在[-1.6088,1.1599]区间；在添加较强稀疏性约束 $\lambda = 0.13$ 后，网络权值数值约束在[-0.1104,0.0785]较小范围中，具体的权值范围如表 9.1 所示，同时也可以观察到正则化后权值的稀疏性变化。

表 9.1　正则化后的网络权值范围

正则化系数 λ	W 最小值	W 最大值	W 平均值
0.00001	-1.6088	1.1599	0.0026
0.001	-0.1393	0.3168	0.0003
0.1	-0.0969	0.0832	0
0.13	-0.1104	0.0785	0

9.6　Dropout

2012 年，Hinton 等在其论文 *Improving neural networks by preventing co-adaptation of feature detectors* 中使用了 Dropout 方法来提高模型性能。Dropout 通过随机断开神经网络的连接，减少每次训练时实际参与计算的模型的参数量；但是在测试时，Dropout 会恢复所有的连接，保证模型测试时获得最好的性能。

图 9.24 是全连接层网络在某次前向计算时连接状况的示意图。图 9.24(a)是标准的全连接神经网络，当前节点与前一层的所有输入节点相连。在添加了 Dropout 功能的网络层中，如图 9.24(b)所示，每条连接是否断开符合某种预设的概率分布，如断开概率为 p 的伯努利分布。图 9.24(b)中显示了某次具体的采样结果，虚线代表了采样结果为断开的连接线，实线代表了采样结果不断开的连接线。

在 PyTorch 中，可以通过 F.dropout(x,rate)函数实现某条连接的 Dropout 功能，其中 rate 参数设置断开的概率值 p。举例如下。

```
# 添加 dropout 操作
x = F.dropout(x, p = 0.5)
```

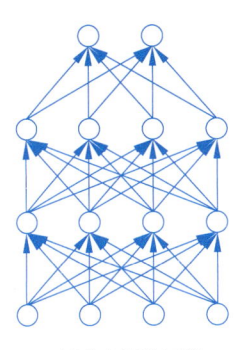

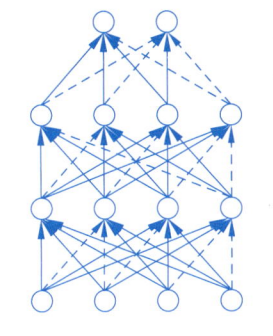

(a) 标准全连接网络　　　　(b) 带Dropout的全连接网络

图 9.24　Dropout 示意图

也可以将 Dropout 作为一个网络层使用，在网络中间插入一个 Dropout 层。举例如下。

```
# 添加 Dropout 层
layer = torch.nn.Dropout(p = 0.5)
```

为了验证 Dropout 层对网络训练的影响，在维持网络层数等超参数不变的条件下，通过在 5 层的全连接层中间隔插入不同数量的 Dropout 层来观测 Dropout 对网络训练的影响。如图 9.25、图 9.26、图 9.27 和图 9.28 所示，分布绘制了不添加 Dropout 层，添加 1、2、4 层 Dropout 层网络模型的决策边界效果。可以看到，在不添加 Dropout 层时，网络模型与之前观测的结果一样，出现了明显的过拟合现象；随着 Dropout 层的增加，网络模型训练时的实际容量减少，泛化能力变强。

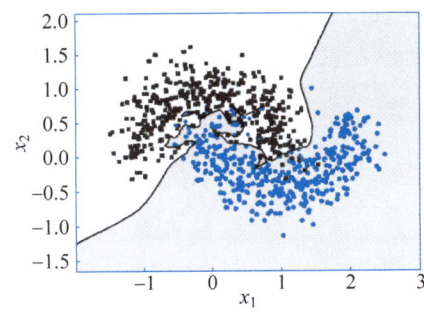

图 9.25　无 Dropout 层

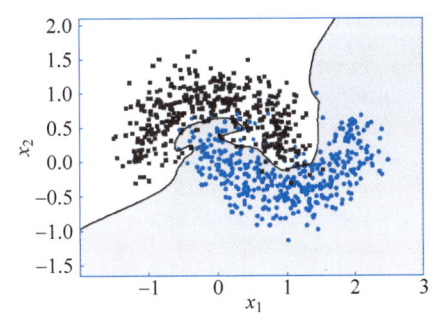

图 9.26　1 层 Dropout 层

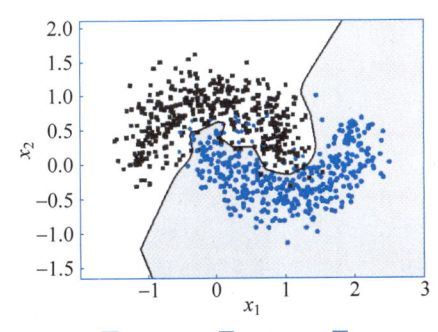

图 9.27　2 层 Dropout 层

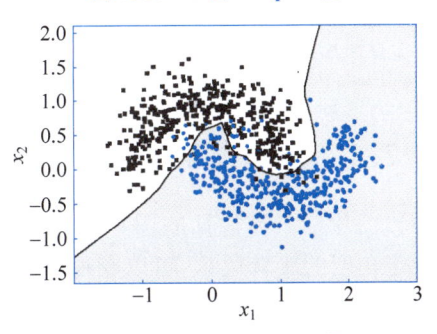

图 9.28　4 层 Dropout 层

9.7 数据增强

除了上述介绍的方式可以有效检测和抑制过拟合现象之外，增加数据集规模是解决过拟合最重要的途径之一。但是收集样本数据和标签往往是代价昂贵的，在有限的数据集上，通过数据增强技术可以增加训练的样本数量，获得一定程度上的性能提升。数据增强（Data Augmentation）是指在维持样本标签不变的条件下，根据先验知识改变样本的特征，使得新产生的样本也符合或者近似符合数据的真实分布。

以图片数据为例，来介绍怎么做数据增强。数据集中的图片大小往往是不一致的，为了方便神经网络处理，需要将图片缩放到某个固定的大小，如图 9.29 所示是缩放后的固定 224×224 大小的图片。对于图中的人物图片，旋转、缩放、平移、裁剪、改变视角、遮挡某局部区域都不会改变图片的主体类别标签，因此针对图片数据，可以有多种数据增强方式。

图 9.29 不同大小的原图缩放到固定大小

PyTorch 中提供了常用图片的处理变换函数，位于 torchvision.transforms 子模块中。通过 Resize 函数可以实现图片的缩放功能，数据增强一般实现在预处理集合 Compose 中，将图片从文件系统读取进来后，即可进行图片数据增强操作。举例如下。

```
tf = transforms.Compose([
    # 利用 PIL 库读取图片数据
    lambda x:Image.open(x).convert('RGB'),
    # 将图片缩放到 w/h 为 244/244 大小
    transforms.Resize((244,244)),
    # 转换为 pytorch 张量
    transforms.ToTensor(),
])

# 进行变换
x = tf('lenna.png')
# 保存图片
save_image(x, 'tmp/lenna_244.png')
```

9.7.1 随机旋转

旋转图片是非常常见的图片数据增强方式，通过将原图进行一定角度的旋转运算，可以获得不同角度的新图片，这些图片的标签信息维持不变，如图 9.30 所示。

通过 RandomRotation(x,(a,b)) 可以实现图片在 (a,b)

图 9.30 旋转图片

角度区间按随机旋转，举例如下。

```
# 在 -180～180 之间随机旋转
transforms.RandomRotation((-180,180)),
```

9.7.2 随机翻转

图片的翻转分为沿水平轴翻转和竖直轴翻转，分别如图 9.31、图 9.32 所示。在 PyTorch 中，可以通过 RandomHorizontalFlip 和 RandomVerticalFlip 实现图片在水平方向和竖直方向的随机翻转操作，举例如下。

```
# 随机水平翻转
transforms.RandomHorizontalFlip(p=0.5),
# # 随机竖直翻转
transforms.RandomVerticalFlip(p=0.5),
```

图 9.31　水平翻转的图片

图 9.32　竖直翻转的图片

9.7.3 随机裁剪

通过在原图的左右或者上下方向去掉部分边缘像素，可以保持图片主体不变，同时获得新的图片样本。在实际裁剪时，一般先将图片缩放到略大于网络输入尺寸的大小，再裁剪到合适大小。例如网络的输入大小为 224×224，那么可以先通过 resize 函数将图片缩放到 244×244 大小，再随机裁剪到 224×224 大小。代码实现如下。

```
# 将图片缩放到 w/h 为 244/244 的大小
transforms.Resize((244,244)),
# 随机裁剪
transforms.RandomCrop((224,224)),
```

图 9.33 是缩放到 244×244 大小的图片，图 9.34 和图 9.35 均是某次随机裁剪到 224×224 大小的例子。

图 9.33　缩放到 244×244 大小的图片

图 9.34　裁剪并缩放到 224×224 大小的图片-1

图 9.35　裁剪并缩放到 224×224 大小的图片-2

9.7.4　生成数据

通过生成模型在原有数据上进行训练,学习到真实数据的分布,从而利用生成模型获得新的样本,这种方式也可以在一定程度上提升网络性能。如通过条件生成对抗网络(Conditional GAN,CGAN)可以生成带标签的样本数据,如图 9.36 所示。

图 9.36　CGAN 生成的手写数字图片

9.7.5　其他方式

除了上述介绍的典型图片数据增强方式以外,可以根据先验知识,在不改变图片标签信息的条件下,任意变换图片数据,获得新的图片。图 9.37 演示了在原图上叠加高斯噪声后的图片数据,图 9.38 演示了通过改变图片的观察视角后获得的新图片,图 9.39 演示了在原图上随机遮挡部分区域获得的新图片。

图 9.37　叠加高斯噪声后的图片 　　　图 9.38　改变图片的观察视角后的图片 　　　图 9.39　随机遮挡部分区域后的图片

9.8　过拟合问题实战

前面大量使用了月牙形状的二分类数据集来演示网络模型在各种防止过拟合措施下的性能表现。本节实战将基于月牙形状的二分类数据集的过拟合与欠拟合模型，进行完整的实战。

9.8.1　构建数据集

使用的数据集样本特性向量长度为 2，标签为 0 或 1，分别代表了两种类别。借助于 scikit-learn 库中提供的 make_moons 工具，可以生成任意多数据的训练集。首先打开 cmd 命令终端，安装 scikit-learn 库，代码如下。

```
# pip 安装 scikit-learn 库
pip install -U scikit-learn
```

为了演示过拟合现象，只采样了 1000 个样本数据，同时添加标准差为 0.25 的高斯噪声数据。代码如下。

```
# 导入数据集生成工具
from sklearn.datasets import make_moons
# 从 moon 分布中随机采样 1000 个点，并切分为训练集 - 测试集
X, y = make_moons(n_samples = N_SAMPLES, noise = 0.25, random_state = 100)
X_train, X_test, y_train, y_test = train_test_split(X, y,
                        test_size = TEST_SIZE, random_state = 42)
```

make_plot 函数可以方便地根据样本的坐标 X 和样本的标签 y 绘制出数据的分布图，实现如下。

```
def make_plot(X, y, plot_name, file_name, XX = None, YY = None, preds = None):
    plt.figure()
    # sns.set_style("whitegrid")
    axes = plt.gca()
```

```
        axes.set_xlim([x_min, x_max])
        axes.set_ylim([y_min, y_max])
        axes.set(xlabel = " $ x_1 $ ", ylabel = " $ x_2 $ ")
    # 根据网络输出绘制预测曲面
    if(XX isnotNone and YY isnotNone and preds isnotNone):
        plt.contourf(XX, YY, preds.reshape(XX.shape), 25, alpha = 0.08,
                cmap = cm.Spectral)
        plt.contour(XX, YY, preds.reshape(XX.shape), levels = [.5], cmap = "Greys",
                vmin = 0, vmax = .6)
    # 绘制正负样本
    markers = ['o' if i == 1 else 's' for i in y.ravel()]
    mscatter(X[:, 0], X[:, 1], c = y.ravel(), s = 20,
            cmap = plt.cm.Spectral, edgecolors = 'none', m = markers)
    # 保存矢量图
    plt.savefig(OUTPUT_DIR + '/' + file_name)
```

绘制出采样的 1000 个样本分布，如图 9.40 所示，黑色方块点为一个类别，蓝色圆点为另一个类别。绘制代码如下。

```
# 绘制数据集分布
make_plot(X, y, None, "dataset.svg")
```

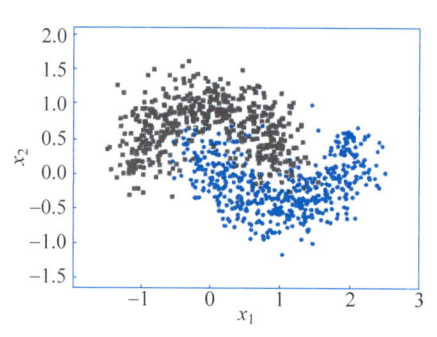

图 9.40　月牙形状二分类数据集分布

9.8.2　Pytorch lightning 库

PyTorch 作为一个通用的深度学习训练框架，提供了底层计算等基本组件，但是某些高层的训练接口并不够完善，有时借助于第三方的库可以提高开发效率。举个例子，PyTorch 并没有提供一些常见的训练接口函数，例如 fit，需要自行编写代码实现。这里介绍一个较为流行的高层训练框架 Pytorch lightning。通过命令安装，代码如下。

```
pip install lightning
```

基于 Pytorch lightning 框架开发，仅需要实现少量必要的训练函数，即可利用其内置的诸多功能来加快算法开发效率。一个较为简单的训练代码如下。

```
import pytorch_lightning as pl
```

```python
class MyPLModel(pl.LightningModule):
    def __init__(self, n_layers):
        super().__init__()

        # 创建模型,第一层
        self.model = nn.Sequential(
                    nn.Linear(2, 8), nn.ReLU(),
                    )
        for i in range(n_layers):
            # 追加中间层
            self.model.add_module(f'mid{i}', nn.Linear(8 if i == 0 else 32, 32))
            self.model.add_module(f'mid{i}a', nn.ReLU())

        # 最末层
        self.model.add_module('out', nn.Linear(32 if n_layers > 0 else 8, 1))

        # 损失函数
        self.criterion = nn.BCEWithLogitsLoss()

    def forward(self, inputs_id, labels=None):
        # 前向计算函数
        outputs = self.model(inputs_id)
        loss = 0
        if labels is not None:
            labels = labels.unsqueeze(dim=1)
            loss = self.criterion(outputs, labels)
        return loss, outputs

    def train_dataloader(self):
        # 返回训练集 dataloader
        return my_dataloader

    def training_step(self, batch, batch_idx):
        # 单步训练函数
        input_ids, labels = batch
        loss, outputs = self(input_ids, labels)
        return {"loss": loss}

    def configure_optimizers(self):
        # 创建优化器
        optimizer = optim.Adam(self.parameters())
        return optimizer
```

在训练时,不需要再实现多层 for 训练,只需要调用 Pytorch lightning 库提供的 fit 接口即可,代码如下。

```python
# 创建 LightningModule 类
model = MyPLModel(2)
print(model)
# 创建训练器,设置训练 epoch 数
```

```
trainer = pl.Trainer(max_epochs = N_EPOCHS, gpus = 1)
#开始训练
trainer.fit(model)
```

在训练时，Pytorch lightning 库提供了丰富的训练进度信息，代码如下。

```
GPU available: True, used: True
TPU available: None, using: 0 TPU cores

  | Name      | Type             | Params
-------------------------------------------------
0 | model     | Sequential       | 1.4 K
1 | criterion | BCEWithLogitsLoss | 0
-------------------------------------------------
1.4 K     Trainable params
0         Non-trainable params
1.4 K     Total params
0.006     Total estimated model params size (MB)
MyPLModel(
  (model): Sequential(
    (0): Linear(in_features = 2, out_features = 8, bias = True)
    (1): ReLU()
    (mid0): Linear(in_features = 8, out_features = 32, bias = True)
    (mid0a): ReLU()
    (mid1): Linear(in_features = 32, out_features = 32, bias = True)
    (mid1a): ReLU()
    (out): Linear(in_features = 32, out_features = 1, bias = True)
  )
  (criterion): BCEWithLogitsLoss()
)
Epoch 0:   90%|███████▋ | 717/800 [00:04<00:00, 167.23it/s, loss = 0.173, v_num = 9]
```

从上面的信息可以方便地查看训练进度和模型参数等关键信息。

9.8.3 网络层数的影响

为了探讨不同的网络深度下的过拟合程度，在此处共进行了 5 次训练实验。在 $n \in [0,4]$ 时，构建网络层数为 $n+2$ 层的全连接层网络，并通过 Adam 优化器训练 500 个 epoch，获得网络在训练集上的分隔曲线，如图 9.12～图 9.15 所示。

```
#第一层
self.model = nn.Sequential(
                nn.Linear(2, 8), nn.ReLU(),
            )
for i in range(n_layers):
    #追加中间层
    self.model.add_module(f'mid{i}', nn.Linear(8 if i == 0 else 32, 32))
    self.model.add_module(f'mid{i}a', nn.ReLU())

#最末层
self.model.add_module('out', nn.Linear(32 if n_layers > 0 else 8, 1))
```

9.8.4 Dropout 的影响

为了探讨 Dropout 层对网络训练的影响，此处也进行了 5 次实验，每次实验使用 7 层的全连接层网络进行训练，但是在全连接层中间隔插入 0～4 个 Dropout 层，并通过 Adam 优化器训练 500 个 epoch，网络训练效果如图 9.25～图 9.28 所示。

```
#第一层
self.model = nn.Sequential(
                nn.Linear(2, 8), nn.ReLU(),
                )
#固定5层
for i in range(5):
    #追加中间层
    self.model.add_module(f'mid{i}', nn.Linear(8 if i == 0 else 32, 32))
    self.model.add_module(f'mid{i}a', nn.ReLU())
    #添加 dropout 层
    self.model.add_module(f'mid{i}dp', nn.Dropout())

#最末层
self.model.add_module('out', nn.Linear(32 if n_layers > 0 else 8, 1))
```

9.8.5 正则化的影响

为了探讨正则化系数 λ 对网络模型训练的影响，此处采用 L2 正则化方式，构建了 5 层的神经网络，其中第 2、3、4 层神经网络层的权值张量 W 均添加 L2 正则化约束项，代码如下。

```
#第一层
self.model = nn.Sequential(
                nn.Linear(2, 8), nn.ReLU(),
                )
#固定3层
for i in range(3):
    #追加中间层
    self.model.add_module(f'mid{i}', nn.Linear(8 if i == 0 else 256, 256))
    self.model.add_module(f'mid{i}a', nn.ReLU())

#最末层
self.model.add_module('out', nn.Linear(256 if n_layers > 0 else 8, 1))
```

在保持网络结构不变的条件下，通过调节正则化系数 $\lambda=0.00001$、0.001、0.1、0.12、0.13 来测试网络的训练效果，并绘制出学习模型在训练集上的决策边界曲线，如图 9.16、图 9.17、图 9.18、图 9.19 所示。代码如下。

```
def configure_optimizers(self):
    #创建优化器，设置学习率，使用 L2 正则化，正则化系数为 1e-35
    optimizer = optim.Adam(self.parameters(), lr = 1e-3, weight_decay = 1e-3)
```

```
    return optimizer
```

其中绘制矩阵范围 3D 图函数 plot_weights_matrix 代码如下。

```
def plot_weights_matrix(model, layer_index, plot_name, file_name):
    #绘制权值范围函数
    #提取指定层的权值张量
    weights = model.layers[LAYER_INDEX].get_weights()[0]
    #提取最小值、最大值、均值
    min_val = round(weights.min(), 4)
    max_val = round(weights.max(), 4)
    mean_val = round(weights.mean(), 4)
    shape = weights.shape
    #生成和权值张量等大小的网格坐标
    X = np.array(range(shape[1]))
    Y = np.array(range(shape[0]))
    X, Y = np.meshgrid(X, Y)
    print(file_name, min_val, max_val, mean_val)
    #绘制 3D 图
    fig = plt.figure()
    ax = fig.gca(projection = '3d')
    ax.xaxis.set_pane_color((1.0, 1.0, 1.0, 0.0))
    ax.yaxis.set_pane_color((1.0, 1.0, 1.0, 0.0))
    ax.zaxis.set_pane_color((1.0, 1.0, 1.0, 0.0))
    #绘制权值张量范围
    surf = ax.plot_surface(X, Y, weights, cmap = plt.get_cmap('rainbow'), linewidth = 0)
    #设置坐标轴名
    ax.set_xlabel('网格 x 坐标', fontsize = 16, rotation = 0)
    ax.set_ylabel('网格 y 坐标', fontsize = 16, rotation = 0)
    ax.set_zlabel('权值', fontsize = 16, rotation = 90)
    #保存矩阵范围图
    plt.savefig("./" + OUTPUT_DIR + "/" + file_name + ".svg")
```

上述代码通过优化器内置的正则化参数来使能 L2 正则化。如果希望更底层能实现正则化的逻辑，读者可以自己进行特定参数的正则化项计算，并追加到 loss 上。例如，全部考虑 L1 正则化和 L2 正则化的损失函数实现如下。

```
l1_penalty = l1_weight * sum([p.abs().sum() for p in model.parameters()])
l2_penalty = l2_weight * sum([(p ** 2).sum() for p in model.parameters()])
loss_with_penalty = loss + l1_penalty + l2_penalty
```

第 10 章 卷积神经网络

CHAPTER 10

> 当前人工智能还未达到人类 5 岁水平，不过在感知方面进步飞快。未来在机器语音、视觉识别领域，五到十年内超越人类没有悬念。
>
> ——沈向洋

前面章节已经介绍了神经网络的基础理论、PyTorch 的使用方法以及基础的全连接层网络模型，对神经网络有了较为全面、深入的理解。但是对于深度学习这个最重要的概念，很多人尚存一丝疑惑。深度学习的"深度"到底是什么意思？从本章开始，"深度"一词的真正含义将会完美呈现。一般地，"深度"指的是网络的层数较深，例如 10 层以上，而目前所介绍的神经网络层数大都实现为 5 层之内，并不能称之为严格意义上的深度学习。

20 世纪 80 年代，基于生物神经元数学模型的多层感知机（Multi-Layer Perceptron，MLP）实现的网络模型被称为神经网络。由于当时的算力受限、数据规模较小等因素，神经网络一般只能训练到很少的层数，把这种规模的神经网络叫作浅层神经网络（Shallow Neural Network）。浅层神经网络不太容易轻松提取数据的高层特征，表达能力一般，虽然在诸如数字图片识别等简单任务上取得不错效果，但很快被 20 世纪 90 年代新提出的支持向量机所超越。

加拿大多伦多大学教授 Geoffrey Hinton 长期坚持神经网络的研究，但由于当时支持向量机的流行，神经网络相关的研究工作遇到了重重阻碍。2006 年，Geoffrey Hinton 提出了一种逐层预训练的算法，可以有效地初始化 Deep Belief Networks（DBN）网络，从而使得训练大规模和深层数（上百万的参数量）的神经网络成为可能。在文献中，Geoffrey Hinton 首次把深层的神经网络叫作 Deep Neural Network，这一方向的研究也因此称为 Deep Learning（深度学习）。由此看来，深度学习更侧重于深层次的神经网络的相关研究。深度学习的"深度"将在本章的相关网络模型上得到淋漓尽致的体现。

在学习更深层次的网络模型之前，首先来探讨这样一个问题：20 世纪 80 年代初神经网络的理论研究基本已经到位,为什么却没能充分发掘出深层网络的巨大潜力?通过对这个问题的讨论,引出本章的核心内容:卷积神经网络。这也是层数可以轻松达到上百层的一类神经网络。

10.1 全连接网络的问题

首先来分析全连接网络存在的问题。考虑一个简单的 4 层全连接层网络,输入是 28×28 打平后为 784 节点的手写数字图片向量,中间三个隐藏层的节点数都是 256,输出层的节点数是 10,如图 10.1 所示。

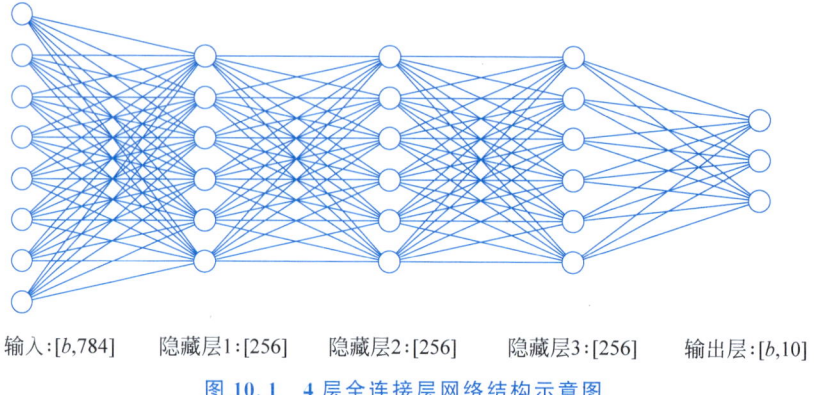

输入:[b,784]　　隐藏层1:[256]　　隐藏层2:[256]　　隐藏层3:[256]　　输出层:[b,10]

图 10.1　4 层全连接层网络结构示意图

通过 PyTorch 快速地搭建此网络模型,添加 4 个 Linear 层,并使用 Sequential 容器封装为一个网络对象,代码如下。

```
import torch
from    torch import nn

# 创建模型
model = nn.Sequential(
    nn.Linear(784, 256),
    nn.ReLU(),
    nn.Linear(256, 256),
    nn.ReLU(),
    nn.Linear(256, 256),
    nn.ReLU(),
    nn.Linear(256, 10),
)
# 统计模型参数量
params = sum(map(lambda x:x.numel(), model.parameters()))
print('#params:', params)
```

利用 sum(map(lambda x:x. numel(),model. parameters()))命令即可打印出模型每层的参数量统计结果,如表 10.1 所示。网络的参数量如何计算?对于每一条连接线的权值标量，视作一个参数，因此对输入节点数为 n，输出节点数为 m 的全连接层来说，W 张量包含的参数量共有 $n\times m$ 个，b 向量包含的参数量有 m 个，则全连接层的总参数量为 $n\times m+m$。以第一层为例，输入特征长度为 784，输出特征长度为 256，当前层的参数量为 $784\times 256+256=200960$，同样的方法可以计算第二、三、四层的参数量分别为：65792、65792、2570，总参数量约 34 万个。在计算机中，如果将单个权值保存为 float 类型的变量，至少需要占用 4 字节内存（Python 语言中 float 占用内存更多），那么 34 万个网络参数至少需要约 1.34MB 内存。也就是说，单就存储网络的参数就需要 1.34MB 内存，实际上，网络的训练过程中还需要缓存计算图模型、输入和中间计算结果、梯度张量信息等，其中梯度相关运算占用资源非常多。

表 10.1　网络参数量统计

层级	隐藏层 1	隐藏层 2	隐藏层 3	输出层
参数量	200960	65792	65792	2570

那么训练这样一个网络到底需要多少内存？可以在现代 GPU 设备上简单"模拟"一下资源消耗情况。这里进行一次前向计算，并构建计算图，代码如下。

```
# 创建输入，batch size 为 32
x = torch.randn(32, 784)
# 复制到 GPU 环境
x = x.cuda()
# 模型复制到 GPU 环境
model.cuda()
# 进行一次前向运算，并创建计算图
out = model(x)
print('out:', out.shape)
```

在 PyTorch 中，默认使用按需分配显存方式，可以通过 torch.cuda.memory_allocated 函数获取目前已分配显存大小，代码如下。

```
# 获取 GPU 0 的总显存
t = torch.cuda.get_device_properties(0).total_memory
# 获取保留显存
r = torch.cuda.memory_reserved(0)
# 获取已分配显存
a = torch.cuda.memory_allocated(0)
# 获取目前保留显存中的未分配显存
f = r-a  # free inside reserved
print('total:', t/1024/1024, 'reserv:', r/1024/1024, 'alloc:', a/1024/1024)
```

在 batch size 设置为 32 的情况下，x 训练时观察到显存占用了约 1469MB。由于现代深度学习框架设计时的硬件环境已与过去有天壤之别，这个数字仅做参考。即便如此，也可以看出 4 层的全连接层的训练代价并不小。

假如回到 20 世纪 80 年代，1.3MB 的网络参数量是什么概念呢？1989 年，Yann LeCun 在手写邮政编码识别的论文中采用了一台 256KB 内存的计算机实现了他的算法，这台计算机还配备了一块 AT&T DSP-32C 的 DSP 计算卡(浮点数算力约为 25MFLOPS)。对于 1.3MB 的网络参数,256KB 内存的计算机连网络参数都尚且装载不下,更别提网络训练了。由此可见,全连接层较高的内存占用量严重制约了神经网络朝着更大规模、更深层数的方向发展。

10.1.1 局部相关性

接下来探索如何避免全连接网络的参数量过大的缺陷。为了便于讨论,以图片类型数据为输入的场景为例。对于二维的图片数据,在进入全连接层之前,需要将矩阵数据打平成一维向量,然后每个像素点与每个输出节点两两相连,再把连接关系非常形象地对应到图片的像素位置上,如图 10.2 所示。

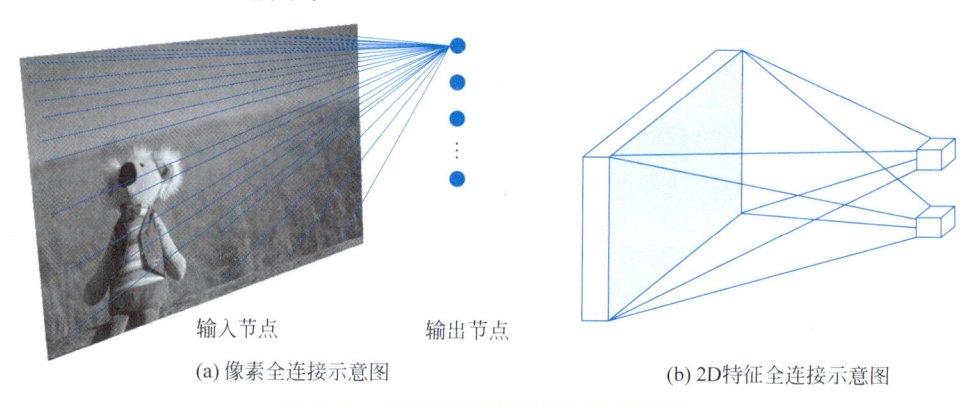

(a) 像素全连接示意图　　(b) 2D特征全连接示意图

图 10.2　像素和二维特征全连接示意图

可以看出,网络层的每个输出节点都与所有的输入节点相连接,用于提取所有输入节点的特征信息,这种稠密的连接方式是全连接层参数量大、计算代价高的根本原因。全连接层也称为稠密连接层(Dense Layer),输出与输入的关系为

$$o_j = \sigma\left(\sum_{i \in \text{nodes}(I)} w_{ij} x_i + b_j\right)$$

其中 nodes(I) 表示 I 层的节点集合。

那么,输出节点是否有必要和全部的输入节点相连接?有没有一种近似的简化模型?可以分析输入节点对输出节点的重要性分布,仅考虑较重要的一部分输入节点,而抛弃重要性较低的部分节点,这样输出节点只需要与部分输入节点相连接,表达为

$$o_j = \sigma\left(\sum_{i \in \text{top}(I,j,k)} w_{ij} x_i + b_j\right)$$

其中 top(I,j,k) 表示 I 层中对于 J 层中的 j 号节点重要性最高的前 k 个节点集合。通过这种方式,可以把全连接层的 $\|I\| \times \|J\|$ 个权值连接减少到 $k \times \|J\|$ 个,其中 $\|I\|$、$\|J\|$ 分布表示 I,J 层的节点数量。

那么问题就转变为探索 I 层输入节点对于 j 号输出节点的重要性分布。然而找出每个

中间节点的重要性分布是件非常困难的事情,可以针对具体问题,利用先验知识把这个问题进一步简化。

在现实生活中,存在着大量以位置或距离作为重要性分布衡量标准的数据,比如街坊邻居更有可能对日常生活体验的影响更大(位置相关),股票的走势预测应该更加关注近段时间的数据趋势(时间相关),图片每个像素点和周边像素点的关联度更大(位置相关)。以二维图片数据为例,如果简单地认为与当前像素欧氏距离(Euclidean Distance)小于或等于 $\frac{k}{\sqrt{2}}$ 的像素点重要性较高,欧氏距离大于 $\frac{k}{\sqrt{2}}$ 到像素点重要性较低,那么就很轻松地简化了每个像素点的重要性分布问题。如图 10.3 所示,以实心网格所在的像素为参考点,它周边欧氏距离小于或等于 $\frac{k}{\sqrt{2}}$ 的像素点以矩形网格表示,网格内的像素点重要性较高,网格外的像素点较低。这个高和宽为 k 的窗口称为感受野(Receptive Field),它表征了每个像素对于中心像素的重要性分布情况,网格内的像素才会被考虑,网格外的像素对于中心像素会被简单地忽略。

这种基于距离的重要性分布假设特性称为局部相关性,它只关注和自己距离较近的部分节点,而忽略距离较远的节点。在这种重要性分布假设下,全连接层的连接模式变成了如图 10.4 所示,输出节点 j 只与以 j 为中心的局部区域(感受野)相连接,与其他像素无连接。

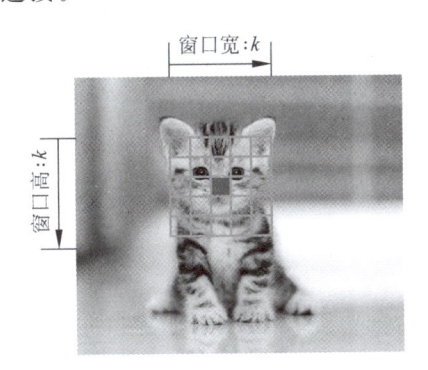

图 10.3　图片像素的重要性分布

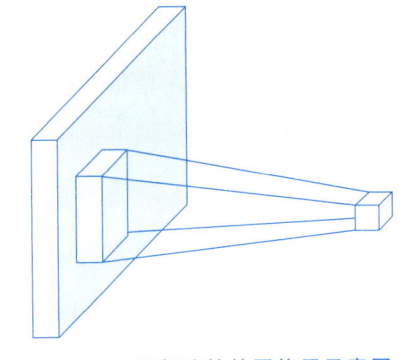

图 10.4　局部连接的网络层示意图

利用局部相关性的思想,把感受野窗口的高和宽记为 k(感受野的高、宽可以不相等,为了便于表达,这里只讨论高和宽相等的情况),当前位置的节点与大小为 k 的窗口内的所有像素相连接,与窗口外的其他像素点无关,此时网络层的输入、输出关系表达如下。

$$o_j = \sigma\left(\sum_{\text{dist}(i,j) \leqslant \frac{k}{\sqrt{2}}} w_{ij} x_i + b_j\right)$$

其中 $\text{dist}(i,j)$ 表示节点 i、j 之间的欧氏距离。

10.1.2 权值共享

每个输出节点仅与感受野区域内 $k \times k$ 个输入节点相连接，输出层节点数为 $\|J\|$，则当前层的参数量为 $k \times k \times \|J\|$，相对于全连接层的 $\|I\| \times \|J\|$，考虑到 k 一般取值较小，如 1、3、5 等，$k \times k \ll \|I\|$，因此成功地将参数量减少了很多。

能否再将参数量进一步减少，比如只需要 $k \times k$ 个参数即可完成当前层的计算？答案是肯定的，通过权值共享的思想，对于每个输出节点 o_j，均使用相同的权值张量 W，那么无论输出节点的数量 $\|J\|$ 是多少，网络层的参数量总是 $k \times k$。如图 10.5 所示，在计算左上角位置的输出像素时，使用权值张量，即

$$W = \begin{bmatrix} w_{11} & w_{12} & w_{13} \\ w_{21} & w_{22} & w_{23} \\ w_{31} & w_{32} & w_{33} \end{bmatrix}$$

图 10.5　权值共享矩阵示意图

与对应感受野内部的像素相乘累加，作为左上角像素的输出值；在计算右下方感受野区域时，共享权值参数 W，即使用相同的权值参数 W 相乘累加，得到右下角像素的输出值，此时网络层的参数量只有 $3 \times 3 = 9$ 个，且与输入、输出节点数无关。

通过运用局部相关性和权值共享的思想，可以成功把网络的参数量从 $\|I\| \times \|J\|$ 减少到 $k \times k$（准确地说，是在单输入通道、单卷积核的条件下）。这种共享权值的"局部连接层"网络其实就是卷积神经网络。接下来将从数学角度介绍卷积运算，进而正式学习卷积神经网络的原理与计算方法。

10.1.3　卷积运算

在局部相关性的先验下，简化的"局部连接层"的概念得以提出，对于窗口 $k \times k$ 内的所有像素，采用权值相乘累加的方式提取特征信息，每个输出节点提取对应感受野区域的特征信息。这种运算其实是信号处理领域的一种标准运算：离散卷积运算。离散卷积运算在计算机视觉中有着广泛的应用，这里给出卷积神经网络层从数学角度的阐述。

在信号处理领域，一维连续信号的卷积运算被定义为两个函数的积分：函数 $f(\tau)$、函数 $g(\tau)$，其中 $g(\tau)$ 经过了翻转 $g(-\tau)$ 和平移后变成 $g(n-\tau)$。卷积的"卷"是指翻转平移操作，"积"是指积分运算，一维连续卷积定义为

$$(f \otimes g)(n) = \int_{-\infty}^{\infty} f(\tau) g(n-\tau) d\tau$$

离散卷积将积分运算换成累加运算，即

第10章 卷积神经网络

$$(f \otimes g)(n) = \sum_{\tau=-\infty}^{\infty} f(\tau)g(n-\tau)$$

至于卷积为什么要这么定义，限于篇幅不做深入阐述。本节重点介绍二维离散卷积运算。在计算机视觉中，卷积运算基于二维图片函数 $f(m,n)$ 和二维卷积核 $g(m,n)$，其中 $f(i,j)$ 和 $g(i,j)$ 仅在各自窗口有效区域存在值，其他区域视为0，如图10.6所示。此时的二维离散卷积定义为

$$[f \otimes g](m,n) = \sum_{i=-\infty}^{\infty} \sum_{j=-\infty}^{\infty} f(i,j)g(m-i,n-j)$$

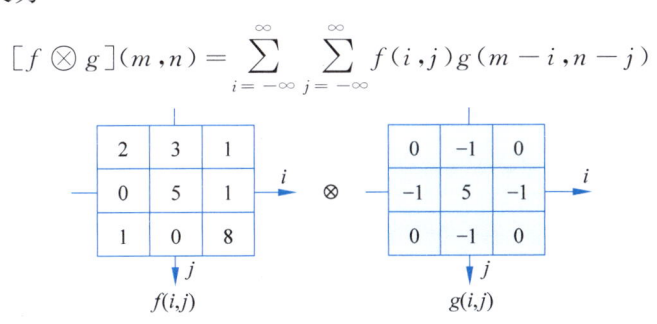

图10.6 图片函数 $f(i,j)$ 与卷积核函数 $g(i,j)$

接下来详细介绍二维离散卷积运算。首先，将卷积核 $g(i,j)$ 函数翻转（沿着 x 和 y 方向各翻转一次），变成 $g(-i,-j)$。当 $(m,n)=(-1,-1)$ 时，$g(-1-i,-1-j)$ 表示卷积核函数翻转后再向左、向上各平移一个单元，此时有

$$[f \otimes g](-1,-1) = \sum_{i=-\infty}^{\infty} \sum_{j=-\infty}^{\infty} f(i,j)g(-1-i,-1-j)$$
$$= \sum_{i \in [-1,1]} \sum_{j \in [-1,1]} f(i,j)g(-1-i,-1-j)$$

二维函数只在 $i \in [-1,1]$、$j \in [-1,1]$ 存在有效值，其他位置为0。按照计算公式，可以得到 $[f \otimes g](0,-1)=7$，如图10.7所示。

同样的方法，$(m,n)=(0,-1)$ 时，有

$$[f \otimes g](0,-1) = \sum_{i \in [-1,1]} \sum_{j \in [-1,1]} f(i,j)g(0-i,-1-j)$$

即卷积核翻转后再向上平移一个单元后对应位置相乘累加，$[f \otimes g](0,-1)=7$，如图10.8所示。

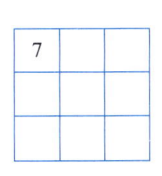

图10.7 离散卷积运算-1

图10.8 离散卷积运算-2

当 $(m,n)=(1,-1)$ 时，有

$$[f \otimes g](1,-1) = \sum_{i \in [-1,1]} \sum_{j \in [-1,1]} f(i,j)g(1-i,-1-j)$$

即卷积核翻转后再向右、向上各平移一个单元后对应位置相乘累加，$[f\otimes g](1,-1)=1$，如图 10.9 所示。

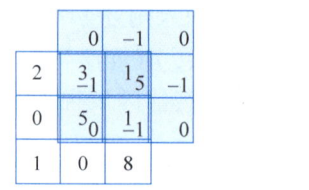

图 10.9　离散卷积运算-3

当 $(m,n)=(-1,0)$ 时，有

$$[f\otimes g](-1,0)=\sum_{i\in[-1,1]}\sum_{j\in[-1,1]}f(i,j)g(-1-i,-j)$$

即卷积核翻转后再向左平移一个单元后对应位置相乘累加，$[f\otimes g](-1,0)=1$，如图 10.10 所示。

图 10.10　离散卷积运算-4

按照此种方式循环计算，可以计算出函数 $[f\otimes g](m,m),m\in[-1,1],n\in[-1,1]$ 的所有值，如图 10.11 所示。

图 10.11　二维离散卷积运算

至此，图片函数与卷积核函数的卷积运算成功完成，得到一个新的特征图。

回顾"权值相乘累加"的运算，我们把它记为 $[f\otimes g](m,n)$：

$$[f\otimes g](m,n)=\sum_{i\in[-w/2,w/2]}\sum_{j\in[-h/2,h/2]}f(i,j)g(i-m,j-m)$$

仔细比较它与标准的二维卷积运算不难发现，在"权值相乘累加"中的卷积核函数 $g(m,n)$，并没有经过翻转。只不过对于神经网络来说，目标是学到一个函数 $g(m,n)$ 使得 $\mathcal{L}$ 越小越好，至于 $g(m,n)$ 是不是恰好就是卷积运算中定义的"卷积核"函数并不十分重要，因为在这一过程中并不会直接利用到它。在深度学习中，函数 $g(m,n)$ 统一称为卷积核（Kernel），有时也叫 Filter、Weight 等。由于始终使用 $g(m,n)$ 函数完成卷积运算，卷积运算其实已经实现了权值共享的思想。

下面来总结下二维离散卷积运算。一种方式是每次通过移动卷积核，并与图片对应位置处的感受野像素相乘累加，得到此位置的输出值。另一种方式是将卷积核即行、列为 k

大小的权值张量 W，对应到特征图上大小为 k 的窗口即为感受野，感受野与权值张量 W 相乘累加，得到此位置的输出值。通过权值共享，再从左上方逐步向右、向下移动卷积核，提取每个位置上的像素特征，直至最右下方，完成卷积运算。可以看出，两种方式殊途同归，从数学角度理解，卷积神经网络即是完成了二维函数的离散卷积运算；从局部相关与权值共享角度理解，也能得到一样的效果。通过这两种角度，我们既能直观理解卷积神经网络的计算流程，又能严谨地从数学角度进行推导。正是基于卷积运算，卷积神经网络才能如此命名。

在计算机视觉领域，二维卷积运算能够提取数据的有用特征，通过特定的卷积核与输入图片进行卷积运算，获得不同特征的输出图片。如表 10.2 所示，列举了一些常见的卷积核及其效果样片。

表 10.2 常见卷积核及其效果

原图效果	锐化效果	模糊效果	边缘提取效果
$\begin{bmatrix} 0 & 0 & 0 \\ 0 & 1 & 0 \\ 0 & 0 & 0 \end{bmatrix}$	$\begin{bmatrix} 0 & -1 & 0 \\ -1 & 5 & -1 \\ 0 & -1 & 0 \end{bmatrix}$	$\begin{bmatrix} 0.0625 & 0.125 & 0.0625 \\ 0.125 & 0.25 & 0.125 \\ 0.0625 & 0.125 & 0.0625 \end{bmatrix}$	$\begin{bmatrix} -1 & -1 & -1 \\ -1 & 8 & -1 \\ -1 & -1 & -1 \end{bmatrix}$

10.2 卷积神经网络

卷积神经网络通过充分利用局部相关性和权值共享的思想，大大地减少了网络的参数量，从而提高训练效率，更容易实现超大规模的深层网络。2012 年，加拿大多伦多大学 Alex Krizhevsky 将深层卷积神经网络应用在大规模图片识别挑战赛 ILSVRC-2012 上，在 ImageNet 数据集上取得了 15.3% 的 Top-5 错误率，排名第一，相对于第二名在 Top-5 错误率上降低了 10.9%，这一巨大突破引起了业界强烈关注，卷积神经网络迅速成为计算机视觉领域的新宠，随后在一系列任务中，基于卷积神经网络的形形色色的模型相继被提出，并在原有的性能上取得了巨大提升。

现在介绍卷积神经网络层的具体计算流程。以二维图片数据为例，卷积层接受高和宽分别为 h 和 w，通道数为 c_{in} 的输入特征图 X，在 c_{out} 个高和宽都为 k，通道数为 c_{in} 的卷积核作用下，生成高和宽分别为 h' 和 w'，通道数为 c_{out} 的特征图输出。需要注意的是，卷积核的高和宽可以不等，为了简化讨论，这里仅讨论高和宽都为 k 的情况，之后可以轻松推广到高和宽不等的情况。

首先从单通道输入、单卷积核的情况开始讨论,然后推广至多通道输入、单卷积核,最后讨论最常用,也是最复杂的多通道输入、多卷积核的卷积层实现。

10.2.1　单通道输入和单卷积核

首先讨论单通道输入 $c_{in}=1$,如灰度图片只有灰度值一个通道,单个卷积核 $c_{out}=1$ 的情况。以输入 $\boldsymbol{X}$ 为 5×5 的矩阵,卷积核为 3×3 的矩阵为例,如图 10.12 所示。与卷积核同大小的感受野(输入 $\boldsymbol{X}$ 上方的粗线方框)首先移动至输入 $\boldsymbol{X}$ 最左上方,选中输入 $\boldsymbol{X}$ 上 3×3 的感受野元素,与卷积核(图片中间 3×3 方框)对应元素相乘,即

$$\begin{bmatrix} 1 & -1 & 0 \\ -1 & -2 & 2 \\ 1 & 2 & -2 \end{bmatrix} \odot \begin{bmatrix} -1 & 1 & 2 \\ 1 & -1 & 3 \\ 0 & -1 & -2 \end{bmatrix} = \begin{bmatrix} -1 & -1 & 0 \\ -1 & 2 & 6 \\ 0 & -2 & 4 \end{bmatrix}$$

⊙符号表示哈达马积(Hadamard Product),即矩阵的对应元素相乘,它与矩阵相乘符号@是矩阵的二种最为常见的运算形式。运算后得到 3×3 的矩阵,这 9 个数值全部相加:

$$-1-1+0-1+2+6+0-2+4=7$$

得到标量 7,写入输出矩阵第一行、第一列的位置,如图 10.12 所示。

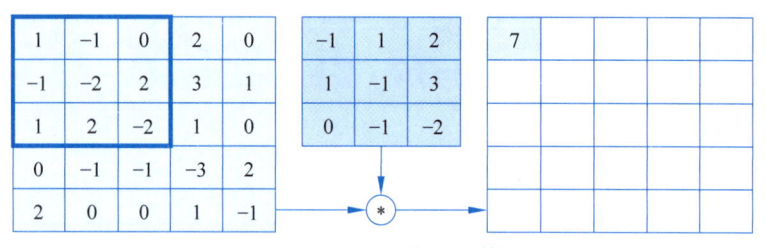

图 10.12　3×3 卷积运算-1

完成第一个感受野区域的特征提取后,感受野窗口向右移动一个步长单位(Strides,记为 s,默认为 1),选中图 10.13 中粗线方框中的 9 个感受野元素,按照同样的计算方法,与卷积核对应元素相乘累加,得到输出 10,写入第一行、第二列位置。

图 10.13　3×3 卷积运算-2

感受野窗口再次向右移动一个步长单位,选中图 10.14 中粗线方框中的元素,并与卷积核相乘累加,得到输出 3,并写入输出的第一行、第三列位置,如图 10.14 所示。

此时感受野已经移动至输入 $\boldsymbol{X}$ 的有效像素的最右边,无法向右边继续移动(在不填充无效元素的情况下),因此感受野窗口向下移动一个步长单位($s=1$),并回到当前行的行首

图 10.14 3×3 卷积运算-3

位置,继续选中新的感受野元素区域,如图 10.15 所示,与卷积核运算得到输出 −1。此时的感受野由于经过向下移动一个步长单位,因此输出值 −1 写入第二行、第一列位置。

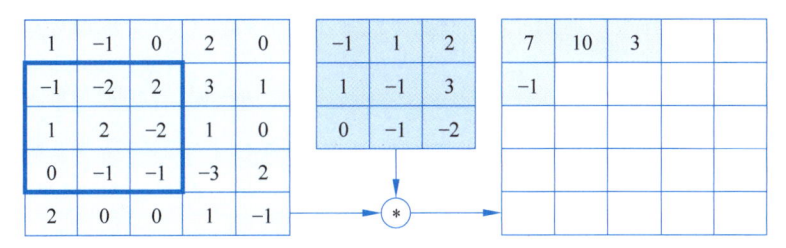

图 10.15 3×3 卷积运算-4

按照上述方法,每次感受野向右移动 $s=1$ 个步长单位,若超出输入边界,则向下移动 $s=1$ 个步长单位,并回到行首,直到感受野移动至最右边、最下方位置,如图 10.16 所示。每次选中的感受野区域元素,和卷积核对应元素相乘累加,并写入输出的对应位置。最终输出得到一个 3×3 的矩阵,比输入 5×5 略小,这是因为感受野不能超出元素边界。可以观察到,卷积运算的输出矩阵大小由卷积核的大小 k,输入 X 的高和宽(h 和 w),移动步长 s,是否填充等因素共同决定。这里为了演示计算过程,预绘制了一个与输入等大小的网格,并不表示输出高宽为 5×5,这里的实际输出高宽只有 3×3。

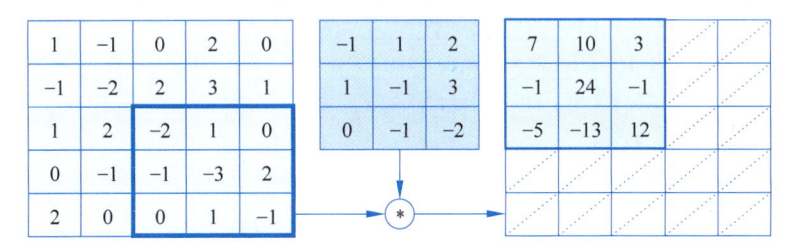

图 10.16 3×3 卷积运算-5

前面已经介绍了单通道输入、单个卷积核的运算流程。实际的神经网络输入通道数量往往较多,接下来将介绍多通道输入、单个卷积核的卷积运算方法。

10.2.2 多通道输入和单卷积核

多通道输入的卷积层更为常见,比如彩色的图片包含了 R、G、B 三个通道,每个通道上面的像素值表示 R、G、B 色彩的强度。下面以三通道输入、单个卷积核为例,展示将单通道输入的卷积运算方法推广到多通道的情况。如图 10.17 所示,每行的最左边 5×5 的矩阵表示输入 X 的 1~3 通道,第 2 列的 3×3 矩阵分别表示卷积核的 1~3 通道,第 3 列的矩阵表示当前通道上运算结果的中间矩阵,最右边一个矩阵表示卷积层运算的最终输出。

在多通道输入的情况下,卷积核的通道数需要和输入 X 的通道数量相匹配,卷积核的第 i 个通道和 X 的第 i 个通道运算,得到第 i 个中间矩阵,此时可以视为单通道输入与单卷积核的情况,所有通道的中间矩阵对应元素再次相加,作为最终输出。

具体的计算流程如下:在初始状态,如图 10.17 所示,每个通道上面的感受野窗口同步落在对应通道上的最左边、最上方位置,每个通道上感受野区域元素与卷积核对应通道上的矩阵相乘累加,分别得到三个通道上面的输出 7、-11、-1 的中间变量,这些中间变量相加得到输出-5,写入对应位置。

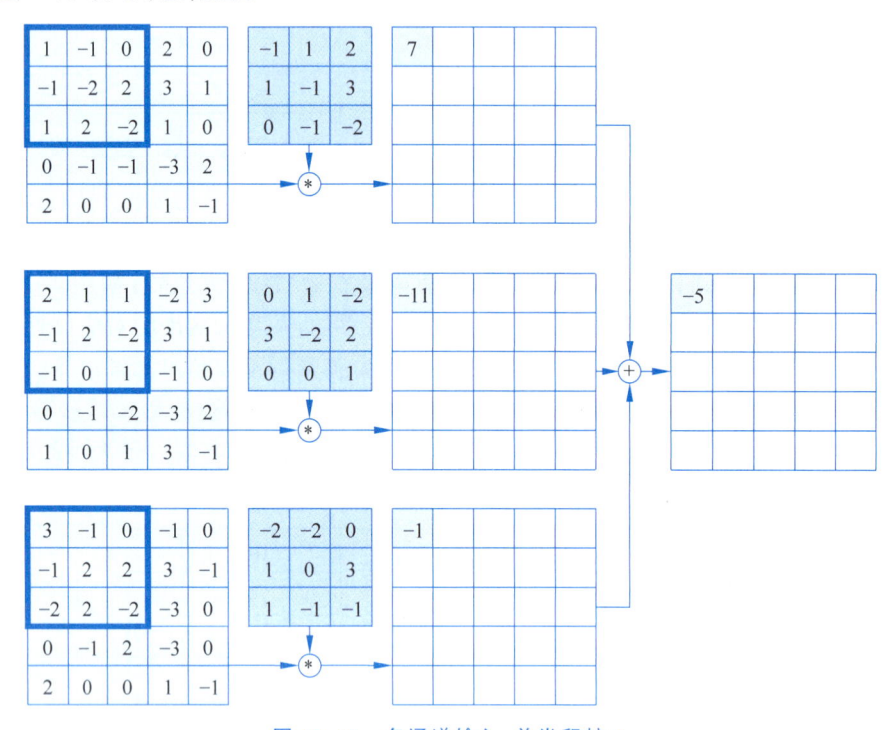

图 10.17　多通道输入、单卷积核-1

随后,感受野窗口同步在 X 的每个通道上向右移动 $s=1$ 个步长单位,此时感受野区域元素如图 10.18 所示,每个通道上面的感受野与卷积核对应通道上面的矩阵相乘累加,得到中间变量 10、20、20,全部相加得到输出 50,写入第一行、第二列元素位置。

以此方式同步移动感受野窗口,直至最右边、最下方位置,此时全部完成输入和卷积核的卷积运算,得到 3×3 的输出矩阵,如图 10.19 所示。

整个的计算示意图如图 10.20 所示,输入的每个通道处的感受野均与卷积核的对应通道相乘累加,得到与通道数量相等的中间变量,这些中间变量全部相加即得到当前位置的输

图 10.18　多通道输入、单卷积核-2

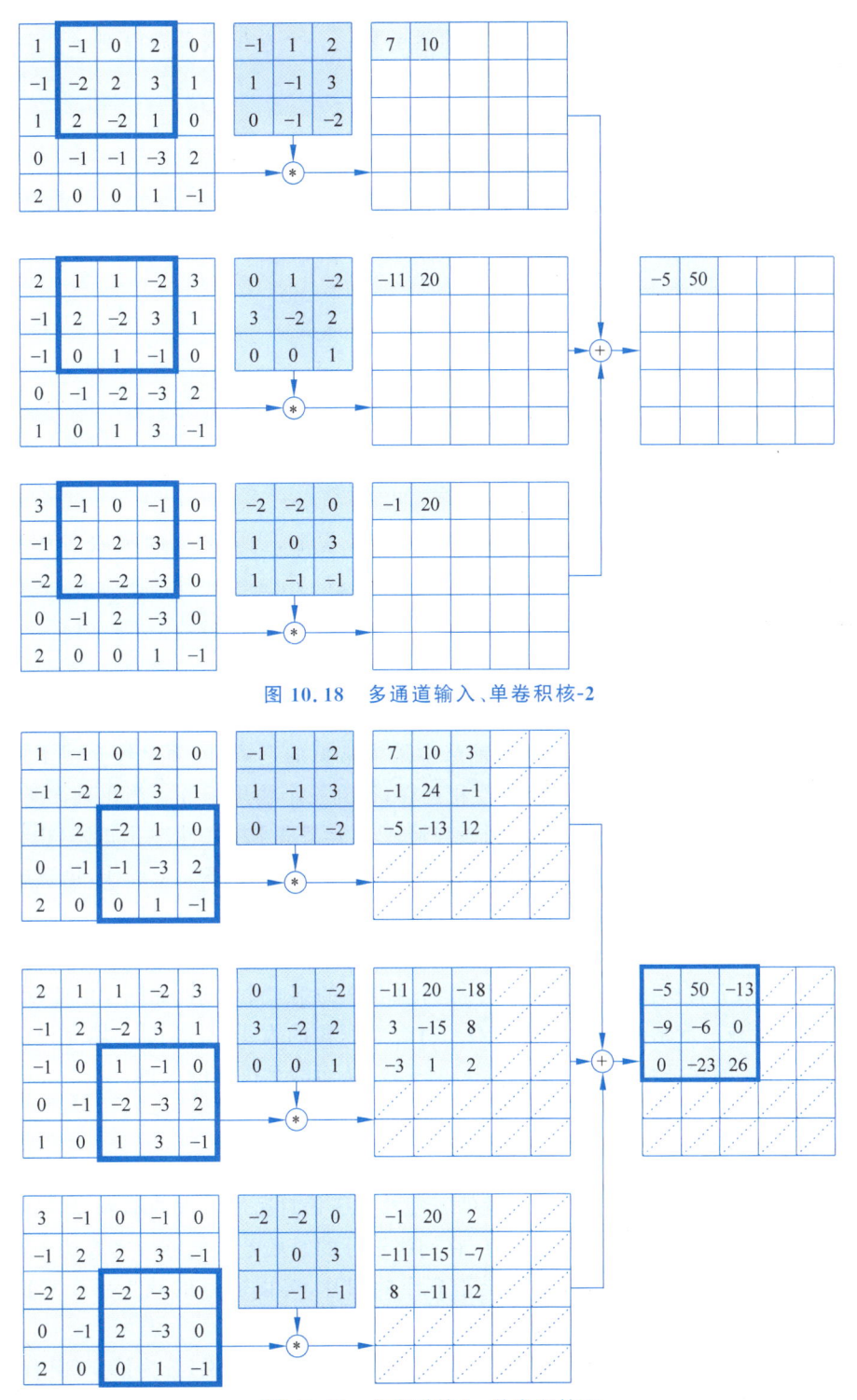

图 10.19　多通道输入、单卷积核-3

出值。输入通道的通道数量决定了卷积核的通道数。一个卷积核只能得到一个输出矩阵,与输入 X 的通道数量无关。

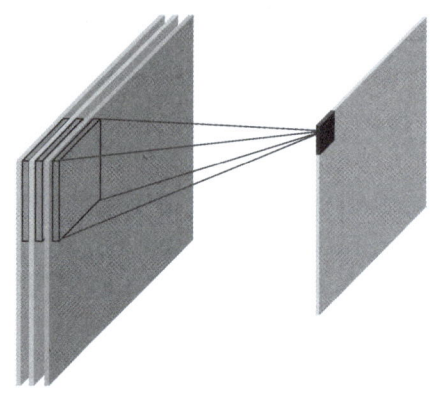

图 10.20　多通道输入、单卷积核示意图

一般来说,一个卷积核只能完成某种逻辑的特征提取,当需要同时提取多种逻辑特征时,可以通过增加多个卷积核来得到多种特征,从而提高神经网络的表达能力,这就是多通道输入、多卷积核的情况。

10.2.3　多通道输入和多卷积核

多通道输入和多卷积核是卷积神经网络中最为常见的形式,前面已经介绍了单卷积核的运算过程,每个卷积核和输入 X 进行卷积运算,得到一个输出矩阵。当出现多卷积核时,第 i($i \in [1,n]$,n 为卷积核个数)个卷积核与输入 X 运算得到第 i 个输出矩阵(也称为输出张量 O 的通道 i),最后全部的输出矩阵在通道维度上进行拼接(Stack 操作,创建输出通道数的新维度),产生输出张量 O,O 包含了 n 个通道数。

以三通道输入、两个卷积核的卷积层为例。第一个卷积核与输入 X 运算得到输出 O 的第一个通道,第二个卷积核与输入 X 运算得到输出 O 的第二个通道,如图 10.21 所示,输出的两个通道拼接在一起形成了最终输出 O。每个卷积核的大小 k、步长 s、填充设定等都是统一设置,这样才能保证输出的每个通道大小一致,从而满足拼接的条件。

10.2.4　步长

在卷积运算中,如何控制感受野布置的密度?对于信息密度较大的输入,如物体数量很多的图片,为了尽可能少地漏掉有用信息,在网络设计的时候希望能够较密集地布置感受野窗口;对于信息密度较小的输入,比如全是海洋的图片,可以适量的减少感受野窗口的数量。感受野密度的控制手段一般是通过移动步长(Strides)实现的。

步长是指感受野窗口每次移动的长度单位,对于二维输入来说,分为沿 x(向右)方向和 y(向下)方向的移动长度。为了简化讨论,这里只考虑 x/y 方向移动步长相同的情况,这也

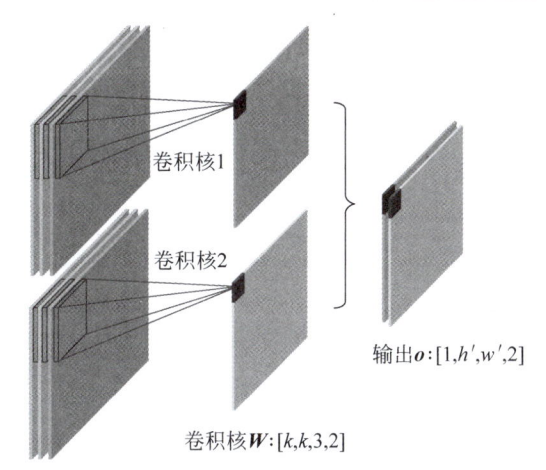

图 10.21 多卷积核示意图

是神经网络中最常见的设定。如图 10.22 所示,实线框代表的感受野窗口的位置是当前位置,虚线框代表的是上一次感受野所在位置,从上一次位置移动到当前位置的移动长度即是步长的定义。图 10.22 中感受野沿 x 方向的步长为 2,表达为步长 $s=2$。

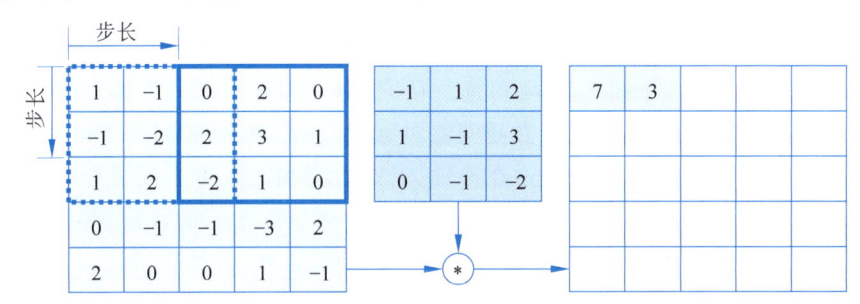

图 10.22 移动步长示意图

当感受野移动至输入 X 右边的边界时,感受野向下移动一个步长 $s=2$,并回到行首。如图 10.23 所示,感受野向下移动 2 个单位,并回到行首位置,进行相乘累加运算。

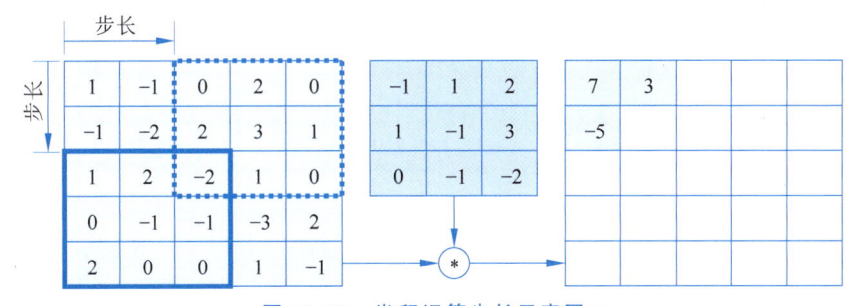

图 10.23 卷积运算步长示意图-1

循环往复移动,直至达到最下方、最右边边缘位置,如图 10.24 所示,最终卷积层输出的高和宽只有 2×2。对比前面 $s=1$ 的情形,输出高和宽由 3×3 降低为 2×2,感受野的数量减少为仅 4 个。

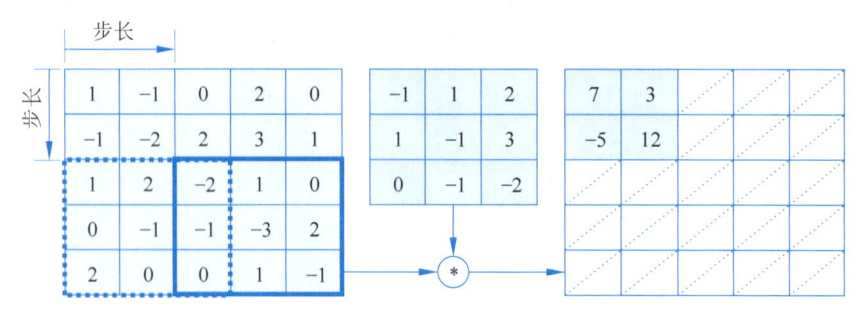

图 10.24　卷积运算步长示意图-2

可以看到,通过设定步长 s,可以有效地控制信息密度的提取。当步长设计的较小时,感受野以较小幅度移动窗口,有利于提取到更多的特征信息,输出张量的尺寸也更大;当步长设计的较大时,感受野以较大幅度移动窗口,有利于减少计算代价,过滤冗余信息,输出张量的尺寸也更小。

10.2.5　填充

经过卷积运算后的输出 O 的高和宽一般会小于输入 X 的高和宽,即使是步长 $s=1$ 时,输出 O 的高和宽也会略小于输入 X 高和宽。在网络模型设计时,有时希望输出 O 的高和宽能够与输入 X 的高和宽相同,从而方便网络参数的设计、残差连接等。为了让输出 O 的高和宽能够与输入 X 的相等,一般通过在原输入 X 的高和宽维度上面进行填充(Padding)若干无效元素操作,得到增大的输入 X'。通过精心设计填充单元的数量,在 X' 上面进行卷积运算得到输出 O 的高和宽可以和原输入 X 相等,甚至更大。

如图 10.25 所示,在高/行方向的上(Top)、下(Bottom)方向,宽/列方向的左(Left)、右(Right)均可以进行不定数量的填充操作,填充的数值一般默认为 0,也可以填充自定义的数据。图 10.25 中上、下方向各填充 1 行,左、右方向各填充 2 列,得到新的输入 X'。

图 10.25　矩阵填充示意图

那么添加填充后的卷积层怎么运算呢？同样的方法，仅仅是把参与运算的输入从 X 换成了填充后得到的新张量 X'。如图 10.26 所示，感受野的初始位置在填充后的 X' 的左上方，完成相乘累加运算，得到输出 1，写入输出张量的对应位置。

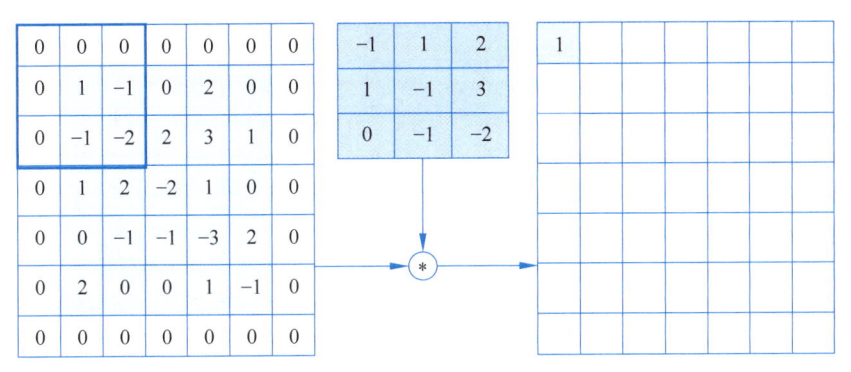

图 10.26 填充后卷积运算-1

移动步长 $s=1$ 个单位，重复运算逻辑，得到输出 0，如图 10.27 所示。

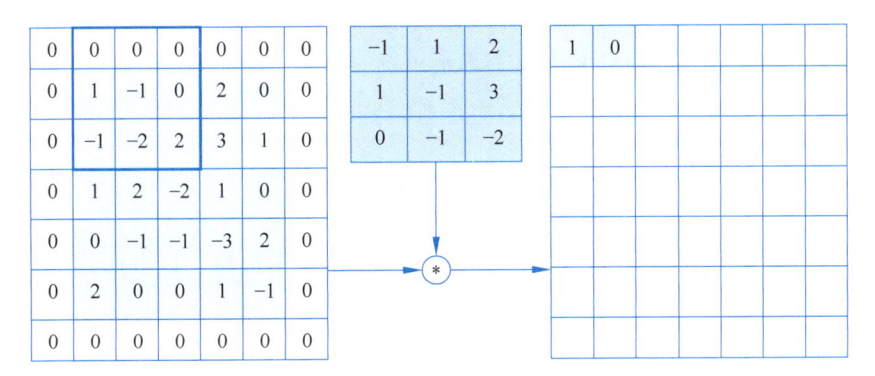

图 10.27 填充后卷积运算-2

循环往复，最终得到 5×5 的输出张量，如图 10.28 所示。

图 10.28 填充后卷积运算-3

通过精心设计的 Padding 方案，即上、下、左、右各填充一个单位，记为 $p=1$，可以得到输出 O 和输入 X 的高和宽相等的结果；在不加 Padding 的情况下，如图 10.29 所示，只能得到 3×3 的输出 O，略小于输入 X。

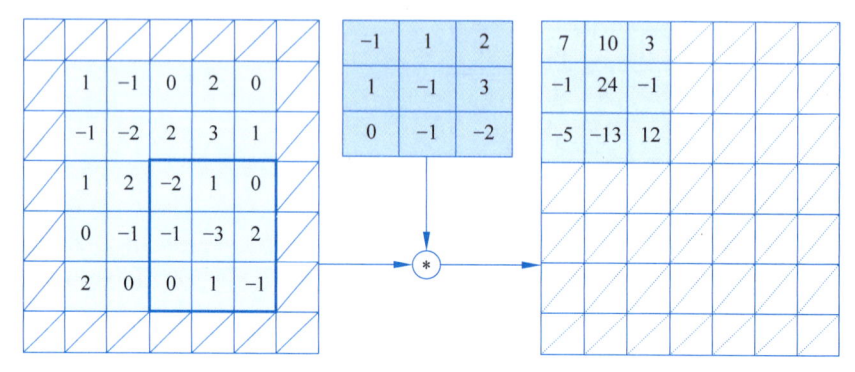

图 10.29　不填充时卷积运算输出大小

卷积神经层的输出尺寸 $[b,h',w',c_{out}]$ 由卷积核的数量 c_{out}，卷积核的大小 k、步长 s、填充数 p（只考虑上、下填充数量 p_h 相同，左、右填充数量 p_w 相同的情况）以及输入 X 的高和宽 h 和 w 共同决定，它们之间的数学关系可以表达为

$$h'=\lfloor \frac{h+2\times p_h-k}{s} \rfloor+1$$

$$w'=\lfloor \frac{w+2\times p_w-k}{s} \rfloor+1$$

其中 p_h、p_w 分别表示高、宽方向的填充数量，$\lfloor \cdot \rfloor$ 表示向下取整。以上面的例子为例，$h=w=5$，$k=3$，$p_h=p_w=1$，$s=1$，输出的高和宽分别为

$$h'=\lfloor \frac{5+2\times 1-3}{1} \rfloor+1=\lfloor 4 \rfloor+1=5$$

$$w'=\lfloor \frac{5+2\times 1-3}{1} \rfloor+1=\lfloor 4 \rfloor+1=5$$

10.3　卷积层实现

在 PyTorch 中，既可以通过自定义权值的底层实现方式搭建神经网络，也可以直接调用现成的卷积层类的高层方式快速搭建复杂网络。下面主要以二维卷积为例，介绍如何实现卷积神经网络层。

10.3.1　自定义权值

在 PyTorch 中，通过 F.conv2d 函数可以方便地实现二维卷积运算。F.conv2d 基于输入 X：$[b,c_{in},h,w]$ 和卷积核 W：$[c_{out},c_{in},k,k]$ 进行卷积运算，得到输出 O：$[b,c_{out},h',$

w'],其中 c_{in} 表示输入通道数,c_{out} 表示卷积核的数量,也是输出特征图的通道数。举例如下。

```
In [1]:
from torch.nn import functional as F

#模拟输入,3通道,高和宽均为5
x = torch.randn([2, 3, 5, 5])
#需要根据[cout, cin, k, k]格式创建W张量,4个3x3大小卷积核
w = torch.randn([4, 3, 3, 3])
#步长为1,padding为0,
out = F.conv2d(x, w, bias = None, stride = 1, padding = (0,0))
print('out:', out.shape)
Out[1]:
#输出张量的shape
out: torch.Size([2, 4, 3, 3])
```

其中 padding 参数的设置格式为

padding = [padding_H, padding_W]

此外,padding 参数还可以设定为"valid",表示无 padding。例如,上、下、左、右各填充一个单位,则 padding 参数设置为[1,1],实现如下。

```
In [2]:
#模拟输入,3通道,高和宽均为5
x = torch.randn([2, 3, 5, 5])
#需要根据[cout, cin, k, k]格式创建W张量,4个3x3大小卷积核
w = torch.randn([4, 3, 3, 3])
#步长为1,padding为1,
out = F.conv2d(x, w, bias = None, stride = 1, padding = (1,1))
print('out:', out.shape)
Out[2]:
#输出张量的shape
out: torch.Size([2, 4, 5, 5])
```

特别地,通过设置参数 padding='same'、stride=1 可以直接得到输入、输出大小相同的卷积层,其中 padding 的具体数量由 PyTorch 自动计算并完成填充操作。举例如下。

```
In [3]:
#模拟输入,3通道,高和宽均为5
x = torch.randn([2, 3, 5, 5])
#需要根据[cout, cin, k, k]格式创建W张量,4个3x3大小卷积核
w = torch.randn([4, 3, 3, 3])
#步长为1,padding为0,
out = F.conv2d(x, w, bias = None, stride = 1, padding = 'same')
print('out:', out.shape)
Out[3]:
out: torch.Size([2, 4, 5, 5])
```

卷积神经网络层与全连接层一样,可以设置网络带偏置向量。F.conv2d 函数可以通过

设置 bias 参数实现,添加偏置只需要手动累加偏置张量即可。举例如下。

```
In [4]:
# 根据[cout, 1, 1]格式创建偏置向量(张量)
b = torch.zeros([4, 1, 1])
# 在卷积输出上叠加偏置向量,它会自动 broadcasting 为[b,cout,h',w']
out = out + b
```

10.3.2　卷积层类

通过卷积层类 nn.Conv2d 可以不需要手动定义卷积核 W 和偏置 b 张量,直接调用类实例即可完成卷积层的前向计算,实现更加高效。在 PyTorch 中,API 的命名有一定的规律,首字母大写的对象一般表示类,全部小写的一般表示函数,如 nn.Conv2d 表示卷积层类,F.conv2d 表示卷积运算函数。使用类方式会在创建类实例时自动创建需要的权值张量和偏置向量等,用户不需要记忆卷积核张量的定义格式,因此使用起来更简单方便,但是灵活性也略低。函数方式的接口需要自行定义权值和偏置等,更加底层和灵活。

在新建卷积层类时,只需要指定输入通道数 in_channels、卷积核数量(或输出通道数) out_channels、卷积核大小 kernel_size、步长 stride、填充 padding 等即可。如下代码创建了 4 个 3×3 大小的卷积核的卷积层,输入通道数为 3,步长为 1,padding 方案为 'same'。

```
layer = nn.Conv2d(3, 4, kernel_size = 3, stride = 1, padding = 'same')
```

如果卷积核高和宽不等,步长行列方向不等,此时需要将 kernel_size 参数设计为 tuple 格式 (k_h, k_w),strides 参数设计为 (s_h, s_w)。如下代码创建 4 个 3×4 大小的卷积核,竖直方向移动步长 $s_h = 2$,水平方向移动步长 $s_w = 1$。

```
layer = nn.Conv2d(3, 4, kernel_size = (3, 4), stride = (2, 1), padding = 'valid')
```

创建完成后,通过调用实例(的 forward 方法)即可完成前向计算,例如:

```
In [5]:
# 创建卷积层类
layer = nn.Conv2d(3, 4, kernel_size = 3, stride = 1, padding = 'same')
# 前向计算
out = layer(x)
print('out:', out.shape)
Out[5]:
out: torch.Size([2, 4, 5, 5])
```

在类 Conv2d 中,保存了卷积核张量 W 和偏置 b,可以通过类成员 named_parameters 函数或 parameters 函数直接返回 W 和 b 的列表。举例如下。

```
In [6]:
# 返回所有待优化张量列表
for name,p in layer.named_parameters():
    print(name, p.shape)
Out[6]:
```

```
weight torch.Size([4, 3, 3, 3])
bias torch.Size([4])
```

通过调用 parameters 可以返回类 Conv2d 维护的 W 和 b 张量,这个类成员在获取网络层的待优化变量时非常有用。也可以直接调用类实例 layer.weight、layer.bias 访问 W 和 b 张量。

10.4 LeNet-5 实战

20 世纪 90 年代,Yann LeCun 等提出了用于手写数字和机器打印字符图片识别的神经网络,被命名为 LeNet-5。LeNet-5 的提出,使得卷积神经网络在当时能够成功被商用,广泛应用在邮政编码、支票号码识别等任务中。图 10.30 所示为 LeNet-5 的网络结构,它接受 32×32 大小的数字、字符图片,经过第一个卷积层得到 $[b,28,28,6]$ 形状的张量,经过一个向下采样层,张量尺寸缩小到 $[b,14,14,6]$,经过第二个卷积层,得到 $[b,10,10,16]$ 形状的张量,同样经过下采样层,张量尺寸缩小到 $[b,5,5,16]$,在进入全连接层之前,先将张量打成 $[b,400]$ 的张量,送入输出节点数分别为 120、84 的 2 个全连接层,得到 $[b,84]$ 的张量,最后通过 Gaussian connections 层。

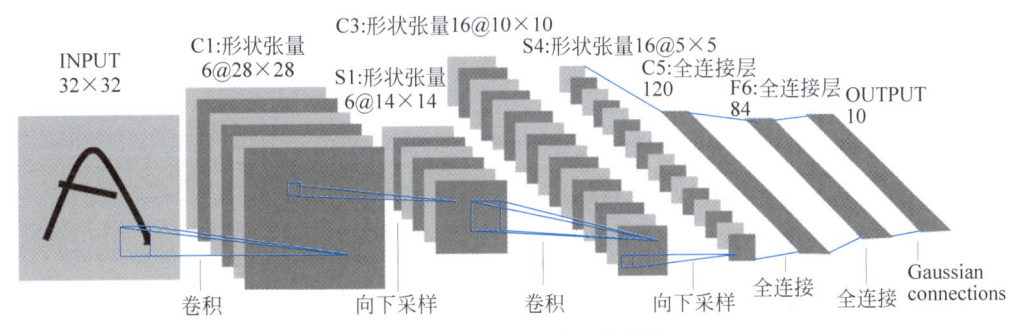

图 10.30 LeNet-5 的网络结构

现在看来,LeNet-5 网络层数较少(2 个卷积层和 2 个全连接层),参数量较少,计算代价较低,尤其在现代 GPU 的加持下,数分钟时间内即可训练好 LeNet-5 网络。

本章在 LeNet-5 的基础上进行了少许调整,使得它更容易在现代深度学习框架上实现。首先将输入 X 形状由 32×32 调整为 28×28,然后将 2 个下采样层实现为最大池化层(用于降低特征图的高和宽,后续会介绍),最后利用全连接层替换掉 Gaussian connections 层。下文统一称修改的网络也为 LeNet-5 网络。手写数字图片识别模型结构如图 10.31 所示。

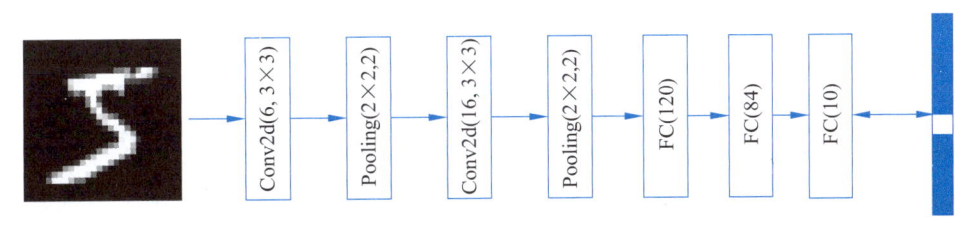

图 10.31 手写数字图片识别模型结构

基于 MNIST 手写数字图片数据集训练 LeNet-5 网络，并测试其最终准确度。前面已经介绍了如何在 PyTorch 中加载 MNIST 数据集，此处不再赘述。

首先通过 Sequential 容器创建 LeNet-5，代码如下。

```python
import     torch
from       torch import    nn
from       torch.nn import functional as F
from       torch.utils.data import DataLoader
from       torchvision import datasets
from       torchvision import transforms
from       torch import nn, optim

class LeNet5(nn.Module):

    def __init__(self):
        super(LeNet5, self).__init__()
        #网络容器
        self.model = nn.Sequential(
            #第一个卷积层，6 个 3×3 卷积核
            nn.Conv2d(1, 6, kernel_size = 3, stride = 1),
            #高和宽各减半的池化层
            nn.MaxPool2d(kernel_size = 2, stride = 2),
            nn.ReLU(),                                     #激活函数
            #第二个卷积层，16 个 3×3 卷积核
            nn.Conv2d(6, 16, kernel_size = 3, stride = 1),
            #高和宽各减半的池化层
            nn.MaxPool2d(kernel_size = 2, stride = 2),
            nn.ReLU(),                                     #激活函数
            #打平层，方便全连接层输入
            nn.Flatten(),

            nn.Linear(160, 120),                           #全连接层,120 个节点
            nn.ReLU(),
            nn.Linear(120, 84),                            #全连接层,84 个节点
            nn.ReLU(),
            nn.Linear(84, 10),                             #全连接层,10 个节点
        )

    def forward(self, x):
        #前进计算过程
        x = self.model(x)

        return x
```

统计出网络结构信息和每层参数量详情，如表 10.3 所示，可以与全连接网络的参数量表 10.1 进行比较。

表 10.3　网络参数量统计

网络层	卷积层 1	卷积层 2	全连接层 1	全连接层 2	全连接层 3
参数量	60	880	48120	10164	850

可以看到，卷积层的参数量非常少，主要的参数量集中在全连接层。由于卷积层将输入特征维度降低很多，从而使得全连接层的参数量不至于过大，整个模型的参数量约 60KB，而表 10.1 中的全连接网络参数量达到了 34 万个，因此通过卷积神经网络可以显著降低网络参数量，同时增加网络深度。

在训练阶段，首先将数据集中 shape 为 $[b,1,28,28]$ 的 X 张量，送入模型进行前向计算，得到输出张量 output，shape 为 $[b,10]$。损失函数也能使用类方式，因此可以创建交叉熵损失函数类用于处理分类任务，默认已经将 softmax 激活函数实现在损失函数中，不需要手动添加激活函数，提升数值计算的稳定性。代码如下。

```
def main():
    # 设置批大小
    batchsz = 32
    # 在线下载 MNIST 数据集，并保存到 mnist_data 文件夹
    train_db = datasets.MNIST('mnist_data', True, transform = transforms.Compose([
        transforms.Resize((28, 28)),
        transforms.ToTensor()
    ]), download = True)
    train_loader = DataLoader(train_db, batch_size = batchsz, shuffle = True)

    val_db = datasets.MNIST('mnist_data', False, transform = transforms.Compose([
        transforms.Resize((28, 28)),
        transforms.ToTensor()
    ]), download = True)
    val_loader = DataLoader(val_db, batch_size = batchsz, shuffle = False)

    # 加载一个 batch，并查看数据
    x, label = iter(train_loader).next()
    print('x:', x.shape, 'label:', label.shape)

    # 创建网络模型
    device = torch.device('cuda')
    model = LeNet5().to(device)
    print(model)                                    # 打印模型结构
    # 创建 loss 函数
    criteon = nn.CrossEntropyLoss().to(device)
    # 创建优化器，学习率 lr = 0.0001
    optimizer = optim.Adam(model.parameters(), lr = 1e - 4)
```

训练部分实现如下。

```
    # 训练 100 个 epoch
    for epoch in range(100):
        # 模型切换到 train 模式
        model.train()
        for step, (x, label) in enumerate(train_loader):
            # x 张量:[b, 1, 32, 32]
            # label 张量:[b]
            x, label = x.to(device), label.to(device)
```

```python
# 前向传播
logits = model(x)
# logits: [b, 10]
# label:  [b]
# 计算损失值，标量
loss = criteon(logits, label)
```

获得损失值后，通过 optimizer.zero_grad() 函数清空每个张量的梯度信息，再通过 loss.backward() 函数来计算损失函数 loss 对网络参数 parameters 之间的梯度，并通过 optimizer.step() 函数自动更新网络权值参数。代码如下。

```python
# 清零梯度，反向传播，并更新梯度
optimizer.zero_grad()
loss.backward()
optimizer.step()

# 打印 loss 值
print(epoch, 'loss:', loss.item())
```

重复上述步骤若干次后即可逐步优化模型。

在验证或测试阶段，由于不需要记录梯度信息，推理代码一般需要写在 torch.no_grad 环境中。前向计算得到的输出经过 softmax 函数后，代表了网络预测当前图片输入 x 属于类别 i 的概率 $P(x$ 标签是 $i|x), i \in [0,9]$。通过 argmax 函数选取概率最大的元素所在的索引，作为当前 x 的预测类别，与真实标注 y 比较，通过计算比较结果中间 True 的数量并求和来统计预测正确的样本的个数，最后除以总样本的个数，得出网络的测试准确度。代码如下。

```python
# 切换到测试模式
model.eval()
# 构建无梯度环境
with torch.no_grad():
    total_correct = 0                                    # 统计正确样本数量
    total_num = 0                                        # 统计总样本数量
    for x, label in val_loader:
        x, label = x.to(device), label.to(device)
        # 前向计算,获得 10 类别的预测分布,[b,1,28,28] => [b, 10]
        logits = model(x)
        # 标准的流程需要先经过 softmax,再经过 argmax
        # 但是由于 softmax 不改变元素的大小相对关系,故可省去
        pred = logits.argmax(dim=1)
        # 统计预测正确数量
        correct = torch.eq(pred, label).float().sum().item()
        total_correct += correct
        # 统计预测样本总数
        total_num += x.size(0)
    # 计算准确率
    acc = total_correct / total_num
    print(epoch, 'acc:', acc)

if __name__ == '__main__':
    main()
```

在数据集上面循环训练 30 个 epoch 后，网络的训练准确度达到了 98.1%，测试准确度也达到了 97.6%。对于非常简单的手写数字图片识别任务，古老的 LeNet-5 网络已经可以取得不错的效果，但是对于稍复杂一点的任务，比如彩色动物图片识别，LeNet-5 性能就会急剧下降。

10.5 表示学习

前面已经介绍完卷积神经网络层的工作原理与实现方法，复杂的卷积神经网络模型也是基于卷积层的堆叠构成的。在过去的一段时间内，研究人员发现网络层数越深，模型的表达能力越强，也就越有可能取得更好的性能。那么到底层层堆叠的卷积网络的什么特征，使得层数越深，网络的表达能力越强？

2014 年，Matthew D. Zeiler 等尝试利用可视化的方法去理解卷积神经网络到底学到了什么。通过将每层的特征图利用"反卷积"网络（Deconvolutional Network）映射回输入图片，即可查看学到的特征分布，如图 10.32 所示。可以观察到，第二层的特征对应到边、角、

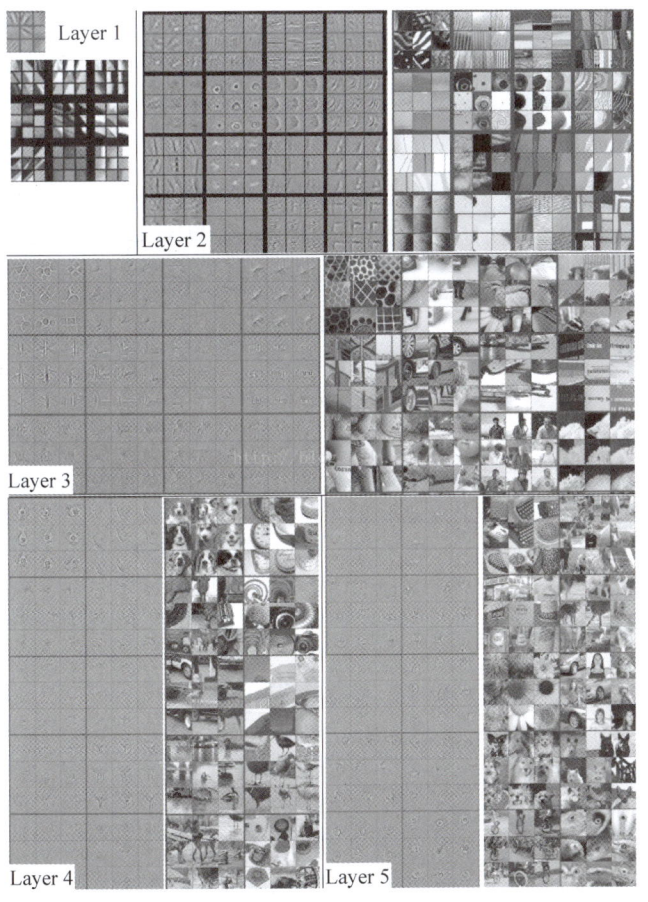

图 10.32 卷积神经网络特征可视化

色彩等底层图像提取；第三层开始捕获到纹理这些中层特征；第四、五层呈现了物体的部分特征，如小狗的脸部、鸟类的脚部等高层特征。通过这些可视化的手段，可以一定程度上感受卷积神经网络的特征学习过程。

数据的训练过程一般也认为是表示学习（Representation Learning）的过程，从接收到的原始像素特征开始，逐渐提取边缘、角点等底层特征，再到纹理等中层特征，再到器官、物体等高层特征，最后的网络层基于这些学习到的抽象特征表示（Representation）做分类逻辑的学习。学习到的特征越高层、越准确，就越有利于分类器的分类，从而获得较好的性能。从表示学习的角度来理解，卷积神经网络通过层层堆叠来逐层提取特征，网络训练的过程可以看成特征的学习过程，基于学习到的高层抽象特征可以方便地进行下游任务。

应用表示学习的思想，训练良好的卷积神经网络往往能够学习到较好的特征，这种特征的提取方法一般是通用的。比如在猫、狗任务上学习到头、四肢、身躯、毛发等特征的表示，在其他动物上也能够一定程度上使用。基于这种思想，可以将在任务 A 上训练好的深层神经网络的前面数个特征提取层迁移到任务 B 上，只需要训练任务 B 的分类逻辑（表现为网络的最末数层），即可取得较好的效果，这种学习方式是迁移学习的一种，从神经网络角度也称为网络微调（Fine-tuning）。

10.6 梯度传播

在完成手写数字图片识别实战后，对卷积神经网络的使用有了初步的了解。现在来解决一个关键问题，卷积层通过移动感受野的方式实现离散卷积操作，那么它的梯度传播是怎么进行的？

考虑一种简单的情形，输入为 3×3 的单通道矩阵，与一个 2×2 的卷积核，进行卷积运算，输出结果打平后直接与虚构的标注计算误差，如图 10.33 所示。下面讨论这种情况下的梯度更新方式。

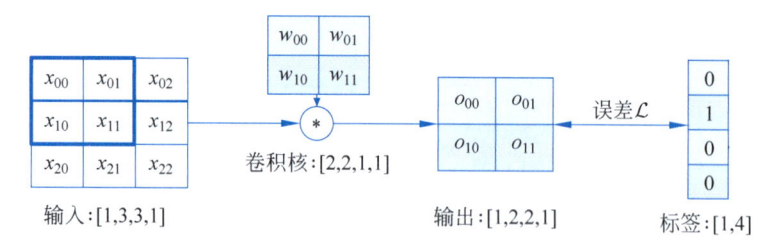

图 10.33 卷积层梯度传播举例

首先推导出输出张量 O 的表达形式为

$$o_{00} = x_{00}w_{00} + x_{01}w_{01} + x_{10}w_{10} + x_{11}w_{11} + b$$

$$o_{01} = x_{01}w_{00} + x_{02}w_{01} + x_{11}w_{10} + x_{12}w_{11} + b$$

$$o_{10} = x_{10}w_{00} + x_{11}w_{01} + x_{20}w_{10} + x_{21}w_{11} + b$$

$$o_{11} = x_{11}w_{00} + x_{12}w_{01} + x_{21}w_{10} + x_{22}w_{11} + b$$

以 w_{00} 的梯度计算为例，通过链式法则分解，即

$$\frac{\partial \mathcal{L}}{\partial w_{00}} = \sum_{i \in \{00,01,10,11\}} \frac{\partial \mathcal{L}}{\partial o_i} \frac{\partial o_i}{\partial w_{00}}$$

其中 $\frac{\partial \mathcal{L}}{\partial O_i}$ 可直接由误差函数推导出来，考虑 $\frac{\partial O_i}{\partial w_i}$，即

$$\frac{\partial o_{00}}{\partial w_{00}} = \frac{\partial (x_{00}w_{00} + x_{01}w_{01} + x_{10}w_{10} + x_{11}w_{11} + b)}{w_{00}} = x_{00}$$

同样的方法，可以推导得

$$\frac{\partial o_{01}}{\partial w_{00}} = \frac{\partial (x_{01}w_{00} + x_{02}w_{01} + x_{11}w_{10} + x_{12}w_{11} + b)}{w_{00}} = x_{01}$$

$$\frac{\partial o_{10}}{\partial w_{00}} = \frac{\partial (x_{10}w_{00} + x_{11}w_{01} + x_{20}w_{10} + x_{21}w_{11} + b)}{w_{00}} = x_{10}$$

$$\frac{\partial o_{11}}{\partial w_{00}} = \frac{\partial (x_{11}w_{00} + x_{12}w_{01} + x_{21}w_{10} + x_{22}w_{11} + b)}{w_{00}} = x_{11}$$

可以观察到，通过循环移动感受野的方式并没有改变网络层可导性，同时梯度的推导也并不复杂，只是当网络层数增大以后，人工梯度推导将变得十分的烦琐。不过不需要担心，深度学习框架可以自动完成所有参数的梯度计算与更新，只需要设计好网络结构即可。

10.7 池化层

在卷积层中，可以通过调节步长参数 s 实现特征图的高和宽成倍缩小，从而降低了网络的参数量。实际上，除了通过设置步长，还有一种专门的网络层可以实现尺寸缩减功能，它就是这里要介绍的池化层(Pooling Layer)。

池化层同样基于局部相关性的思想，通过从局部相关的一组元素中进行采样或信息聚合，从而得到新的元素值。特别地，最大池化层(Max Pooling)从局部相关元素集中选取最大的一个元素值，平均池化层(Average Pooling)从局部相关元素集中计算平均值并返回。以 5×5 输入 $\boldsymbol{X}$ 的最大池化层为例，考虑池化感受野窗口大小 $k=2$，步长 $s=1$ 的情况，如图 10.34 所示。虚线方框代表第一个感受野的位置，感受野元素集合为

$$\{1, -1, -1, -2\}$$

在最大池化采样的方法下，通过

$$x' = \max(\{1, -1, -1, -2\}) = 1$$

计算出当前位置的输出值为 1，并写入对应位置。

若采用的是平均池化操作，则此时的输出值应为

$$x' = \text{avg}(\{1, -1, -1, -2\}) = -0.75$$

计算完当前位置的感受野后，与卷积层的计算步骤类似，将感受野按着步长向右移动若

干单位,此时的输出为

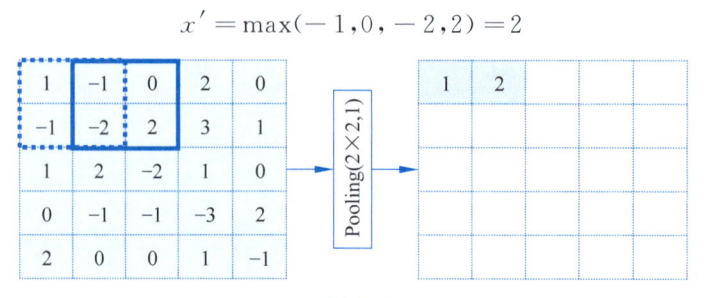

$$x' = \max(-1, 0, -2, 2) = 2$$

图 10.34　最大池化举例-1

同样的方法,逐渐移动感受野窗口至最右边,计算出输出 $x' = \max(2, 0, 3, 1) = 1$,此时窗口已经到达输入边缘,按照卷积层同样的方式,感受野窗口向下移动一个步长,并回到行首,如图 10.35 所示。

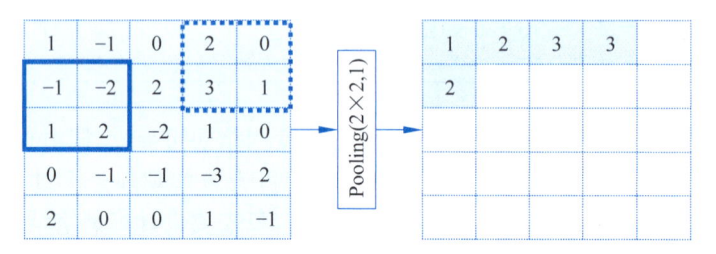

图 10.35　最大池化举例-2

循环往复,直至最下方、最右边,获得最大池化层的输出,长宽为 4×4,略小于输入 $\boldsymbol{X}$ 的高宽,如图 10.36 所示。

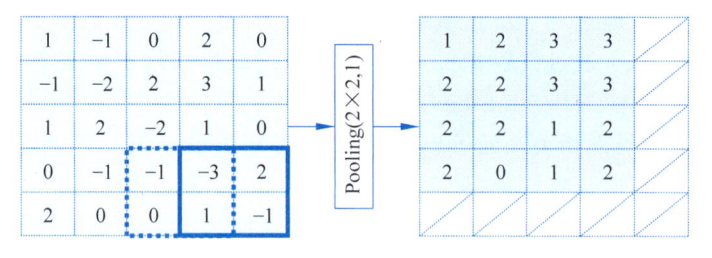

图 10.36　最大池化举例-3

由于池化层没有需要学习的参数,计算简单,并且可以有效减低特征图的尺寸,非常适合图片这种类型的数据,在计算机视觉相关任务中得到了广泛的应用。

通过精心设计池化层感受野的高 $h(h=k)$、宽 k 和步长 s 参数,可以实现各种降维运算。比如,一种常用的池化层设定是感受野大小 $k=2$,步长 $s=2$,这样可以实现输出只有输入高和宽的一半的目的。如图 10.37 和图 10.38 所示,感受野 $k=3$,步长 $s=2$,输入 $\boldsymbol{X}$ 高和宽为 5×5,输出 $\boldsymbol{O}$ 高和宽只有 2×2。

图 10.37　池化层实现高和宽减半-1

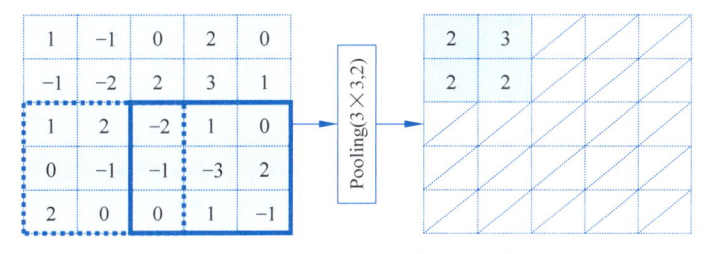

图 10.38　池化层实现高和宽减半-2

10.8　BatchNorm 层

卷积神经网络的出现,使得网络参数量大大减低,几十层的深层网络成为可能。然而,在残差网络出现之前,网络的加深使得网络训练变得非常不稳定,甚至出现网络长时间不更新甚至不收敛的现象,同时网络对超参数比较敏感,超参数的微量扰动也会导致网络的训练轨迹完全改变。

2015 年,Google 研究人员 Sergey Ioffe 等提出了一种参数标准化(Normalize)的手段,并基于参数标准化设计了 Batch Normalization(简写为 BatchNorm 或 BN)层。BN 层的提出,使得网络的超参数的设定更加自由,比如更大的学习率、更随意的网络初始化等,同时网络的收敛速度更快,性能也更好。BN 层提出后便广泛地应用在各种深度网络模型上,卷积层、BN 层、ReLU 层、池化层一度成为网络模型的标配单元块,通过堆叠 Conv-BN-ReLU-Pooling 方式往往可以获得不错的模型性能。

首先来探索,为什么需要对网络中的数据进行标准化操作?这个问题很难从理论层面解释透彻,即使是 BN 层的作者给出的解释也未必让所有人信服。与其纠结其缘由,不如通过具体问题来感受数据标准化后的好处。

考虑 Sigmoid 激活函数和它的梯度分布,如图 10.39 所示,Sigmoid 函数在 $x\in[-2,2]$ 区间的导数值在$[0.1,0.25]$区间分布;当 $x>2$ 或 $x<-2$ 时,Sigmoid 函数的导数变得很小,逼近于 0,从而容易出现梯度弥散现象。为了避免因为输入较大或者较小而导致 Sigmoid 函数出现梯度弥散现象,将函数输入 x 标准化映射到 0 附近的一段较小区间将变得非常重要,可以从图 10.39 看到,通过标准化重映射后,值被映射在 0 附近,此处的导数值

不至于过小，从而不容易出现梯度弥散现象。这是使用标准化手段受益的一个例子。

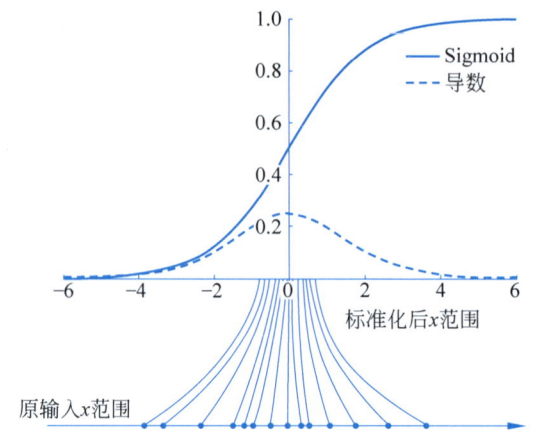

图 10.39　Sigmoid 函数及其导数曲线

再看另一个例子。考虑 2 个输入节点的线性模型，如图 10.40(a)所示，即有

$$\mathcal{L} = a = x_1 w_1 + x_2 w_2 + b$$

讨论如下 2 种输入分布下的优化问题：

(1) 输入 $x_1 \in [1, 10]$, $x_2 \in [1, 10]$；

(2) 输入 $x_1 \in [1, 10]$, $x_2 \in [100, 1000]$。

由于模型相对简单，可以绘制出 2 种不同取值范围的 x_1、x_2 的情况下，函数的损失等高线图，图 10.40(b)是 $x_1 \in [1, 10]$、$x_2 \in [100, 1000]$ 时的某条优化轨迹线示意图，图 10.40(c) 是 $x_1 \in [1, 10]$、$x_2 \in [1, 10]$ 时的某条优化轨迹线示意，图中的圆环中心即为全局极值点。

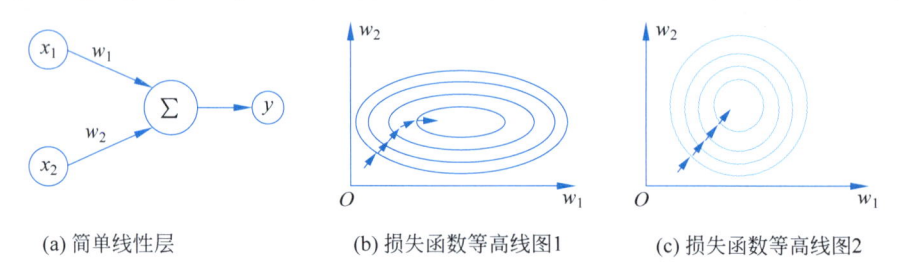

(a) 简单线性层　　(b) 损失函数等高线图1　　(c) 损失函数等高线图2

图 10.40　数据标准化示意图

考虑到

$$\frac{\partial \mathcal{L}}{\partial w_1} = x_1$$

$$\frac{\partial \mathcal{L}}{\partial w_2} = x_2$$

当 x_1、x_2 输入分布相近时，$\frac{\partial \mathcal{L}}{\partial w_1}$、$\frac{\partial \mathcal{L}}{\partial w_2}$ 偏导数值相当，函数的优化轨迹如图 10.40(c)所示；当 x_1、x_2 输入分布差距较大时，比如 $x_1 \ll x_2$，则

$$\frac{\partial \mathcal{L}}{\partial w_1} \ll \frac{\partial \mathcal{L}}{\partial w_2}$$

损失函数等势线在 w_2 轴更加陡峭，某条可能的优化轨迹如图 10.40(b)所示。对比 2 条优化轨迹线可以观察到，x_1、x_2 分布相近时图 10.40(c)中收敛更加快速，优化轨迹更理想。

通过上述的 2 个例子，可以根据经验归纳出：网络层输入 x 分布相近，并且分布在较小范围内时（如 0 附近），更有利于函数的优化。那么如何保证输入 x 的分布相近？数据标准化可以实现此目的，通过数据标准化操作可以将数据 x 映射到 $\hat{x}$，即

$$\hat{x} = \frac{x - \mu_r}{\sqrt{\sigma_r^2 + \varepsilon}}$$

其中 μ_r、σ_r^2 来自统计的所有数据的均值和方差，ε 是为防止出现除 0 错误而设置的较小数字，如 1e−8。

在基于 batch 的训练阶段，如何获取每个网络层所有输入的统计数据 μ_r、σ_r^2？考虑 batch 内部的均值 μ_B 和方差 σ_B^2，即

$$\mu_B = \frac{1}{m} \sum_{i=1}^{m} x_i$$

$$\sigma_B^2 = \frac{1}{m} \sum_{i=1}^{m} (x_i - \mu_B)^2$$

可以视为近似于 μ_r、σ_r^2，其中 m 为 batch 样本数。因此，在训练阶段，有

$$\hat{x}_{\text{train}} = \frac{x_{\text{train}} - \mu_B}{\sqrt{\sigma_B^2 + \varepsilon}}$$

从而可以实现标准化输入，并记录每个 batch 的统计数据 μ_B、σ_B^2，用于统计真实的全局 μ_r、σ_r^2。

在测试阶段，根据记录的每个 batch 的 μ_B、σ_B^2 估计出所有训练数据的 μ_r、σ_r^2，按照

$$\hat{x}_{\text{test}} = \frac{x_{\text{test}} - \mu_r}{\sqrt{\sigma_r^2 + \varepsilon}}$$

可将每层的输入标准化。

上述的标准化运算并没有引入额外的待优化变量，μ_r、σ_r^2 和 μ_B、σ_B^2 均由统计得到，不需要参与梯度更新。实际上，为了提高 BN 层的表达能力，BN 层作者引入了"scale and shift"技巧，将 $\hat{x}$ 变量再次映射变换，即

$$\tilde{x} = \hat{x} \cdot \gamma + \beta$$

其中 γ 参数实现对标准化后的 $\hat{x}$ 再次进行缩放，β 参数实现对标准化的 $\hat{x}$ 进行平移，不同的是，γ、β 参数均由反向传播算法自动优化，实现网络层"按需"缩放平移数据的分布的目的。

下面来学习在 PyTorch 中实现的 BN 层的方法。

10.8.1 前向传播

将 BN 层的输入记为 x,输出记为 $\widetilde{x}$。分训练阶段和测试阶段来讨论前向传播过程。

(1) 训练阶段。

首先计算当前 batch 的 μ_B、σ_B^2,根据

$$\widetilde{x}_{\text{train}} = \frac{x_{\text{train}} - \mu_B}{\sqrt{\sigma_B^2 + \varepsilon}} \cdot \gamma + \beta$$

计算 BN 层的输出。

同时按照

$$\mu_r \leftarrow \text{momentum} \cdot \mu_r + (1 - \text{momentum}) \cdot \mu_B$$

$$\sigma_r^2 \leftarrow \text{momentum} \cdot \sigma_r^2 + (1 - \text{momentum}) \cdot \sigma_B^2$$

迭代更新全局训练数据的统计值 μ_r 和 σ_r^2,其中 momentum 是需要设置一个超参数,用于平衡 μ_r、σ_r^2 的更新幅度:当 momentum=0 时,μ_r 和 σ_r^2 直接被设置为最新一个 batch 的 μ_B 和 σ_B^2;当 momentum=1 时,μ_r 和 σ_r^2 保持不变,忽略最新一个 batch 的 μ_B 和 σ_B^2,在 PyTorch 中,momentum 默认设置为 0.99。

(2) 测试阶段。

BN 层根据

$$\widetilde{x}_{\text{test}} = \frac{x_{\text{test}} - \mu_r}{\sqrt{\sigma_r^2 + \varepsilon}} \cdot \gamma + \beta$$

计算输出 $\widetilde{x}_{\text{test}}$,其中 μ_r、σ_r^2、γ、β 均来自训练阶段统计或优化的结果,在测试阶段直接使用,并不会更新这些参数。

10.8.2 反向更新

在训练模式下的反向更新阶段,反向传播算法根据损失 $\mathcal{L}$ 求解梯度 $\frac{\partial \mathcal{L}}{\partial \gamma}$ 和 $\frac{\partial \mathcal{L}}{\partial \beta}$,并按着梯度更新法则自动优化 γ、β 参数。

需要注意的是,对于二维特征图输入 $\boldsymbol{X}$:$[b, c, h, w]$,BN 层并不是计算每个点的 μ_B、σ_B^2,而是在通道轴 c 上面统计每个通道上面所有数据的 μ_B、σ_B^2,因此 μ_B、σ_B^2 是每个通道上所有其他维度的均值和方差。以 shape 为 $[100, 3, 32, 32]$ 的输入为例,在通道轴 c 上面的均值计算如下。

```
In [7]:
# 构造输入
x = torch.randn([100, 3, 32, 32])
# 将其他维度合并,仅保留通道维度
#[100, 3, 32, 32] =>[3, 100, 32, 32] => [3]
```

```
x = x.permute([1, 0, 2, 3]).reshape(3, -1)
#计算均值
x = x.mean(dim = 1)                                    #通道维度的均值
print('mean:', x)
Out[7]:
mean: tensor([-0.0062, 0.0045, -0.0018])
```

数据有 c 个通道数,则有 c 个均值产生。

根据在 c 轴上面统计数据 μ_B、σ_B^2 的方式,也很容易将其推广至其他维度以计算均值,如图 10.41 所示。

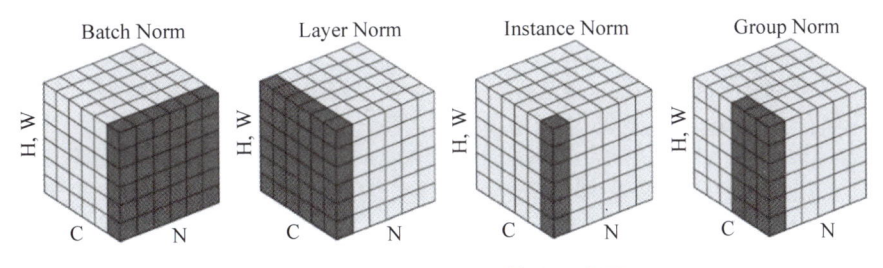

图 10.41 不同标准化算法示意图

(1) Layer Norm:统计每个样本的所有特征的均值和方差。

(2) Instance Norm:统计每个样本的每个通道上特征的均值和方差。

(3) Group Norm:将 c 通道分成若干组,统计每个样本的通道组内的特征均值和方差。

上面提到的 Normalization 方法均由独立的几篇论文提出,并在某些应用上验证了其相当或者优于 BatchNorm 算法的效果。由此可见,深度学习算法研究并非难于上青天,只要多思考、多锻炼算法工程能力,人人都有机会发表创新性成果。

10.8.3 BN 层实现

在 PyTorch 中,通过 nn.BatchNorm2d() 类可以非常方便地实现 BN 层,指定当前层的通道数即可,代码如下。

```
#创建 BN 层,输入通道数为 3
layer = nn.BatchNorm2d(3)
```

与之前介绍的全连接层、卷积层不同,BN 层的训练阶段和测试阶段的行为是不同的,一定要通过设置 train/eval 函数来区分训练模式还是测试模式。

以 LeNet-5 的网络模型为例,在卷积层后添加 BN 层,代码如下。

```
class LeNet5(nn.Module):

    def __init__(self):
        super(LeNet5, self).__init__()
        #网络容器
        self.model = nn.Sequential(
            #第一个卷积层,6 个 3x3 卷积核
```

```python
            nn.Conv2d(1, 6, kernel_size = 3, stride = 1),
            # 插入 BatchNorm2d 层
            nn.BatchNorm2d(6),
            # 高和宽各减半的池化层
            nn.MaxPool2d(kernel_size = 2, stride = 2),
            nn.ReLU(),                                  # 激活函数
            # 第二个卷积层,16 个 3x3 卷积核
            nn.Conv2d(6, 16, kernel_size = 3, stride = 1),
            # 插入 BatchNorm2d 层
            nn.BatchNorm2d(16),
            # 高和宽各减半的池化层
            nn.MaxPool2d(kernel_size = 2, stride = 2),
            nn.ReLU(),                                  # 激活函数
            # 打平层,方便全连接层输入
            nn.Flatten(),

            nn.Linear(400, 120),                        # 全连接层,输出 120 个节点
            nn.ReLU(),
            nn.Linear(120, 84),                         # 全连接层,输出 84 个节点
            nn.ReLU(),
            nn.Linear(84, 10),                          # 全连接层,输出 10 个节点
        )

    def forward(self, x):
        # 前进计算过程
        x = self.model(x)

        return x
```

在训练阶段,需要设置网络 train 函数以区分 BN 层是训练还是测试模型,代码如下。

```python
# 创建网络实例
model = LeNet5()
# 切换到训练模式
model.train()
```

在测试阶段,需要设置 eval 函数,避免 BN 层采用错误的行为,代码如下:

```python
# 切换到测试模式
model.eval()
with torch.no_grad():
    # ...
    pass
```

10.9 经典卷积网络

自 2012 年 AlexNet 的提出以来,各种各样的深度卷积神经网络模型相继被提出,其中比较有代表性的有 VGG 系列、GoogLeNet 系列、ResNet 系列、DenseNet 系列等,他们的网

络层数整体趋势逐渐增多。以网络模型在 ILSVRC 挑战赛 ImageNet 数据集上面的分类性能表现为例,如图 10.42 所示,在 AlexNet 出现之前的网络模型都是浅层的神经网络,Top-5 错误率均在 25%以上,AlexNet8 层的深层神经网络将 Top-5 错误率降低至 16.4%,性能提升巨大,后续的 VGG、GoogleNet 模型继续将错误率降低至 6.7%;ResNet 的出现首次将网络层数提升至 152 层,错误率也降低至 3.57%。

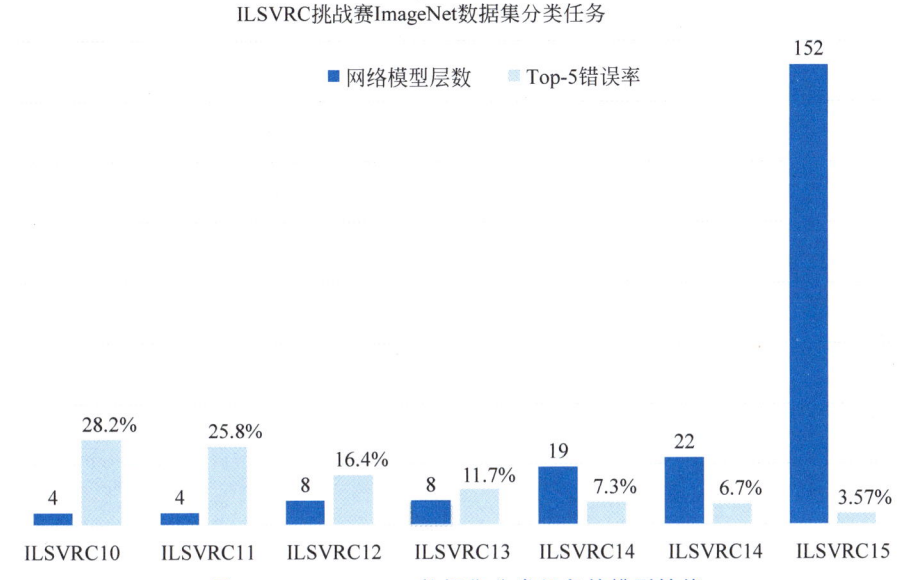

图 10.42 ImageNet 数据集分类任务的模型性能

本节将重点介绍这几种网络模型的结构和特点。

10.9.1 AlexNet

2012 年,ILSVRC12 挑战赛 ImageNet 数据集分类任务的冠军 Alex Krizhevsky 提出了 8 层的深度神经网络模型 AlexNet,它接收输入为 224×224 大小的彩色图片数据,经过五个卷积层和三个全连接层后得到样本属于 1000 个类别的概率分布。为了降低特征图的维度,AlexNet 在第 1、2、5 个卷积层后添加了最大池化层,如图 10.43 所示,网络的参数量达到了 6000 万个。为了能够在当时的显卡设备 NVIDIA GTX 580(3GB 显存)上训练模型,Alex Krizhevsky 将卷积层、前 2 个全连接层等拆开在两块显卡上面分别训练,最后一层合并到一张显卡上面,进行反向传播更新。AlexNet 在 ImageNet 取得了 15.3%的 Top-5 错误率,比第二名在错误率上降低了 10.9%。

AlexNet 的创新之处如下。

(1) 层数达到了较深的 8 层。

(2) 采用了 ReLU 激活函数,过去的神经网络大多采用 Sigmoid 激活函数,计算相对复杂,容易出现梯度弥散现象。

(3) 引入 Dropout 层。Dropout 提高了模型的泛化能力,防止过拟合。

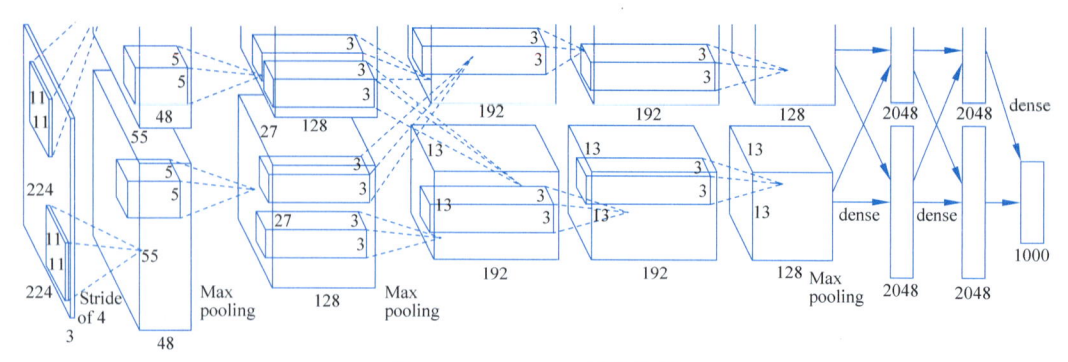

图 10.43　AlexNet 网络结构

10.9.2　VGG 系列

AlexNet 模型的优越性能启发了业界朝着更深层的网络模型方向研究。2014 年，ILSVRC14 挑战赛 ImageNet 分类任务的亚军牛津大学 VGG 实验室提出了 VGG11、VGG13、VGG16、VGG19 等一系列的网络模型（如图 10.44 所示），并将网络深度最高提升

ConvNet Configuration					
A	A-LRN	B	C	D	E
11 weight layers	11 weight layers	13 weight layers	16 weight layers	16 weight layers	19 weight layers
input（224×224 RGB image）						
conv3-64	conv3-64 LRN	conv3-64 **conv3-64**	conv3-64 conv3-64	conv3-64 conv3-64	conv3-64 conv3-64
maxpool					
conv3-128	conv3-128	conv3-128 **conv3-128**	conv3-128 conv3-128	conv3-128 conv3-128	conv3-128 conv3-128
maxpool					
conv3-256 conv3-256	conv3-256 conv3-256	conv3-256 conv3-256	conv3-256 conv3-256 **conv1-256**	conv3-256 conv3-256 **conv3-256**	conv3-256 conv3-256 conv3-256 **conv3-256**
maxpool					
conv3-512 conv3-512	conv3-512 conv3-512	conv3-512 conv3-512	conv3-512 conv3-512 **conv1-512**	conv3-512 conv3-512 **conv3-512**	conv3-512 conv3-512 conv3-512 **conv3-512**
maxpool					
conv3-512 conv3-512	conv3-512 conv3-512	conv3-512 conv3-512	conv3-512 conv3-512 **conv1-512**	conv3-512 conv3-512 **conv3-512**	conv3-512 conv3-512 conv3-512 **conv3-512**
maxpool					
FC-4096					
FC-4096					
FC-1000					
soft-max					

图 10.44　VGG 系列网络结构配置

至 19 层。以 VGG16 为例,它接收 224×224 大小的彩色图片数据,经过 2 个 Conv-Conv-Pooling 单元和 3 个 Conv-Conv-Conv-Pooling 单元的堆叠,最后通过 3 层全连接层输出当前图片分别属于 1000 类别的概率分布,如图 10.45 所示。VGG16 在 ImageNet 取得了 7.4% 的 Top-5 错误率,比 AlexNet 在错误率上降低了 7.9%。

图 10.45 VGG16 网络结构

VGG 系列网络的创新之处如下。

(1) 层数提升至 19 层。

(2) 全部采用更小的 3×3 卷积核,相对于 AlexNet 中 7×7 的卷积核,参数量更少,计算代价更低。

(3) 采用更小的池化层 2×2 窗口和步长 $s=2$,而 AlexNet 中是步长 $s=2$、3×3 的池化窗口。

10.9.3 GoogLeNet

3×3 的卷积核参数量更少,计算代价更低,同时在性能表现上甚至更优越,因此业界开始探索卷积核最小的情况:1×1 卷积核。如图 10.46 所示,输入为 3 通道的 5×5 图片,与单个 1×1 的卷积核进行卷积运算,每个通道的数据与对应通道的卷积核运算,得到 3 个通道的中间矩阵,对应位置相加得到最终的输出张量。对于输入 shape 为 $[b,h,w,c_{\text{in}}]$,1×1 卷积层的输出为 $[b,h,w,c_{\text{out}}]$,其中 c_{in} 为输入数据的通道数,c_{out} 为输出数据的通道数,也是 1×1 卷积核的数量。1×1 卷积核的一个特别之处在于,它可以不改变特征图的宽和高,而只对通道数 c 进行变换。

2014 年,ILSVRC14 挑战赛的冠军 Google 提出了大量采用 3×3 和 1×1 卷积核的网络模型——GoogLeNet,网络层数达到了 22 层。虽然 GoogLeNet 的层数远大于 AlexNet,但是它的参数量却只有 AlexNet 的 $\frac{1}{12}$,同时性能也远好于 AlexNet。在 ImageNet 数据集分类任务上,GoogLeNet 取得了 6.7% 的 Top-5 错误率,比 VGG16 在错误率上降低了 0.7%。

GoogLeNet 网络采用模块化设计的思想,通过大量堆叠 Inception 模块,形成了复杂的网络结构。如图 10.47 所示,Inception 模块的输入为 $\boldsymbol{X}$,通过 4 个子网络得到 4 个网络输

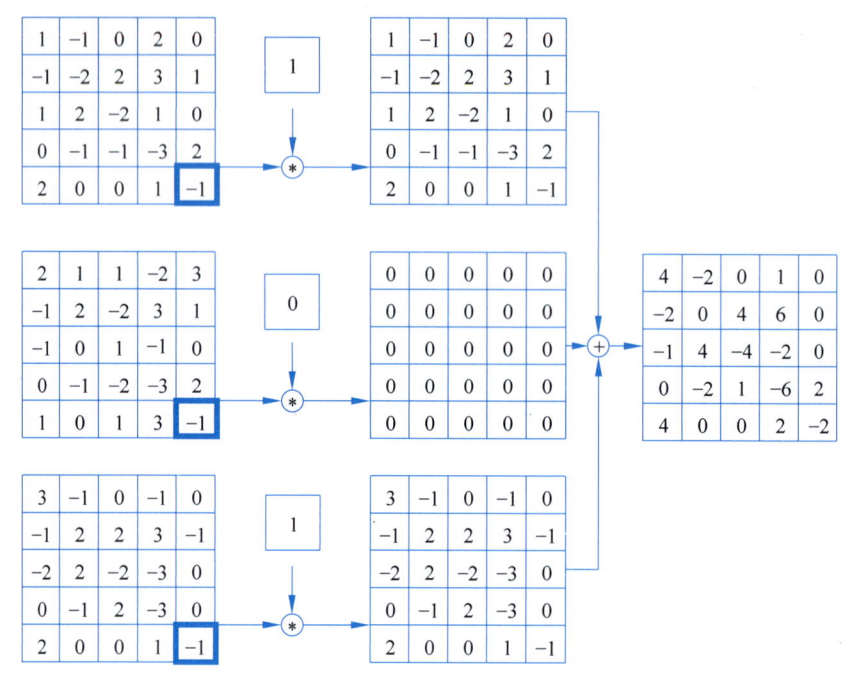

图 10.46　1×1 卷积核示意图

出,在通道轴上面进行拼接合并,形成 Inception 模块的输出。这 4 个子网络如下。

(1) 1×1 卷积层。

(2) 1×1 卷积层,再通过一个 3×3 卷积层。

(3) 1×1 卷积层,再通过一个 5×5 卷积层。

(4) 3×3 最大池化层,再通过 1×1 卷积层。

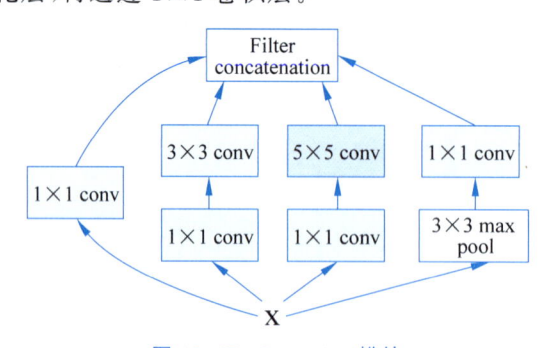

图 10.47　Inception 模块

GoogLeNet 的网络结构如图 10.48 所示,其中红色框中的网络结构即为图 10.47 的网络结构。

第10章 卷积神经网络 253

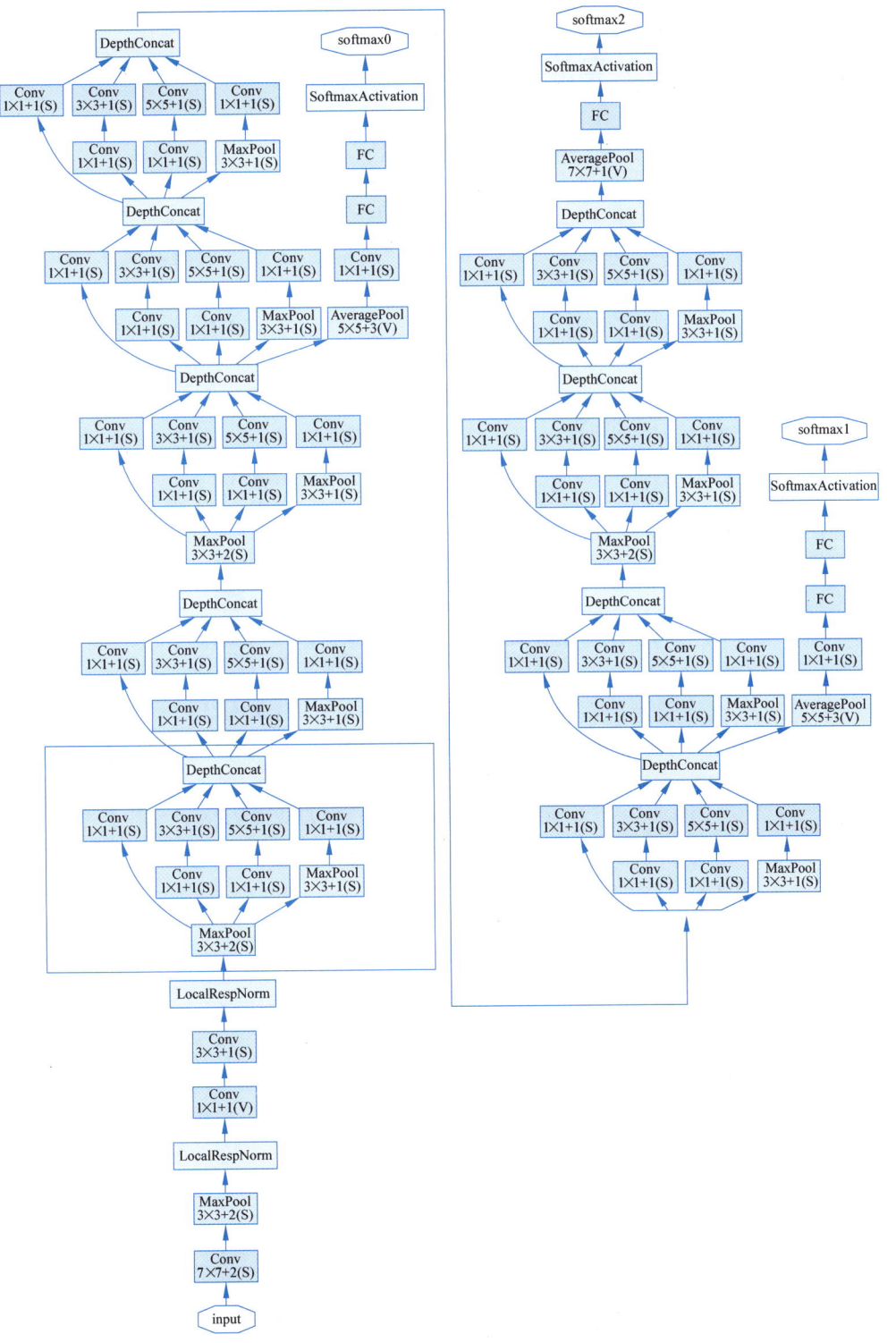

图 10.48 GoogleNet 的网络结构

10.10　VGG13 实战

10.10.1　CIFAR 数据集

MNIST 是机器学习最常用的数据集之一，但由于手写数字图片仅有 0～9 共 10 种数字，非常简单，并且 MNIST 数据集只保存了图片灰度信息，并不适合输入设计为 RGB 三通道的网络模型。本节将介绍另一个经典的图片分类数据集：CIFAR10。

CIFAR10 数据集由加拿大 Canadian Institute For Advanced Research(CIFAR) 发布，它包含了飞机、汽车、鸟、猫等共 10 大类物体的彩色图片，每个种类收集了 6000 张 32×32 大小图片，共 6 万张图片样本。其中 5 万张作为训练数据集，1 万张作为测试数据集。每个种类样片如图 10.49 所示。

图 10.49　CIFAR10 数据集

在 PyTorch 中，同样地，不需要手动下载、解析和加载 CIFAR10 数据集，通过 datasets.cifar10.load_data() 函数就可以直接加载切割好的训练集和测试集。举例如下。

```
# 在线下载 CIFAR10 数据集，并保存到 mnist_data 文件夹
train_db = datasets.CIFAR10('cifar10_data', True, transform = transforms.Compose([
    transforms.Resize((32, 32)),
    transforms.ToTensor()
]), download = True)
train_loader = DataLoader(train_db, batch_size = batchsz, shuffle = True)
# 验证集
val_db = datasets.CIFAR10('cifar10_data', False, transform = transforms.Compose([
    transforms.Resize((32, 32)),
    transforms.ToTensor()
]), download = True)
val_loader = DataLoader(val_db, batch_size = batchsz, shuffle = False)

# 加载一个 batch，并查看数据
```

```
x, label = iter(train_loader).next()
print('x:', x.shape, 'label:', label.shape)
```

PyTorch 会自动将数据集下载在 cifar10_data 目录下,用户可以手动查看,也可手动删除不需要的数据集缓存。上述代码运行后,得到训练集的 **X** 和 **y** 形状为(50000,32,32,3)和(50000),测试集的 **X** 和 **y** 形状为(10000,32,32,3)和(10000),分别代表了图片大小为 32×32,彩色图片,训练集样本数为 50000,测试集样本数为 10000。单个批次中的 x 和 label 的 shape 为

```
x: torch.Size([32, 3, 32, 32]) label: torch.Size([32])
```

10.10.2 VGG 模型

CIFAR10 图片识别任务并不简单,这主要是由于 CIFAR10 的图片内容需要大量细节才能呈现,而保存的图片分辨率仅有 32×32,使得部分主体信息较为模糊,甚至人眼都很难分辨,同时数据集中也不可避免地包含了人为标注错误。浅层的神经网络表达能力有限,很难训练优化到较好的性能。本节将基于更为常用、表达能力更强的 VGG13 网络,并根据数据集特点修改部分网络结构,完成 CIFAR10 图片识别。修改如下。

(1) 将网络输入调整为 32×32。原网络输入为 224×224,导致全连接层输入特征维度过大,网络计算量过大。

(2) 3 个全连接层的维度调整为[256,64,10],满足 10 分类任务的设定。

图 10.50 是调整后的 VGG13 网络结构,统称为 VGG13 网络模型。

图 10.50 调整后的 VGG13 网络结构

将网络实现为 2 个子网络:卷积子网络和全连接子网络。卷积子网络由 5 个子模块构成,每个子模块包含了 Conv-Conv-MaxPooling 单元结构,代码如下。

```
# 先创建包含多卷积网络层的子网络
conv_net = nn.Sequential(
    # Conv-Conv-Pooling 单元 1
    # 64 个 3×3 卷积核,输入输出同大小
    nn.Conv2d(3, 64, kernel_size = 3, padding = "same"),
    nn.BatchNorm2d(64),
    nn.ReLU(),
    nn.Conv2d(64, 64, kernel_size = 3, padding = "same"),
    nn.ReLU(),
    # 高和宽减半
    nn.MaxPool2d(kernel_size = 2, stride = 2),
```

```
    #Conv-Conv-Pooling 单元2,输出通道提升至128,高和宽大小减半
    nn.Conv2d(64, 128, kernel_size = 3, padding = "same"),
    nn.BatchNorm2d(128),
    nn.ReLU(),
    nn.Conv2d(128, 128, kernel_size = 3, padding = "same"),
    nn.ReLU(),
    nn.MaxPool2d(kernel_size = 2, stride = 2),

    #Conv-Conv-Pooling 单元3,输出通道提升至256,高和宽大小减半
    nn.Conv2d(128, 256, kernel_size = 3, padding = "same"),
    nn.BatchNorm2d(256),
    nn.ReLU(),
    nn.Conv2d(256, 256, kernel_size = 3, padding = "same"),
    nn.ReLU(),
    nn.MaxPool2d(kernel_size = 2, stride = 2),

    #Conv-Conv-Pooling 单元4,输出通道提升至512,高和宽大小减半
    nn.Conv2d(256, 512, kernel_size = 3, padding = "same"),
    nn.BatchNorm2d(512),
    nn.ReLU(),
    nn.Conv2d(512, 512, kernel_size = 3, padding = "same"),
    nn.ReLU(),
    nn.MaxPool2d(kernel_size = 2, stride = 2),

    #Conv-Conv-Pooling 单元5,输出通道提升至512,高和宽大小减半
    nn.Conv2d(512, 512, kernel_size = 3, padding = "same"),
    nn.BatchNorm2d(512),
    nn.ReLU(),
    nn.Conv2d(512, 512, kernel_size = 3, padding = "same"),
    nn.ReLU(),
    nn.MaxPool2d(kernel_size = 2, stride = 2),
)
```

全连接子网络包含了3个全连接层,每层添加 ReLU 非线性激活函数,最后一层除外。代码如下。

```
#创建3层全连接层子网络
fc_net = nn.Sequential(
    nn.Linear(512, 256),
    nn.ReLU(),
    #添加了一层的 dropout 层,防止过拟合
    nn.Dropout(0.5),
    nn.Linear(256, 128),
    nn.ReLU(),
    nn.Linear(128, 10),
)
```

子网络创建完成后,通过如下代码合并两个子网络的待优化参数列表,并传递给优化器。

```
#创建 loss 函数
```

```
criteon = nn.CrossEntropyLoss().to(device)
#合并两个子网络的参数列表
all_parameters = list(conv_net.parameters()) + list(fc_net.parameters())
#创建优化器,学习率 lr = 0.0001
optimizer = optim.Adam(all_parameters, lr = 1e - 4)
```

卷积网络总参数量约为 940 万个,全连接网络总参数量约为 17.7 万个,网络总参数量约为 950 万个,相比于原始版本的 VGG13 参数量减少了很多。

此处将网络实现为 2 个子网络,所以前向计算式需要依次通过 2 个子网络。代码如下。

```
for step, (x, label) in enumerate(train_loader):
    #x 张量:[b, 3, 32, 32]
    #label 张量:[b]
    x, label = x.to(device), label.to(device)
    #前向传播,先通过 conv_net 子网络,再打平后送入 fc_net 子网络
    out = conv_net(x)
    out = out.reshape([out.shape[0], 512])
    logits = fc_net(out)

    #logits: [b, 10]
    #label:  [b]
    #计算 Loss 损失值,标量
    loss = criteon(logits, label)
```

运行 cifar10_train.py 文件即可开始训练模型,在训练 10 个 epoch 后,网络的测试准确率达到了 83.1%。通过优化模型结构和超参数,还可以继续提升模型的性能。

10.11 卷积层变种

卷积神经网络的研究产生了各种各样优秀的网络模型,还提出了各种卷积层的变种,本节将重点介绍数种典型的卷积层变种。

10.11.1 空洞卷积

普通的卷积层为了减少网络的参数量,卷积核的设计通常选择较小的 1×1 和 3×3 感受野大小。小卷积核使得网络提取特征时的感受野区域有限,但是增大感受野的区域又会增加网络的参数量和计算代价,因此需要权衡设计。

空洞卷积(Dilated/Atrous Convolution)的提出较好地解决了这个问题。空洞卷积在普通卷积的感受野上增加一个 Dilation Rate 参数,用于控制感受野区域的采样步长,如图 10.51 所示:当感受野的采样步长 Dilation Rate 为 1 时,每个感受野采样点之间的距离为 1,此时的空洞卷积退化为普通的卷积;当 Dilation Rate 为 2 时,感受野每 2 个单元采样一个点,如图 10.51 中间的粗线矩形框中蓝色格子所示,每个采样格子之间的距离为 2;同样的方法,图 10.51 右边的 Dilation Rate 为 3,采样步长为 3。尽管 Dilation Rate 的增大会使得感受野

区域增大,但是实际参与运算的点数仍然保持不变。

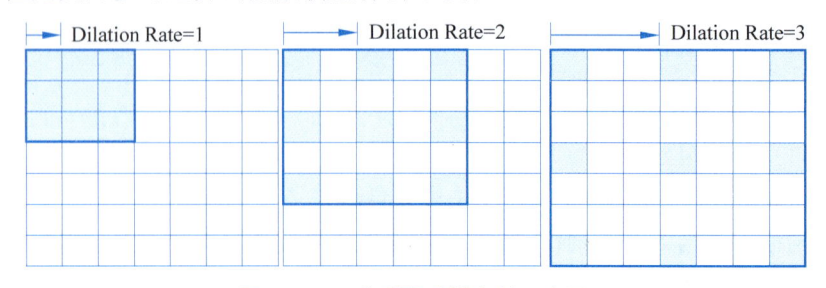

图 10.51　感受野采样步长示意图

以输入为单通道的 7×7 张量,单个 3×3 卷积核为例,如图 10.52 所示。在初始位置,感受野从最上、最右位置开始采样,每隔一个点采样一次,共采集 9 个数据点,如图 10.52 中灰色矩形框所示。这 9 个数据点与卷积核相乘运算,写入输出张量的对应位置。

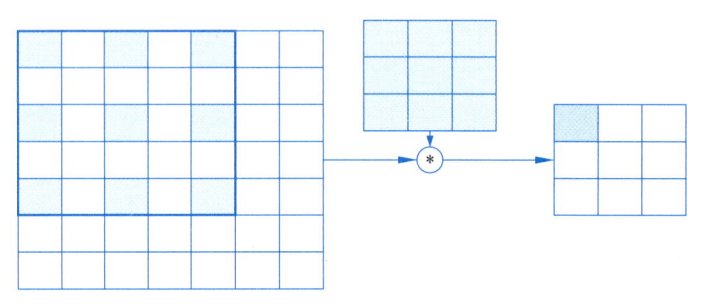

图 10.52　空洞卷积计算示意图-1

卷积核窗口按着步长为 $s=1$ 向右移动一个单位,如图 10.53 所示,同样进行隔点采样,共采样 9 个数据点,与卷积核完成相乘累加运算,写入输出张量对应位置,直至卷积核移动至最下方、最右边位置。需要注意区分的是,卷积核窗口的移动步长 s 和感受野区域的采样步长 Dilation Rate 是不同的概念。

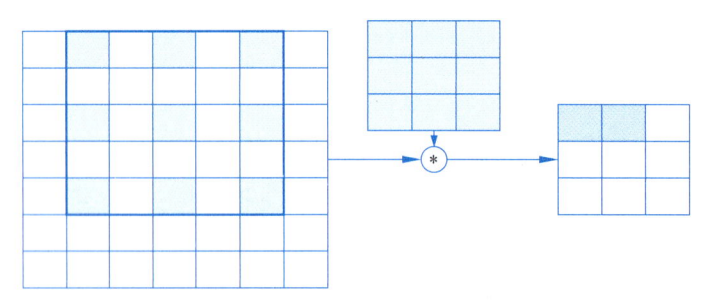

图 10.53　空洞卷积计算示意图-2

空洞卷积在不增加网络参数的条件下,提供了更大的感受野窗口。但是在使用空洞卷积设置网络模型时,需要精心设计 Dilation Rate 参数来避免出现网格效应,同时较大的 Dilation Rate 参数并不利于小物体的检测、语义分割等任务。

在 PyTorch 中,可以通过设置 nn.Conv2d()类的 dilation 参数来选择使用普通卷积还是空洞卷积。举例如下。

```
In [8]:
#空洞卷积,1个3x3的卷积核
model = nn.Conv2d(1, 1, kernel_size = 3, dilation = 2)
x = torch.randn([4, 1, 7, 7])                    #模拟输入
out = model(x)                                    #前向计算
print('out:', out.shape)
Out[8]:
out: torch.Size([4, 1, 3, 3])
```

当dilation参数设置为默认值1时,使用普通卷积方式进行运算;当dilation参数大于1时,采样空洞卷积方式进行计算。

10.11.2 转置卷积

转置卷积(Transposed Convolution,或Fractionally Strided Convolution,部分资料也称为反卷积/Deconvolution,实际上反卷积在数学上定义为卷积的逆过程,但转置卷积并不能恢复出原卷积的输入,因此称为反卷积并不妥当)通过在输入之间填充大量的padding来实现输出高和宽大于输入高和宽的效果,从而实现向上采样的目的,如图10.54所示。先介绍转置卷积的计算过程,再介绍转置卷积与普通卷积的联系。

为了简化讨论,此处只讨论输入 $h=w$,即输入高和宽相等的情况。

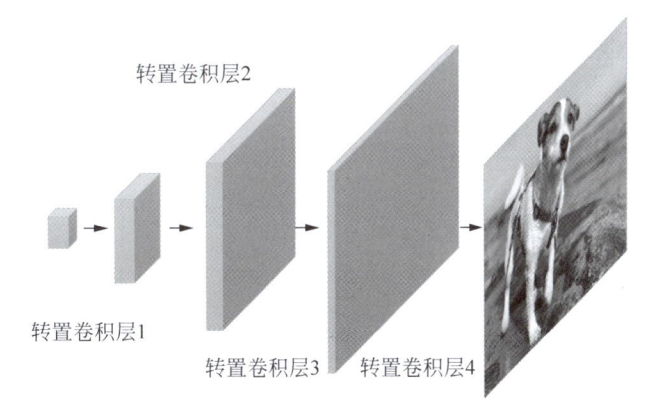

图 10.54 转置卷积实现向上采样

1. $o+2p-k$ 为 s 的倍数

考虑输入为 2×2 的单通道特征图,转置卷积核为 3×3 大小,步长 $s=2$,填充 $p=0$ 的例子。首先在输入数据点之间均匀插入 $s-1$ 个空白数据点,得到 3×3 的矩阵,如图10.55第2个矩阵所示,根据填充量在 3×3 矩阵周围填充相应 $k-p-1=3-0-1=2$ 行/列,此时输入张量的高和宽为 7×7,如图10.55中第3个矩阵所示。

在 7×7 的输入张量上,进行 3×3 卷积核,步长 $s'=1$,填充 $p=0$ 的普通卷积运算(注意,此阶段的普通卷积的步长 s' 始终为1,与转置卷积的步长 s 不同),根据普通卷积的输出

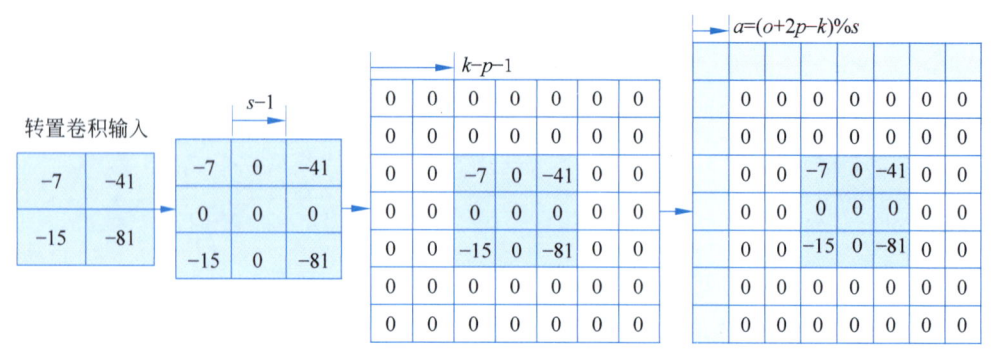

图 10.55 输入填充步骤

计算公式,得到输出大小为

$$o = \left\lfloor \frac{i+2\times p - k}{s'} \right\rfloor + 1 = \left\lfloor \frac{7+2\times 0 - 3}{1} \right\rfloor + 1 = 5$$

即为 5×5 大小的输出。直接按照此计算流程给出最终转置卷积输出与输入关系。在 $o+2p-k$ 为 s 的倍数时,满足关系

$$o = (i-1)s + k - 2p$$

转置卷积并不是普通卷积的逆过程,但是二者之间有一定的联系,同时转置卷积也是基于普通卷积实现的。在相同的设定下,输入 x 经过普通卷积运算后得到 $o = \text{Conv}(x)$,将 o 送入转置卷积运算后,得到 $x' = \text{ConvTranspose}(o)$,其中 $x' \neq x$,但是 x' 与 x 形状相同。可以用输入为 5×5,步长 $s=2$,填充 $p=0$,3×3 卷积核的普通卷积运算进行验证演示,如图 10.56 所示。

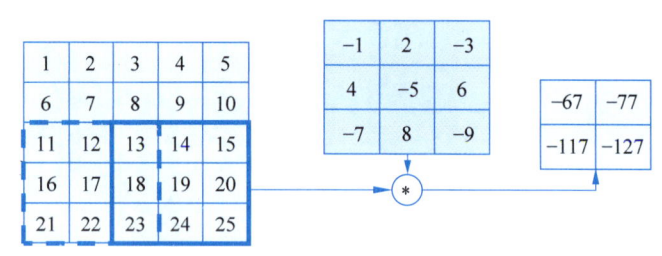

图 10.56 利用普通卷积恢复等大小输入

可以看到,将转置卷积的输出 5×5 在同设定条件下送入普通卷积,可以得到 2×2 的输出,此大小恰好就是转置卷积的输入大小,同时也观察到,输出的 2×2 矩阵并不是转置卷积输入的 2×2 矩阵。转置卷积与普通卷积并不是互为逆过程,不能恢复出对方的输入内容,仅能恢复出同等大小的张量。因此称之为反卷积并不严谨。

基于 PyTorch 实现上述例子的转置卷积运算,代码如下。

```
In [8]:
# 创建 X 矩阵,高和宽为 5×5
x = torch.arange(25) + 1
# Reshape 为合法维度的张量
```

```
x = x.reshape([1,1, 5,5])
x = x.float()
#创建固定内容的卷积核矩阵,shape 为[3,3]
w = torch.tensor([[-1,2,-3.],[4,-5,6],[-7,8,-9]])
#调整为合法维度的张量
# =>[cout, cin, 3, 3]
w = w.unsqueeze(0).unsqueeze(0)
#进行普通卷积运算
out = F.conv2d(x, w, stride = 2,padding = 'valid')
print(out)
Out[9]:
#输出的高和宽为 2×2
    tensor([[[[ -67., -77.],
            [-117., -127.]]]])
```

现在将普通卷积的输出作为转置卷积的输入,验证转置卷积的输出是否为 5×5,代码如下。

```
In [10]:
#普通卷积的输出作为转置卷积的输入,进行转置卷积运算
xx = F.conv_transpose2d(out, w, stride = 2,
    padding = 0)
print(xx)
print(xx.shape)
Out[10]:                                        #输出的高和宽为 5×5
tensor([[[[ 67., -134., 278., -154., 231.],
          [-268., 335., -710., 385., -462.],
          [ 586., -770., 1620., -870., 1074.],
          [-468., 585., -1210., 635., -762.],
          [ 819., -936., 1942., -1016., 1143.]]]])
torch.Size([1, 1, 5, 5])
```

可以看到,转置卷积能够恢复出同大小的普通卷积的输入,但转置卷积的输出并不等同于普通卷积的输入。

2. $o+2p-k$ 不为 s 的倍数

下面更加深入地分析卷积运算中输入与输出大小关系的一个细节。考虑卷积运算的输出表达式,即

$$o = \left\lfloor \frac{i + 2 \times p - k}{s} \right\rfloor + 1$$

当步长 $s>1$ 时,$\left\lfloor \frac{i+2\times p-k}{s} \right\rfloor$ 向下取整运算使得出现多种不同输入尺寸 i 对应到相同的输出尺寸 o 上。举个例子,考虑输入大小为 6×6,卷积核大小为 3×3,步长为 1 的卷积运算,代码如下。

```
In [11]:
#创建 X 矩阵,高和宽为 6×6
x = torch.arange(36) + 1
```

```
#Reshape 为合法维度的张量
x = x.reshape([1,1, 6, 6])
x = x.float()
#创建固定内容的卷积核矩阵,shape 为[3,3]
w = torch.tensor([[-1,2, -3.],[4, -5,6],[-7,8, -9]])
#调整为合法维度的张量
# =>[cout, cin, 3, 3]
w = w.unsqueeze(0).unsqueeze(0)
#进行普通卷积运算
out = F.conv2d(x, w, stride = 2, padding = 'valid')
print(out)
Out[12]:        #输出的高和宽同样为2×2,与输入为5×5时一样
tensor([[[[ -78.,    -88.],
          [ -138., -148.]]]])
```

此种情况也能获得 2×2 大小的卷积输出,与图 10.56 中可以获得相同大小的输出。因此,不同输入大小的卷积运算可能获得相同大小的输出。考虑到卷积与转置卷积输入输出大小关系互换,从转置卷积的角度来说,输入尺寸 i 经过转置卷积运算后,可能获得不同的输出 o 大小。

3. 矩阵角度解读

转置卷积的转置是指卷积核矩阵 W 产生的稀疏矩阵 W' 在计算过程中需要先转置 W'^T,再进行矩阵相乘运算,而普通卷积并没有转置 W' 的步骤。这也是它被称为转置卷积的由来。

考虑普通 Conv2d 运算: X 和 W,需要根据 strides 将卷积核在行、列方向循环移动获取参与运算的感受野的数据,串行计算每个窗口处的"相乘累加"值,计算效率极低。为了加速运算,在数学上可以将卷积核 W 根据 strides 重排成稀疏矩阵 W',再通过 $W'@X'$ 一次完成运算(实际上, W' 矩阵过于稀疏,导致很多无用的 0 乘运算,很多深度学习框架也不是通过这种方式实现的)。

以 4 行 4 列的输入 X,高和宽为 3×3,步长为 1,无 padding 的卷积核 W 的卷积运算为例,首先将 X 打平成 X',如图 10.57 所示。

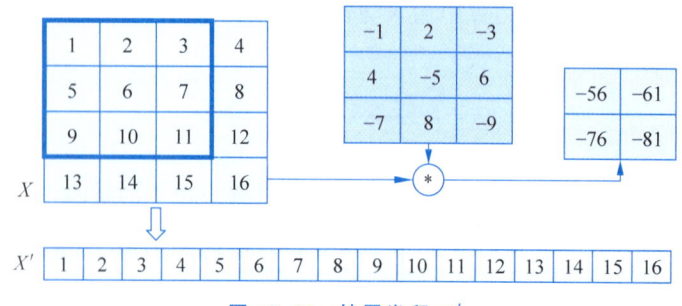

图 10.57 转置卷积 X'

然后将卷积核 W 转换成稀疏矩阵 W',如图 10.58 所示。
此时通过一次矩阵相乘即可实现普通卷积运算:

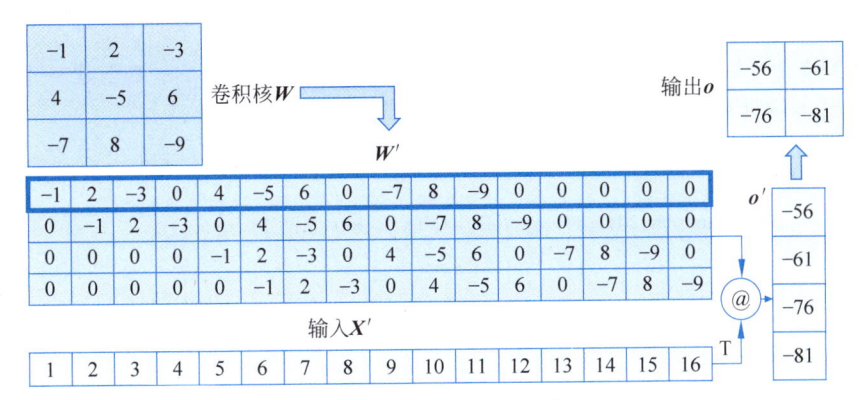

图 10.58 转置卷积 W'

$$O' = W' @ X'$$

如果给定 O，希望能够生成与 X 同形状大小的张量，如何实现？将 W' 转置后与图 10.57 方法重排后的 O' 完成矩阵相乘即可，即

$$X' = W'^{\mathrm{T}} @ O'$$

得到的 X' 通过 Reshape 操作变为与原来的输入 X 尺寸一致，但是内容不同。例如 O' 的 shape 为 $[4,1]$，W'^{T} 的 shape 为 $[16,4]$，矩阵相乘得到 X' 的 shape 为 $[16,1]$，Reshape 后即可产生 $[4,4]$ 形状的张量。由于转置卷积在矩阵运算时，需要将 W' 转置后才能与转置卷积的输入 O' 矩阵相乘，故称为转置卷积。

转置卷积具有"放大特征图"的功能，在超分辨率、语义分割等中得到了广泛应用，如图 10.59 所示的 DCGAN 生成器通过堆叠转置卷积层实现逐层"放大"特征，最后获得十分逼真的生成图片。

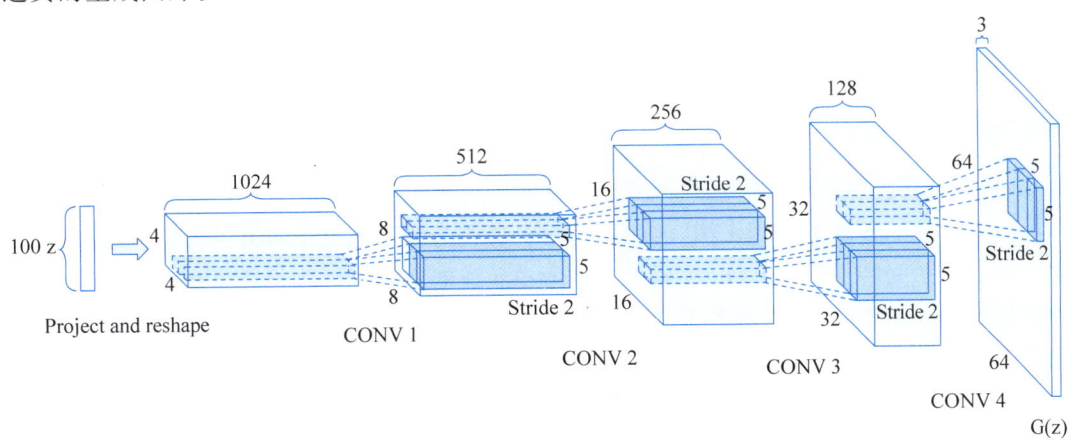

图 10.59 DCGAN 生成器网络结构

4. 转置卷积实现

在 PyTorch 中，可以通过 F.conv_transpose2d 实现转置卷积运算，转置卷积的卷积核

的定义格式为$[c_{out}, c_{in}, k, k]$。

转置卷积也可以和其他层一样,通过 layers.Conv2DTranspose 类创建一个转置卷积层,然后调用实例即可完成前向计算,代码如下。

```
In [16]:
# 创建转置卷积类
layer = nn.ConvTranspose2d(1, 1, kernel_size = 3, stride = 1)
# 通过转置卷积层
xx2 = layer(out)
Out[16]:
tensor([[[[ 13.4917,  28.3482,  14.3492, - 0.4632],
          [  1.4612,  35.9984,  23.7093, -18.3740],
          [-17.6699,  21.9894,   3.4459, -45.2187],
          [ 36.6070,  68.4270,   6.6181, -26.6171]]]],
       grad_fn = <SlowConvTranspose2DBackward0>)
```

10.11.3　分离卷积

这里以深度可分离卷积(Depth-wise Separable Convolution)为例。普通卷积在对多通道输入进行运算时,卷积核的每个通道与输入的每个通道分别进行卷积运算,得到多通道的特征图,再对应元素相加产生单个卷积核的最终输出,如图 10.60 所示。

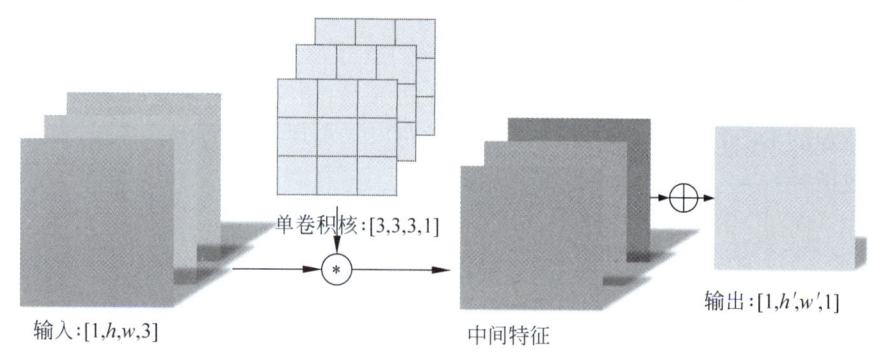

图 10.60　普通卷积计算示意图

分离卷积的计算流程则不同,卷积核的每个通道与输入的每个通道进行卷积运算,得到多个通道的中间特征,如图 10.61 所示。这个多通道的中间特征张量接下来进行多个 1×1 卷积核的普通卷积运算,得到多个高和宽不变的输出,这些输出在通道轴上面进行拼接,从而产生最终的分离卷积层的输出。可以看到,分离卷积层包含了两步卷积运算,第一步卷积运算是单个卷积核,第二步卷积运算包含了多个卷积核。

那么采用分离卷积有什么优势？一个很明显的优势在于,同样的输入和输出,采用 Separable Convolution 的参数量约是普通卷积的$\frac{1}{3}$。考虑图 10.61 中的普通卷积和分离卷积的例子。普通卷积的参数量是

$$3 \times 3 \times 3 \times 4 = 108$$

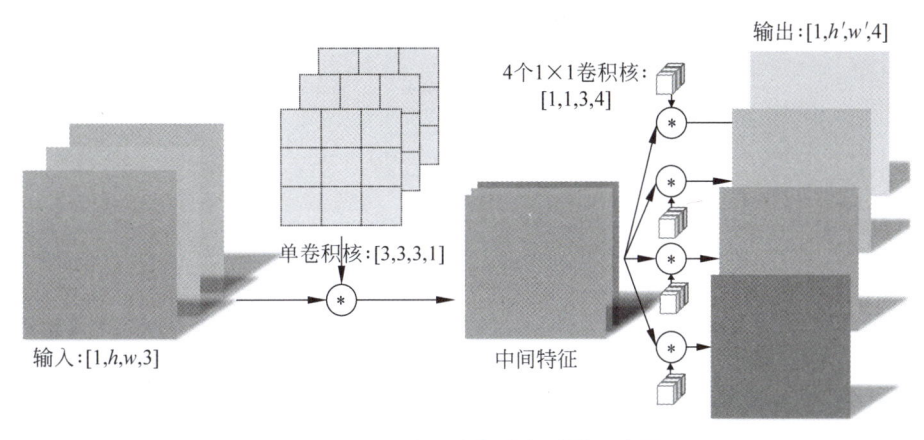

图 10.61 深度可分离卷积计算示意图

分离卷积的第一部分参数量是

$$3\times 3\times 3\times 1=27$$

第二部分参数量是

$$1\times 1\times 3\times 4=14$$

分离卷积的总参数量只有 39,但是却能实现普通卷积同样的输入输出尺寸变换。分离卷积在 Xception 和 MobileNets 等对计算代价敏感的领域中得到了大量应用。

10.12 深度残差网络

AlexNet、VGG、GoogLeNet 等网络模型的出现将神经网络的发展带入了几十层的阶段,研究人员发现网络的层数越深,越有可能获得更好的泛化能力。但是当模型加深以后,网络变得越来越难训练,这主要是由于梯度弥散和梯度爆炸现象造成的。在较深层数的神经网络中,梯度信息由网络的末层逐层传向网络的首层时,传递的过程中会出现梯度接近于 0 或梯度值非常大的现象。网络层数越深,这种现象可能会越严重。

那么怎么解决深层神经网络的梯度弥散和梯度爆炸现象呢?一个很自然的想法是,既然浅层神经网络不容易出现这些梯度现象,那么可以尝试给深层神经网络添加一种回退到浅层神经网络的机制。当深层神经网络可以轻松地回退到浅层神经网络时,深层神经网络可以获得与浅层神经网络相当的模型性能,而不至于更糟糕。

通过在输入和输出之间添加一条直接连接的 Skip Connection 可以让神经网络具有回退的能力。以 VGG13 深度神经网络为例,假设观察到 VGG13 模型出现梯度弥散现象,而 10 层的网络模型并没有观测到梯度弥散现象,那么可以考虑在最后的两个卷积层添加 Skip Connection,如图 10.62 中所示。通过这种方式,网络模型可以自动选择是否经由这两个卷积层完成特征变换,还是直接跳过这两个卷积层而选择 Skip Connection,抑或结合两个卷积层和 Skip Connection 的输出。

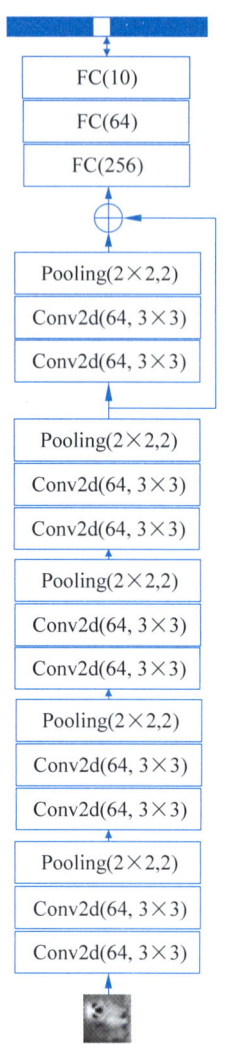

```
          FC(10)
          FC(64)
          FC(256)
            ↑
            ⊕ ←─┐
            ↑   │
      Pooling(2×2,2)
      Conv2d(64, 3×3)
      Conv2d(64, 3×3)
            ↑
      Pooling(2×2,2)
      Conv2d(64, 3×3)
      Conv2d(64, 3×3)
            ↑
      Pooling(2×2,2)
      Conv2d(64, 3×3)
      Conv2d(64, 3×3)
            ↑
      Pooling(2×2,2)
      Conv2d(64, 3×3)
      Conv2d(64, 3×3)
            ↑
      Pooling(2×2,2)
      Conv2d(64, 3×3)
      Conv2d(64, 3×3)
```

图 10.62　添加了 Skip Connection 的 VGG13 网络结构

　　2015 年，微软亚洲研究院何凯明等发表了基于 Skip Connection 的深度残差神经网络（Residual Neural Network，ResNet）算法，并提出了 18 层、34 层、50 层、101 层、152 层的 ResNet-18、ResNet-34、ResNet-50、ResNet-101 和 ResNet-152 等模型，甚至成功训练出层数达到 1202 层的极深层神经网络。ResNet 在 ILSVRC 2015 挑战赛 ImageNet 数据集上的分类、检测等任务上面均获得了最好性能，ResNet 论文至今已经获得超 25 万的引用量，可见 ResNet 在人工智能行业的影响力。ResNet 和另一篇伟大的工作 "*Attention is All you Need*" 对于当今人工智能的发展来说具有里程碑式的意义。

10.12.1　ResNet 原理

　　ResNet 通过在卷积层的输入和输出之间添加 Skip Connection 实现层数回退机制，如

图 10.63 所示,输入 x 通过两个卷积层,得到特征变换后的输出 $\mathcal{F}(x)$,与输入 x 进行对应元素的相加运算,得到最终输出 $\mathcal{H}(x)$,即

$$\mathcal{H}(x) = x + \mathcal{F}(x)$$

$\mathcal{H}(x)$ 叫作残差模块(Residual Block,ResBlock)。由于被 Skip Connection 包围的卷积神经网络需要学习映射 $\mathcal{F}(x) = \mathcal{H}(x) - x$,故称为残差网络。

为了能够满足输入 x 与卷积层的输出 $\mathcal{F}(x)$ 能够相加运算,需要输入 x 的 shape 与 $\mathcal{F}(x)$ 的 shape 完全一致。当出现 shape 不一致时,一般通过在 Skip Connection 上添加额外的卷积运算环节将输入 x 变换到与 $\mathcal{F}(x)$ 相同的 shape,如图 10.63 中 identity(x) 函数所示,其中 identity(x) 以 1×1 的卷积运算居多,主要用于调整输入的通道数。

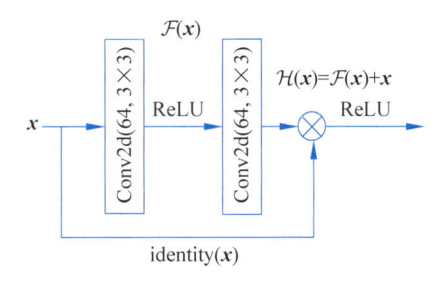

图 10.63 残差模块

图 10.64 对比了 34 层的深度残差网络、34 层的普通深度网络以及 19 层的 VGG 网络结构。可以看到,深度残差网络通过堆叠残差模块,达到了较深的网络层数,从而获得了训练稳定、性能优越的深层网络模型。

10.12.2 ResBlock 实现

深度残差网络并没有发明新的网络层类型,只是通过在输入和输出之间添加一条 Skip Connection,因此并不需要针对 ResNet 重新实现新的网络层。在 PyTorch 中通过调用普通卷积层即可实现残差模块。

首先创建一个新类,在初始化阶段创建残差块中需要的卷积层、激活函数层等,首先新建 $\mathcal{F}(x)$ 卷积层,代码如下。

```
class BasicBlk(nn.Module):
    #残差模块类
    def __init__(self, ch_in, ch_out, stride = 1):
        """
        :param ch_in: 输入通道数
        :param ch_out: 输出通道数
        :param stride: 步长
        """
        super(BasicBlk, self).__init__()
        #f(x)包含了2个普通卷积层,创建卷积层1
        self.conv1 = nn.Conv2d(ch_in, ch_out, kernel_size = 3, stride = stride, padding = 1)
        self.bn1 = nn.BatchNorm2d(ch_out)
        #创建卷积层2
        self.conv2 = nn.Conv2d(ch_out, ch_out, kernel_size = 3, stride = 1, padding = 1)
        self.bn2 = nn.BatchNorm2d(ch_out)
```

图 10.64　网络结构比较

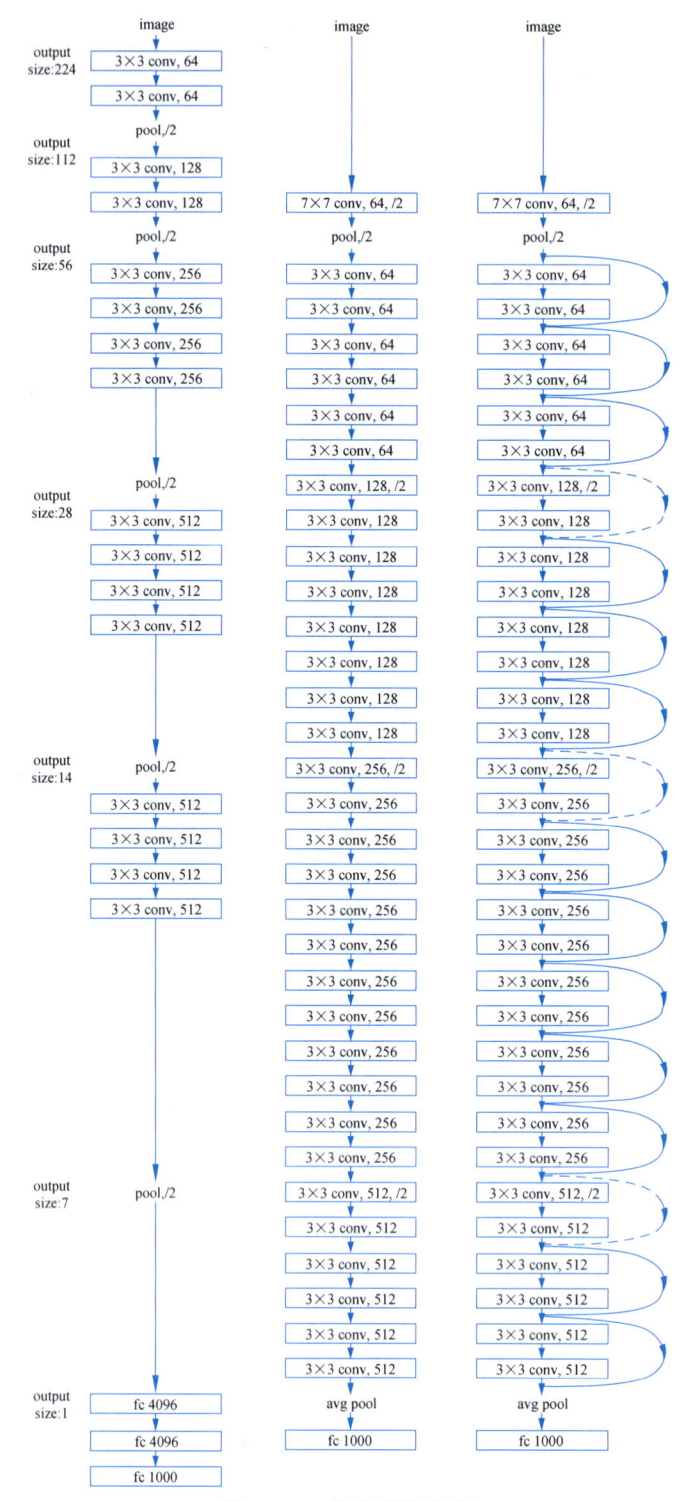

当 $\mathcal{F}(x)$ 的形状与 x 不同时，无法直接相加融合，需要新建 extra(x) 卷积层，来完成 x 的形状转换。紧跟上面代码，实现如下。

```
# skip connect 层
self.extra = nn.Sequential()
if ch_out != ch_in or stride != 1:
    #[b, ch_in, h, w] => [b, ch_out, h, w]
    self.extra = nn.Sequential(
        nn.Conv2d(ch_in, ch_out, kernel_size=1, stride=stride),
        nn.BatchNorm2d(ch_out)
    )
```

在前向传播时，只需要将 $\mathcal{F}(x)$ 与 extra(x) 相加，并添加 ReLU 激活函数即可。前向传播函数代码如下。

```
def forward(self, x):
    """
    # 前向传播函数
    :param x: [b, ch, h, w]输入
    :return:
    """
    # 通过第一个卷积层
    out = F.relu(self.bn1(self.conv1(x)))
    out = self.bn2(self.conv2(out))
    # 残差连接
    # extra module: [b, ch_in, h, w] => [b, ch_out, h, w]
    out = self.extra(x) + out
    # 输出激活函数
    out = F.relu(out)

    return out
```

10.13 DenseNet

Skip Connection 的思想在 ResNet 上面获得了巨大的成功，研究人员开始尝试不同的 Skip Connection 方案，其中比较流行的就是 DenseNet。DenseNet 将前面所有层的特征图信息通过 Skip Connection 与当前层输出进行聚合，与 ResNet 的对应位置相加方式不同，DenseNet 采用在通道轴 c 维度进行拼接操作，聚合特征信息。

如图 10.65 所示，输入 $\boldsymbol{X}_0$ 通过 H_1 卷积层得到输出 $\boldsymbol{X}_1$，$\boldsymbol{X}_1$ 与 $\boldsymbol{X}_0$ 在通道轴上进行拼接，得到聚合后的特征张量，送入 H_2 卷积层，得到输出 $\boldsymbol{X}_2$，同样的方法，$\boldsymbol{X}_2$ 与前面所有层的特征信息 $\boldsymbol{X}_1$ 与 $\boldsymbol{X}_0$ 进行聚合，再送入下一层。如此循环，直至最后一层的输出 $\boldsymbol{X}_4$ 和前面所有层的特征信息：$\{\boldsymbol{X}_i\}_{i=0,1,2,3}$ 进行聚合得到模块的最终输出。这样一种基于 Skip Connection 稠密连接的模块叫作 Dense Block。

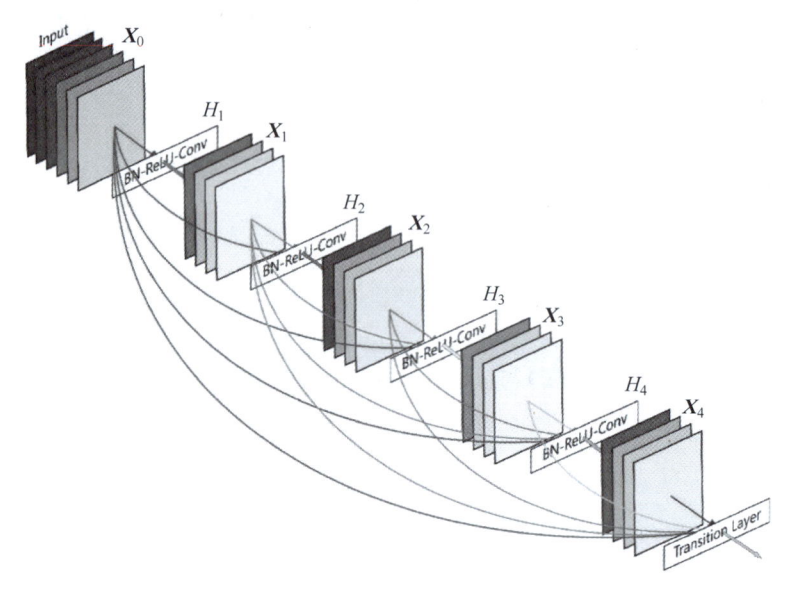

图 10.65 Dense Block 结构

DenseNet 通过堆叠多个 Dense Block 构成复杂的深层神经网络,如图 10.66 所示。

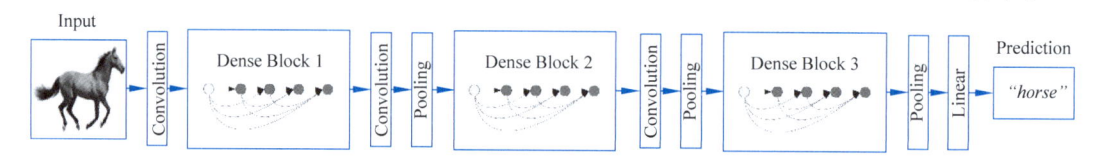

图 10.66 一个典型的 DenseNet 结构

如图 10.67(a)、(b) 和 (c) 所示分别为不同版本的 DenseNet 的性能比较曲线、DenseNet 与 ResNet 的性能比较曲线,以及 DenseNet 与 ResNet 训练曲线。

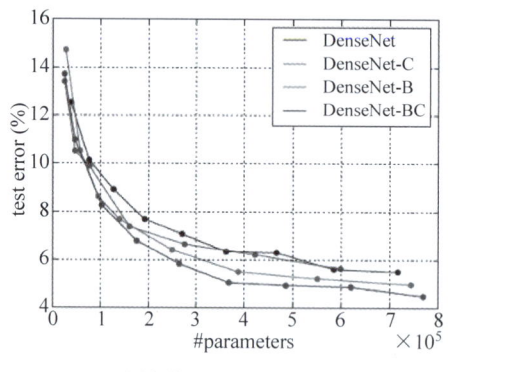

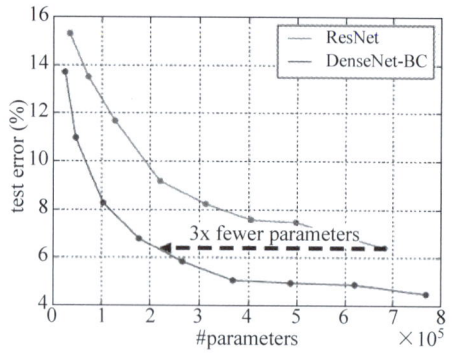

(a) 不同版本的 DenseNet 的性能比较曲线　　(b) DenseNet 与 ResNet 的性能比较曲线

图 10.67 DenseNet 的几组曲线示意图

(c) DenseNet与ResNet训练曲线

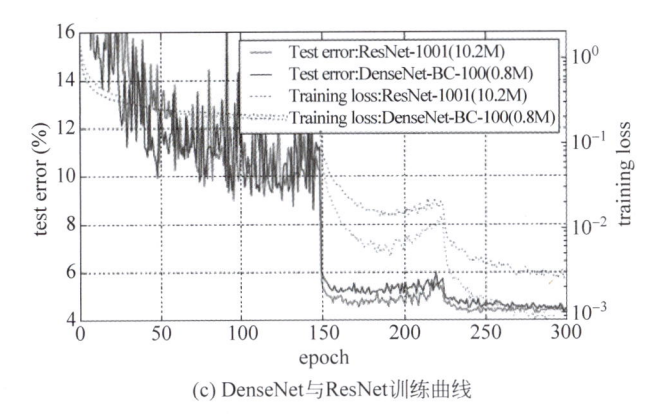

图 10.67 （续）

10.14　ResNet18 实战

本节将实现 18 层的深度残差网络 ResNet18，并在 CIFAR10 图片数据集上训练与测试。随后，将与 13 层的普通神经网络 VGG13 进行简单的性能比较。

标准的 ResNet18 接受输入为 224×224 大小的图片数据，这里将 ResNet18 进行适量调整，使得它输入大小为 32×32，输出维度为 10。调整后的 ResNet18 网络结构如图 10.68 所示。

首先实现中间两个卷积层，Skip Connection 1×1 卷积层的残差模块 BasicBlk。

在设计深度卷积神经网络时，一般按照特征图高和宽 h/w 逐渐减少，通道数 c 逐渐增大的经验法则。可以通过堆叠通道数逐渐增大的 Res Block 来实现高层特征的提取，通过 build_resblock 可以一次完成多个残差模块的新建。代码如下。

```
def build_resblock(ch_in, ch_out, blocks, stride=1):
        #辅助函数,堆叠 filter_num 个 BasicBlock
        res_blocks = nn.Sequential()
        #只有第一个 BasicBlock 的步长可能不为1,实现下采样
        res_blocks.add_module("resblk0", BasicBlk(ch_in, ch_out, stride))
        
        for _ in range(1, blocks):
            #其他 BasicBlock 步长都为1
            res_blocks.add_module(f"resblk{_}", BasicBlk(ch_out, ch_out, stride=1))
        
        return res_blocks
```

下面来实现通用的 ResNet 网络模型。代码如下。

```
class ResNet18(nn.Module):
    #通用的 ResNet 实现类
    def __init__(self):
        super(ResNet18, self).__init__()
```

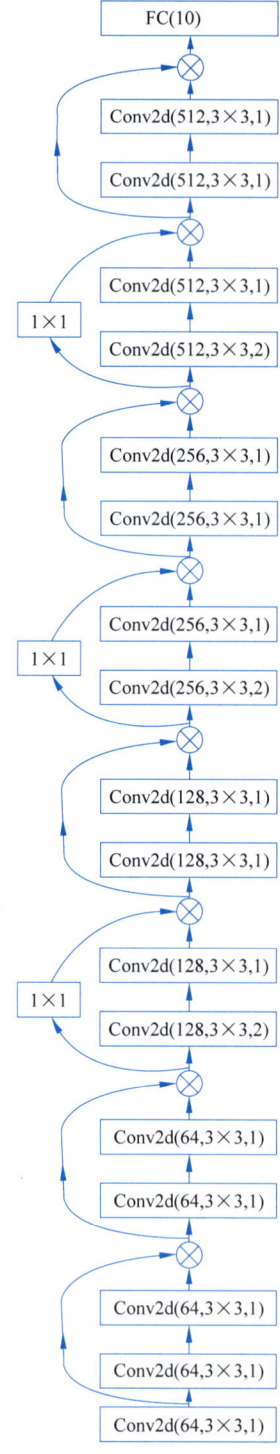

图 10.68 调整后的 ResNet18 网络结构

```python
        # 根网络
        self.stem = nn.Sequential(
            nn.Conv2d(3, 8, kernel_size = 3, stride = 1, padding = 1),
            nn.BatchNorm2d(8),
            nn.MaxPool2d(kernel_size = 2),
        )
        # 通过配置不同的 layer_dims 参数,可以生成不同的 ResNet
        layer_dims = [2,2,2,2]
        # 堆叠 4 个 Block,每个 Block 包含了多个 BasicBlock,设置步长不一样
        self.layer1 = build_resblock(8, 16, layer_dims[0])
        self.layer2 = build_resblock(16, 32, layer_dims[1], stride = 2)
        self.layer3 = build_resblock(32, 32, layer_dims[2], stride = 2)
        self.layer4 = build_resblock(32, 16, layer_dims[3], stride = 2)
        # 全局池化层
        self.pool = nn.AdaptiveAvgPool2d((1,1))

        self.outlayer = nn.Linear(16, 10)

    def forward(self, x):
        """
        :param x: 输入图像
        :return:
        """
        # 第 1 层
        x = F.relu(self.stem(x))

        # 共 2 * 4 * 2 = 16 层
        x = self.layer1(x)
        x = self.layer2(x)
        x = self.layer3(x)
        x = self.layer4(x)
        # 池化层
        x = self.pool(x)
        x = x.reshape(x.shape[0], x.shape[1])
        # 第 18 层
        x = self.outlayer(x)
        return x
```

通过调整每个 Res Block 的堆叠数量和通道数可以产生不同的 ResNet,如通过 64-64-128-128-256-256-512-512 通道数配置,共 8 个 Res Block,可得到 ResNet18 的网络模型。每个 Res Block 包含了 2 个主要的卷积层,因此卷积层数量是 $8×2=16$,加上网络末尾的全连接层,共 18 层。创建 ResNet18 和 ResNet34 可以简单实现如下。

```
def resnet18():
    # 通过调整模块内部 BasicBlock 的数量和配置实现不同的 ResNet
    Layer_dims = [2, 2, 2, 2]

def resnet34():
    # 通过调整模块内部 BasicBlock 的数量和配置实现不同的 ResNet
```

```
Layer_dims = [3, 4, 6, 3]
```

下面完成 CIFAR10 数据集的加载工作，代码如下。

```
def main():
    batchsz = 32
    #加载数据集
    cifar_train = datasets.CIFAR10('cifar', True, transform = transforms.Compose([
        transforms.Resize((32, 32)),
        transforms.ToTensor(),
        transforms.Normalize(0.5, 0.5),
    ]), download = True)
    cifar_train = DataLoader(cifar_train, batch_size = batchsz, shuffle = True)
    #加载数据集
    cifar_test = datasets.CIFAR10('cifar', False, transform = transforms.Compose([
        transforms.Resize((32, 32)),
        transforms.ToTensor(),
        transforms.Normalize(0.5, 0.5),
    ]), download = True)
    cifar_test = DataLoader(cifar_test, batch_size = batchsz, shuffle = False)

    #读取一个样本进行测试
    x, label = iter(cifar_train).next()
    print('x:', x.shape, 'label:', label.shape)

    #创建模型
    device = torch.device('cuda')
    # model = Lenet5().to(device)
    model = ResNet18().to(device)

    #CrossEntropy自带了softmax函数，网络中不能再重复添加softmax函数
    criteon = nn.CrossEntropyLoss().to(device)
    optimizer = optim.Adam(model.parameters(), lr = 1e - 3)
    #打印模型
    print(model)
    print(model(x.cuda()).shape)
```

网络训练逻辑和普通的分类网络训练部分一样，固定训练 10 个 epoch。代码如下。

```
    for epoch in range(10):
        #切换到训练模式
        model.train()
        for batchidx, (x, label) in enumerate(cifar_train):
            #[b, 3, 32, 32]
            #[b]
            x, label = x.to(device), label.to(device)

            logits = model(x)
            # logits: [b, 10]
            # label:  [b]
            # loss: tensor scalar
```

```
        loss = criteon(logits, label)

        # 反向传播更新梯度
        optimizer.zero_grad()
        loss.backward()
        optimizer.step()
    # 打印训练误差
    print(epoch, 'loss:', loss.item())
```

经过裁剪后的 ResNet18 的网络参数量只有 92730 个，经过 10 个 epoch 后，网络的准确率达到了 77.7%。这里的实战代码比较精简，例如中间卷积层的通道数最高只有 32，而在主流任务中通道数可高达 4096 等，因此参数量也会急剧提升，并且也没有在大规模图像数据集上面进行预训练，所以准确率并不高。在扩大网络规模、微调超参数、增强数据等手段加持下，准确率可以达到更高。

第 11 章 循环神经网络

CHAPTER 11

> 人工智能的强力崛起,可能是人类历史上最好的事情,也可能是最糟糕的事情。
>
> ——史蒂芬·霍金

卷积神经网络利用数据的局部相关性和权值共享的思想大大减少了网络的参数量,非常适合于图片这种具有空间(Spatial)局部相关性的数据,它已经被成功地应用到计算机视觉领域的一系列任务上。自然界的信号除了具有空间维度之外,还有一个时间(Temporal)维度。具有时间维度的信号非常常见,比如正在阅读的文本、说话时发出的语音信号、随着时间变化的股市参数等。这类数据并不一定具有局部相关性,同时数据在时间维度上的长度也是可变的,卷积神经网络并不擅长处理此类数据。

那么如何解决这一类信号的分析、识别等问题是将人工智能推向通用人工智能路上必须解决的一项任务。本章将要介绍的循环神经网络可以较好地解决此类问题。在介绍循环神经网络之前,首先介绍对于具有时间先后顺序的数据的表示方法。

11.1 序列表示方法

具有先后顺序的数据一般叫作序列(Sequence),比如随时间而变化的商品价格数据就是非常典型的序列。考虑某件商品 A 在 1 月到 6 月的价格变化趋势,记为一维向量:$[x_1, x_2, x_3, x_4, x_5, x_6]$,它的 shape 为 $[6]$。如果要表示 b 件商品在 1 月到 6 月的价格变化趋势,可以记为二维张量,即

$$[[x_1^{(1)}, x_2^{(1)}, \cdots, x_6^{(1)}], [x_1^{(2)}, x_2^{(2)}, \cdots, x_6^{(2)}], \cdots, [x_1^{(b)}, x_2^{(b)}, \cdots, x_6^{(b)}]]$$

其中 b 表示商品的数量,张量 shape 为 $[b,6]$。

这么看来,序列信号表示起来并不麻烦,只需要一个 shape 为 $[b,s]$ 的张量即可,其中 b 为序列数量,s 为序列长度。但是对于很多信号并不能直接用一个标量数值表示,比如每

时间戳产生长度为 n 的特征向量,则需要 shape 为 $[b,s,n]$ 的张量才能表示。考虑更复杂的文本数据:句子。它在每个时间戳上面产生的单词是一个字符,并不是数值,不能直接用某个标量表示。神经网络本质上是一系列的矩阵相乘、相加等数学运算,它并不能够直接处理字符串类型的数据。如果希望神经网络能够用于自然语言处理任务,那么如何把单词或字符转化为数值就变得尤为关键。接下来主要探讨文本序列的表示方法,其他非数值类型的信号可以参考文本序列的表示方法。

对于一个含有 n 个单词的句子,单词的一种简单表示方法就是前面介绍的 One-hot 编码。以英文句子为例,假设只考虑最常用的 1 万个单词,那么每个单词就可以表示为某位为 1,其他位置为 0 且长度为 1 万的稀疏 One-hot 向量;对于中文句子,如果也只考虑最常用的 5000 个汉字,同样的方法,一个汉字可以用长度为 5000 的 One-hot 向量表示。如图 11.1 所示,如果只考虑 n 个地名单词,可以将每个地名编码为长度为 n 的 One-hot 向量。

通常把文字编码为数值的过程叫作 Word Embedding。One-hot 的编码方式实现 Word Embedding 简单直观,编码过程不需要学习和训练。但是 One-hot 编码的向量是高维度而且极其稀疏的,大量的位置为 0,计算效率较低,同时也不利于神经网络的训练。从语义角度来讲,One-hot 编码还有一个严重的问题,它忽略了单词先天具有的语义相关性。举个例子,对于单词"like""dislike""Rome""Paris"来说,"like"和"dislike"在语义角度就强相关,它们都表示喜欢的程度;"Rome"和"Paris"同样也是强相关,它们都表示欧洲的地点。对于一组这样的单词来说,如果采用 One-hot 编码,得到的向量之间没有相关性,不能很好地体现原有文字的语义相关度,因此 One-hot 编码具有明显的缺陷。

在自然语言处理领域,有一个专门的研究方向在探索如何学习到单词的表示向量 (Word Vector),使得语义层面的相关性能够很好地通过 Word Vector 体现出来。一个衡量词向量之间相关度的方法就是余弦相似度(Cosine similarity),即

$$\text{similarity}(\boldsymbol{a},\boldsymbol{b}) \triangleq \cos(\theta) = \frac{\boldsymbol{a} \times \boldsymbol{b}}{|\boldsymbol{a}| \times |\boldsymbol{b}|}$$

其中 $\boldsymbol{a}$ 和 $\boldsymbol{b}$ 代表了两个词向量。图 11.2 演示了单词"France"和"Italy"的相似度,以及单词"ball"和"crocodile"的相似度,θ 为两个词向量之间的夹角。可以看到 $\cos(\theta)$ 较好地反映了语义相关性。

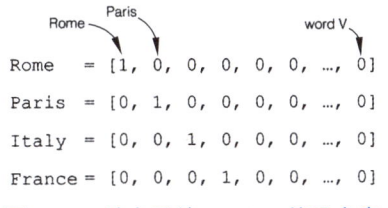

图 11.1 地名系统 One-hot 编码方案

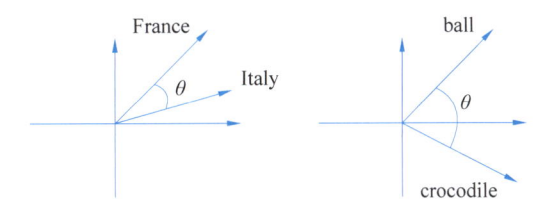

图 11.2 余弦相似度示意图

11.1.1 Embedding 层

在神经网络中,单词的表示向量可以直接通过训练的方式得到,把单词的表示层叫作

Embedding 层。Embedding 层负责把单词编码为某个词向量 v，它接收的是采用数字编码的单词编号 i，如 2 表示"I"，3 表示"me"等，系统总单词数量记为 N_{vocab}，输出长度为 n 的向量 v，即

$$v = f_\theta(i \mid N_{vocab}, n)$$

Embedding 层实现起来非常简单，构建一个 shape 为 $[N_{vocab}, n]$ 的查询表对象 table，对于任意的单词编号 i，只需要查询到对应位置上的向量并返回即可，即

$$v = \text{table}[i]$$

Embedding 层是可训练的，它可放置在神经网络之前，完成单词到向量的转换，得到的表示向量可以继续通过神经网络完成后续任务，并计算误差 $\mathcal{L}$，采用梯度下降算法来实现端到端(end-to-end)的训练。

在 PyTorch 中，可以通过 nn.Embedding(N_{vocab}, n) 来定义一个 Word Embedding 层，其中 N_{vocab} 参数指定词汇数量，n 指定单词特征向量的长度。举例如下。

```
# 随机生成单词 ID 序列
x = torch.randperm(10)
# 创建共 10 个单词，每个单词用长度为 4 的向量表示
net = nn.Embedding(10, 4)
# word2embedding，编码过程
out = net(x)
print('word id:', x)
print('word emb:', out)
```

上述代码创建了 10 个单词的 Embedding 层，每个单词用长度为 4 的向量表示，可以传入数字编码为 0～9 的输入，得到这 4 个单词的词向量，这些词向量是随机初始化的，尚未经过网络训练，举例如下。

```
word id: tensor([8, 5, 3, 7, 6, 1, 0, 2, 4, 9])
word emb: tensor([[ 0.9098, 0.4224, -0.5446, -0.9861], [-0.6177, 0.2977, -0.7355,
-0.0633], [-0.2757, -2.3292, 0.1200, -2.2198], [-0.9606, 0.2858, 0.1253, -0.6663],
[ 0.6036, -1.5472, -0.2715, -0.8044], [-1.4303, 0.3387, 2.4914, -0.2016], [-0.8276,
0.0491, 0.3754, -0.1878], [-0.3383, 0.9993, -0.8740, -0.3896], [ 1.8330, -0.7850,
-3.5388, -1.9099], [-0.7129, 1.0053, 0.9321, -0.5928]], grad_fn=<EmbeddingBackward0>)
```

可以直接查看 Embedding 层内部的查询表 table，代码如下。

```
In[1]:
# 打印内部查询表张量
for name, p in net.named_parameters():
    print(name, p.shape)
print('table:', next(net.parameters()))
Out[1]:
weight torch.Size([10, 4])
table: Parameter containing: tensor([[-0.8276, 0.0491, 0.3754, -0.1878], [-1.4303, 0.3387,
2.4914, -0.2016], [-0.3383, 0.9993, -0.8740, -0.3896], [-0.2757, -2.3292, 0.1200,
-2.2198], [ 1.8330, -0.7850, -3.5388, -1.9099], [-0.6177, 0.2977, -0.7355, -0.0633],
[ 0.6036, -1.5472, -0.2715, -0.8044], [-0.9606, 0.2858, 0.1253, -0.6663], [ 0.9098,
0.4224, -0.5446, -0.9861], [-0.7129, 1.0053, 0.9321, -0.5928]], requires_grad=True)
```

可以看到 net.weight 张量包含在 parameters 参数列表中，即 requires_grad=True，因此可以通过梯度下降算法优化 weight 张量。Embedding 层的训练过程亦是查询表的建表过程，训练得到的词向量表能较好地表征单词的语义特征。

11.1.2 预训练的词向量

Embedding 层的查询表是随机初始化的，需要从零开始训练。实际上，可以使用预训练的 Word Embedding 模型来得到单词的表示方法，基于预训练模型的词向量相当于迁移了整个语义空间的知识，往往能得到更好的性能。

目前应用的比较广泛的预训练模型有 Word2Vec 和 GloVe 等。它们已经在海量的语料库训练并得到了较好的词向量表示方法，同时可以直接导出学习到的词向量表，方便迁移到其他任务。比如 GloVe 模型 GloVe.6B.50d，词汇量为 40 万，每个单词使用长度为 50 的向量表示，用户只需要下载对应的模型文件即可，"glove6b50dtxt.zip"模型文件约 69MB。

那么如何使用这些预训练的词向量模型来帮助提升 NLP 任务的性能？非常简单，对于 Embedding 层，不再采用随机初始化的方式，而是利用已经预训练好的模型参数去初始化 Embedding 层的查询表。举例如下。

```
# 在线下载 gensim 词向量数据库可能需要能良好访问对应站点的网络
# conda install gensim -c conda-forge
import gensim.downloader
# 如果无法运行,请参考此处:
# https://stackoverflow.com/questions/62861346/why-cant-i-download-a-dataset-with-the-gensim-download-api
print(list(gensim.downloader.info()['models'].keys()))
# 使用 glove-twitter-50 的预训练模型
glove_vectors = gensim.downloader.load('glove-twitter-50')
```

上述代码将自动下载 glove-twitter-50 模型数据，大约 200MB 大小。下载完成后，可以查询单词对应的词向量，以及搜索邻近词，代码如下。

```
# 查找与 book 语义接近的词
print('book related:', glove_vectors.most_similar('book'))
# 打印词向量查询表的 shape
print('pretrained:', glove_vectors.vectors.shape)
out[1]:
book related: [('books', 0.9083403944969177),
               ('review', 0.8599202036857605),
               ('read', 0.8560899496078491),
               ('story', 0.8461475372314453),
               ('comic', 0.8268067240715027),
               ('writing', 0.8226077556610107),
               ('reference', 0.8206189870834351),
               ('write', 0.819651186466217),
               ('first', 0.8092032670974731),
               ('reading', 0.8075628280639648)]
```

```
pretrained: (1193514, 50)
```

将预训练词向量导入 nn.Embedding 层即可,代码如下。

```
# 转换为张量
weights = torch.FloatTensor(glove_vectors.vectors)
# 导入 Embedding layer
embedding = nn.Embedding.from_pretrained(weights)
print('embedding weight:', embedding.weight.shape)
```

经过预训练的词向量模型初始化的 Embedding 层可以设置为不参与训练,那么预训练的词向量就直接应用到此特定任务上,代码如下。

```
# 设置 Embedding 层不参与梯度优化
embedding.weight.requires_grad_(False)
```

这种一般适合小型任务,将预训练词向量知识迁移过来即可,一般也能取得不错的泛化性。

如果希望能够学到区别于预训练词向量模型不同的表示方法,那么可以把 Embedding 层包含进反向传播算法中,利用梯度下降来微调词向量表示方法。

11.2 循环神经网络

现在来考虑如何处理序列信号,以文本序列为例,考虑如下句子。

"I hate this boring movie"

通过 Embedding 层,可以将它转换为 shape 为 $[b,s,n]$ 的张量,b 为句子数量,s 为句子长度,n 为词向量长度。上述句子可以表示为 shape 为 $[1,5,10]$ 的张量,其中 5 代表句子单词长度,10 表示词向量长度。

接下来逐步探索能够处理序列信号的网络模型,为了便于表达,以情感分类任务为例,如图 11.3 所示。情感分类任务通过分析给出的文本序列,提炼出文本数据表达的整体语义特征,从而预测输入文本的情感类型:正面评价或者负面评价。从分类角度来看,情感分类问题就是一个简单的二分类问题,与图片分类不一样的是,由于输入是文本序列,传统的卷积神经网络并不能取得很好的效果。那么什么类型的网络擅长处理序列数据?

11.2.1 全连接层可行吗

首先想到的是,对于每个词向量,分别使用一个全连接层网络,即

$$o = \sigma(\boldsymbol{W}_t \boldsymbol{x}_t + \boldsymbol{b}_t)$$

来提取语义特征,如图 11.4 所示,各个单词的词向量通过 s 个全连接层分类网络 1 提取每个单词的特征,所有单词的特征最后合并,并通过分类网络 2 输出序列的类别概率分布,对于长度为 s 的句子来说,至少需要 s 个全连接网络层。

这种方案的缺点如下。

(1) 网络参数量是相当大的,内存占用和计算代价较高,同时由于每个序列的长度 s 并

图 11.3　情感分类任务

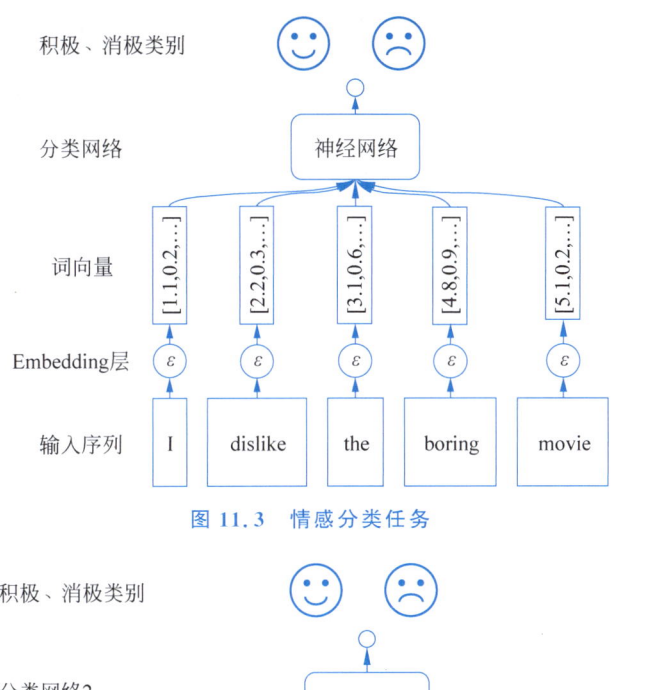

图 11.4　网络方案一

不相同,网络结构是动态变化的。

(2) 每个全连接层子网络 W_i 和 b_i 只能感受当前词向量的输入,并不能感知之前和之后的语境信息,导致句子整体语义的缺失,每个子网络只能根据自己的输入来提取高层特征,犹如管中窥豹。

接下来逐一解决这两大缺陷。

11.2.2　共享权值

在介绍卷积神经网络时比较过,卷积神经网络之所以在处理局部相关数据时优于全连接网络,是因为它充分利用了权值共享的思想,大大减少了网络的参数量,使得网络训练起来更加高效。那么,在处理序列信号的问题上,能否借鉴权值共享的思想?

图 11.4 中的方案,s 个全连接层的网络并没有实现权值同享。将这 s 个网络层参数共

享,这样其实相当于使用一个全连接网络来提取所有单词的特征信息,如图 11.5 所示。

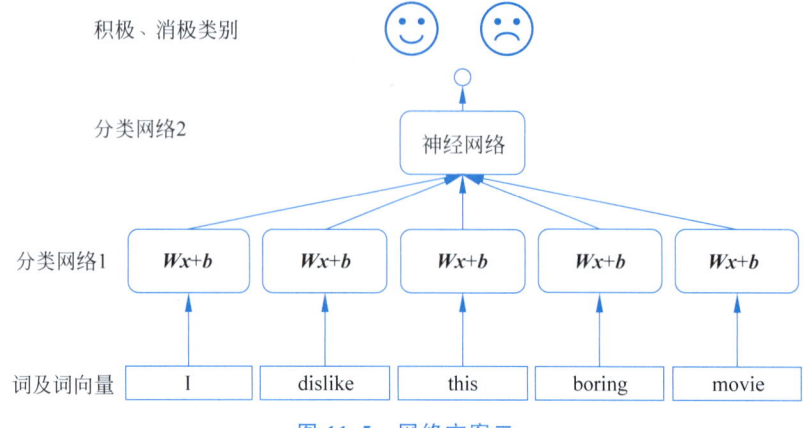

图 11.5 网络方案二

通过权值共享后,参数量大大减少,网络训练变得更加稳定高效。但是,这种网络结构并没有考虑序列之间的先后顺序,将词向量打乱次序仍然能获得相同的输出,无法获取有效的全局语义信息。

11.2.3 全局语义

如何赋予网络提取整体语义特征的能力?或者说,如何让网络能够按序提取词向量的语义信息,并累积成整个句子的全局语义信息?可以借助内存(Memory)机制。如果网络能够提供一个单独的内存变量,每次提取词向量的特征并刷新内存变量,直至最后一个输入完成,此时的内存变量即存储了所有序列的语义特征,并且由于输入序列之间的先后顺序,使得内存变量内容与序列顺序紧密关联。

将上述 Memory 机制实现为一个状态张量 h,如图 11.6 所示,除了原来的 W_{xh} 参数共享外,这里额外增加了一个 W_{hh} 参数,每个时间戳 t 上状态张量 h 刷新机制为

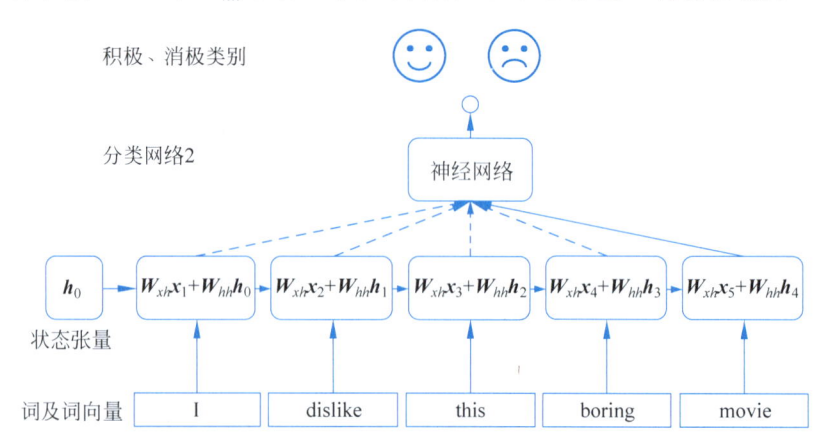

图 11.6 循环神经网络(未添加偏置)

$$h_t = \sigma(W_{xh}x_t + W_{hh}h_{t-1} + b)$$

其中状态张量 h_0 为初始的内存状态,可以初始化为全 0,经过 s 个词向量的输入后得到网络最终的状态张量 h_s,h_s 较好地代表了句子的全局语义信息,基于 h_s 通过某个全连接层分类器即可完成情感分类任务。

11.2.4 循环神经网络

通过一步步地探索,最终得到了一种"新型"的网络结构,如图 11.7 所示,在每个时间戳 t,网络层接收当前时间戳的输入 x_t 和上一个时间戳的网络状态向量 h_{t-1},经过

$$h_t = f_\theta(h_{t-1}, x_t)$$

变换后得到当前时间戳的新状态向量 h_t,并写入内存状态中,其中 f_θ 代表了网络的运算逻辑,θ 为网络参数集。在每个时间戳上,网络层均有输出产生 o_t,$o_t = g_\phi(h_t)$,即将网络的状态向量变换后输出。

上述网络结构在时间戳上折叠,如图 11.8 所示,网络循环接收序列的每个特征向量 x_t,并刷新内部状态向量 h_t,同时形成输出 o_t。对于这种网络结构,我们把它叫作循环神经网络结构(Recurrent Neural Network,RNN)。

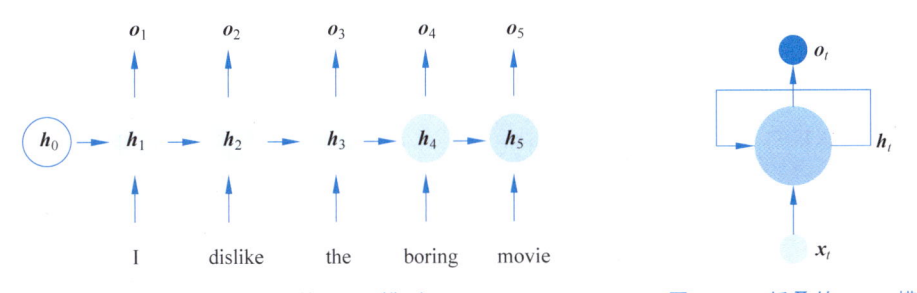

图 11.7 展开的 RNN 模型 　　　　图 11.8 折叠的 RNN 模型

更特别地,如果使用张量 W_{xh}、W_{hh} 和偏置 b 来参数化 f_θ 网络,并按照

$$h_t = \sigma(W_{xh}x_t + W_{hh}h_{t-1} + b)$$

方式更新内存状态,把这种网络叫作基本的循环神经网络,如无特别说明,一般说的循环神经网络即指这种实现。在循环神经网络中,激活函数更多地采用 tanh 函数,并且可以选择不使用偏执 b 来进一步减少参数量。状态向量 h_t 可以直接用作输出,即 $o_t = h_t$,也可以对 h_t 做一个简单的线性变换 $o_t = W_{ho}h_t$ 后得到每个时间戳上的网络输出 o_t。

11.3　梯度传播

通过循环神经网络的更新表达式可以看出输出对张量 W_{xh}、W_{hh} 和偏置 b 均是可导的,可以利用自动梯度算法来求解网络的梯度。此处仅简单地推导一下 RNN 的梯度传播公式,并观察其特点。

考虑梯度 $\dfrac{\partial \mathcal{L}}{\partial \bm{W}_{hh}}$，其中 $\mathcal{L}$ 为网络的误差，只考虑最后一个时刻 t 的输出 $\bm{o}_t$ 与真实值之间的差距。由于 $\bm{W}_{hh}$ 被每个时间戳 i 上权值共享，在计算 $\dfrac{\partial \mathcal{L}}{\partial \bm{W}_{hh}}$ 时需要将每个中间时间戳 i 上面的梯度求和，利用链式法则展开为

$$\frac{\partial \mathcal{L}}{\partial \bm{W}_{hh}} = \sum_{i=1}^{t} \frac{\partial \mathcal{L}}{\partial \bm{o}_t} \frac{\partial \bm{o}_t}{\partial \bm{h}_t} \frac{\partial \bm{h}_t}{\partial \bm{h}_i} \frac{\partial^+ \bm{h}_i}{\partial \bm{W}_{hh}}$$

其中 $\dfrac{\partial \mathcal{L}}{\partial \bm{o}_t}$ 可以基于损失函数直接求得，$\dfrac{\partial \bm{o}_t}{\partial \bm{h}_t}$ 在 $\bm{o}_t = \bm{h}_t$ 的情况下，有

$$\frac{\partial \bm{o}_t}{\partial \bm{h}_t} = \bm{I}$$

而 $\dfrac{\partial^+ \bm{h}_i}{\partial \bm{W}_{hh}}$ 的梯度将 $\bm{h}_i$ 展开后也可以求得

$$\frac{\partial^+ \bm{h}_i}{\partial \bm{W}_{hh}} = \frac{\partial \sigma(\bm{W}_{xh}\bm{x}_t + \bm{W}_{hh}\bm{h}_{t-1} + \bm{b})}{\partial \bm{W}_{hh}}$$

其中 $\dfrac{\partial^+ \bm{h}_i}{\partial \bm{W}_{hh}}$ 只考虑到一个时间戳的梯度传播，即"直接"偏导数，与 $\dfrac{\partial \mathcal{L}}{\partial \bm{W}_{hh}}$ 考虑 $i = 1,2,\cdots,t$ 所有的时间戳的偏导数不同。

因此，只需要推导出 $\dfrac{\partial \bm{h}_t}{\partial \bm{h}_i}$ 的表达式即可完成循环神经网络的梯度推导。利用链式法则，把 $\dfrac{\partial \bm{h}_t}{\partial \bm{h}_i}$ 分拆为连续时间戳的梯度表达式，即

$$\frac{\partial \bm{h}_t}{\partial \bm{h}_i} = \frac{\partial \bm{h}_t}{\partial \bm{h}_{t-1}} \frac{\partial \bm{h}_{t-1}}{\partial \bm{h}_{t-2}} \cdots \frac{\partial \bm{h}_{i+1}}{\partial \bm{h}_i} = \prod_{k=i}^{t-1} \frac{\partial \bm{h}_{k+1}}{\partial \bm{h}_k}$$

考虑

$$\bm{h}_{k+1} = \sigma(\bm{W}_{xh}\bm{x}_{k+1} + \bm{W}_{hh}\bm{h}_k + \bm{b})$$

那么

$$\frac{\partial \bm{h}_{k+1}}{\partial \bm{h}_k} = \bm{W}_{hh}^{\mathrm{T}} \operatorname{diag}(\sigma'(\bm{W}_{xh}\bm{x}_{k+1} + \bm{W}_{hh}\bm{h}_k + \bm{b}))$$

$$= \bm{W}_{hh}^{\mathrm{T}} \operatorname{diag}(\sigma'(\bm{h}_{k+1}))$$

其中 $\operatorname{diag}(\bm{x})$ 把向量 $\bm{x}$ 的每个元素作为矩阵的对角元素，得到其他元素全为 0 的对角矩阵，例如

$$\operatorname{diag}([3,2,1]) = \begin{bmatrix} 3 & 0 & 0 \\ 0 & 2 & 0 \\ 0 & 0 & 1 \end{bmatrix}$$

因此

$$\frac{\partial \boldsymbol{h}_t}{\partial \boldsymbol{h}_i} = \prod_{j=i}^{t-1} \text{diag}(\sigma'(\boldsymbol{W}_{xh}\boldsymbol{x}_{j+1} + \boldsymbol{W}_{hh}\boldsymbol{h}_j + \boldsymbol{b}))\boldsymbol{W}_{hh}$$

至此，$\frac{\partial \mathcal{L}}{\partial \boldsymbol{W}_{hh}}$ 的梯度推导完成。

由于深度学习框架可以自动推导梯度，只需要简单地了解循环神经网络的梯度传播方式即可。我们在推导 $\frac{\partial \mathcal{L}}{\partial \boldsymbol{W}_{hh}}$ 的过程中发现，$\frac{\partial \boldsymbol{h}_t}{\partial \boldsymbol{h}_i}$ 的梯度包含了 $\boldsymbol{W}_{hh}$ 的连乘运算，我们会在后面介绍，这是导致循环神经网络训练困难的根本原因。

11.4 RNN 层使用方法

在介绍完循环神经网络的算法原理之后，来学习如何在 PyTorch 中实现 RNN 层。在 PyTorch 中，可以通过 layers.SimpleRNNCell 来完成 $\sigma(\boldsymbol{W}_{xh}\boldsymbol{x}_t + \boldsymbol{W}_{hh}\boldsymbol{h}_{t-1} + \boldsymbol{b})$ 计算，其中偏置向量 $\boldsymbol{b}$ 实现为两个向量之和：即 $\boldsymbol{b} = \boldsymbol{b}_{xh} + \boldsymbol{b}_{hh}$。需要注意的是，在 PyTorch 中，RNN 与 RNNCell 的区别在于，带 Cell 的层仅仅是完成了单个时间戳的前向运算，不带 Cell 的层一般是基于 Cell 层实现的，它在内部完成了多个时间戳的循环运算，因此使用起来更为方便快捷。

本节先介绍 RNNCell 的使用方法，再介绍 RNN 层的使用方法。

11.4.1 RNNCell

以某输入特征长度 $n=4$，Cell 状态向量特征长度 $h=3$ 为例，首先新建一个 RNNCell，不需要指定序列长度 s，代码如下。

```
In [3]:
# 创建 RNN Cell,内存向量长度为 3
# 输出特征长度 n = 4
cell = nn.RNNCell(4, 3)
# 打印内部张量,wxh, whh, b 等
for name, p in cell.named_parameters():
    print(name, ':', p.shape)
Out[3]:
weight_ih : torch.Size([3, 4])
weight_hh : torch.Size([3, 3])
bias_ih : torch.Size([3])
bias_hh : torch.Size([3])
```

可以看到，RNNCell 内部维护了 4 个张量，weight_ih 变量即 $\boldsymbol{W}_{xh}$ 张量，weight_hh 变量即 $\boldsymbol{W}_{hh}$ 张量，bias_ih 和 bias_hh 变量之和为偏置 $\boldsymbol{b}$ 向量，数学上是等价的，不同的框架有不同的实现。但是 RNN 的 Memory 向量 $\boldsymbol{h}$ 并不由 RNNCell 类维护，需要用户自行初始化向量 $\boldsymbol{h}_0$ 并记录每个时间戳上的 $\boldsymbol{h}_t$。

通过调用 Cell 实例即可完成单次前向运算，即
$$h_t = \text{Cell}(x_t, h_{t-1})$$
对于 RNNCell 来说，$o_t = h_t$，并没有经过额外的线性层转换，是同一个对象，用户也可以基于 h_t 自行构建输出子网络来实现 o_t；输入状态为 h_{t-1}，输出为 h_t。在循环神经网络的初始化阶段，状态向量 h_0 可以初始化为全 0 向量，举例如下。

```
In [4]:
# 初始化状态向量,内部特征向量长度为 64
h0 = torch.zeros([4, 64])
# 输入格式:[seq_len, batch_size, feat_len]
x = torch.randn([80, 4, 100])
# 取 t = t0 时间戳的输入
xt0 = x[0,:,:]
# 构建输入特征 f = 100, 输出特征长度 = 64 的 Cell
cell = nn.RNNCell(100, 64)
# 前向计算,输出为[4, 64]
h1 = cell(xt0, h0)
print('xt0:', xt0.shape)
print('h1:', h1.shape)
Out[4]:
xt0: torch.Size([4, 100])
h1: torch.Size([4, 64])
```

对于长度为 s 的序列来说，需要循环通过 Cell 类 s 次才算完成一次网络层的前向运算。举例如下。

```
In [5]:
# 设置第一个状态张量
h = h0
# 记录每个时间戳的输出张量
outs = []
# 在序列长度的维度解开输入,得到 xt:[b,n]
for xt in x:
    # h 张量会被循环利用
    h = cell(xt, h)
    # 记录每次输出
    outs.append(h)
# 最终输出可以聚合每个时间戳上的输出,也可以只取最后时间戳的输出
out = outs[-1]          # 取最后一个时间戳的输出作为最终输出
outs = torch.stack(outs, dim = 0)
print('outs:', outs.shape)
print('last out:', out.shape)
Out[5]:
outs: torch.Size([80, 4, 64])
last out: torch.Size([4, 64])
```

一般将最后一个时间戳的输出变量 out 作为网络的最终输出。实际上，也可以将每个时间戳上的输出保存，然后求和或者均值，将其作为网络的最终输出。

11.4.2 多层 RNNCell 网络

和卷积神经网络一样,循环神经网络虽然在时间轴上面展开了多次,但只能算一个网络层。通过在深度方向堆叠多个 Cell 类来实现深层卷积神经网络一样的效果,能够大大提升网络的表达能力。但是和卷积神经网络动辄几十、上百的深度层数来比,循环神经网络很容易出现梯度弥散和梯度爆炸到现象,深层的循环神经网络训练起来非常困难,目前常见的循环神经网络模型层数一般控制在十层以内。

这里以两层的循环神经网络为例,介绍利用 Cell 方式构建多层 RNN。首先新建两个 RNNCell 单元,代码如下。

```
x = torch.randn([80, 4, 100])
xt = x[0]                              # 取第一个时间戳的输入 x0
# 构建 2 个 Cell,先 cell0,后 cell1
cell0 = nn.RNNCell(100, 64)
cell1 = nn.RNNCell(64, 64)
h0 = torch.zeros([4, 64])              # cell0 的初始状态向量
h1 = torch.zeros([4, 64])              # cell1 的初始状态向量
```

在时间轴上面循环计算多次来实现整个网络的前向运算,每个时间戳上的输入 xt 首先通过第一层,得到输出 out0,再通过第二层,得到输出 out1,代码如下。

```
for xt in x:
    # xtw 作为输入,输出为 out0
    h0 = cell0(xt, h0)
    # 上一个 cell 的输出 out0 作为本 cell 的输入
    h1 = cell1(h0, h1)
# 输出取最后一层的最后一次状态张量
out = h1
print('out:', out.shape) # out: torch.Size([4, 64])
```

上述方式先完成一个时间戳上的输入在所有层上的传播,再循环计算完所有时间戳上的输入。

实际上,也可以先完成输入在第一层上所有时间戳的计算,并保存第一层在所有时间戳上的输出列表,再计算第二层、第三层等的传播。代码如下。

```
# 保存上一层的所有时间戳上的输出
middle_sequences = []
# 计算第一层的所有时间戳上的输出,并保存
for xt in x:
    h0 = cell0(xt, h0)
    middle_sequences.append(h0)
# 计算第二层的所有时间戳上的输出
# 如果不是末层,需要保存所有时间戳上的输出
for xt in middle_sequences:
    h1 = cell1(xt, h1)
# 输出取最后一层的最后一次状态张量
```

```
out = h1
print('out:', out.shape)
```

使用这种方式,需要一个额外的 List 来保存上一层所有时间戳上的状态信息:middle_sequences.append(out0)。这两种方式完全等价,可以根据个人喜好选择编程风格。

值得思考的是,循环神经网络的每一层、每一个时间戳上均有状态输出,那么对于后续任务来说,应该收集哪些状态输出最有效?一般来说,最末层 Cell 的状态有可能保存了高层的全局语义特征,因此一般使用最末层的输出作为后续任务网络的输入。更特别地,每层最后一个时间戳上的状态输出包含了整个序列的全局信息,如果只希望选用一个状态变量来完成后续任务,比如情感分类问题,一般选用最末层、最末时间戳的状态输出较为合适。

11.4.3　RNN 层

通过 RNNCell 层的使用,可以非常深入地理解循环神经网络前向运算的每个细节,但是在实际使用中,为了简单快捷,不希望手动参与循环神经网络内部的计算过程,比如每一层的 h 状态向量的初始化,以及每一层在时间轴上展开的运算。通过 RNN 层高层接口可以非常方便地实现此目的。

比如要完成单层循环神经网络的前向运算,可以方便地实现如下。

```
In [6]:
#创建输入 100,状态向量长度为 64 的 2 层 RNN
#另外设置激活函数 tanh,没有 dropout
layer = nn.RNN(100, 64, num_layers = 2, nonlinearity = 'tanh', dropout = 0)
x = torch.randn([80, 4, 100])
#通过 2 层的 RNN
#out_lastcell:最后一层的所有时间戳的输出
#h_lasttime: 最后时间戳的所有层的输出
out_lastcell, h_lasttime = layer(x)
out = h_lasttime[-1]                          #最后一层的最后一次输出状态
print('out_lastcell:', out_lastcell.shape)
print('h_lasttime:', h_lasttime.shape)
print('out:', out.shape)
Out[6]:
out_lastcell: torch.Size([80, 4, 64])
h_lasttime: torch.Size([2, 4, 64])
out: torch.Size([4, 64])
```

可以看到,通过 RNN 类可以仅需几行代码即可完成整个前向运算过程,它返回两个张量。

(1) out_lastcell:最后一层在每个时间戳上的输出。

(2) h_lasttime:每一层在最后一个时间戳上的输出。

可以推断,out_lastcell[-1]与 h_lasttime[-1]肯定是等价的,它即是网络最后一层在最后一次的输出。大部分的算法可以从 out_lastcell 或 h_lasttime 中获得想要的特征,如若希望完全掌控计算过程,用户可以通过堆叠多个单层的 RNN(num_layers=1)类实现。

RNN 类还提供了 non_linearity、dropout 和 bidirectional 等常用参数,用户可以根据需

要进行设置。例如,常用的激活函数可以设置为"tanh"或者"relu";dropout 可以设置大于 0 的数值来防止过拟合;bidirectional 参数可以设置为 True 来生成双向 RNN。

11.5 RNN 情感分类问题实战

现在利用基础的 RNN 来挑战文本序列情感分类问题。网络结构如图 11.9 所示,RNN 共两层,循环提取序列信号的语义特征,利用第 2 层 RNN 层的最后时间戳的状态向量 $h_s^{(2)}$ 作为句子的全局语义特征表示,送入全连接层构成的分类网络 3,得到样本 x 为积极情感的概率 $P(x$ 为积极情感$|x) \in [0,1]$。

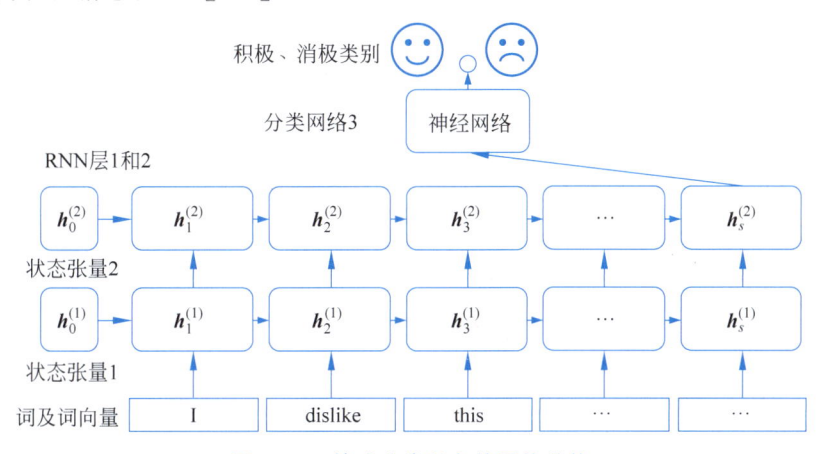

图 11.9 情感分类任务的网络结构

11.5.1 数据集

这里使用经典的 IMDB 影评数据集来完成情感分类任务。IMDB 影评数据集包含了 50000 条用户评价,评价的标签分为消极和积极,其中 IMDB 评级小于 5 的用户评价标注为 0,即消极;IMDB 评价大于或等于 7 的用户评价标注为 1,即积极。25000 条影评用于训练集,25000 条用于测试集。

通过 torchtext 库提供的数据集工具即可加载 IMDB 数据集,代码如下。

```
In [8]:
batchsz = 512                 # 批量大小
total_words = 10000           # 词汇表大小 N_vocab
max_review_len = 80           # 句子最大长度 s,大于 s 的句子部分将截断,小于 s 的将填充
embedding_len = 100           # 词向量特征长度 n
rnn_hidden_len = 32           # RNN 状态向量长度

# 先安装 spacy: pip install spacy
# 在安装 en_core_web_sm:python – m spacy download en_core_web_sm
# 下载和切分 IMDB 数据集,默认下载到当前目录.data 文件夹,
```

```
#句子会被padding/trimming到固定长度max_review_len
TEXT = torchtext.legacy.data.Field(tokenize = 'spacy',
                    tokenizer_language = 'en_core_web_sm',
                    fix_length = max_review_len,
                    lower = True,
                    )
LABEL = torchtext.legacy.data.LabelField(dtype = torch.float)
train_data, test_data = datasets.IMDB.splits(TEXT, LABEL)
#打印训练集合测试集的句子数量,即样本数量
print('num of train sentences:', len(train_data))
print('num of test sentences:', len(test_data))
#随机选择一个样本,打印其文本和标签
print('sample:', ' '.join(train_data.examples[3].text))
print('label:', train_data.examples[3].label)
print('words:', len(train_data.examples[3].text))
Out[8]:
num of train sentences: 25000
num of test sentences: 25000
sample: this is easily the most underrated film inn the brooks cannon . sure , its flawed . it
does not give a realistic view of homelessness ( unlike , say , how citizen kane gave a realistic
view of lounge singers , or titanic gave a realistic view of italians you idiots ) . many of the
jokes fall flat . but still , this film is very lovable in a way many comedies are not , and to
pull that off in a story about some of the most traditionally reviled members of society is truly
impressive . its not the fisher king , but its not crap , either . my only complaint is that
brooks should have cast someone else in the lead ( i love mel as a director and writer , not so
much as a lead ) .
label: pos
words: 144
```

可以看到,训练集和测试集均包含了25000条文本句子,样本的单词数是不定长的,标签为pos/neg。例如训练集的第三条句子共有144个单词,标签为pos。

那么每个单词是如何编码为数字的?可以通过查看它的转换表变量itos和stoi获得编码方案,举例如下。

```
In [9]:
#设置最大常用词数量为10000,加上<unk>、<pad>共10002个单词
#自动在线下载预训练编码表glove
TEXT.build_vocab(train_data,
                max_size = total_words,
                vectors = 'glove.6B.100d')
LABEL.build_vocab(train_data)
#打印预训练编码表shape [10002, 100]
print('word2vec:', TEXT.vocab.vectors.shape)

#创建Dataloader对象,设置batch size等
train_iterator, test_iterator = torchtext.legacy.data.BucketIterator.splits(
    (train_data, test_data),
    batch_size = batchsz,
    device = device
```

```
)
# 打印 number2word 的前 10 项
print("num2word:", TEXT.vocab.itos[:10])
# 打印 word2number 的某一项,即 book 对应的数字 ID
print("word2num of book:", TEXT.vocab.stoi['book'])

Out[10]:
num2word: ['<unk>', '<pad>', 'the', ',', '.', 'and', 'a', 'of', 'to', 'is'] word2num of book: 285
```

TEXT.vocab.stoi 为字典对象,key 为单词,value 为单词数字编码 ID,可以看到"book"对应的数字编码为 285。TEXT.vocab.itos 为列表对象,从 0 到 10001 分别代表了对应的单词,例如"the"的数字编码为 2。

对数据集对象进行一次取值,并分析其数据格式,代码如下。

```
In [11]:
# 对 dataloader 进行一次读取,分析样本格式
for batch in train_iterator:
    # 打印 text 张量
    print('x:', batch.text.shape)
    # 打印 label 张量,及前 5 个样本的 label
    print('y:', batch.label.shape, batch.label[:5])
    break

Out[11]:
    x: torch.Size([80, 30])
    y: torch.Size([30]) tensor([0., 1., 1., 0., 0.], device = 'cuda:0')
```

处理长度参差不齐的句子时,人为设置一个阈值 max_review_len:80,对于大于此长度的句子,选择截断部分单词,可以选择截去句首单词,也可以截去句末单词;对于小于此长度的句子,可以选择在句首或句尾填充。这些功能都已经通过 torchtext 提供的 API 非常方便地实现了,使用时只需要设置参数即可。

通过对 train_iterator 对象进行一次读取,可以看到截断填充后的句子长度统一为 80,即设定的句子长度阈值,其中 30 代表设定的 batch size。标签张量 label 的长度为 30,每个位置的数值为 0 或 1,分别代表了消极与积极样本。

11.5.2 网络模型

创建自定义的模型类 MyRNN,继承自 nn.Module 基类,包含一个 Embedding 层、两个 RNN 层和一个分类全连接层,代码如下。

```
class MyRNN(nn.Module):

    def __init__(self, vocab_size, embedding_dim, hidden_dim, pretrained = None):
        """
        @vocab_size: 词汇量数量
        @embedding_dim: 词向量长度
        @hidden_dim: RNN 状态向量长度
```

```python
    @pretrained: 是否使用预训练 word2vec
    """
    super(MyRNN, self).__init__()

    # Embedding 层:[0-10001] => [100]
    self.embedding = nn.Embedding(vocab_size, embedding_dim)
    if pretrained isnotNone:
        # 使用预训练词向量表初始化
        self.embedding.from_pretrained(pretrained)
        self.embedding.weight.requires_grad_(True)
        # self.embedding.weight.data.copy_(TEXT.vocab.vectors)
        print('loaded pretrained word2vec!', 'trainable:', self.embedding.weight.requires_grad)
    # 使用 2 层的 RNN 层,带 dropout
    # [100] => [256]
    self.rnn = nn.RNN(embedding_dim,
                      hidden_dim,
                      num_layers = 2,          # 2 层 RNN
                      bidirectional = True,    # 双向
                      dropout = 0.5)           # 使用 dropout
    # 最后线性层,[256] => [1]
    self.fc = nn.Linear(hidden_dim * 2, 1)
    # 全连接层
    self.dropout = nn.Dropout(0.5)
```

其中词向量编码为长度 $n=100$,RNN 的状态向量长度 $h=$units 参数,分类网络完成二分类任务,故输出节点设置为 1。

前向传播逻辑如下:输入序列通过 Embedding 层完成词向量编码,循环通过两个 RNN 层,提取语义特征,取最后一层的最后时间戳的状态向量输出送入分类网络,经过 Sigmoid 激活函数后得到输出概率。代码如下。

```python
def forward(self, x):
    """
    x: [seq_len, b] vs [b, 3, 28, 28]
    """
    # 词向量编码
    # [seq, b, 1] => [seq, b, 100]
    embedding = self.embedding(x)
    # RNN 前向计算,双向 RNN 格式如下:
    # out_lastcell: [seq, b, hid_dim * 2]
    # h_lasttime: [num_layers * 2, b, hid_dim]
    out_lastcell, h_lasttime = self.rnn(embedding)
    # print(out_lastcell.shape, h_lasttime.shape)
    # 取最后一个时间戳的输出作为 RNN 输出, [b, hidden_dim * 2]
    rnn_out = out_lastcell[-1]
    # 最后的全连接层
    # [b, hid_dim] => [b, 1]
    hidden = self.dropout(rnn_out)
    out = self.fc(hidden)

    return out
```

11.5.3 训练与测试

设置优化器为 Adam 优化器，学习率为 0.001，误差函数选用二分类的交叉熵损失函数 BCEWithLogitsLoss，测试指标采用准确率即可。代码如下。

```python
pretrained_embedding = TEXT.vocab.vectors
print('pretrained_embedding:', pretrained_embedding.shape)
# 创建模型，词向量长度 100，RNN 状态向量 256
# 注意，设置的 total_words 为不包含<unk><pad>的数量，实际数量应该为 total_words + 2
rnn = MyRNN(len(TEXT.vocab), embedding_len, rnn_hidden_len, pretrained_embedding)
rnn.to(device)
# 创建优化器
optimizer = optim.Adam(rnn.parameters(), lr=1e-2)
# 创建损失函数
criteon = nn.BCEWithLogitsLoss().to(device)
# 训练最多 100 个 epoch
for epoch in range(100):
    print('>> epoch:', epoch)
    # 训练一个 epoch
    train(rnn, train_iterator, optimizer, criteon)
    # 测试准确率
    eval(rnn, test_iterator, criteon)
```

其中训练函数代码如下。

```python
def train(rnn, iterator, optimizer, criteon):
    avg_acc = []
    # 对于带有 dropout/bn 等层的网络，必须切换网络模式
    rnn.train()
    # 迭代一遍数据集
    for i, batch in enumerate(iterator):
        # 前向计算
        # [seq, b] => [b, 1] => [b]
        pred = rnn(batch.text).squeeze(1)
        # 计算 binary cross entropy 损失
        loss = criteon(pred, batch.label)
        # 统计训练 acc
        acc = binary_acc(pred, batch.label).item()
        avg_acc.append(acc)
        # 反向传播
        optimizer.zero_grad()
        loss.backward()
        # 梯度裁剪
        nn.utils.clip_grad.clip_grad_norm_(rnn.parameters(), 15)
        optimizer.step()
        # 打印训练进度
        if i % 10 == 0:
            print('step:', i, f'train acc:{acc:.2f}', f'loss:{loss.item():.2f}')
```

```
            avg_acc = np.array(avg_acc).mean()
            print('epoch avg train acc:', avg_acc)
```

测试函数代码如下。

```
def eval(rnn, iterator, criteon):
    avg_acc = []
    rnn.eval()
    with torch.no_grad():
        for batch in iterator:
            # 前向计算
            # [b, 1] => [b]
            pred = rnn(batch.text).squeeze(1)
            # 计算损失值
            loss = criteon(pred, batch.label)
            # 计算测试/验证 acc
            acc = binary_acc(pred, batch.label).item()
            avg_acc.append(acc)
    # 平均 acc
    avg_acc = np.array(avg_acc).mean()
    # 打印 acc
    print('avg test acc:', avg_acc)
```

函数 binary_acc 用于统计准确率，对于 Sigmoid 之前的预测值，需要通过 Sigmoid 函数后判断是否大于 0.5，代码如下。

```
def binary_acc(preds, y):
    """
    计算 accuracy 的简单工具函数
    """
    preds = torch.round(torch.sigmoid(preds))
    correct = torch.eq(preds, y).float()
    acc = correct.sum() / len(correct)
    return acc
```

网络训练 100 个 epoch 后，在测试集上获得了 70.1% 的准确率。基本的 RNN 训练是比较不稳定的，需要精心调整网络的结构和超参数才能获得满意的效果。

11.6　梯度弥散和梯度爆炸

循环神经网络的训练并不稳定，网络的深度也不能任意加深。那么，为什么循环神经网络会出现训练困难的问题？简单回顾梯度推导中的关键表达式，即

$$\frac{\partial \boldsymbol{h}_t}{\partial \boldsymbol{h}_i} = \prod_{j=i}^{t-1} \mathrm{diag}(\sigma'(\boldsymbol{W}_{xh}\boldsymbol{x}_{j+1} + \boldsymbol{W}_{hh}\boldsymbol{h}_j + \boldsymbol{b}))\boldsymbol{W}_{hh}$$

也就是说，从时间戳 i 到时间戳 t 的梯度 $\frac{\partial \boldsymbol{h}_t}{\partial \boldsymbol{h}_i}$ 包含了 $\boldsymbol{W}_{hh}$ 的连乘运算。当 $\boldsymbol{W}_{hh}$ 的最大特征

值(Largest Eigenvalue)小于 1 时,多次连乘运算会使得 $\dfrac{\partial \boldsymbol{h}_t}{\partial \boldsymbol{h}_i}$ 的元素值接近于 0;当 $\dfrac{\partial \boldsymbol{h}_t}{\partial \boldsymbol{h}_i}$ 的值大于 1 时,多次连乘运算会使得 $\dfrac{\partial \boldsymbol{h}_t}{\partial \boldsymbol{h}_i}$ 的元素值爆炸式增长。

可以从下面的两个例子直观地感受一下梯度弥散和梯度爆炸现象的产生,代码如下。

```
In [13]:
W = torch.ones([2,2])                      # 任意创建某矩阵
eigenvalues = torch.linalg.eigh(W)[0]      # 计算矩阵的特征值
eigenvalues
Out[13]:
tensor([0., 2.])
```

可以看到,全 1 矩阵的最大特征值为 2。计算 $\boldsymbol{W}$ 矩阵的 $\boldsymbol{W}^1 \sim \boldsymbol{W}^{10}$ 运算结果,并绘制为次方与矩阵的 L2-范数的曲线图,如图 11.10 所示,当 $\boldsymbol{W}$ 矩阵的最大特征值大于 1 时,矩阵多次相乘会使得结果越来越大。代码如下。

```
val = [W]
for i in range(10):
    val.append(val[-1]@W)                  # 矩阵相乘 n 次方
# 计算 L2 范数
norm = list(map(lambda x:x.norm().item(),val))
```

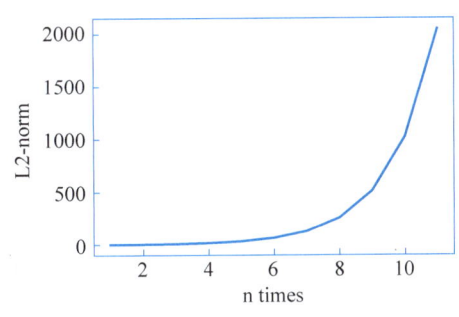

图 11.10 最大特征值大于 1 时的矩阵相乘

考虑最大特征值小于 1 时的情况。代码如下。

```
In [14]:
W = torch.ones([2,2]) * 0.4                # 任意创建某矩阵
eigenvalues = torch.linalg.eigh(W)[0]      # 计算特征值
print(eigenvalues)
Out[14]:
tensor([0.0000, 0.8000])
```

可以看到此时的 $\boldsymbol{W}$ 矩阵最大特征值是 0.8。相同的方法,考虑 $\boldsymbol{W}$ 矩阵的多次相乘运算结果,代码如下。

```
val = [W]
for i in range(10):
```

```
val.append(val[-1]@W)
norm = list(map(lambda x:x.norm().item(),val))
plt.plot(range(1,12),norm)
```

它的 L2-范数曲线如图 11.11 所示。可以看到，当 W 矩阵的最大特征值小于 1 时，矩阵多次相乘会使得结果越来越小，接近于 0。

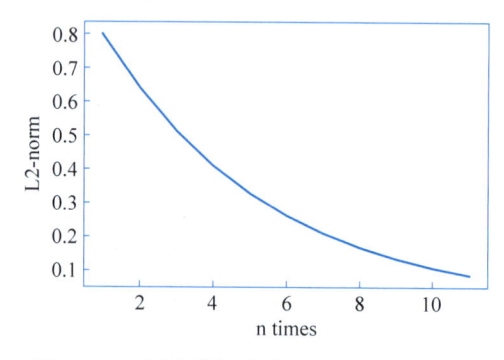

图 11.11　最大特征值小于 1 时的矩阵相乘

通常把梯度值接近于 0 的现象叫作梯度弥散（Gradient Vanishing），把梯度值远大于 1 的现象叫作梯度爆炸（Gradient Exploding）。梯度弥散和梯度爆炸是神经网络优化过程中间比较容易出现的两种情况，也是不利于网络训练的。那么梯度弥散和梯度爆炸具体表现在哪些地方？

考虑梯度下降算法，即

$$\theta' = \theta - \eta \nabla_\theta \mathcal{L}$$

当出现梯度弥散时，$\nabla_\theta \mathcal{L} \approx 0$，此时 $\theta' \approx \theta$，也就是说每次梯度更新后参数基本保持不变，神经网络的参数长时间得不到更新，具体表现为 $\mathcal{L}$ 几乎保持不变，其他评测指标，如准确率，也保持不变。当出现梯度爆炸时，$\nabla_\theta \mathcal{L} \gg 1$，此时梯度的更新步长 $\eta \nabla_\theta \mathcal{L}$ 非常大，使得更新后的 θ' 与 θ 差距很大，网络 $\mathcal{L}$ 出现突变现象，甚至可能出现来回振荡、不收敛的现象。

通过推导循环神经网络的梯度传播公式，发现循环神经网络很容易出现梯度弥散和梯度爆炸的现象。那么怎么解决这两个问题？

11.6.1　梯度裁剪

梯度爆炸一定程度上可以通过梯度裁剪（Gradient Clipping）的方式解决。梯度裁剪与张量限幅非常类似，也是通过将梯度张量的数值或者范数限制在某个较小的区间内，从而将远大于 1 的梯度值减少，避免出现梯度爆炸。

在深度学习中，有 3 种常用的梯度裁剪方式。

（1）直接对张量的数值进行限幅，使得张量 W 的所有元素 $w_{ij} \in [\min, \max]$。在 PyTorch 中，可以通过 torch.clamp() 函数来实现。举例如下。

```
In [15]:
a = torch.randn([2,2])
```

```
b = torch.clamp(a,0.4,0.6)                    # 梯度值裁剪
print('a:', a)
print('b:', b)
Out[15]:
a: tensor([[ -1.3275, -1.5953], [ 1.9376, -0.6001]])
b: tensor([[0.4000, 0.4000], [0.6000, 0.4000]])
```

（2）通过限制梯度张量 W 的范数来实现梯度裁剪。比如对 W 的二范数 $\|W\|_2$ 约束在 $[0, \max]$ 之间，如果 $\|W\|_2$ 大于 max 值，则按照

$$W' = \frac{W}{\|W\|_2} \cdot \max$$

方式将 $\|W'\|_2$ 约束 max 内。可以通过 clip_grad_norm_ 函数方便地实现梯度张量 W 裁剪（注意，尾部带下画线 _ 的函数一般表示 in-place 修改，例如 requires_grad_ 函数也是类似）。举例如下。

```
In [16]:
a = torch.randn([2,2]) * 5
# 注意,clip_grad_norm_是对张量的梯度张量进行裁剪
a.grad = torch.randn([2,2]) * 5
print('norm of grad:', a.grad.norm())
# 按范数方式裁剪
torch.nn.utils.clip_grad_norm_(a, max_norm = 5)
print('norm of grad:', a.grad.norm())
Out[16]:

norm of grad: tensor(13.5861)
norm of grad: tensor(5.0000)
```

可以看到，对于大于 max 的 L2 范数的张量，通过裁剪后范数值缩减为 5。

（3）神经网络的更新方向是由所有参数的梯度张量 W 共同表示的，前两种方式只考虑单个梯度张量的限幅，会出现网络更新方向发生变动的情况。如果能够考虑所有参数的梯度 W 的范数，实现等比例的缩放，那么就既能很好地限制网络的梯度值，同时又不改变网络的更新方向。这就是第三种梯度裁剪的方式：全局范数裁剪。在 PyTorch 中，可以通过 clip_by_global_norm 函数快捷地缩放整体网络梯度 W 的范数。

令 $W^{(i)}$ 表示网络参数的第 i 个梯度张量，首先通过

$$\text{global\_norm} = \sqrt{\sum_i \|W^{(i)}\|_2^2}$$

计算网络的总范数 global_norm，对第 i 个参数 $W^{(i)}$，通过

$$W^{(i)} = \frac{W^{(i)} \cdot \text{max\_norm}}{\max(\text{global\_norm}, \text{max\_norm})}$$

进行裁剪，其中 max_norm 是用户指定的全局最大范数值。举例如下。

```
In [17]:
def clip_by_global_norm(w_list, max_norm):
    # 全局张量范数裁剪
```

```
        global_norm = sum(map(lambda x:x.norm() ** 2, w_list))
        global_norm = torch.sqrt(global_norm)

        results = []
        for w in w_list:
            new_w = w * max_norm / max(max_norm, global_norm)
            results.append(new_w)
        return results

w1 = torch.randn([3,3])                                        # 创建梯度张量 1
w2 = torch.randn([3,3])                                        # 创建梯度张量 2
# 计算 global norm
global_norm = torch.sqrt(w1.norm() ** 2 + w2.norm() ** 2)

# 根据 global norm 和 max norm = 2 裁剪
(ww1,ww2) = clip_by_global_norm([w1,w2], max_norm = 2)
# 计算裁剪后的张量组的 global norm
global_norm2 = torch.sqrt(ww1.norm() ** 2 + ww2.norm() ** 2)
# 打印裁剪前的全局范数和裁剪后的全局范数
print('before:', global_norm)
print('after:', global_norm2)
Out[17]:

before: tensor(3.8501)
after: tensor(2.)
```

可以看到，通过裁剪后，网络参数的梯度组的总范数缩减到 max_norm＝2。

通过梯度裁剪，可以较大程度地抑制梯度爆炸现象。如图 11.12 所示，图中曲面表示的 $J(w,b)$ 函数在不同网络参数 w 和 b 下的误差值 J，其中有一块区域 $J(w,b)$ 函数的梯度变化较大，一旦网络参数进入此区域，很容易出现梯度爆炸的现象，使得网络状态迅速恶化。图 11.12(b)演示了添加梯度裁剪后的优化轨迹，由于对梯度进行了有效限制，使得每次更新的步长得到有效控制，从而防止网络突然恶化。

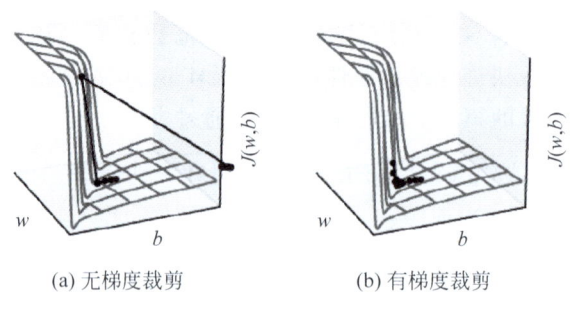

(a) 无梯度裁剪　　　　(b) 有梯度裁剪

图 11.12　梯度裁剪的优化轨迹示意图

在网络训练时，梯度裁剪一般在计算出梯度后，梯度更新之前进行。例如：

```
# 反向传播
optimizer.zero_grad()
```

```
loss.backward()
♯梯度裁剪,设置最大梯度范数为 15,原地更新
nn.utils.clip_grad.clip_grad_norm_(rnn.parameters(), 15)
optimizer.step()
```

11.6.2 梯度弥散

对于梯度弥散现象,可以通过增大学习率、减少网络深度、添加 Skip Connection(短接)等一系列的措施抑制。

增大学习率 η 可以在一定程度防止梯度弥散现象,当出现梯度弥散时,网络的梯度$\nabla_\theta \mathcal{L}$接近于 0,此时若学习率 η 也较小,如 $\eta=1e-5$,则梯度更新步长更加微小。通过增大学习率,如令 $\eta=1e-2$,有可能使得网络的状态得到快速更新,从而逃离梯度弥散区域。

对于深层次的神经网络,梯度由最末层逐渐向首层传播,梯度弥散一般更有可能出现在网络的开始数层。在深度残差网络出现之前,几十上百层的深层网络训练起来非常困难,前面数层的网络梯度极容易出现梯度离散现象,从而使得网络参数长时间得不到更新。深度残差网络较好地克服了梯度弥散现象,从而让神经网络层数达到成百上千。一般来说,减少网络深度可以减轻梯度弥散现象,但是网络层数减少后,网络表达能力也会偏弱,需要用户自行平衡。

11.7 RNN 短时记忆

循环神经网络除了训练困难,还有一个更严重的问题,那就是短时记忆(Short-term memory)。考虑如下的一个长句子。

今天天气太好了,尽管路上发生了一件不愉快的事情……我马上调整好状态,开开心心地准备迎接美好的一天。

根据我们的理解,之所以能够"开开心心地准备迎接美好的一天",在于句子最开始处点名了"今天天气太好了"。可见人类是能够很好地理解长句子的,但是循环神经网络却不一定。研究人员发现,循环神经网络在处理较长的句子时,往往只能够理解有限长度内的信息,而对于位于较长范围内的有用信息往往不能够很好地利用起来。这种现象被叫作短时记忆。

那么,能不能够延长这种短时记忆,使得循环神经网络可以有效利用较大范围内的训练数据,从而提升性能?1997 年,瑞士人工智能科学家 Jürgen Schmidhuber 提出了长短时记忆网络(Long Short-Term Memory,LSTM)。LSTM 相对于基础的 RNN 来说,记忆能力更强,更擅长处理较长的序列信号数据,LSTM 提出后,被广泛应用在序列预测、自然语言处理等任务中,几乎取代了基础的 RNN 模型。

接下来,本书将介绍更加流行、更强大的 LSTM 网络。

11.8 LSTM 原理

基础的 RNN 结构如图 11.13 所示,上一个时间戳的状态向量 h_{t-1} 与当前时间戳的输入 x_t 经过线性变换后,通过激活函数 tanh 后得到新的状态向量 h_t。相对于基础的 RNN 只有一个状态向量 h_t,LSTM 新增了一个状态向量 C_t,同时引入了门控(Gate)机制,通过门控单元来控制信息的遗忘和刷新,如图 11.14 所示。

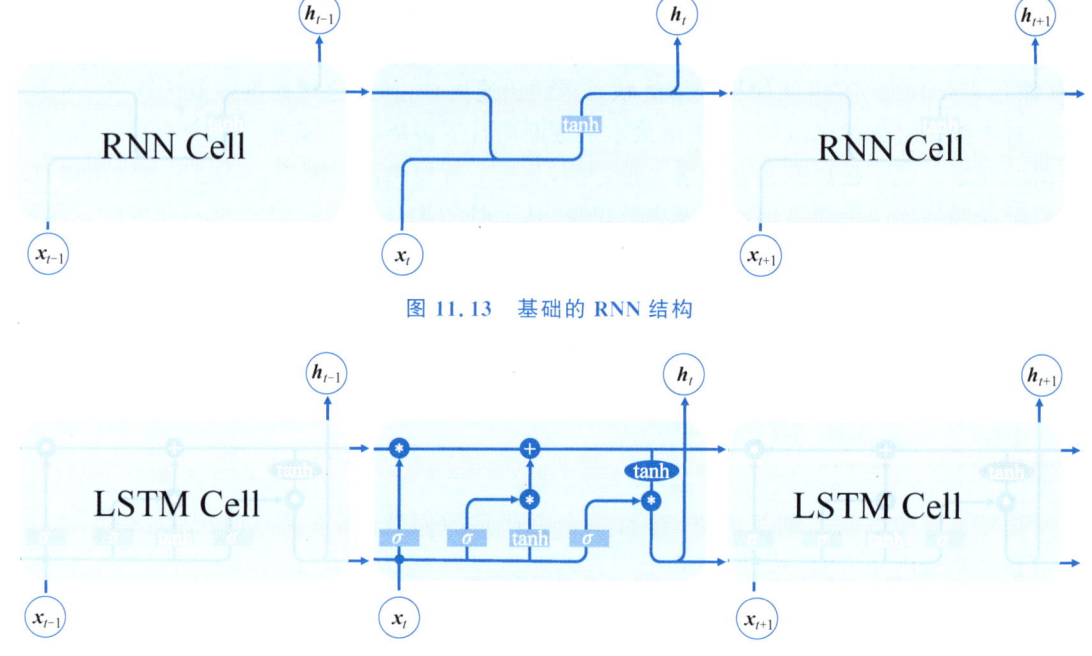

图 11.13　基础的 RNN 结构

图 11.14　LSTM 结构框图

在 LSTM 中,有两个状态向量 c 和 h,其中 c 作为 LSTM 的内部状态向量,可以理解为 LSTM 的内存状态向量 Memory,而 h 表示 LSTM 的输出向量。相对于基础的 RNN 来说,LSTM 把内部 Memory 和输出分开为两个变量,同时利用三个门控:输入门(Input Gate)、遗忘门(Forget Gate)和输出门(Output Gate)来控制内部信息的流动。

门控机制可以理解为控制数据流通量的一种手段,类比于水阀门:当水阀门全部打开时,水流畅通无阻地通过;当水阀门全部关闭时,水流完全被隔断。在 LSTM 中,阀门开和程度利用门控值向量 g 表示,如图 11.15 所示,通过 $\sigma(g)$ 激活函数将门控压缩到[0,1]区间,当 $\sigma(g)=0$ 时,门控全部关闭,输出 $o=0$;当 $\sigma(g)=1$ 时,门控全部打开,输出 $o=x$。通过门控机制可以较好地控制数据的流量程度。

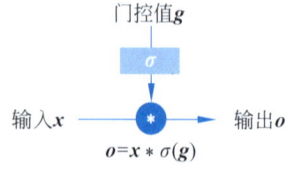

图 11.15　门控机制

下面分别来介绍三个门控的原理及其作用。

11.8.1 遗忘门

遗忘门作用于 LSTM 状态向量 c 上面，用于控制上一个时间戳的记忆 c_{t-1} 对当前时间戳的影响。遗忘门的控制变量 g_f 由

$$g_f = \sigma(\boldsymbol{W}_f[\boldsymbol{h}_{t-1}, \boldsymbol{x}_t] + \boldsymbol{b}_f)$$

产生，如图 11.16 所示，其中 $\boldsymbol{W}_f$ 和 $\boldsymbol{b}_f$ 为遗忘门的参数张量，可由反向传播算法自动优化，σ 为激活函数，一般使用 Sigmoid 函数。当门控 $g_f=1$ 时，遗忘门全部打开，LSTM 接收上一个状态 c_{t-1} 的所有信息；当门控 $g_f=0$ 时，遗忘门关闭，LSTM 直接忽略 c_{t-1}，输出为 0 的向量。这也是遗忘门的名字由来。

经过遗忘门后，LSTM 的状态向量变为 $g_f c_{t-1}$。

11.8.2 输入门

输入门用于控制 LSTM 对输入的接收程度。首先通过对当前时间戳的输入 $\boldsymbol{x}_t$ 和上一个时间戳的输出 $\boldsymbol{h}_{t-1}$ 作非线性变换得到新的输入向量 $\tilde{\boldsymbol{c}}_t$，即

$$\tilde{\boldsymbol{c}}_t = \tanh(\boldsymbol{W}_c[\boldsymbol{h}_{t-1}, \boldsymbol{x}_t] + \boldsymbol{b}_c)$$

其中，$\boldsymbol{W}_c$ 和 $\boldsymbol{b}_c$ 为输入门的参数，需要通过反向传播算法自动优化，tanh 为激活函数，用于将输入标准化到 $[-1,1]$ 区间。$\tilde{\boldsymbol{c}}_t$ 并不会全部刷新进入 LSTM 的 Memory，而是通过输入门控制接受输入的量。输入门的控制变量同样来自输入 $\boldsymbol{x}_t$ 和输出 $\boldsymbol{h}_{t-1}$，即

$$\boldsymbol{g}_i = \sigma(\boldsymbol{W}_i[\boldsymbol{h}_{t-1}, \boldsymbol{x}_t] + \boldsymbol{b}_i)$$

其中，$\boldsymbol{W}_i$ 和 $\boldsymbol{b}_i$ 为输入门的参数，需要通过反向传播算法自动优化，σ 为激活函数，一般使用 Sigmoid 函数。输入门控制变量 $\boldsymbol{g}_i$ 决定了 LSTM 对当前时间戳的新输入 $\tilde{\boldsymbol{c}}_t$ 的接受程度：当 $\boldsymbol{g}_i=0$ 时，LSTM 不接受任何的新输入 $\tilde{\boldsymbol{c}}_t$；当 $\boldsymbol{g}_i=1$ 时，LSTM 全部接受新输入 $\tilde{\boldsymbol{c}}_t$，如图 11.17 所示。

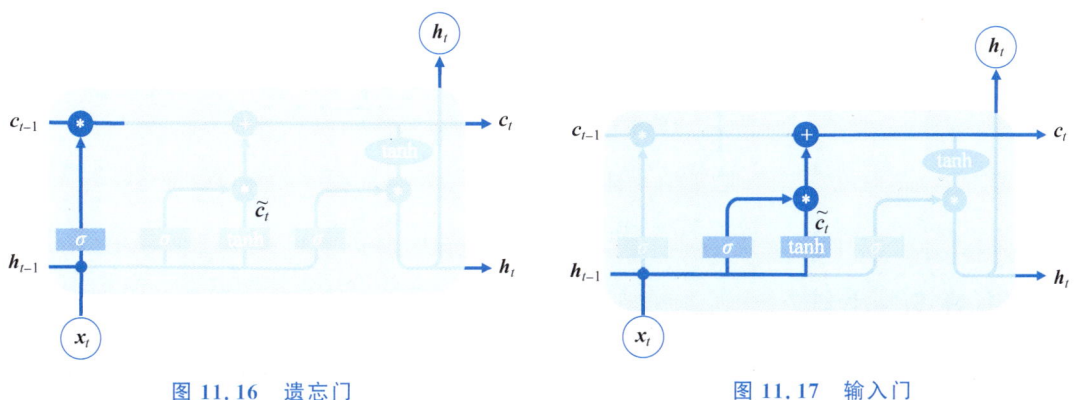

图 11.16 遗忘门

图 11.17 输入门

经过输入门后,待写入 Memory 的向量为 $g_i \tilde{c}_t$。

11.8.3 刷新 Memory

在遗忘门和输入门的控制下,LSTM 有选择地读取了上一个时间戳的记忆 c_{t-1} 和当前时间戳的新输入 $\tilde{c}_t$,状态向量 c_t 的刷新方式为

$$c_t = g_i \tilde{c}_t + g_f c_{t-1}$$

得到的新状态向量 c_t 即为当前时间戳的状态向量,如图 11.17 所示。

11.8.4 输出门

LSTM 的内部状态向量 c_t 并不会直接用于输出,这一点和基础的 RNN 不一样。基础的 RNN 的状态向量 h 既用于记忆,又用于输出,所以基础的 RNN 可以理解为状态向量 c 和输出向量 h 是同一个对象。在 LSTM 内部,状态向量并不会全部输出,而是在输出门的作用下有选择地输出。输出门的门控变量 g_o 为

$$g_o = \sigma(W_o[h_{t-1}, x_t] + b_o)$$

其中,W_o 和 b_o 为输出门的参数,同样需要通过反向传播算法自动优化,σ 为激活函数,一般使用 Sigmoid 函数。当输出门 $g_o = 0$ 时,输出关闭,LSTM 的内部记忆完全被隔断,无法用作输出,此时输出为 0 的向量;当输出门 $g_o = 1$ 时,输出完全打开,LSTM 的状态向量 c_t 全部用于输出,如图 11.18 所示。LSTM 的输出由

$$h_t = g_o \cdot \tanh(c_t)$$

产生,即内存向量 c_t 经过 tanh 激活函数后与输入门作用,得到 LSTM 的输出。由于 $g_o \in [0,1]$,$\tanh(c_t) \in [-1,1]$,因此 LSTM 的输出 $h_t \in [-1,1]$。

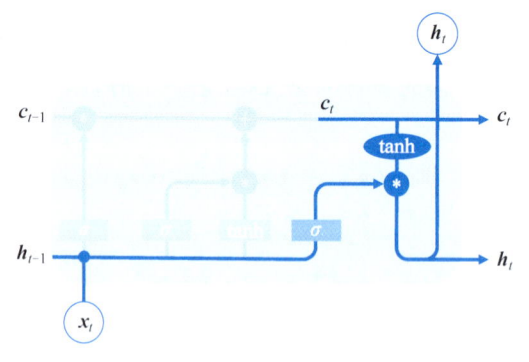

图 11.18 输出门

11.8.5 小结

LSTM 虽然状态向量和门控数量较多,计算流程相对复杂。但是由于每个门控功能清晰明确,每个状态的作用也比较好理解。这里将典型的门控行为列举出来,并解释其代码的

LSTM 行为，如表 11.1 所示。

表 11.1 输入门和遗忘门的典型行为

输入门控	遗忘门控	LSTM 行为
0	1	只使用记忆
1	1	综合输入和记忆
0	0	清零记忆
1	0	输入覆盖记忆

11.9 LSTM 层使用方法

在 PyTorch 中，同样有两种方式实现 LSTM 网络。既可以使用 LSTMCell 手动完成时间戳上面的循环运算，也可以通过 LSTM 层方式一步完成前向运算。

11.9.1 LSTMCell

LSTMCell 的用法和 RNNCell 基本一致，区别在于 LSTM 的状态变量 List 有两个，即 $[h_t, c_t]$，需要分别初始化，其中 List 第一个元素为 h_t，第二个元素为 c_t。调用 cell 完成前向运算时，返回两个元素，第一个元素为 cell 的输出，也就是 h_t，第二个元素为 cell 的更新后的状态 List：$[h_t, c_t]$。首先新建一个状态向量长度 $h=64$ 的 LSTM Cell，其中状态向量 c_t 和输出向量 h_t 的长度都为 h，代码如下。

```
In [18]:
x = torch.randn([80, 2, 100])
xt = x[0]                                          # 得到第一个时间戳的输入
cell = nn.LSTMCell(100, 64)                        # 创建 Cell
# 初始化状态和输出 List, [h,c]
(h, c) = [torch.zeros([2,64]), torch.zeros([2,64])]
(h, c) = cell(xt, (h, c))                          # 前向计算
print('h:', h.shape)
print('c:', c.shape)
Out[18]:
h: torch.Size([2, 64])
c: torch.Size([2, 64])
```

可以看到，返回的输出状态列表为 $[h_t, c_t]$。

通过在时间戳上展开循环运算，即可完成单层的前向传播，写法与基础的 RNN 一样。举例如下。

```
x = torch.randn([80, 2, 100])
# 初始化状态：[h,c]
(h, c) = [torch.zeros([2,64]), torch.zeros([2,64])]
# 在序列长度维度上解开，循环送入 LSTM Cell 单元
for xt in x:
```

```
(h, c) = cell(xt, (h, c))
```

同理,输出可以仅使用最后一个时间戳上的输出,也可以聚合所有时间戳上的输出。

11.9.2　LSTM 层

通过 nn.LSTM 层可以方便地一次完成整个序列的运算。首先新建 LSTM 网络层,举例如下。

```
batchsz = 4
n_layers = 2
#80 为序列长度
x = torch.randn([80, batchsz, 100])
#创建二层 LSTM 层,内存向量长度为 64,输入 100
net = nn.LSTM(100, 64, num_layers = n_layers)
```

LSTM 网络需要用户自行初始化 $[h_0,c_0]$,格式均为 $[num\_layers,batch\_size,hidden\_dim]$,对于这里的二层网络,shape 为 $[2,batchsz,64]$。代码如下。

```
#初始化状态张量
h0 = torch.randn(n_layers, batchsz, 64)
c0 = torch.randn(n_layers, batchsz, 64)
```

进行一次前向计算,返回两个变量,第一个为最后一层在所有时间戳上的状态输出,第二个为状态列表 $[h_t,c_t]$,代码如下。

```
#一次网络层的前向传播
out_lastcell, (h,c) = net(x, (h0,c0))
#返回最后一层在每个时间戳上的状态
print('out_lastcell:', out_lastcell.shape)
#返回每一层在最后一个时间戳上的状态
print('(h,c):', h.shape, c.shape)
```

输出如下。

```
out_lastcell: torch.Size([80, 4, 64])
(h,c): torch.Size([2, 4, 64]) torch.Size([2, 4, 64])
```

11.10　GRU 简介

LSTM 具有更长的记忆能力,在大部分序列任务上面都取得了比基础的 RNN 模型更好的性能表现,更重要的是,LSTM 不容易出现梯度弥散现象。但是 LSTM 结构相对较复杂、计算代价较高、模型参数量较大。因此,科学家们尝试简化 LSTM 内部的计算流程,特别是减少门控数量。研究发现,遗忘门是 LSTM 中最重要的门控,甚至发现只有遗忘门的简化版网络在多个基准数据集上面优于标准 LSTM 网络。在众多的简化版 LSTM 中,门控循环网络(Gated Recurrent Unit,GRU)是应用最广泛的 RNN 变种之一。GRU 把内部状态向量和输出向量合并,统一为状态向量 h,门控数量也减少到 2 个:复位门(Reset Gate)和更新门(Update Gate),如图 11.19 所示。

下面分别介绍复位门和更新门的原理与功能。

11.10.1 复位门

复位门用于控制上一个时间戳的状态 h_{t-1} 进入 GRU 的量。门控向量 g_r 由当前时间戳输入 x_t 和上一时间戳状态 h_{t-1} 变换得到,关系为

$$g_r = \sigma(W_r[h_{t-1}, x_t] + b_r)$$

其中 W_r 和 b_r 为复位门的参数,由反向传播算法自动优化,σ 为激活函数,一般使用 Sigmoid 函数。门控向量 g_r 只控制状态 h_{t-1},而不会控制输入 x_t,即

$$\tilde{h}_t = \tanh(W_h[g_r h_{t-1}, x_t] + b_h)$$

当 $g_r = 0$ 时,新输入 $\tilde{h}_t$ 全部来自输入 x_t,不接受 h_{t-1},此时相当于复位 h_{t-1}。当 $g_r = 1$ 时,h_{t-1} 和输入 x_t 共同产生新输入 $\tilde{h}_t$,如图 11.20 所示。

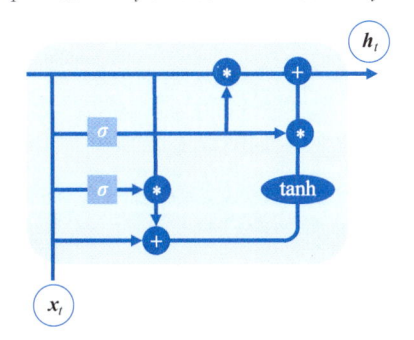

图 11.19 GRU 网络结构

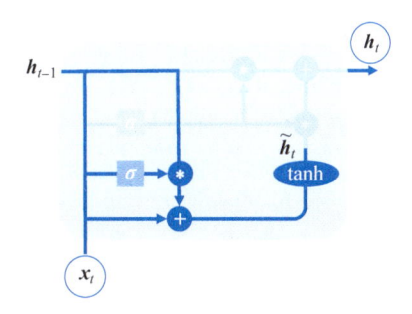

图 11.20 复位门

11.10.2 更新门

更新门用控制上一时间戳状态 h_{t-1} 和新输入 $\tilde{h}_t$ 对新状态向量 h_t 的影响程度。更新门控向量 g_z 由

$$g_z = \sigma(W_z[h_{t-1}, x_t] + b_z)$$

得到,其中 W_z 和 b_z 为更新门的参数,由反向传播算法自动优化,σ 为激活函数,一般使用 Sigmoid 函数。g_z 用于控制新输入 $\tilde{h}_t$ 信号,$1 - g_z$ 用于控制状态 h_{t-1} 信号,即

$$h_t = (1 - g_z)h_{t-1} + g_z \tilde{h}_t$$

可以看到,$\tilde{h}_t$ 和 h_{t-1} 对 h_t 的更新量处于相互竞争、此消彼长的状态。当更新门 $g_z = 0$ 时,h_t 全部来自上一时间戳状态 h_{t-1};当更新门 $g_z = 1$ 时,h_t 全部来自新输入 $\tilde{h}_t$,如图 11.21 所示。

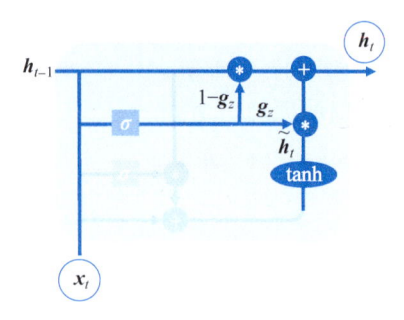

图 11.21　更新门

11.10.3　GRU 使用方法

同样地，在 PyTorch 中，也有 Cell 方式和层方式实现 GRU 网络。GRUCell 和 GRU 层的使用方法和之前的 RNNCell、LSTMCell、RNN 和 LSTM 非常类似。首先是 GRUCell 的使用，创建 GRU Cell 对象，并在时间轴上循环展开运算。举例如下。

```
In [19]:
# 初始化状态向量,GRU 只有一个
h = torch.zeros([2,64])
x = torch.randn([80, 2, 100])
cell = nn.GRUCell(100, 64)                            # 新建 GRU Cell
# 在时间戳维度上解开,循环通过 cell
for xt in x:
    h = cell(xt, h)
print('h:', h.shape)
Out[19]:
h: torch.Size([2, 64])
```

通过 layers.GRU 类可以方便创建一层 GRU 网络层，通过 Sequential 容器可以堆叠多层 GRU 层的网络。举例如下。

```
# 创建 GRU 网络,2 层,64 状态长度
layer = nn.GRU(100, 64, num_layers = 2)
out, h = layer(x)
print('out:', out.shape)
print('h:', h.shape)
```

11.11　LSTM/GRU 情感分类问题再战

前面介绍了情感分类问题，并利用基础 RNN 模型完成了情感分类问题的实战，在介绍完更为强大的 LSTM 和 GRU 网络后，将网络模型进行升级。得益于 PyTorch 在循环神经网络相关接口的格式统一，只需要在原来的代码基础上少量修改几处，便可以完美的升级到 LSTM 模型或 GRU 模型。

11.11.1 LSTM 模型

首先是 Cell 方式。LSTM 网络的状态 List 共有两个，在每次前向计算时，需要分别初始化各层的 h 和 c 向量。举例如下。

```
# 初始化状态列表
h0, c0 = [
    torch.zeros([2, x.shape[1], rnn_hidden_len]).to(x.device),
    torch.zeros([2, x.shape[1], rnn_hidden_len]).to(x.device),
]
```

并将模型修改为 LSTM 模型。代码如下。

```
# 使用双层的 GRU 层, 带 dropout
# [100] => [256]
self.rnn = nn.LSTM(embedding_dim,
                   hidden_dim,
                   num_layers = 2,          # 2 层 RNN
                   bidirectional = False,   # 单向
                   dropout = 0.5)           # 使用 dropout
```

其他代码不需要修改即可运行。

完整的前向计算函数代码如下。

```
def forward(self, x):
    """
    x: [seq_len, b] vs [b, 3, 28, 28]
    """
    # 词向量编码
    # [seq, b, 1] => [seq, b, 100]
    embedding = self.embedding(x)
    # RNN 前向计算, 双向 RNN 格式如下:
    # 初始化状态列表
    h0, c0 = [
        torch.zeros([2, x.shape[1], rnn_hidden_len]).to(x.device),
        torch.zeros([2, x.shape[1], rnn_hidden_len]).to(x.device),
    ]
    # out_lastcell: [seq, b, hid_dim]
    # h/c: [num_layers, b, hid_dim]
    out_lastcell, (ht, ct) = self.rnn(embedding, (h0, c0))
    # 取最后一个时间戳的输出作为 RNN 输出, [b, hidden_dim * 1]
    rnn_out = out_lastcell[-1]
    # 最后的全连接层
    # [b, hid_dim] => [b, 1]
    hidden = self.dropout(rnn_out)
    out = self.fc(hidden)

    return out
```

在固定训练完 100 个 epoch 后，基于 LSTM 的模型在测试集上取得了 77.7% 的准确率，并且 LSTM 的网络对超参数更为鲁棒，训练过程更加稳定。

11.11.2 GRU 模型

GRU 的状态 List 只有一个，和基础 RNN 一样，只需要修改创建 GRU 网络的类型，代码如下。

```
#使用双层的 GRU 层,带 dropout
#[100] => [256]
self.rnn = nn.GRU(embedding_dim,
                  hidden_dim,
                  num_layers = 2,          #2 层 GRU
                  bidirectional = True,    #双向
                  dropout = 0.5)           #使用 dropout
```

前向计算函数与基础 RNN 的完全一样，两者接口相互兼容，仅仅是内部的计算流程不太一样。

第 12 章　自 编 码 器

CHAPTER 12

> 假设机器学习是一个蛋糕，强化学习是蛋糕上的樱桃，监督学习是外面的糖衣，无监督学习则是蛋糕本体。
> ——Yann LeCun

前面介绍了在给出样本及其标签的情况下，神经网络如何学习的算法，这类算法需要学习的是在给定样本 x 下的条件概率 $P(y|x)$。在社交网络蓬勃发展的今天，很容易能够获取海量的样本数据 x，如图片视频、语音、文本等，但困难的是准备这些数据所对应的标签信息，例如机器翻译，除了收集源语言的对话文本外，还需要待翻译的目标语言文本数据。数据的标注工作目前主要还是依赖人的先验知识（Prior Knowledge）来完成，如亚马逊的 Mechanical Turk 系统专门负责数据标注业务，从全球招纳兼职人员完成客户的数据标注任务。深度学习所需要的数据规模一般非常大，这种强依赖人工完成数据标注的方式代价较高，而且不可避免地引入标注人员的主观先验偏差。

面对海量的无标注数据，有没有办法能够从中学习到数据的分布 $P(x)$ 的算法？这就是本章要介绍的无监督学习（Unsupervised Learning）算法。特别地，如果算法把 x 作为监督信号来学习，这类算法称为自监督学习（Self-supervised Learning），本章要介绍的自编码器算法就是属于自监督学习范畴。

12.1　自编码器原理

考虑有监督学习中神经网络的功能，即

$$o = f_\theta(x), \quad x \in \mathbb{R}^{d_{in}}, \quad o \in \mathbb{R}^{d_{out}}$$

其中，d_{in} 是输入的特征向量长度，d_{out} 是网络输出的向量长度。对于分类问题，网络模型通过把长度为 d_{in} 输入特征向量 x 变换到长度为 d_{out} 的输出向量 o，这个过程可以看成是特征降维的过程，把原始的高维输入特征向量 x 变换到低维的变量 o。特征降维

(Dimensionality Reduction)在机器学习中有广泛的应用,比如文件压缩(Compression)、数据预处理(Preprocessing)等。最常见的降维算法是主成分分析法(Principal Components Analysis,PCA),通过对协方差矩阵进行特征分解而得到数据的主要成分,但是 PCA 本质上是一种线性变换,提取高层特征的能力极为有限。

能否利用神经网络的强大非线性表达能力去学习到低维的数据表示?问题的关键在于,训练神经网络一般需要一个显式的标签数据(或监督信号),但是无监督的数据没有额外的标注信息,只有数据 x 本身。

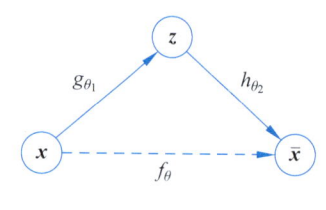

于是,尝试利用数据 x 本身作为监督信号来指导网络的训练,即希望神经网络能够学习到映射 $f_\theta: x \to x$。把网络 f_θ 切分为两个部分,前面的子网络尝试学习映射关系 $g_{\theta_1}: x \to z$,后面的子网络尝试学习映射关系 $h_{\theta_2}: z \to x$,如图 12.1 所示。把 g_{θ_1} 看成一个数据编码(Encode)的过程,把高维度的输入 x 编码成低维度的隐变量 z(隐藏变量,Latent Variable),称为 Encoder 网络(编码器);h_{θ_2} 看成数据解码(Decode)的过程,把编码过后的输入 z 解码为高维度的 x,称为 Decoder 网络(解码器)。

图 12.1 自编码器模型

编码器和解码器共同完成了输入数据 x 的编码和解码过程,把整个网络模型 f_θ 叫作自动编码器(Auto-Encoder,AE),简称自编码器。如果使用深层神经网络来参数化 g_{θ_1} 和 h_{θ_2} 函数,则称为深度自编码器(Deep Auto-encoder),如图 12.2 所示。

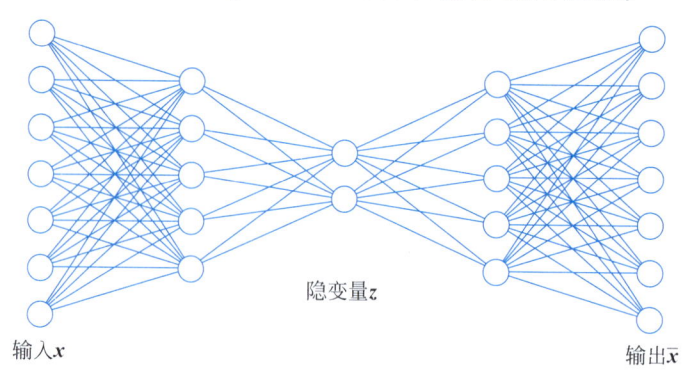

图 12.2 利用神经网络参数化的自编码器

自编码器能够将输入变换到隐变量 z,并通过解码器重建(Reconstruct,或译为恢复)出 $\bar{x}$。希望解码器的输出能够完美地或者近似恢复出原来的输入,即 $\bar{x} \approx x$,那么,自编码器的优化目标可以表示为

$$\min \mathcal{L} = \text{dist}(x, \bar{x})$$
$$\bar{x} = h_{\theta_2}(g_{\theta_1}(x))$$

其中 $\text{dist}(x, \bar{x})$ 表示 x 和 $\bar{x}$ 的距离度量,称为重建误差函数。最常见的度量方法有欧氏距离(Euclidean distance)的平方,计算方法为

$$\mathcal{L} = \sum_i (\boldsymbol{x}_i - \bar{\boldsymbol{x}}_i)^2$$

它和均方误差原理上是等价的。自编码器网络和普通的神经网络并没有本质的区别,只不过训练的监督信号由标签 y 变成了自身 x。借助于深层神经网络的非线性特征提取能力,自编码器可以获得良好的数据表示,相对于 PCA 等线性方法,自编码器性能更加优秀,甚至可以更加完美地恢复出输入 x。

在图 12.3(a)中,第 1 行是随机采样自测试集的真实 MNIST 手写数字图片,第 2、3、4 行分别是基于长度为 30 的隐变量,使用自编码器、Logistic PCA 和标准 PCA 算法恢复出的重建样本图片;在图 12.3(b)中,第 1 行为真实的人像图片,第 2、3 行分别是基于长度为 30 的隐变量,使用自编码器和标准 PCA 算法恢复出的重建样本。可以看到,使用深层神经网络的自编码器重建出图片相对清晰,还原度较高,而 PCA 算法重建出的图片较模糊。

(a) MNIST 手写数字图片

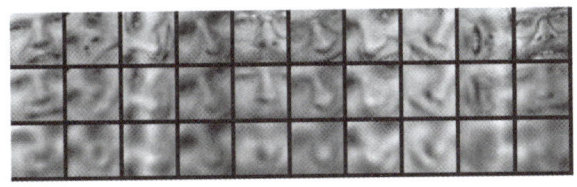

(b) 人像图片

图 12.3 自编码器对比 PCA

12.2 Fashion MNIST 图片重建实战

自编码器算法原理非常简单,实现方便,训练也较稳定,相对于 PCA 算法,神经网络的强大表达能力可以学习到输入的高层抽象的隐藏特征向量 z,同时也能够基于 z 重建出输入。这里基于 Fashion MNIST 数据集进行图片重建实战。

12.2.1 Fashion MNIST 数据集

Fashion MNIST 是一个定位在比 MNIST 图片识别问题稍复杂的数据集,它的设定与 MNIST 几乎完全一样,包含了 10 类不同类型的衣服、鞋子、包等灰度图片,图片大小为 28×28,共 70000 张图片,其中 60000 张用于训练集,10000 张用于测试集,如图 12.4 所示,每行是一种类别图片。可以看到,Fashion MNIST 除了图片内容与 MNIST 不一样,其他设定都相同,大部分情况可以直接替换掉原来基于 MNIST 训练的算法代码,而不需要额外修改。由于 Fashion MNIST 图片识别相对于 MNIST 图片识别更难，因此可以用于测试稍复杂的算法性能。

图 12.4　Fashion MNIST 数据集

在 PyTorch 中，加载 Fashion MNIST 数据集同样非常方便，利用 torchvision.datasets.FashionMNIST 函数即可在线下载、管理和加载数据集。代码如下。

```
h_dim = 20                                              # 隐变量长度
batchsz = 512                                           # batch size
lr = 1e-3                                               # 学习率

# 构建预处理 pipeline, 这里训练和测试是一样的
tf = torchvision.transforms.Compose([
    transforms.ToTensor(),
    # 标准化,简单地使用 0.5 来标准化
    transforms.Normalize((0.5,), (0.5,))
])
# 加载 Fashion MNIST 图片数据集
train_db = torchvision.datasets.FashionMNIST('fashion_mnist',
            train = True,                               # 训练集
            transform = tf,
            download = True                             # 在线下载
            )
test_db = torchvision.datasets.FashionMNIST('fashion_mnist',
            train = False,                              # 测试集
            transform = tf,
            download = True
            )
train_loader = torch.utils.data.DataLoader(train_db,
                batch_size = batchsz,
                shuffle = True)
test_loader = torch.utils.data.DataLoader(test_db,
```

```
                    batch_size = batchsz,
                    shuffle = False)                            #测试集不需要 shuffle
```

12.2.2 编码器

利用编码器将输入图片 $x \in R^{784}$ 降维到较低维度的隐变量：$h \in R^{20}$，并基于隐变量 h 利用解码器重建图片，自编码器模型如图 12.5 所示，编码器由 3 层全连接层网络组成，输出节点数分别为 256、128、20，解码器同样由 3 层全连接网络组成，输出节点数分别为 128、256、784。

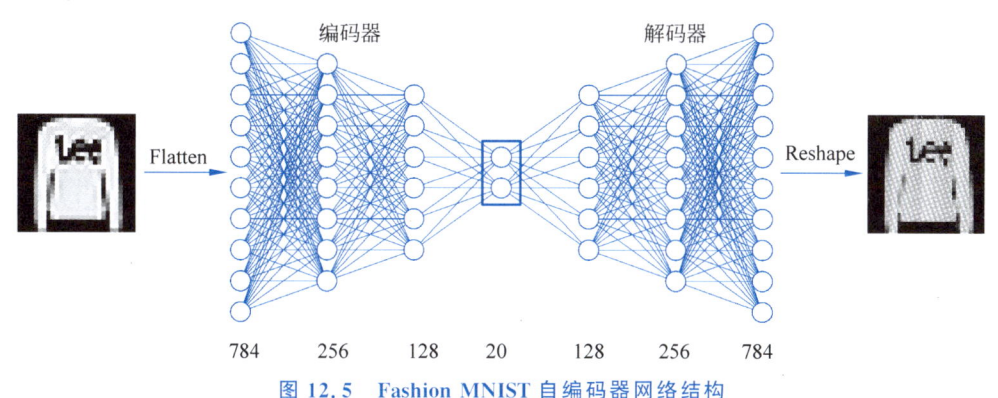

图 12.5 Fashion MNIST 自编码器网络结构

首先是编码器子网络的实现。利用 3 层的神经网络将长度为 784 的图片向量数据依次降维到 256、128，最后降维到 h_dim 维度，每层使用 ReLU 激活函数，最后一层不使用激活函数。代码如下。

```
#创建 Encoders 网络,实现在自编码器类的初始化函数中
self.encoder = Sequential([
    nn.Linear(784, 256),nn.ReLU(),
    nn.Linear(256, 128),nn.ReLU(),
    nn.Linear(128, h_dim)
])
```

12.2.3 解码器

然后再来创建解码器子网络，这里基于隐变量 h_dim 依次升维到 128、256、784 长度，除最后一层，激活函数使用 ReLU 函数。解码器的输出为 784 长度的向量，代表了打平后的 28×28 大小图片，通过 Reshape 操作即可恢复为图片矩阵。代码如下。

```
#创建 Decoders 网络,decoder 的输出应该是输入的特征同 shape
self.decoder = Sequential([
    nn.Linear(h_dim, 128),nn.ReLU(),
    nn.Linear(128, 256),nn.ReLU(),
    nn.Linear(256, 784)
])
```

12.2.4 自编码器

上述的编码器和解码器两个子网络均实现在自编码器类 AE 中，在初始化函数中同时创建这两个子网络。代码如下。

```
class AE(nn.Module):
    #AutoEncoder 模型类
    def __init__(self, h_dim):
        #传入隐变量长度参数
        super(AE, self).__init__()

        #创建 Encoders 网络,实现在自编码器类的初始化函数中
        self.encoder = Sequential([
            nn.Linear(784, 256),nn.ReLU(),
            nn.Linear(256, 128),nn.ReLU(),
            nn.Linear(128, h_dim)
        ])

        #创建 Decoders 网络, decoder 的输出应该是输入的特征同 shape
        self.decoder = Sequential([
            nn.Linear(h_dim, 128),nn.ReLU(),
            nn.Linear(128, 256),nn.ReLU(),
            nn.Linear(256, 784)
        ])
```

接下来将前向传播过程实现在 call 函数中，输入图片首先通过 encoder 子网络得到隐变量 h，再通过 decoder 得到重建图片。依次调用编码器和解码器的前向传播函数即可，代码如下。

```
defforward(self, x):
    #输入经过编码器,映射为隐变量 h
    #[b, 784] => [b, 10]
    h = self.encoder(x)
    #隐变量 h 经过解码器映射为重建的 x_hat 张量
    #[b, 10] => [b, 784]
    x_hat = self.decoder(h)

    return x_hat
```

12.2.5 网络训练

自编码器的训练过程与分类器的基本一致，通过误差函数计算出重建向量 $\bar{x}$ 与原始输入向量 x 之间的距离，再利用 PyTorch 的自动求导机制同时求出 encoder 和 decoder 的梯度，循环更新即可。

首先创建自编码器实例和优化器，并设置合适的学习率。举例如下。

```
#创建模型对象
```

```
model = AE(h_dim)
♯创建优化器,并设置学习率
optimizer = optim.Adam(model.parameters(), lr = lr)
♯使用二分类交叉熵损失函数
criterion = nn.BCEWithLogitsLoss()
```

这里固定训练 100 个 epoch,每次通过前向计算获得重建图片向量,并利用 Binary Cross Entropy 损失函数 BCEWithLogitsLoss 计算重建图片与原始图片直接的误差,实际上利用 MSE 误差函数也是可行的。BCEWithLogitsLoss 损失函数和 BCELoss 损失函数不同点在于 BCEWithLogitsLoss 内嵌了 Sigmoid 激活函数,以获得更好的数值计算稳定性,这一点与 CrossEntropyLoss 函数道理相同。代码如下。

```
♯训练 100 个 epoch
for epoch in range(100):
    ♯遍历数据集
    for step, (x,_) in enumerate(train_loader):
        ♯自监督学习,不需要使用 label 张量
        ♯[b, 28, 28] => [b, 784]
        x = x.reshape([-1, 784])
        ♯重建 x
        x_rec_logits = model(x)
        ♯计算重建图片与输入之间的损失函数
        rec_loss = criterion(x_rec_logits, x)
        ♯自动求导,同时更新 encoder 和 decoder 的网络参数
        optimizer.zero_grad()
        rec_loss.backward()
        optimizer.step()
        ♯间隔打印重建误差
        if step % 50 == 0:
            print(epoch, step, 'rec loss:', rec_loss.item())
```

12.2.6 图片重建

与分类问题不同的是,以自编码器为代表的生成模型性能一般不好量化评价,尽管 $\mathcal{L}$ 值可以在一定程度上代表网络的学习效果,但最终仍希望获得还原度较高、样式较丰富的重建样本,因此一般需要根据具体问题来讨论自编码器的学习效果,比如对于图片重建,一般依赖于人工主观评价图片生成的质量,或利用某些图片逼真度计算方法,如 IS(Inception Score)和 FID(Fréchet Inception Distance)来辅助评估。

为了测试图片重建效果,把数据集切分为训练集与测试集,其中测试集不参与训练。从测试集中(随机)采样测试图片 $x \in \boldsymbol{D}^{\text{test}}$,经过自编码器计算得到重建后的图片,然后将真实图片与重建图片保存为图片阵列,并可视化,方便比对。代码如下。

```
♯测试重建图片效果
♯重建图片,从测试集采样一批图片
x,_ = next(iter(test_loader))
♯打平并送入自编码器
```

```python
with torch.no_grad():
    logits = model(x.reshape([-1, 784]))
    x_hat = torch.sigmoid(logits)
    # 恢复为 28x28,[b, 784] => [b, 28, 28]
    x_hat = x_hat.reshape([-1, 28, 28])

# 输入的前 50 张 + 重建的前 50 张图片合并,[b, 28, 28] => [2b, 28, 28]
x = x.squeeze(dim=1)                                     # [b,1,28,28] =>[b,28,28]
x_concat = torch.cat([x[:50], x_hat[:50]], dim=0)
# x_concat = x_hat
x_concat = x_concat.cpu().numpy() * 255.                 # 恢复为 0~255 的范围
x_concat = x_concat.astype(np.uint8)                     # 转换为整型
# 保存图片
save_images(x_concat, 'ae_images/rec_epoch_%d.png'%epoch)
```

图片重建的效果如图 12.6、图 12.7、图 12.8 所示,其中每张图片的左边 5 列为真实图片,右边 5 列为对应的重建图片。可以看到,第一个 epoch 时,图片重建效果较差,图片非常模糊,逼真度较差;随着训练的进行,重建图片边缘越来越清晰,第 100 个 epoch 时,重建的图片效果已经比较接近真实图片。

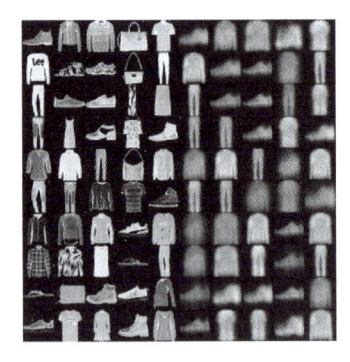

图 12.6　第 1 个 epoch 　　　　　图 12.7　第 10 个 epoch 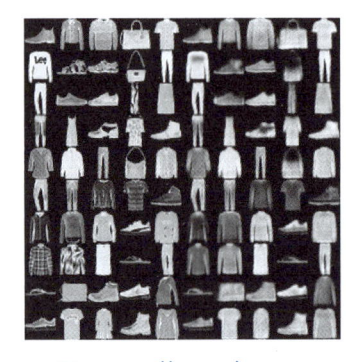　　　　　图 12.8　第 100 个 epoch

这里的 save_images 函数负责将多张图片合并并保存为一张大图,这部分代码使用 PIL 图片库完成图片阵列逻辑,代码如下。

```python
def save_images(imgs, name):
    # 创建 280x280 大小图片阵列
    new_im = Image.new('L', (280, 280))
    index = 0
    for i in range(0, 280, 28):                          # 10 行图片阵列
        for j in range(0, 280, 28):                      # 10 列图片阵列
            im = imgs[index]
            im = Image.fromarray(im, mode='L')
            new_im.paste(im, (i, j))                     # 写入对应位置
            index += 1
    # 保存图片阵列
    new_im.save(name)
```

12.3 自编码器变种

一般而言，自编码器网络的训练较为稳定，但是由于损失函数是直接度量重建样本与真实样本的底层特征之间的距离，而不是评价重建样本的逼真度和多样性等抽象指标，因此在某些任务上效果一般，如图片重建，容易出现重建图片边缘模糊，逼真度相对真实图片仍有不小差距。为了尝试让自编码器学习到数据的真实分布，一系列的自编码器变种网络被提出。下面将介绍几种典型的自编码器变种模型。

12.3.1 Denoising Auto-Encoder

为了防止神经网络记住输入数据的底层特征，Denoising Auto-Encoders 给输入数据添加随机的噪声扰动，如给输入 x 添加采样自高斯分布的噪声 ε：

$$\tilde{x} = x + \varepsilon, \quad \varepsilon \sim \mathcal{N}(0, \text{var})$$

添加噪声后，网络需要从 $\tilde{x}$ 学习到数据的真实隐变量 z，并还原出原始的输入 x，如图 12.9 所示。模型的优化目标为

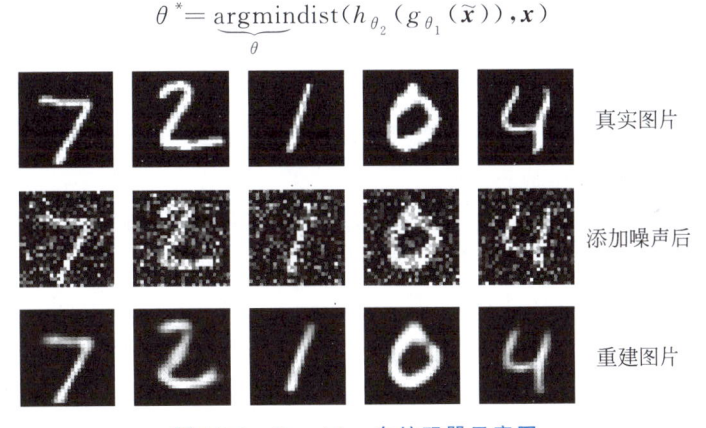

$$\theta^* = \underset{\theta}{\arg\min}\, \text{dist}(h_{\theta_2}(g_{\theta_1}(\tilde{x})), x)$$

图 12.9 Denoising 自编码器示意图

12.3.2 Dropout Auto-Encoder

自编码器网络同样面临过拟合的风险，Dropout Auto-Encoder 通过随机断开网络的连接来减少网络的表达能力，防止过拟合。Dropout Auto-Encoder 实现非常简单，通过在网络层中插入 Dropout 层即可实现网络连接的随机断开。

12.3.3 Adversarial Auto-Encoder

为了能够方便地从某个已知的先验分布中 $p(z)$ 采样隐变量 z，方便利用 $p(z)$ 来重建输入，对抗自编码器（Adversarial Auto-Encoder）利用额外的判别器网络（Discriminator，

D 网络)来判定降维的隐变量 z 是否采样自先验分布 $p(z)$,如图 12.10 所示。判别器网络的输出为一个属于 $[0,1]$ 区间的变量,表征隐变量是否采样自先验分布 $p(z)$:所有采样自先验分布 $p(z)$ 的 z 标注为真,采样自编码器的条件概率 $q(z|x)$ 的 z 标注为假。通过这种方式训练,除了可以重建样本,还可以约束条件概率分布 $q(z|x)$ 逼近先验分布 $p(z)$。

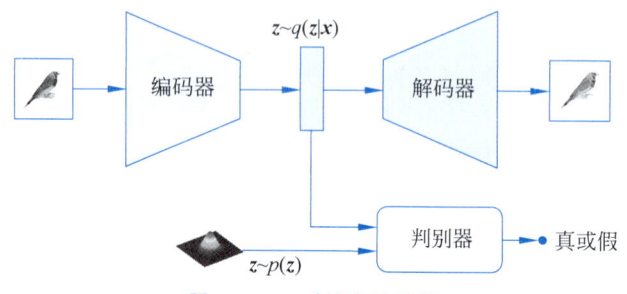

图 12.10 对抗自编码器

对抗自编码器是从下一章要介绍的生成对抗网络算法衍生而来,在学习完对抗生成网络后可以加深对对抗自编码器的理解。

12.4 变分自编码器

基本的自编码器本质上是学习输入 x 和隐变量 z 之间映射关系,它是一个判别模型(Discriminative model),并不是生成模型(Generative model)。那么能不能将自编码器调整为生成模型,从而更方便地生成样本?

给定隐变量的分布 $p(z)$,如果可以学习到条件概率分布 $p(x|z)$,则通过对联合概率分布 $p(x,z) = p(x|z)p(z)$ 进行采样,生成不同的样本。变分自编码器(Variational Auto-Encoders,VAE)就可以实现此目的,如图 12.11 所示。如果从神经网络的角度来看,VAE 和前面的自编码器一样,非常直观容易理解;但是 VAE 的理论推导稍复杂,接下来先从神经网络的角度去阐述 VAE,再从概率角度去推导 VAE。

图 12.11 VAE 模型结构

从神经网络的角度来看,VAE 相对于自编码器模型,同样具有编码器和解码器两个子网络。解码器接受输入 x,输出为隐变量 z;解码器负责将隐变量 z 解码为重建的 $\bar{x}$。不同的是,VAE 模型对隐变量 z 的分布有显式地约束,希望隐变量 z 符合预设的先验分布 $p(z)$。因此,在损失函数的设计上,除了原有的重建误差项外,还添加了隐变量 z 分布的约束项。

12.4.1 VAE 原理

从概率的角度,假设任何数据集都采样自某个分布 $p(x|z)$,z 是隐变量,代表了某种内

部特征，比如对于手写数字的图片 $\boldsymbol{x}$，$\boldsymbol{z}$ 可以表示字体的大小、书写风格、加粗、斜体等设定，它符合某个先验分布 $p(\boldsymbol{z})$，在给定具体隐变量 $\boldsymbol{z}$ 的情况下，可以从学到了分布 $p(\boldsymbol{x}|\boldsymbol{z})$ 中采样一系列的生成样本，这些样本都具有 $\boldsymbol{z}$ 所表示的共性。

通常可以假设 $p(\boldsymbol{z})$ 符合已知的分布，比如 $\mathcal{N}(0,1)$。在 $p(\boldsymbol{z})$ 已知的条件下，希望能学会生成概率模型 $p(\boldsymbol{x}|\boldsymbol{z})$。这里可以采用最大似然估计（Maximum Likelihood Estimation）方法：一个好的模型，应该拥有很大的概率生成真实的样本 $\boldsymbol{x} \in \boldsymbol{D}$。如果生成模型 $p(\boldsymbol{x}|\boldsymbol{z})$ 是用 θ 来参数化，那么神经网络的优化目标为

$$\max_\theta p(\boldsymbol{x}) = \int_z p(\boldsymbol{x}\mid\boldsymbol{z})p(\boldsymbol{z})\mathrm{d}\boldsymbol{z}$$

很遗憾的是，由于 $\boldsymbol{z}$ 是连续变量，上述积分没法转换为离散形式，导致很难直接优化。

换一个思路，利用变分推断（Variational Inference）的思想，通过分布 $q_\phi(\boldsymbol{z}\mid\boldsymbol{x})$ 来逼近 $p(\boldsymbol{z}\mid\boldsymbol{x})$，即需要最小化 $q_\phi(\boldsymbol{z}\mid\boldsymbol{x})$ 与 $p(\boldsymbol{z}\mid\boldsymbol{x})$ 之间的距离，即

$$\min_\phi \boldsymbol{D}_{\mathrm{KL}}(q_\phi(\boldsymbol{z}\mid\boldsymbol{x}) \parallel p(\boldsymbol{z}\mid\boldsymbol{x}))$$

其中 KL 散度 $\boldsymbol{D}_{\mathrm{KL}}$ 是一种衡量分布 q 和 p 之间的差距的度量，定义为

$$\boldsymbol{D}_{\mathrm{KL}}(q \parallel p) = \int_x q(\boldsymbol{x})\log\frac{q(\boldsymbol{x})}{p(\boldsymbol{x})}\mathrm{d}\boldsymbol{x}$$

严格地说，距离一般是对称的，而 KL 散度并不对称。将 KL 散度展开为

$$\boldsymbol{D}_{\mathrm{KL}}(q_\phi(\boldsymbol{z}\mid\boldsymbol{x}) \parallel p(\boldsymbol{z}\mid\boldsymbol{x})) = \int_z q_\phi(\boldsymbol{z}\mid\boldsymbol{x})\log\frac{q_\phi(\boldsymbol{z}\mid\boldsymbol{x})}{p(\boldsymbol{z}\mid\boldsymbol{x})}\mathrm{d}\boldsymbol{z}$$

利用性质

$$p(\boldsymbol{z}\mid\boldsymbol{x}) \cdot p(\boldsymbol{x}) = p(\boldsymbol{x},\boldsymbol{z})$$

可以得到

$$\begin{aligned}\boldsymbol{D}_{\mathrm{KL}}(q_\phi(\boldsymbol{z}\mid\boldsymbol{x}) \parallel p(\boldsymbol{z}\mid\boldsymbol{x})) &= \int_z q_\phi(\boldsymbol{z}\mid\boldsymbol{x})\log\frac{q_\phi(\boldsymbol{z}\mid\boldsymbol{x})p(\boldsymbol{x})}{p(\boldsymbol{x},\boldsymbol{z})}\mathrm{d}\boldsymbol{z} \\ &= \int_z q_\phi(\boldsymbol{z}\mid\boldsymbol{x})\log\frac{q_\phi(\boldsymbol{z}\mid\boldsymbol{x})}{p(\boldsymbol{x},\boldsymbol{z})}\mathrm{d}\boldsymbol{z} + \int_z q_\phi(\boldsymbol{z}\mid\boldsymbol{x})\log p(\boldsymbol{x})\mathrm{d}\boldsymbol{z} \\ &= -\underbrace{\left(-\int_z q_\phi(\boldsymbol{z}\mid\boldsymbol{x})\log\frac{q_\phi(\boldsymbol{z}\mid\boldsymbol{x})}{p(\boldsymbol{x},\boldsymbol{z})}\mathrm{d}\boldsymbol{z}\right)}_{\mathcal{L}(\phi,\theta)} + \log p(\boldsymbol{x})\end{aligned}$$

将 $-\int_z q_\phi(\boldsymbol{z}\mid\boldsymbol{x})\log\frac{q_\phi(\boldsymbol{z}\mid\boldsymbol{x})}{p(\boldsymbol{x},\boldsymbol{z})}\mathrm{d}\boldsymbol{z}$ 定义为 $\mathcal{L}(\phi,\theta)$ 项，上式即为

$$\boldsymbol{D}_{\mathrm{KL}}(q_\phi(\boldsymbol{z}\mid\boldsymbol{x}) \parallel p(\boldsymbol{z}\mid\boldsymbol{x})) = -\mathcal{L}(\phi,\theta) + \log p(\boldsymbol{x})$$

其中

$$\mathcal{L}(\phi,\theta) = -\int_z q_\phi(\boldsymbol{z}\mid\boldsymbol{x})\log\frac{q_\phi(\boldsymbol{z}\mid\boldsymbol{x})}{p(\boldsymbol{x},\boldsymbol{z})}\mathrm{d}\boldsymbol{z}$$

考虑到

$$D_{\mathrm{KL}}\big(q_\phi(z\mid x)\parallel p(z\mid x)\big)\geqslant 0$$

因此

$$\mathcal{L}(\phi,\theta)\leqslant \log p(x)$$

也就是说，$\mathcal{L}(\phi,\theta)$ 是 $\log p(x)$ 的下界限（Lower Bound），优化目标 $\mathcal{L}(\phi,\theta)$ 称为 Evidence Lower Bound Objective（ELBO）。为最大化似然概率 $p(x)$，或最大化 $\log p(x)$，应当最大化其下界限 $\mathcal{L}(\phi,\theta)$。

现在来分析如何最大化 $\mathcal{L}(\phi,\theta)$ 函数，展开可得

$$\begin{aligned}
\mathcal{L}(\theta,\phi) &= \int_z q_\phi(z\mid x)\log\frac{p_\theta(x,z)}{q_\phi(z\mid x)}\mathrm{d}z \\
&= \int_z q_\phi(z\mid x)\log\frac{p(z)p_\theta(x\mid z)}{q_\phi(z\mid x)}\mathrm{d}z \\
&= \int_z q_\phi(z\mid x)\log\frac{p(z)}{q_\phi(z\mid x)}\mathrm{d}z + \int_z q_\phi(z\mid x)\log p_\theta(x\mid z) \\
&= -\int_z q_\phi(z\mid x)\log\frac{q_\phi(z\mid x)}{p(z)}\mathrm{d}z + \boldsymbol{E}_{z\sim q}[\log p_\theta(x\mid z)] \\
&= -\boldsymbol{D}_{\mathrm{KL}}\big(q_\phi(z\mid x)\parallel p(z)\big) + \boldsymbol{E}_{z\sim q}[\log p_\theta(x\mid z)]
\end{aligned}$$

因此

$$\mathcal{L}(\theta,\phi) = -\boldsymbol{D}_{\mathrm{KL}}\big(q_\phi(z\mid x)\parallel p(z)\big) + \boldsymbol{E}_{z\sim q}[\log p_\theta(x\mid z)] \tag{12-1}$$

可以用编码器网络参数化 $q_\phi(z\mid x)$ 函数，解码器网络参数化 $p_\theta(x\mid z)$ 函数，通过计算解码器的输出分布 $q_\phi(z\mid x)$ 与先验分布 $p(z)$ 之间的 KL 散度，以及解码器的似然概率 $\log p_\theta(x\mid z)$ 构成的损失函数，即可优化 $\mathcal{L}(\theta,\phi)$ 目标。

特别地，当 $q_\phi(z\mid x)$ 和 $p(z)$ 都假设为正态分布时，$\boldsymbol{D}_{\mathrm{KL}}\big(q_\phi(z\mid x)\parallel p(z)\big)$ 计算可以简化为

$$\boldsymbol{D}_{\mathrm{KL}}\big(q_\phi(z\mid x)\parallel p(z)\big) = \log\frac{\sigma_2}{\sigma_1} + \frac{\sigma_1^2 + (\mu_1-\mu_2)^2}{2\sigma_2^2} - \frac{1}{2}$$

更特别地，当 $q_\phi(z\mid x)$ 为正态分布 $\mathcal{N}(\mu_1,\sigma_1)$，$p(z)$ 为正态分布 $\mathcal{N}(0,1)$ 时，即 $\mu_2=0$，$\sigma_2=1$，此时

$$\boldsymbol{D}_{\mathrm{KL}}\big(q_\phi(z\mid x)\parallel p(z)\big) = -\log\sigma_1 + 0.5\sigma_1^2 + 0.5\mu_1^2 - 0.5 \tag{12-2}$$

上述过程将 $\mathcal{L}(\theta,\phi)$ 表达式中的 $\boldsymbol{D}_{\mathrm{KL}}\big(q_\phi(z\mid x)\parallel p(z)\big)$ 项变得更易于计算，而 $\boldsymbol{E}_{z\sim q}[\log p_\theta(x\mid z)]$ 同样可以基于自编码器中的重建误差函数实现。

因此，VAE 模型的优化目标由最大化 $\mathcal{L}(\phi,\theta)$ 函数转换为

$$\min \boldsymbol{D}_{\mathrm{KL}}\big(q_\phi(z\mid x)\parallel p(z)\big)$$

和

$$\max \boldsymbol{E}_{z\sim q}[\log p_\theta(x\mid z)]$$

第一项优化目标可以理解为约束隐变量 z 的分布,第二项优化目标理解为提高网络的重建效果。可以看到,经过上述的推导,VAE 模型同样非常直观且好理解。

12.4.2 Reparameterization Trick

现在来考虑上述 VAE 模型在实现时遇到的一个严重的问题。隐变量 z 采样自编码器的输出 $q_\phi(z|x)$,如图 12.12(a)所示。当 $q_\phi(z|x)$ 和 $p(z)$ 都假设为正态分布时,编码器输出正态分布的均值 μ 和方差 σ^2,解码器的输入采样自 $\mathcal{N}(\mu,\sigma^2)$。由于采样操作的存在,导致梯度传播是不连续的,无法通过梯度下降算法端到端式地训练 VAE 网络。

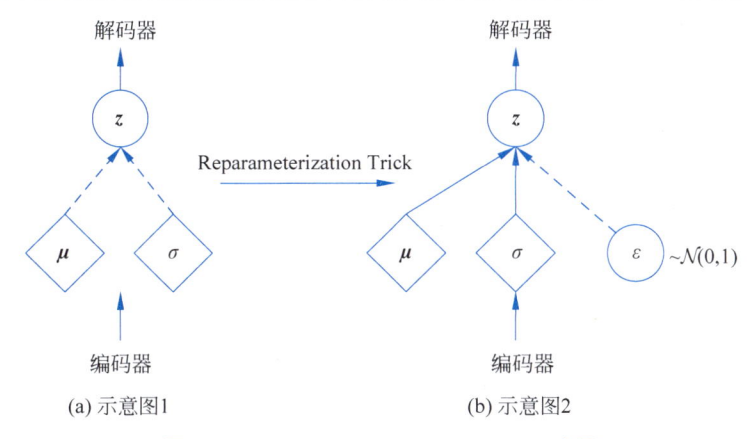

图 12.12　Reparameterization Trick 示意图

学术界提出了一种连续可导的解决方案,称为 Reparameterization Trick。它通过 $z=\mu+\sigma\odot\varepsilon$ 方式采样隐变量 z,其中 $\frac{\partial z}{\partial \mu}$ 和 $\frac{\partial z}{\partial \sigma}$ 均是连续可导,从而将梯度传播连接起来。如图 12.12(b)所示,ε 变量采样自标准正态分布 $\mathcal{N}(0,I)$,μ 和 σ 由编码器网络产生,通过 $z=\mu+\sigma\odot\varepsilon$ 方式即可获得采样后的隐变量,同时保证梯度传播是连续的。

VAE 网络模型如图 12.13 所示,输入 x 通过编码器网络 $q_\phi(z|x)$ 计算得到隐变量 z 的均值与方差,通过 Reparameterization Trick 方式采样获得隐变量 z,并送入解码器网络,获得分布 $p_\theta(x|z)$,并通过式(12-1)计算误差并优化参数。

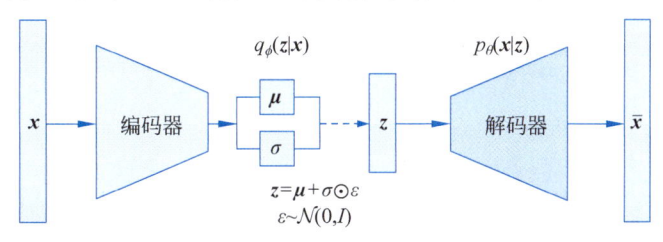

图 12.13　VAE 模型结构

12.5　VAE 图片生成实战

本节基于 VAE 模型实战 Fashion MNIST 图片的重建与生成。如图 12.14 所示，输入为 Fashion MNIST 图片向量，经过 3 个全连接层后得到隐变量 z 的均值与方差，分别用两个输出节点数为 20 的全连接层表示，FC2 的 20 个输出节点表示 20 个特征分布的均值向量 μ，FC3 的 20 个输出节点表示 20 个特征分布的取 log 后的方差向量。通过 Reparameterization Trick 采样获得长度为 20 的隐变量 z，并通过 FC4 和 FC5 重建出样本图片。

VAE 作为生成模型，除了可以重建输入样本，还可以单独使用解码器生成样本。通过从先验分布 $p(z)$ 中直接采样获得隐变量 z，经过解码后可以产生生成的样本。

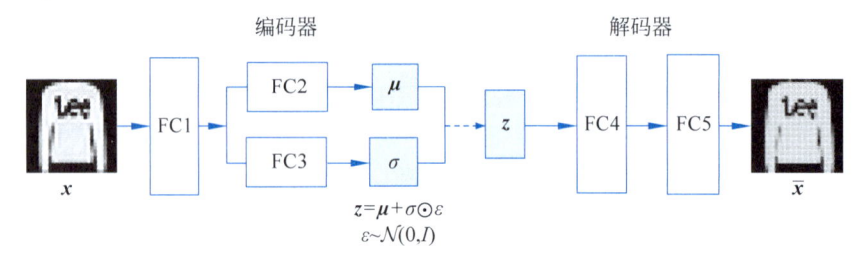

图 12.14　VAE 模型结构

12.5.1　VAE 模型

将 Encoder 和 Decoder 子网络实现在 VAE 大类中，在初始化函数中，分别创建 Encoder 和 Decoder 需要的网络层。代码如下。

```
class VAE(nn.Module):
    # Variational AutoEncoder 模型类
    def __init__(self, z_dim):
        # 传入隐变量长度参数
        super(VAE, self).__init__()

        # 创建 Encoder 网络，输出为隐变量 z 的均值和方差(或可映射为方差的张量)
        self.fc1 = nn.Sequential(
            nn.Linear(784, 128),
            nn.BatchNorm1d(128),
            nn.ReLU(),
            nn.Linear(128,128),
            nn.BatchNorm1d(128),
            nn.ReLU(),
            nn.Linear(128,128),
            nn.BatchNorm1d(128),
        )
        self.fc2 = nn.Linear(128, z_dim)
        self.fc3 = nn.Linear(128, z_dim)
```

```python
        # 创建 Decoder 网络，Decoder 的输出应该是输入的特征同 shape
        self.fc4 = nn.Sequential(
            nn.Linear(z_dim, 128),
            nn.BatchNorm1d(128),
            nn.ReLU(),
            nn.Linear(128,128),
            nn.BatchNorm1d(128),
            nn.ReLU(),
            nn.Linear(128,128),
            nn.BatchNorm1d(128),
        )
        self.fc5 = nn.Linear(128, 784)
```

Encoder 的输入先通过共享子网络 FC1，然后分别通过网络 FC2 与 FC3，获得隐变量分布的均值向量与方差的 log 向量值。代码如下。

```python
def encoder(self, x):
    # 编码器的前向计算过程
    h = F.relu(self.fc1(x))
    # get mean
    mu = self.fc2(h)
    # get variance
    log_var = self.fc3(h)

    return mu, log_var
```

Decoder 接收采样后的隐变量 z，并解码为图片输出。代码如下。

```python
def decoder(self, z):
    # 编码器的前向计算过程
    out = F.relu(self.fc4(z))
    out = self.fc5(out)

    return out
```

在 VAE 的前向计算过程中，首先通过编码器获得输入的隐变量 z 的分布，然后利用 Reparameterization Trick 实现的 reparameterize 函数采样获得隐变量 z，最后通过解码器即可恢复重建的图片向量。实现如下。

```python
def forward(self, x):
    # 输入经过编码器，映射为隐变量 z
    # [b, 784] => [b, 10]
    mu, log_var = self.encoder(x)
    # reparameterization trick 采样
    z = self.reparameterize(mu, log_var)
    # 隐变量 z 经过解码器映射为重建的 x_hat 张量
    # [b, 10] => [b, 784]
    x_hat = self.decoder(z)
    # 返回生成样本，及其均值与方差
    return x_hat, mu, log_var
```

12.5.2 Reparameterization 函数

Reparameterize 函数接收均值与方差参数,并从正态分布 $\mathcal{N}(0, I)$ 中采样获得 ε,通过 $z = \mu + \sigma \odot \varepsilon$ 方式返回采样隐变量。代码如下:

```python
def reparameterize(self, mu, log_var):
    #Reparameterize trick 实现函数
    #从正态分布中采样
    eps = torch.randn(log_var.shape)
    #获得标准差
    std = torch.exp(log_var * 0.5)
    #采样隐变量 z
    z = mu + std * eps
    return z
```

12.5.3 网络训练

网络固定训练 100 个 epoch,每次从 VAE 模型中前向计算获得重建样本,通过交叉熵损失函数计算重建误差项 $E_{z \sim q}[\log p_\theta(x|z)]$,根据式(12-2)计算 $D_{\mathrm{KL}}(q_\phi(z|x) \parallel p(z))$ 误差项,并自动求导和更新整个网络模型。代码如下。

```python
#创建模型对象
model = VAE(z_dim)
#创建优化器,并设置学习率
optimizer = optim.Adam(model.parameters(), lr = lr)
#使用二分类交叉熵损失函数
criterion = nn.BCEWithLogitsLoss()
#训练 500 个 epoch
for epoch in range(500):
    #遍历数据集
    for step, (x,_) in enumerate(train_loader):
        #自监督学习,不需要使用 label 张量
        #[b, 28, 28] => [b, 784]
        x = x.reshape([-1, 784])
        #重建 x
        x_rec_logits, mu, log_var = model(x)
        #计算重建图片与输入之间的损失函数
        rec_loss = criterion(x_rec_logits, x)
        #compute kl divergence (mu, var) ~ N (0, 1)
        #https://stats.stackexchange.com/questions/7440/kl-divergence-between-two-univariate-gaussians
        kl_div = -0.5 * (log_var + 1 - mu ** 2 - torch.exp(log_var))
        kl_div = kl_div.mean()
        #合并 Loss 项目
        loss = rec_loss + 10. * kl_div
        #自动求导,同时更新 encoder 和 decoder 的网络参数
        optimizer.zero_grad()
```

```python
        rec_loss.backward()
        optimizer.step()
        # 打印重建误差
        if step % 50 == 0:
            print(epoch, step, 'loss:', rec_loss.item())
```

12.5.4 图片生成

图片生成只利用到解码器网络，首先从先验分布 $N(0, I)$ 中采样获得隐变量，再通过解码器获得图片向量，最后 Reshape 为图片矩阵。例如：

```python
# 测试生成效果,从正态分布随机采样 z
z = torch.randn((batchsz, z_dim))
with torch.no_grad():
    logits = model.decoder(z)                           # 仅通过解码器生成图片
    x_hat = torch.sigmoid(logits)                       # 转换为像素范围
x_hat = x_hat.reshape([-1, 28, 28])
x_concat = torch.cat([x[:50], x_hat[:50]], dim=0)
x_concat = x_concat.cpu().numpy() * 255.
x_concat = x_concat.astype(np.uint8)
save_images(x_concat, 'vae_gen/epoch_%d.png'%epoch)     # 保存生成图片
```

测试图片重建效果，代码如下。

```python
# 重建图片,从测试集采样一批图片
x,_ = next(iter(test_loader))
# 打平并送入自编码器
with torch.no_grad():
    logits,_,_ = model(x.reshape([-1, 784]))
    x_hat = torch.sigmoid(logits)
    # 恢复为 28x28,[b, 784] => [b, 28, 28]
    x_hat = x_hat.reshape([-1, 28, 28])

# 输入的前 50 张 + 重建的前 50 张图片合并,[b, 28, 28] => [2b, 28, 28]
x = x.squeeze(dim=1)                                    # [b,1,28,28]=>[b,28,28]
x_concat = torch.cat([x[:50], x_hat[:50]], dim=0)
# x_concat = x_hat
x_concat = x_concat.cpu().numpy() * 255.                # 恢复为 0~255 的范围
x_concat = x_concat.astype(np.uint8)                    # 转换为整型
# 保存图片
save_images(x_concat, 'vae_rec/epoch_%d.png'%epoch)
```

图片重建的效果如图 12.15、图 12.16、图 12.17 所示，分别显示了在第 1、10、100 个 epoch 时，输入测试集的图片，获得的重建效果，每张图片的左 5 列为真实图片，右 5 列为对应的重建效果。图片生成的效果如图 12.18、图 12.19、图 12.20 所示，分别显示了在第 1、10、100 个 epoch 时，图片的生成效果。

图 12.15　图片重建：epoch＝1

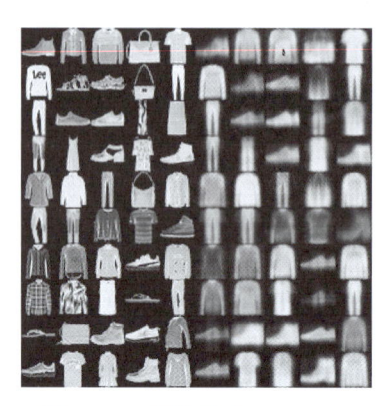

图 12.16　图片重建：epoch＝10

图 12.17　图片重建：epoch＝100

图 12.18　图片生成：epoch＝1

图 12.19　图片生成：epoch＝10

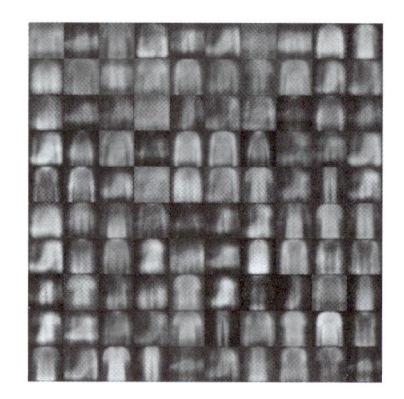

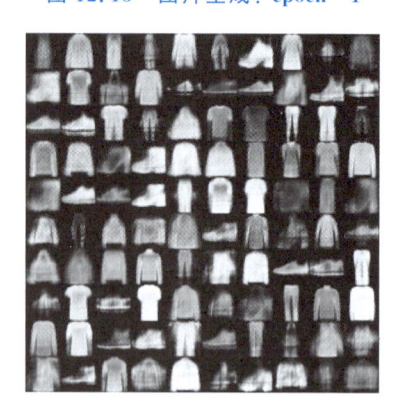

图 12.20　图片生成：epoch＝100

可以看到，图片重建的效果总体是要略好于图片生成的效果，这也说明了图片生成是更为复杂的任务，VAE 模型虽然具有图片生成的能力，但是生成的效果仍然不够逼真，人眼还是能够较轻松地分辨出机器生成的样本和真实的图片样本。下一章将要介绍的生成对抗网络在生成样本逼真程度方面可能表现更为优秀。如果读者对于 AIGC 内容生成有兴趣，可以阅读扩散模型（Diffusion Model）的相关算法，以获得更为优越的图像生成效果。

第 13 章 生成对抗网络

CHAPTER 13

> 我不能创造的事物,我就还没有完全理解它。
>
> ——理查德·费曼

在生成对抗网络(Generative Adversarial Network,GAN)发明之前,变分自编码器是当时普遍的选择。因为它理论完备、实现简单,使用神经网络训练起来很稳定,生成的图片逼近度也较高,但是人眼还是可以很轻易地分辨出真实图片与机器生成的图片。

2014 年,Université de Montréal 大学 Yoshua Bengio 的学生 Ian Goodfellow 提出了生成对抗网络,从而开辟了深度学习最炙手可热的研究方向之一。从 2014 年到 2019 年,GAN 的研究稳步推进、捷报频传,最新的 GAN 算法在图片生成上的效果甚至达到了肉眼难辨的程度,着实令人振奋。由于 GAN 的发明,Ian Goodfellow 荣获 GAN 之父称号,并获得 2017 年麻省理工科技评论颁发的 35 Innovators Under 35 奖项。图 13.1 展示了从 2014 年到 2018 年,GAN 模型取得的图书生成的效果,可以看到不管是图片大小,还是图片逼真度,都在逐年提升。

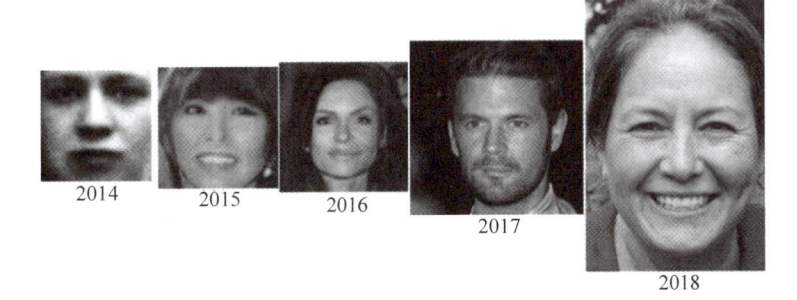

图 13.1 GAN 模型 2014—2018 年的图片生成效果

接下来,本章将从生活中博弈学习的实例出发,一步步引出 GAN 算法的设计思想和模型结构。

13.1 博弈学习实例

用一个漫画家的成长轨迹来形象介绍生成对抗网络的思想。考虑一对双胞胎兄弟,分别称为老二 G 和老大 D,G 学习如何绘制漫画,D 学习如何鉴赏画作。还在娃娃时代的两兄弟,尚且只学会了如何使用画笔和纸张,G 绘制了一张不明所以的画作,如图 13.2(a)所示,由于此时 D 鉴别能力不高,觉得 G 的作品还行,但是人物主体不够鲜明。在 D 的指引和鼓励下,G 开始尝试学习如何绘制主体轮廓和使用简单的色彩搭配。

一年后,G 提升了绘画的基本功,D 也通过分析名作和初学者 G 的作品,初步掌握了鉴别作品的能力。此时 D 觉得 G 的作品人物主体有了,如图 13.2(b)所示,但是色彩的运用还不够成熟。数年后,G 的绘画基本功已经很扎实了,可以轻松绘制出主体鲜明、颜色搭配合适和逼真度较高的画作,如图 13.2(c)所示,但是 D 同样通过观察 G 和其他名作的差别,提升了画作鉴别能力,觉得 G 的画作技艺已经趋于成熟,但是对生活的观察尚且不够,作品没有传达神情且部分细节不够完美。又过了数年,G 的绘画功力达到了炉火纯青的地步,绘制的作品细节完美、风格迥异、惟妙惟肖,宛如大师级水准,如图 13.2(d)所示,即便此时的 D 鉴别功力也相当出色,亦很难将 G 和其他大师级的作品区分开来。

图 13.2 画家的成长轨迹示意图

上述画家的成长历程其实是一个生活中普遍存在的学习过程,通过双方的博弈学习,相互提高,最终达到一个平衡点。GAN 借鉴了博弈学习的思想,分别设立了两个子网络:负责生成样本的生成器 G 和负责鉴别真伪的鉴别器 D。类比到画家的例子,生成器 G 就是老二,鉴别器 D 就是老大。鉴别器 D 通过观察真实的样本和生成器 G 产生的样本之间的区别,学会如何鉴别真假,其中真实的样本为真,生成器 G 产生的样本为假。而生成器 G 同样也在学习,它希望产生的样本能够获得鉴别器 D 的认可,即在鉴别器 D 中鉴别为真,因此生成器 G 通过优化自身的参数,尝试使得自己产生的样本在鉴别器 D 中判别为真。生成器 G 和鉴别器 D 相互博弈,共同提升,直至达到平衡点。此时生成器 G 生成的样本非常逼真,使得鉴别器 D 真假难分。

在原始的 GAN 论文中,Ian Goodfellow 使用了另一个形象的比喻来介绍 GAN 模型:生成器网络 G 的功能就是产生一系列非常逼真的假钞试图欺骗鉴别器 D,而鉴别器 D 通过学习真钞和生成器 G 生成的假钞来掌握钞票的鉴别方法。这两个网络在相互博弈的过程中间同步提升,直到生成器 G 产生的假钞非常的逼真,连鉴别器 D 都真假难辨。

这种博弈学习的思想使得 GAN 的网络结构和训练过程与之前的网络模型略有不同,

下面来详细介绍 GAN 的网络结构和算法原理。

13.2 GAN 原理

本节正式介绍生成对抗网络的网络结构和训练方法。

13.2.1 网络结构

生成对抗网络包含了两个子网络：生成网络(Generator,G)和判别网络(Discriminator,D)，其中生成网络 G 负责学习样本的真实分布，判别网络 D 负责将生成网络采样的样本与真实样本区分开来。

1) 生成网络

生成网络 G 和自编码器的 Decoder 功能类似，从先验分布 $p_z(\cdot)$ 中采样隐变量 $z \sim p_z(\cdot)$，通过生成网络 G 参数化的 $p_g(x|z)$ 分布，获得生成样本 $x \sim p_g(x|z)$，如图 13.3 所示。其中隐变量 z 的先验分布 $p_z(\cdot)$ 可以假设为某中已知的分布，比如多元均匀分布 $z \sim \text{Uniform}(-1,1)$。

$p_g(x|z)$ 可以用深度神经网络来参数化，如图 13.4 所示，从均匀分布 $p_z(\cdot)$ 中采样出隐变量 z，经过多层转置卷积层网络参数化的 $p_g(x|z)$ 分布中采样出样本 x_f。从输入输出层面来看，生成器 G 的功能是将隐变量 z 通过神经网络转换为样本向量 x_f，下标 f 代表假样本(Fake samples)。

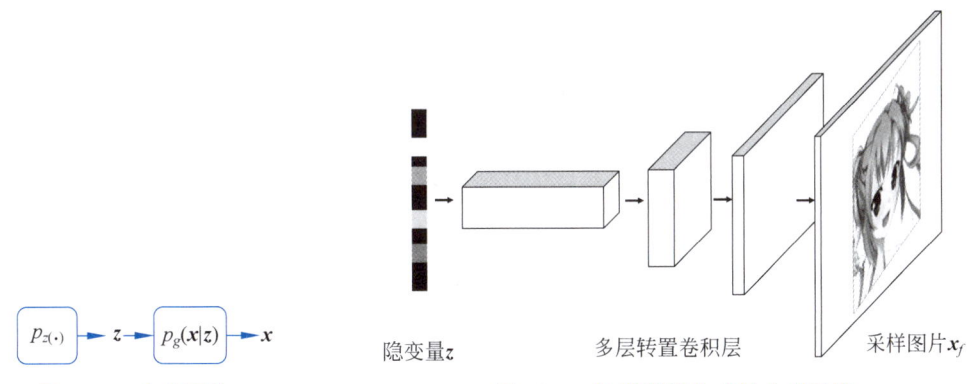

图 13.3 生成网络 G

图 13.4 转置卷积构成的生成网络

2) 判别网络

判别网络和普通的二分类网络功能类似，它接受输入样本 x 的数据集，包含了采样自真实数据分布 $p_r(\cdot)$ 的样本 $x_r \sim p_r(\cdot)$，也包含了采样自生成网络的假样本 $x_f \sim p_g(x|z)$，x_r 和 x_f 共同组成了判别网络的训练数据集。判别网络输出为 x 属于真实样本的概率 $P(x$ 为真$|x)$，把所有真实样本 x_r 的标签标注为真(1)，所有生成网络产生的样本 x_f 标注为假(0)，通过最小化判别网络 D 的预测值与标签之间的误差来优化判别网络参数，如图 13.5 所示。

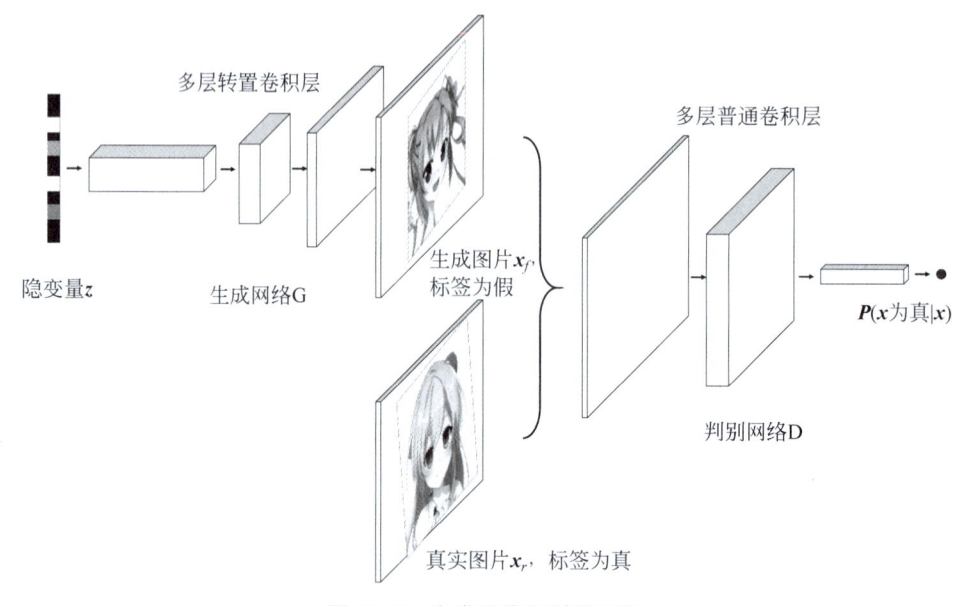

图 13.5　生成网络和判别网络

13.2.2　网络训练

GAN 博弈学习的思想体现在它的训练方式上，由于生成器 G 和判别器 D 的优化目标不一样，不能和之前的网络模型的训练一样，只采用一个损失函数。下面分别介绍如何训练生成器 G 和判别器 D。

对于判别网络 D，它的目标是能够很好地分辨出真样本 x_r 与假样本 x_f。以图片生成为例，它的目标是最小化图片的预测值和真实值之间的交叉熵损失函数，即

$$\min_{\theta} \mathcal{L} = \mathrm{CE}(D_\theta(\boldsymbol{x}_r), y_r, D_\theta(\boldsymbol{x}_f), y_f)$$

其中 $D_\theta(\boldsymbol{x}_r)$ 代表真实样本 $\boldsymbol{x}_r$ 在判别网络 D_θ 的输出，θ 为判别网络的参数集，$D_\theta(\boldsymbol{x}_f)$ 为生成样本 $\boldsymbol{x}_f$ 在判别网络的输出，y_r 为 $\boldsymbol{x}_r$ 的标签，由于真实样本标注为真，故 $y_r = 1$，y_f 为生成样本 $\boldsymbol{x}_f$ 的标签，由于生成样本标注为假，故 $y_f = 0$。CE 函数代表交叉熵损失函数 CrossEntropy。二分类问题的交叉熵损失函数定义为

$$\mathcal{L} = -\sum_{\boldsymbol{x}_r \sim p_r(\cdot)} \log D_\theta(\boldsymbol{x}_r) - \sum_{\boldsymbol{x}_f \sim p_g(\cdot)} \log(1 - D_\theta(\boldsymbol{x}_f))$$

因此判别网络 D 的优化目标是

$$\theta^* = \underset{\theta}{\operatorname{argmin}} - \sum_{\boldsymbol{x}_r \sim p_r(\cdot)} \log D_\theta(\boldsymbol{x}_r) - \sum_{\boldsymbol{x}_f \sim p_g(\cdot)} \log(1 - D_\theta(\boldsymbol{x}_f))$$

把 $\min_{\theta} \mathcal{L}$ 问题转换为 $\max_{\theta} -\mathcal{L}$，并写成期望形式，即

$$\theta^* = \underset{\theta}{\operatorname{argmax}} E_{\boldsymbol{x}_r \sim p_r(\cdot)} \log D_\theta(\boldsymbol{x}_r) + E_{\boldsymbol{x}_f \sim p_g(\cdot)} \log(1 - D_\theta(\boldsymbol{x}_f))$$

对于生成网络 $G(z)$，希望 $\boldsymbol{x}_f = G(z)$ 能够很好地骗过判别网络 D，假样本 $\boldsymbol{x}_f$ 在判别网

络的输出越接近真实的标签越好。也就是说,在训练生成网络时,希望判别网络的输出 $D(G(z))$ 越逼近 1 越好,最小化 $D(G(z))$ 与 1 之间的交叉熵损失函数,即

$$\min_{\phi} \mathcal{L} = \mathrm{CE}(D(G_\phi(z)), 1) = -\log D(G_\phi(z))$$

把 $\min_{\phi} \mathcal{L}$ 问题转换成 $\max_{\phi} -\mathcal{L}$,并写成期望形式,即

$$\phi^* = \arg\max_{\phi} E_{z \sim p_z(\cdot)} \log D(G_\phi(z))$$

再次等价转换为

$$\phi^* = \arg\min_{\phi} \mathcal{L} = E_{z \sim p_z(\cdot)} \log[1 - D(G_\phi(z))]$$

其中 ϕ 为生成网络 G 的参数集,可以利用梯度下降算法来优化参数 ϕ。

13.2.3 统一目标函数

把判别网络的目标和生成网络的目标合并,写成 min-max 博弈形式:

$$\min_{\phi} \max_{\theta} \mathcal{L}(D, G) = E_{x_r \sim p_r(\cdot)} \log D_\theta(x_r) + E_{x_f \sim p_g(\cdot)} \log(1 - D_\theta(x_f))$$

$$= E_{x \sim p_r(\cdot)} \log D_\theta(x) + E_{z \sim p_z(\cdot)} \log(1 - D_\theta(G_\phi(z))) \quad (13\text{-}1)$$

算法流程如下。

算法 1:GAN 训练算法

随机初始化参数 θ 和 ϕ
repeat
    for k 次 **do**
        随机采样隐变量 $z \sim p_z(\cdot)$
        随机采样真实样本 $x_r \sim p_r(\cdot)$
        根据梯度上升算法更新 D 网络:
$$\nabla_\theta E_{x_r \sim p_r(\cdot)} \log D_\theta(x_r) + E_{x_f \sim p_g(\cdot)} \log(1 - D_\theta(x_f))$$
    随机采样隐变量 $z \sim p_z(\cdot)$
    根据梯度下降算法更新 G 网络:
$$\nabla_\phi E_{z \sim p_z(\cdot)} \log(1 - D_\theta(G_\phi(z)))$$
    endfor
until 训练回合数达到要求
输出:训练好的生成器 G_ϕ

13.3 DCGAN 实战

本节来完成一个二次元动漫头像图片生成实战,参考 DCGAN 的网络结构,其中判别器 D 利用普通卷积层实现,生成器 G 利用转置卷积层实现,如图 13.6 所示。

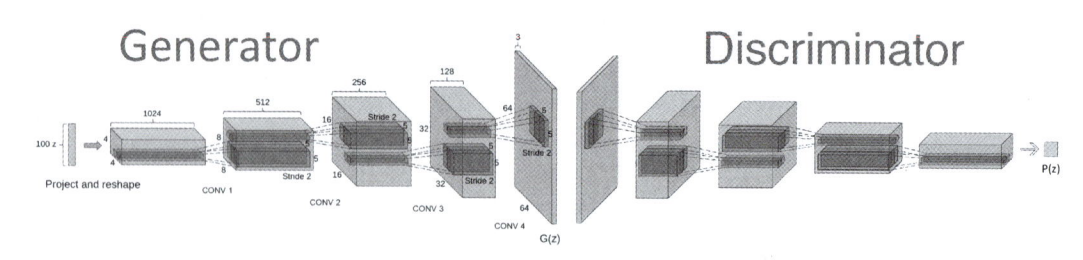

图 13.6　DCGAN 结构

13.3.1　动漫图片数据集

这里使用的是一组二次元动漫头像的数据集，共 51223 张图片，无标注信息，图片主体已裁剪、对齐并统一缩放到 96×96 大小，部分样片如图 13.7 所示。

图 13.7　动漫头像图片数据集

对于自定义的数据集，需要自行完成数据的加载和预处理工作，此处聚焦在 GAN 算法本身，下一章会详细介绍如何加载自己的数据集，这里直接通过预编写好的 make_anime_dataset 函数返回已经处理好的数据集对象。代码如下。

```
# 获取数据集路径，数据集可从书本 Github 页面提供的链接下载
img_path = 'anime_faces/'
print('images num:', len(os.listdir(img_path + '/faces/')))
# 构建数据集对象
db = ImageFolder(root = img_path,
                    transform = transforms.Compose([
                        # 缩放到 70x70
                        transforms.Resize(70),
                        # 随机修剪出 64x64 大小
                        transforms.RandomCrop(64),
                        transforms.ToTensor(),
                        transforms.Normalize((0.5, 0.5, 0.5), (0.5, 0.5, 0.5)),
                    ]))
# 创建 loader 对象
loader = torch.utils.data.DataLoader(db,
```

```
                            batch_size = batch_size,
                            shuffle = True,
                            num_workers = 8)
```

其中 dataset 对象就是 torch.utils.data.Dataset 类实例,已经完成了随机裁剪、标准化等操作,并通过 DataLoader 类实现批加载,其中 batch_size 超参数需要根据实际 GPU 设备信息进行调整。

13.3.2 生成器

生成网络 G 由 5 个转置卷积层单元堆叠而成,实现特征图高宽的层层放大,特征图通道数的层层减少。首先将长度为 100 的隐变量 z 通过 Reshape 操作调整为 $[b,1,1,100]$ 的四维张量,并依序通过转置卷积层,放大高和宽的维度,减少通道数维度,最后得到高和宽为 64,通道数为 3 的彩色图片。每个卷积层中间插入 BN 层来提高训练稳定性,卷积层选择不使用偏置向量。生成器的类代码实现如下。

```
class Generator(nn.Module):
    # 生成器网络
    def __init__(self, nz):
        super(Generator, self).__init__()
        filter = 64
        # 转置卷积层 1,输出 channel 为 filter*8,核大小 3,步长 1,不使用 padding,不使用偏置
        self.conv1 = nn.ConvTranspose2d(nz, filter * 8, 3, 1, bias = False)
        self.bn1 = nn.BatchNorm2d(filter * 8)
        # 转置卷积层 2
        self.conv2 = nn.ConvTranspose2d(filter * 8, filter * 4, 3, 2, bias = False)
        self.bn2 = nn.BatchNorm2d(filter * 4)
        # 转置卷积层 3
        self.conv3 = nn.ConvTranspose2d(filter * 4, filter * 2, 3, 2, bias = False)
        self.bn3 = nn.BatchNorm2d(filter * 2)
        # 转置卷积层 4
        self.conv4 = nn.ConvTranspose2d(filter * 2, filter * 1, 3, 2, bias = False)
        self.bn4 = nn.BatchNorm2d(filter * 1)
        # 转置卷积层 5
        self.conv5 = nn.ConvTranspose2d(filter * 1, 3, 4, 2, bias = False)
```

生成网络 G 的前向传播过程实现如下。

```
def forward(self, inputs):
    # 生成器 G 的前向传播函数
    x = inputs                                          # [z, 100]
    # Reshape 乘四维张量,方便后续转置卷积运算:(b, 100, 1, 1)
    x = x.reshape((x.shape[0], x.shape[1], 1, 1))
    x = F.relu(x)                                       # 激活函数
    # 转置卷积-BN-激活函数:(b, 512, 4, 4)
    x = F.relu(self.bn1(self.conv1(x)))
    # 转置卷积-BN-激活函数:(b, 256, 8, 8)
    x = F.relu(self.bn2(self.conv2(x)))
    # 转置卷积-BN-激活函数:(b, 128, 16, 16)
    x = F.relu(self.bn3(self.conv3(x)))
    # 转置卷积-BN-激活函数:(b, 64, 32, 32)
```

```
        x = F.relu(self.bn4(self.conv4(x)))
        #转置卷积-激活函数:(b, 3, 64, 64)
        x = self.conv5(x)
        x = torch.tanh(x)                    #输出x范围为-1~1,与预处理一致
        return x
```

生成网络的输出大小为$[b,3,64,64]$的图片张量,数值范围为-1~1,网络中的卷积核,移动步长等参数由人工进行设计并调整,确保输出大小为$64×64$的特征图。

13.3.3 判别器

判别网络 D 与普通的分类网络相同,接收大小为$[b,64,64,3]$的图片张量,连续通过 5 个卷积层实现特征的层层提取,卷积层最终输出大小为$[b,2,2,1024]$,再通过池化层 AdaptiveAveragePooling2D 将特征大小转换为$[b,1024]$,最后通过一个全连接层获得二分类任务的概率。判别网络 D 类的代码实现如下。

```
class Discriminator(nn.Module):
    #判别器网络
    def __init__(self):
        super(Discriminator, self).__init__()
        filter = 64
        #卷积层
        self.conv1 = nn.Conv2d(3, filter, 4, 2, bias=False)
        self.bn1 = nn.BatchNorm2d(filter)
        #卷积层
        self.conv2 = nn.Conv2d(filter*1, filter*2, 4, 2, bias=False)
        self.bn2 = nn.BatchNorm2d(filter*2)
        #卷积层
        self.conv3 = nn.Conv2d(filter*2, filter*4, 4, 2, bias=False)
        self.bn3 = nn.BatchNorm2d(filter*4)
        #卷积层
        self.conv4 = nn.Conv2d(filter*4, filter*8, 3, 1, bias=False)
        self.bn4 = nn.BatchNorm2d(filter*8)
        #卷积层
        self.conv5 = nn.Conv2d(filter*8, filter*16, 3, 1, bias=False)
        self.bn5 = nn.BatchNorm2d(filter*16)
        #全局池化层
        self.pool = nn.AdaptiveAvgPool2d(1)
        #特征打平
        self.flatten = nn.Flatten()
        #2分类全连接层
        self.fc = nn.Linear(1024, 1)
```

判别器 D 的前向计算过程实现如下。

```
def forward(self, inputs):
    #判别器 D 的前向计算函数
    #卷积-BN-激活函数:(4, 31, 31, 64)
    x = F.leaky_relu(self.bn1(self.conv1(inputs)))
    #卷积-BN-激活函数:(4, 14, 14, 128)
    x = F.leaky_relu(self.bn2(self.conv2(x)))
```

```python
        # 卷积-BN-激活函数:(4, 6, 6, 256)
        x = F.leaky_relu(self.bn3(self.conv3(x)))
        # 卷积-BN-激活函数:(4, 4, 4, 512)
        x = F.leaky_relu(self.bn4(self.conv4(x)))
        # 卷积-BN-激活函数:(4, 2, 2, 1024)
        x = F.leaky_relu(self.bn5(self.conv5(x)))
        # 卷积-BN-激活函数:(4, 1024)
        x = self.pool(x)
        # 打平
        x = self.flatten(x)
        # 输出,[b, 1024] => [b, 1]
        logits = self.fc(x)

        return logits
```

判别器的输出大小为$[b,1]$,类内部没有使用 Sigmoid 激活函数,通过 Sigmoid 激活函数后可获得 b 个样本属于真实样本的概率。

13.3.4 训练与可视化

1. 判别网络

根据式(13-1),判别网络的训练目标是最大化 $\mathcal{L}(D,G)$ 函数,使得真实样本预测为真的概率接近于 1,生成样本预测为真的概率接近于 0。将判断器的误差函数实现在 d_loss_fn 函数中,将所有真实样本标注为 1,所有生成样本标注为 0,并通过最小化对应的交叉熵损失函数来实现最大化 $\mathcal{L}(D,G)$ 函数。d_loss_fn 函数实现如下。

```python
def d_loss_fn(generator, discriminator, batch_z, batch_x):
    # 计算判别器的误差函数
    # 采样生成图片
    fake_image = generator(batch_z)
    # 判定生成图片
    d_fake_logits = discriminator(fake_image)
    # 判定真实图片
    d_real_logits = discriminator(batch_x)
    # 真实图片与 1 之间的误差
    d_loss_real = celoss_ones(d_real_logits)
    # 生成图片与 0 之间的误差
    d_loss_fake = celoss_zeros(d_fake_logits)
    # 合并误差
    loss = d_loss_fake + d_loss_real

    return loss
```

其中,celoss_ones 函数用来计算当前预测概率与标签 1 之间的交叉熵损失,代码如下。

```python
def celoss_ones(logits):
    # 计算属于与标签为 1 的交叉熵,[b, 1]
    y = torch.ones_like(logits)
    # 使用 logits 进行计算,内嵌 sigmoid
    loss = F.binary_cross_entropy_with_logits(logits, y)
    return loss
```

celoss_zeros 函数计算当前预测概率与标签 0 之间的交叉熵损失,代码如下。

```
def celoss_zeros(logits):
    # 计算属于与便签为 0 的交叉熵,[b, 1]
    y = torch.zeros_like(logits)
    # 使用 logits 进行计算,内嵌 sigmoid
    loss = F.binary_cross_entropy_with_logits(logits, y)
    return loss
```

2. 生成网络

生成网络的训练目标是最小化 $\mathcal{L}(D,G)$ 目标函数,由于真实样本与生成器无关,因此误差函数只需要考虑最小化 $\boldsymbol{E}_{z\sim p_z(\cdot)}\log(1-D_\theta(G_\phi(z)))$ 项即可。可以通过将生成的样本标注为 1,最小化此时的交叉熵误差。需要注意的是,在反向传播误差的过程中,判别器也参与了计算图的构建,但是此阶段只需要更新生成器网络参数,而不更新判别器的网络参数。生成器的误差函数代码如下。

```
def g_loss_fn(generator, discriminator, batch_z):
    # 采样生成图片
    fake_image = generator(batch_z)
    # 在训练生成网络时,需要迫使生成图片判定为真
    d_fake_logits = discriminator(fake_image)
    # 计算生成图片与 1 之间的误差
    loss = celoss_ones(d_fake_logits)

    return loss
```

3. 网络训练

在每个 epoch,首先从先验分布 $p_z(\cdot)$ 中随机采样隐变量,从真实数据集中随机采样真实图片,通过生成器和判别器计算判别器网络的损失,并优化判别器网络参数 θ。在训练生成器时,需要借助于判别器来计算误差,但是只计算生成器的梯度信息并更新 ϕ。这里设定判别器训练 $k=1$ 次后,生成器训练一次。

首先创建生成网络和判别网络,并分别创建对应的优化器。代码如下。

```
generator = Generator(z_dim).cuda()                      # 创建生成器
generator.apply(weights_init)                            # 重新初始化模型参数
discriminator = Discriminator().cuda()                   # 创建判别器
discriminator.apply(weights_init)                        # 重新初始化模型参数
# 根据需要加载 checkpoint 断点
if os.path.exists('generator.ckpt'):
    generator.load_state_dict(torch.load('generator.ckpt'))
    discriminator.load_state_dict(torch.load('discriminator.ckpt'))
# 分别为生成器和判别器创建优化器
g_optimizer = optim.Adam(generator.parameters(), lr = learning_rate, betas = (0.5, 0.999))
d_optimizer = optim.Adam(discriminator.parameters(), lr = learning_rate, betas = (0.5, 0.999))
```

主训练部分代码实现如下。

```
for epoch in range(epochs):                              # 训练 epochs 次
    for step,(x,_) in enumerate(loader):
```

```
x = x.cuda()
#1. 训练判别器
for _ in range(1):
    #采样隐变量
    batch_z = torch.randn([batch_size, z_dim]).cuda()
    batch_x = x                              #采样真实图片
    #判别器前向计算
    d_loss = d_loss_fn(generator, discriminator, batch_z, batch_x)
    #更新D模型
    d_optimizer.zero_grad()
    d_loss.backward()
    d_optimizer.step()

#2. 训练生成器
#采样隐变量
batch_z = torch.randn([batch_size, z_dim]).cuda()
#生成器前向计算
g_loss = g_loss_fn(generator, discriminator, batch_z)
#更新D模型
g_optimizer.zero_grad()
g_loss.backward()
g_optimizer.step()
```

每间隔 100 个 epoch，进行一次图片生成测试。通过从先验分布中随机采样隐变量，送入生成器获得生成图片，并保存为文件。

图 13.8 展示了某 DCGAN 模型在训练过程中保存的生成图片样例，可以观察到，大部分图片主体明确，色彩逼真，图片多样性较丰富，图片效果较为贴近数据集中真实的图片。同时也能发现仍有少量生成图片损坏，无法通过人眼辨识图片主体。要想获得如图 13.8 所示的图片生成效果，需要精心设计网络模型结构，并精调网络超参数。

图 13.8　DCGAN 模型图片生成效果

13.4 GAN 变种

在原始的 GAN 论文中,Ian Goodfellow 从理论层面分析了 GAN 的收敛性,并且在多个经典图片数据集上测试了图片生成的效果,如图 13.9 所示,其中图 13.9(a)为 MNIST 数据,图 13.9(b)为 Toronto Face 数据集,图 13.9(c)、图 13.9(d)为 CIFAR10 数据集。

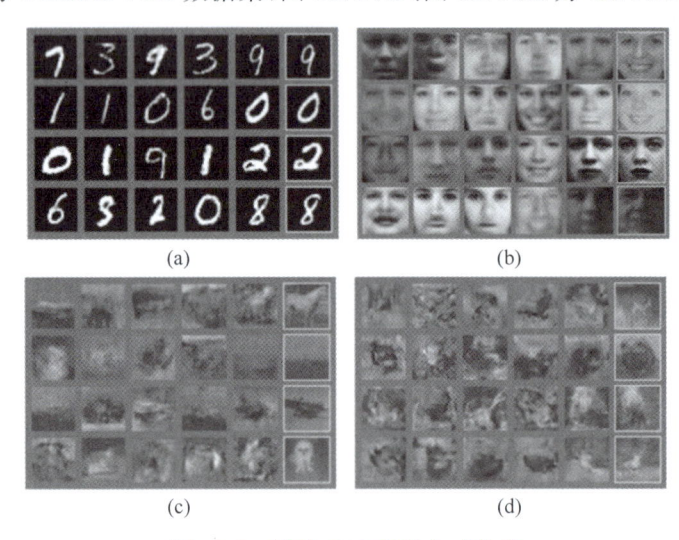

图 13.9　原始 GAN 图片生成效果

可以看到,原始 GAN 模型在图片生成效果上并不突出,和 VAE 差别不明显,此时并没有展现出它强大的分布逼近能力。但是由于 GAN 在理论方面较新颖,实现方面也有很多可以改进的地方,大大地激发了学术界的研究兴趣。数年来,GAN 的研究如火如荼地进行,并且也取得了实质性的进展。接下来将介绍几个意义比较重大的 GAN 变种。

13.4.1　DCGAN

最初始的 GAN 主要基于全连接层实现生成器 G 和判别器 D 网络,由于图片的维度较高,网络参数量巨大,训练的效果并不优秀。DCGAN 提出了使用转置卷积层实现的生成网络、使用普通卷积层来实现的判别网络的方法,大大地降低了网络参数量,同时图片的生成效果也大幅提升,展现了 GAN 模型在图片生成效果上超越 VAE 模型的潜质。此外,DCGAN 作者还提出了一系列经验性的 GAN 训练技巧,这些技巧在 WGAN 提出之前被证实有益于网络的稳定训练。前面已经使用 DCGAN 模型完成了二次元动漫头像的图片生成实战。

13.4.2　InfoGAN

InfoGAN 尝试使用无监督的方式去学习输入 x 的可解释隐变量 z 的表示方法 (Interpretable Representation)，即希望隐变量 z 能够对应到数据的语义特征。比如对于 MNIST 手写数字图片，可以认为数字的类别、字体大小和书写风格等是图片的隐变量，希望模型能够学习到这些分离的(Disentangled)可解释特征表示方法，从而可以通过人为控制隐变量来生成指定内容的样本。对于 CelebA 名人照片数据集，希望模型可以把发型、眼镜佩戴情况、面部表情等特征分隔开，从而生成指定形态的人脸图片。

分离的可解释特征有什么好处？它可以让神经网络的可解释性更强，比如 z 包含了一些分离的可解释特征，那么可以通过仅仅改变这一个位置上面的特征来获得不同语义的生成数据，如图 13.10 所示，通过将"戴眼镜男士"与"不戴眼镜男士"的隐变量相减，并与"不戴眼镜女士"的隐变量相加，可以生成"戴眼镜女士"的生成图片。

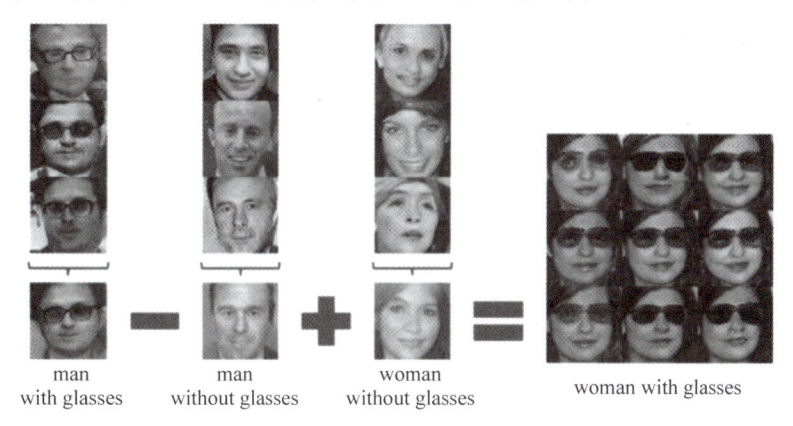

图 13.10　分离的特征示意图

13.4.3　CycleGAN

CycleGAN 是华人朱俊彦提出的通过无监督方式进行图片风格相互转换的算法，由于算法清晰简单，实验效果完成得较好，这项工作受到了很多的赞誉。CycleGAN 基本的假设是，如果由图片 A 转换到图片 B，再从图片 B 转换到图片 A′，那么 A′应该和 A 是同一张图片。因此除了设立标准的 GAN 损失项外，CycleGAN 还增设了循环一致性损失(Cycle Consistency Loss)，来保证 A′尽可能与 A 逼近。CycleGAN 图片的转换效果如图 13.11 所示。

13.4.4　WGAN

GAN 的训练问题一直被诟病，很容易出现训练不收敛和模式崩塌的现象。WGAN 从理论层面分析了原始的 GAN 使用 JS 散度存在的缺陷，并提出了可以使用 Wasserstein 距

图 13.11　CycleGAN 图片的转换效果

离来解决这个问题。在 WGAN-GP 中，作者提出了通过添加梯度惩罚项，从工程层面很好地实现了 WGAN 算法，并且实验性证实了 WGAN 训练稳定的优点。

13.4.5　Equal GAN

从 GAN 的诞生至 2017 年底，GAN Zoo 已经收集了超过 214 种 GAN 变种。这些 GAN 的变种或多或少地有一些创新，然而 Google Brain 的几位研究员在论文中提供了另一个观点：没有证据表明测试的 GAN 变种算法一直持续地比最初始的 GAN 要好。论文中对这些 GAN 变种进行了相对公平、全面的比较，在有足够计算资源的情况下，发现绝大部分的 GAN 变种都能达到相似的性能（FID 分数）。这项工作提醒业界是否这些 GAN 变种具有本质上的创新。

13.4.6　Self-Attention GAN

Attention 机制在自然语言处理（NLP）中间已经用得非常广泛了，Self-Attention GAN（SAGAN）借鉴了 Attention 机制，提出了基于自注意力机制的 GAN 变种。SAGAN 把图片的逼真度指标 Inception Score，从最好的 36.8 提升到 52.52；Frechet Inception Distance，从 27.62 降到 18.65。从图片生成效果上来看，SAGAN 取得的突破是十分显著的，同时也启发业界对自注意力机制的关注。SAGAN 中采用的 Attention 机制如图 13.12 所示。

13.4.7　BigGAN

在 SAGAN 的基础上，BigGAN 尝试将 GAN 的训练扩展到大规模上去，利用正交正则化等技巧保证训练过程的稳定性。BigGAN 的意义在于启发人们，GAN 的训练同样可以从

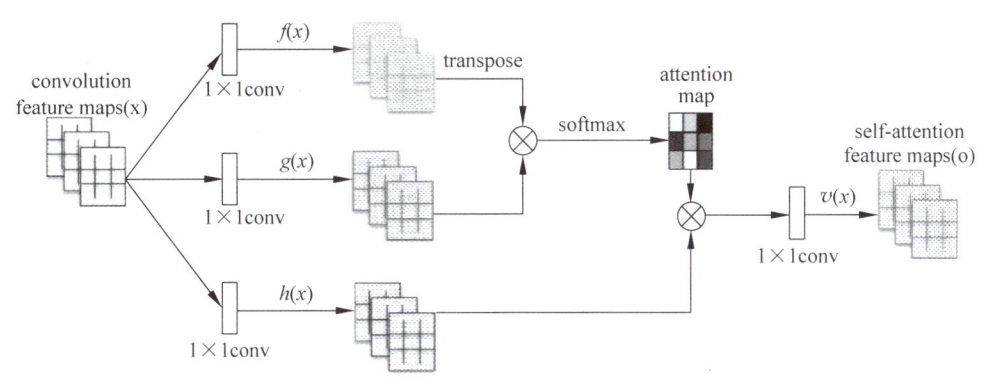

图 13.12　SAGAN 中采用的 Attention 机制

大数据、大算力等方面受益。BigGAN 图片生成效果达到了前所未有的高度：Inception Score 纪录提升到 166.5（提高了 52.52）；Frechet Inception Distance 下降到 7.4，降低了 18.65，如图 13.13 所示，图片的分辨率可达 512×512，图片细节极其逼真。

图 13.13　BigGAN 生成图片样片

13.5　纳什均衡

现在从理论层面进行分析，通过博弈学习的训练方式，生成器 G 和判别器 D 分别会达到什么平衡状态。具体探索以下两个问题。

(1) 固定 G，D 会收敛到什么最优状态 D^*？

(2) 在 D 达到最优状态 D^* 后，G 会收敛到什么状态？

首先通过 $x_r \sim p_r(\cdot)$ 一维正态分布的例子给出一个直观的解释。如图 13.14 所示，黑色虚线代表了真实数据的分布 $p_r(\cdot)$，为某正态分布 $\mathcal{N}(\mu,\sigma^2)$，实线代表了生成网络学习到的分布 $x_f \sim p_g(\cdot)$，蓝色虚线代表了判别器的决策边界曲线，图 13.14(a)、(b)、(c)、(d)分别代表了生成网络的学习轨迹。在初始状态，如图 13.14(a)所示，$p_g(\cdot)$ 分布与 $p_r(\cdot)$ 差异较大，判别器可以很轻松地学习到明确的决策边界，即图 13.14(a)中的蓝色虚线，将来自 $p_g(\cdot)$ 的采样点判定为 0，$p_r(\cdot)$ 中的采样点判定为 1。随着生成网络的分布 $p_g(\cdot)$ 越来越逼近真实分布 $p_r(\cdot)$，判别器越来越不容易将真假样本区分开，如图 13.14(b)和

图 13.14(c)所示。最后,生成网络学习到的分布 $p_g(\cdot)=p_r(\cdot)$ 时,此时从生成网络中采样的样本非常逼真,判别器无法区分,即判定为真假样本的概率均等,如图 13.14(d)所示。

这个例子直观地解释了 GAN 的训练过程。

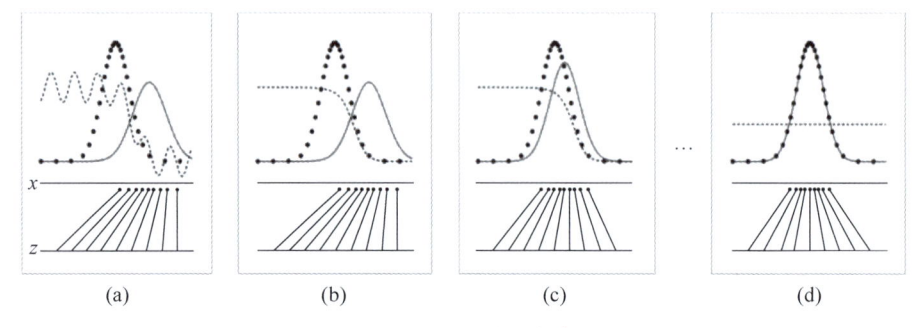

(a) (b) (c) (d)

图 13.14 纳什均衡点

13.5.1 判别器状态

现在来推导第一个问题。回顾 GAN 的损失函数

$$\mathcal{L}(G,D) = \int_x p_r(\boldsymbol{x})\log(D(\boldsymbol{x}))\mathrm{d}\boldsymbol{x} + \int_z p_z(\boldsymbol{z})\log(1-D(g(\boldsymbol{z})))\mathrm{d}\boldsymbol{z}$$

$$= \int_x (p_r(\boldsymbol{x})\log(D(\boldsymbol{x})) + p_g(\boldsymbol{x})\log(1-D(\boldsymbol{x})))\mathrm{d}\boldsymbol{x}$$

对于判别器 D,优化的目标是最大化 $\mathcal{L}(G,D)$ 函数,需要找出函数

$$f_\theta = p_r(\boldsymbol{x})\log(D(\boldsymbol{x})) + p_g(\boldsymbol{x})\log(1-D(\boldsymbol{x}))$$

的最大值,其中 θ 为判别器 D 的网络参数。

考虑 f_θ 更通用的函数的最大值情况,有

$$f(x) = A\log x + B\log(1-x)$$

要求得函数 $f(x)$ 的最大值。考虑 $f(x)$ 的导数,即

$$\frac{\mathrm{d}f(x)}{\mathrm{d}x} = A\frac{1}{\ln 10}\frac{1}{x} - B\frac{1}{\ln 10}\frac{1}{1-x}$$

$$= \frac{1}{\ln 10}\left(\frac{A}{x} - \frac{B}{1-x}\right)$$

$$= \frac{1}{\ln 10}\frac{A-(A+B)x}{x(1-x)}$$

令 $\frac{\mathrm{d}f(x)}{\mathrm{d}x}=0$,可以求得 $f(x)$ 函数的极值点为

$$x = \frac{A}{A+B}$$

因此,可以得知,f_θ 函数的极值点同样为

$$D_\theta = \frac{p_r(\boldsymbol{x})}{p_r(\boldsymbol{x}) + p_g(\boldsymbol{x})}$$

也就是说，判别器网络 D_θ 处于 D_{θ^*} 状态时，f_θ 函数取得最大值，$\mathcal{L}(G,D)$ 函数也取得最大值。

现在回到最大化 $\mathcal{L}(G,D)$ 的问题，$\mathcal{L}(G,D)$ 的最大值点在

$$D^* = \frac{A}{A+B} = \frac{p_r(\boldsymbol{x})}{p_r(\boldsymbol{x}) + p_g(\boldsymbol{x})}$$

时取得，此时也是 D_θ 的最优状态 D^*。

13.5.2 生成器状态

在推导第二个问题之前，先介绍一下与 KL 散度类似的另一个分布距离度量标准：JS 散度，它定义为 KL 散度的组合，即

$$D_{\mathrm{KL}}(p \| q) = \int_x p(x) \log \frac{p(x)}{q(x)} \mathrm{d}x$$

$$D_{\mathrm{JS}}(p \| q) = \frac{1}{2} D_{\mathrm{KL}}\left(p \| \frac{p+q}{2}\right) + \frac{1}{2} D_{\mathrm{KL}}\left(q \| \frac{p+q}{2}\right)$$

JS 散度克服了 KL 散度不对称的缺陷。

当 D 达到最优状态 D^* 时，来考虑此时 p_r 和 p_g 的 JS 散度，即

$$D_{\mathrm{JS}}(p_r \| p_g) = \frac{1}{2} D_{\mathrm{KL}}\left(p_r \| \frac{p_r + p_g}{2}\right) + \frac{1}{2} D_{\mathrm{KL}}\left(p_g \| \frac{p_r + p_g}{2}\right)$$

根据 KL 散度的定义展开为

$$D_{\mathrm{JS}}(p_r \| p_g) = \frac{1}{2}\left(\log 2 + \int_x p_r(\boldsymbol{x}) \log \frac{p_r(\boldsymbol{x})}{p_r + p_g(\boldsymbol{x})} \mathrm{d}\boldsymbol{x}\right) +$$
$$\frac{1}{2}\left(\log 2 + \int_x p_g(\boldsymbol{x}) \log \frac{p_g(\boldsymbol{x})}{p_r + p_g(\boldsymbol{x})} \mathrm{d}\boldsymbol{x}\right)$$

合并常数项可得

$$D_{\mathrm{JS}}(p_r \| p_g) = \frac{1}{2}(\log 2 + \log 2) +$$
$$\frac{1}{2}\left(\int_x p_r(\boldsymbol{x}) \log \frac{p_r(\boldsymbol{x})}{p_r + p_g(\boldsymbol{x})} \mathrm{d}\boldsymbol{x} + \int_x p_g(\boldsymbol{x}) \log \frac{p_g(\boldsymbol{x})}{p_r + p_g(\boldsymbol{x})} \mathrm{d}\boldsymbol{x}\right)$$

即

$$D_{\mathrm{JS}}(p_r \| p_g) = \frac{1}{2}(\log 4) +$$
$$\frac{1}{2}\left(\int_x p_r(\boldsymbol{x}) \log \frac{p_r(\boldsymbol{x})}{p_r + p_g(\boldsymbol{x})} \mathrm{d}\boldsymbol{x} + \int_x p_g(\boldsymbol{x}) \log \frac{p_g(\boldsymbol{x})}{p_r + p_g(\boldsymbol{x})} \mathrm{d}\boldsymbol{x}\right)$$

考虑在判别网络到达 D^* 时，此时的损失函数为

$$\mathcal{L}(G, D^*) = \int_x \left(p_r(\boldsymbol{x}) \log(D^*(\boldsymbol{x})) + p_g(\boldsymbol{x}) \log(1 - D^*(\boldsymbol{x}))\right) \mathrm{d}\boldsymbol{x}$$

$$= \int_x p_r(\boldsymbol{x}) \log \frac{p_r(\boldsymbol{x})}{p_r + p_g(\boldsymbol{x})} \mathrm{d}\boldsymbol{x} + \int_x p_g(\boldsymbol{x}) \log \frac{p_g(\boldsymbol{x})}{p_r + p_g(\boldsymbol{x})} \mathrm{d}\boldsymbol{x}$$

因此在判别网络到达 D^* 时，$D_{JS}(p_r \parallel p_g)$ 与 $\mathcal{L}(G,D^*)$ 满足关系

$$D_{JS}(p_r \parallel p_g) = \frac{1}{2}(\log 4 + \mathcal{L}(G,D^*))$$

即

$$\mathcal{L}(G,D^*) = 2D_{JS}(p_r \parallel p_g) - 2\log 2$$

对于生成网络 G 而言，训练目标是 $\min_G \mathcal{L}(G,D)$，考虑到 JS 散度具有如下性质，即

$$D_{JS}(p_r \parallel p_g) \geqslant 0$$

因此 $\mathcal{L}(G,D^*)$ 取得最小值仅在 $D_{JS}(p_r \parallel p_g) = 0$ 时（此时 $p_g = p_r$），$\mathcal{L}(G,D^*)$ 取得最小值：

$$\mathcal{L}(G^*,D^*) = -2\log 2$$

此时生成网络 G^* 的状态为

$$p_g = p_r$$

即 G^* 的学到的分布 p_g 与真实分布 p_r 一致，网络达到平衡点，此时有

$$D^* = \frac{p_r(\boldsymbol{x})}{p_r(\boldsymbol{x}) + p_g(\boldsymbol{x})} = 0.5$$

13.5.3 纳什均衡点

通过上面的推导，可以总结出生成网络 G 最终将收敛到真实分布，即

$$p_g = p_r$$

此时生成的样本与真实样本来自同一分布，真假难辨，在判别器中均有相同的概率判定为真或假，即

$$D(\cdot) = 0.5$$

此时损失函数为

$$\mathcal{L}(G^*,D^*) = -2\log 2$$

13.6　GAN 训练难题

尽管从理论层面分析了 GAN 能够学习到数据的真实分布，但是在工程实现中，常常出现 GAN 训练困难的问题，主要体现在 GAN 模型对超参数较为敏感，需要精心挑选能使模型工作的超参数设定，同时也容易出现模式崩塌现象。

13.6.1　超参数敏感

超参数敏感是指网络的结构设定、学习率、初始化状态等超参数对网络的训练过程影响

较大,微量的超参数调整可能导致网络的训练结果截然不同。如图 13.15 所示,图 13.15(a)为 GAN 模型良好训练得到的生成样本,图 13.15(b)中的网络没有采用 Batch Normalization 层等设置,导致 GAN 训练不稳定,无法收敛,生成的样本与真实样本差距非常大。

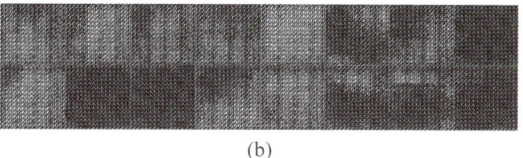

图 13.15　超参数敏感实例

为了能较好地训练 GAN,DCGAN 论文作者提出了不使用 Pooling 层、多使用 Batch Normalization 层、不使用全连接层、生成网络中激活函数应使用 ReLU、最后一层使用 tanh 激活函数、判别网络激活函数应使用 LeakyLeLU 等一系列经验性的训练技巧。但是这些技巧仅能在一定程度上避免出现训练不稳定的现象,并没有从理论层面解释为什么会出现训练困难以及如何解决训练不稳定的问题。

13.6.2　模式崩塌

模式崩塌(Mode Collapse)是指模型生成的样本单一,多样性很差的现象。由于判别器只能鉴别单个样本是否采样自真实分布,并没有对样本多样性进行显式约束,导致生成模型可能倾向于生成真实分布的部分区间中的少量高质量样本,以此来在判别器中获得较高的概率值,而不会学习到全部的真实分布。模式崩塌现象在 GAN 中比较常见,如图 13.16 所示,在训练过程中,通过可视化生成网络的样本可以观察到,生成的图片种类非常单一,生成网络总是倾向于生成某种单一风格的样本图片,以此骗过判别器。

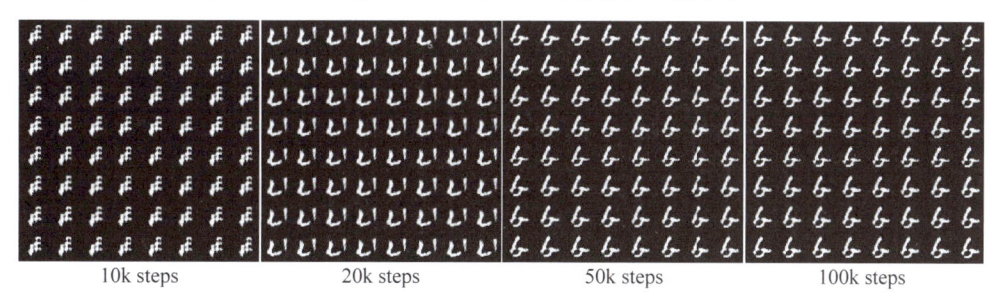

图 13.16　图片生成模型崩塌

另一个直观地理解模式崩塌的例子如图 13.17 所示,第一行为未出现模式崩塌现象的生成网络的训练过程,最后一列为真实分布,即二维高斯混合模型;第二行为出现模式崩塌现象的生成网络的训练过程,最后一列为真实分布。可以看到真实的分布由 8 个高斯模型混合而成,出现模式崩塌后,生成网络总是倾向于逼近真实分布的某个狭窄区间,如图 13.17 第 2 行前 6 列所示,从此区间采样的样本往往能够在判别器中较大概率判断为真实样本,从而骗过判别器。但是这种现象并不是我们希望看到的,我们希望生成网络能够逼近真实的分布,而不是真实分布中的某部分。

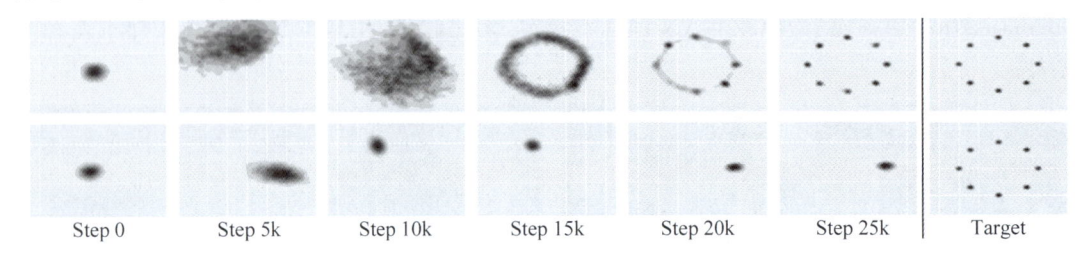

图 13.17　模型崩塌示意图

那么怎么解决 GAN 训练的难题,让 GAN 可以像普通的神经网络一样训练较为稳定? WGAN 模型给出了一种解决方案。

13.7　WGAN 原理

WGAN 算法从理论层面分析了 GAN 训练不稳定的原因,并提出了有效的解决方法。那么是什么原因导致了 GAN 训练如此不稳定? WGAN 提出是因为 JS 散度在不重叠的分布 p 和 q 上的梯度曲面是恒定为 0 的。如图 13.18 所示,当分布 p 和 q 不重叠时,JS 散度的梯度值始终为 0,从而导致此时 GAN 的训练出现梯度弥散现象,参数长时间得不到更新,网络无法收敛。

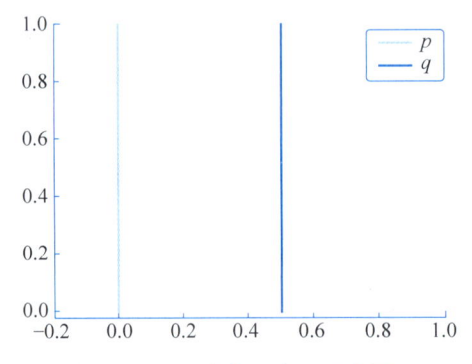

图 13.18　分布 p 和 q 示意图

接下来将详细阐述 JS 散度的缺陷以及如何解决此缺陷。

13.7.1　JS 散度的缺陷

为了避免过多的理论推导,这里通过一个简单的分布实例来解释 JS 散度的缺陷。考虑完全不重叠($\theta \neq 0$)的两个分布 p 和 q,其中分布 p 为
$$\forall (x,y) \in p, x=0, y \sim U(0,1)$$

分布 q 为
$$\forall (x,y) \in q, x = \theta, y \sim U(0,1)$$
其中，$\theta \in \mathbf{R}$，当 $\theta = 0$ 时，分布 p 和 q 重叠，两者相等；当 $\theta \neq 0$ 时，分布 p 和 q 不重叠。

接下来分析上述分布 p 和 q 之间的 JS 散度随 θ 的变化情况。根据 KL 散度与 JS 散度的定义，计算 $\theta = 0$ 时的 JS 散度 $D_{\mathrm{JS}}(p \| q)$，即

$$D_{\mathrm{KL}}(p \| q) = \sum_{x=0, y \sim U(0,1)} 1 \times \log \frac{1}{0} = +\infty$$

$$D_{\mathrm{KL}}(q \| p) = \sum_{x=\theta, y \sim U(0,1)} 1 \times \log \frac{1}{0} = +\infty$$

$$D_{\mathrm{JS}}(p \| q) = \frac{1}{2} \left(\sum_{x=0, y \sim U(0,1)} 1 \times \log \frac{1}{1/2} + \sum_{x=\theta, y \sim U(0,1)} 1 \times \log \frac{1}{1/2} \right) = \log 2$$

当 $\theta = 0$ 时，两个分布完全重叠，此时的 JS 散度和 KL 散度都取得最小值 0，即
$$D_{\mathrm{KL}}(p \| q) = D_{\mathrm{KL}}(q \| p) = D_{\mathrm{JS}}(p \| q) = 0$$

从上面的推导，可以得到 $D_{\mathrm{JS}}(p \| q)$ 随 θ 的变化趋势为

$$D_{\mathrm{JS}}(p \| q) = \begin{cases} \log 2, & \theta \neq 0 \\ 0, & \theta = 0 \end{cases}$$

也就是说，当两个分布完全不重叠时，无论分布之间的距离远近，JS 散度为恒定值 $\log 2$，此时 JS 散度将无法产生有效的梯度信息；当两个分布出现重叠时，JS 散度才会平滑变动，产生有效梯度信息；当完全重合后，JS 散度取得最小值 0。如图 13.19 所示，曲线分割两个正态分布，由于两个分布没有重叠，生成样本位置处的梯度值始终为 0，无法更新生成网络的参数，从而出现网络训练困难的现象。

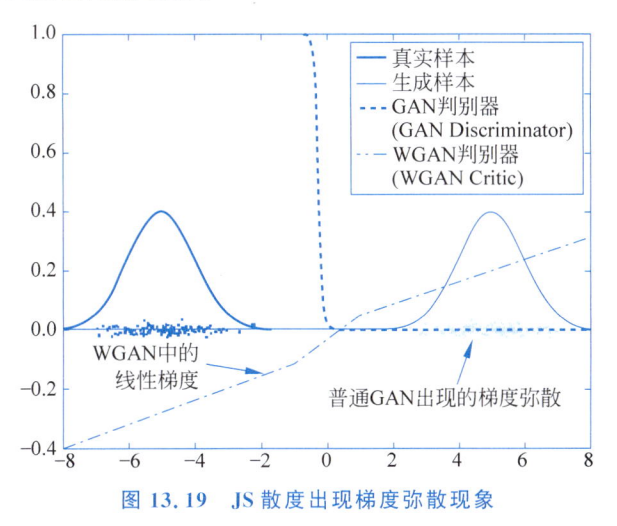

图 13.19 JS 散度出现梯度弥散现象

因此，JS 散度在分布 p 和 q 不重叠时无法平滑地衡量分布之间的距离，从而导致此位置上无法产生有效梯度信息，出现 GAN 训练不稳定的情况。要解决此问题，需要使用一种

更好的分布距离衡量标准,使得它即使在分布 p 和 q 不重叠时,也能平滑反映分布之间的真实距离变化。

13.7.2 EM 距离

WGAN 论文发现了 JS 散度导致 GAN 训练不稳定的问题,并引入了一种新的分布距离度量方法:Wasserstein 距离,也叫推土机距离(Earth-Mover Distance,EM 距离),它表示了从一个分布变换到另一个分布的最小代价,定义为

$$W(p,q) = \inf_{\gamma \sim \prod(p,q)} \mathbf{E}_{(x,y)\sim\gamma}[\|x-y\|]$$

其中 $\prod(p,q)$ 是分布 p 和 q 组合起来的所有可能的联合分布的集合,对于每个可能的联合分布 $\gamma \sim \prod(p,q)$,计算距离 $\|x-y\|$ 的期望 $\mathbf{E}_{(x,y)\sim\gamma}[\|x-y\|]$,其中 (x,y) 采样自联合分布 γ。不同的联合分布 γ 有不同的期望 $\mathbf{E}_{(x,y)\sim\gamma}[\|x-y\|]$,这些期望中的下确界即定义为分布 p 和 q 的 Wasserstein 距离。其中 inf{·}表示集合的下确界,例如$\{x|1<x<3, x\in\mathbf{R}\}$的下确界为 1。

继续考虑图 13.18 中的例子,直接给出分布 p 和 q 之间的 EM 距离的表达式为

$$W(p,q) = |\theta|$$

绘制出 JS 散度和 EM 距离的曲线,如图 13.20 所示,可以看到,JS 散度在 $\theta=0$ 处不连续,其他位置导数均为 0,而 EM 距离总能够产生有效的导数信息,因此 EM 距离相对于 JS 散度更适合指导 GAN 的训练。

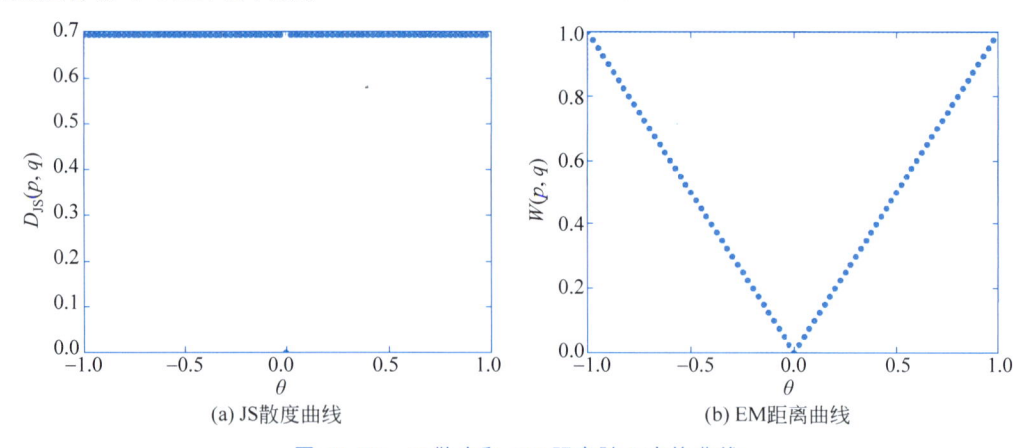

(a)JS散度曲线　　(b)EM距离曲线

图 13.20　JS 散度和 EM 距离随 θ 变换曲线

13.7.3 WGAN-GP

考虑到几乎不可能遍历所有的联合分布 γ 去计算距离 $\|x-y\|$ 的期望 $\mathbf{E}_{(x,y)\sim\gamma}[\|x-y\|]$,因此直接计算生成网络分布 p_g 与真实数据分布 p_r 的 $W(p_r, p_g)$ 距离是不现实的,

WGAN 作者基于 Kantorovich-Rubinstein 对偶性将直接求 $W(p_r, p_g)$ 转换为

$$W(p_r, p_g) = \frac{1}{K} \sup_{\|f\|_L \leq K} E_{\boldsymbol{x} \sim p_r}[f(x)] - E_{\boldsymbol{x} \sim p_g}[f(x)]$$

其中 sup{·} 表示集合的上确界，$\|f\|_L \leq K$ 表示函数 $f: \mathbf{R} \rightarrow \mathbf{R}$ 满足 K-阶 Lipschitz 连续性，即满足

$$|f(x_1) - f(x_2)| \leq K \cdot |x_1 - x_2|$$

于是，使用判别网络 $D_\theta(\boldsymbol{x})$ 参数化 $f(\boldsymbol{x})$ 函数，在 D_θ 满足一阶-Lipschitz 约束的条件下，即 $K = 1$ 时，有

$$W(p_r, p_g) = \sup_{\|D_\theta\|_L \leq 1} E_{\boldsymbol{x} \sim p_r}[D_\theta(\boldsymbol{x})] - E_{\boldsymbol{x} \sim p_g}[D_\theta(\boldsymbol{x})]$$

因此求解 $W(p_r, p_g)$ 的问题可以转换为

$$W(p_r, p_g) = \max_\theta E_{\boldsymbol{x} \sim p_r}[D_\theta(\boldsymbol{x})] - E_{\boldsymbol{x} \sim p_g}[D_\theta(\boldsymbol{x})]$$

这就是判别器 D 的优化目标。判别网络函数 $D_\theta(\boldsymbol{x})$ 需要满足一阶-Lipschitz 约束：

$$\nabla_{\hat{\boldsymbol{x}}} D(\hat{\boldsymbol{x}}) \leq I$$

在 WGAN-GP 论文中，作者提出采用增加梯度惩罚项（Gradient Penalty）方法来迫使判别网络满足一阶-Lipschitz 函数约束，同时作者发现将梯度值约束在 1 周围时工程效果更好，因此梯度惩罚项定义为

$$\mathrm{GP} \triangleq E_{\hat{\boldsymbol{x}} \sim P_{\hat{\boldsymbol{x}}}}[(\|\nabla_{\hat{\boldsymbol{x}}} D(\hat{\boldsymbol{x}})\|_2 - 1)^2]$$

因此 WGAN 的判别器 D 的训练目标为

$$\max_\theta \mathcal{L}(G,D) = \underbrace{E_{\boldsymbol{x}_r \sim p_r}[D(\boldsymbol{x}_r)] - E_{\boldsymbol{x}_f \sim p_g}[D(\boldsymbol{x}_f)]}_{\text{EM距离}} - \underbrace{\lambda E_{\hat{\boldsymbol{x}} \sim P_{\hat{\boldsymbol{x}}}}[(\|\nabla_{\hat{\boldsymbol{x}}} D(\hat{\boldsymbol{x}})\|_2 - 1)^2]}_{\text{GP惩罚项}}$$

其中 $\hat{\boldsymbol{x}}$ 来自 $\boldsymbol{x}_r$ 与 $\boldsymbol{x}_f$ 的线性差值，即

$$\hat{\boldsymbol{x}} = t\boldsymbol{x}_r + (1-t)\boldsymbol{x}_f, \quad t \in [0,1]$$

判别器 D 的目标是最小化上述的误差 $\mathcal{L}(G,D)$，即迫使生成器 G 的分布 p_g 与真实分布 p_r 之间 EM 距离 $E_{\boldsymbol{x}_r \sim p_r}[D(\boldsymbol{x}_r)] - E_{\boldsymbol{x}_f \sim p_g}[D(\boldsymbol{x}_f)]$ 项尽可能大，$\|\nabla_{\hat{\boldsymbol{x}}} D(\hat{\boldsymbol{x}})\|_2$ 逼近于 1。

WGAN 的生成器 G 的训练目标为

$$\min_\phi \mathcal{L}(G,D) = \underbrace{E_{\boldsymbol{x}_r \sim p_r}[D(\boldsymbol{x}_r)] - E_{\boldsymbol{x}_f \sim p_g}[D(\boldsymbol{x}_f)]}_{\text{EM距离}}$$

即使得生成器的分布 p_g 与真实分布 p_r 之间的 EM 距离越小越好。考虑到 $E_{\boldsymbol{x}_r \sim p_r}[D(\boldsymbol{x}_r)]$ 一项与生成器无关，因此生成器的训练目标简写为

$$\min_\phi \mathcal{L}(G,D) = -E_{\boldsymbol{x}_f \sim p_g}[D(\boldsymbol{x}_f)]$$

$$= -E_{\boldsymbol{z} \sim p_z(\cdot)}[D(G(\boldsymbol{z}))]$$

从实现来看，判别网络 D 的输出不需要添加 Sigmoid 激活函数，这是因为原始版本的判别器的功能是作为二分类网络，添加 Sigmoid 函数以获得类别的概率；而 WGAN 中判别器作为 EM 距离的度量网络，其目标是衡量生成网络的分布 p_g 和真实分布 p_r 之间的 EM

距离，属于实数空间，因此不需要添加 Sigmoid 激活函数。在误差函数计算时，WGAN 也没有 log 函数存在。在训练 WGAN 时，WGAN 作者推荐使用 RMSProp 或 SGD 等不带动量的优化器。

WGAN 从理论层面发现了原始 GAN 容易出现训练不稳定的原因，并给出了一种新的距离度量标准和工程实现解决方案，取得了较好的效果。WGAN 还在一定程度上缓解了模式崩塌的问题，使用 WGAN 的模型不容易出现模式崩塌的现象。需要注意的是，WGAN 一般并不能提升模型的生成效果，仅仅是保证了模型训练的稳定性。当然，保证模型能够稳定地训练也是取得良好效果的前提。如图 13.21 所示，原始版本的 DCGAN 在不使用 BN 层等设定时出现了训练不稳定的现象，在同样设定下，使用 WGAN 来训练判别器可以避免此现象，如图 13.22 所示。

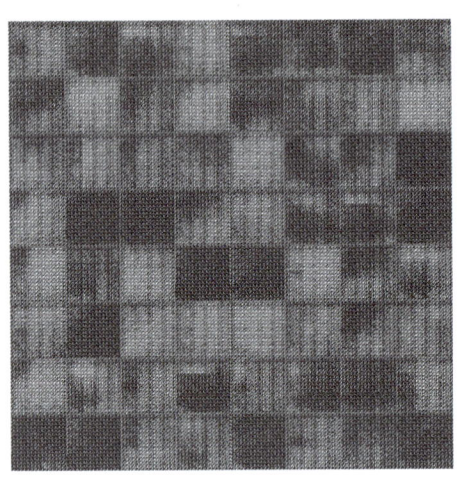

图 13.21　不带 BN 层的 DCGAN 生成器效果

图 13.22　不带 BN 层的 WGAN 生成器效果

13.8　WGAN-GP 实战

WGAN-GP 模型可以在原来 GAN 代码实现的基础上仅做少量修改。WGAN-GP 模型的判别器 D 的输出不再是样本类别的概率，输出不需要加 Sigmoid 激活函数，但需要添加梯度惩罚项，实现如下。

```
def gradient_penalty(discriminator, batch_x, fake_image):
    # 梯度惩罚项计算函数
    batchsz = batch_x.shape[0]

    # 每个样本均随机采样 t,用于插值
    t = torch.randn([batchsz, 1, 1, 1]).cuda()
    # 自动扩展为 x 的形状,[b, 1, 1, 1] => [b, h, w, c]
    t = torch.broadcast_to(t, batch_x.shape)
    # 在真假图片之间做线性插值
```

```
        interpolated = t * batch_x + (1 - t) * fake_image
        # 计算 D 的输出
        d_interplote_logits = discriminator(interpolated)
        # 计算输出对差值 interpolated 的梯度
        grads = torch.autograd.grad(
            inputs = interpolated,
            outputs = d_interplote_logits,
            grad_outputs = torch.ones_like(d_interplote_logits),
            create_graph = True,
            retain_graph = True,
        )[0]
        # 计算每个样本的梯度的范数:[b, h, w, c] => [b, -1]
        grads = grads.reshape([grads.shape[0], -1])
        gp = grads.norm(dim = 1)  # [b]
        # 计算梯度惩罚项
        gp = torch.mean( (gp-1.)**2 )

        return gp
```

WGAN 判别器的损失函数计算与 GAN 不一样，WGAN 是直接最大化真实样本的输出值，最小化生成样本的输出值，并没有交叉熵计算的过程。代码实现如下。

```
    def d_loss_fn(generator, discriminator, batch_z, batch_x):
        # 计算 D 的损失函数
        fake_image = generator(batch_z)                         # 假样本
        d_fake_logits = discriminator(fake_image)               # 假样本的输出
        d_real_logits = discriminator(batch_x)                  # 真样本的输出
        # 计算梯度惩罚项
        gp = gradient_penalty(discriminator, batch_x, fake_image)
        # WGAN-GP D 损失函数的定义,这里并不是计算交叉熵,而是直接最大化正样本的输出
        # 最小化假样本的输出和梯度惩罚项
        loss = torch.mean(d_fake_logits) - torch.mean(d_real_logits) + 10. * gp

        return loss, gp
```

WGAN 生成器 G 的损失函数是只需要最大化生成样本在判别器 D 的输出值即可，同样没有交叉熵的计算步骤。代码实现如下。

```
    def g_loss_fn(generator, discriminator, batch_z):
        # 生成器的损失函数
        fake_image = generator(batch_z)
        d_fake_logits = discriminator(fake_image)
        # WGAN-GP G 损失函数,最大化假样本的输出值
        loss = - torch.mean(d_fake_logits)

        return loss
```

WGAN 的主训练逻辑基本相同，与原始的 GAN 相比，判别器 D 的作用是作为一个 EM 距离的计量器存在，因此判别器估计越准确，对生成器越有利，可以在训练一个 Step 时训练判别器 D 多次，训练生成器 G 一次，从而获得较为精准的 EM 距离估计。

第 14 章

CHAPTER 14

自定义数据集

> 在人工智能上花一年时间,这足以让人相信上帝的存在。
> ——艾伦·佩利

深度学习已经被广泛地应用在计算机视觉、医疗、自然语言处理、金融等各行各业中,并且被部署到移动端、云端等各种平台上。前面在介绍算法时,使用的数据集大部分为常用的经典数据集,可以通过 PyTorch 几行代码即可完成数据集的下载、加载以及预处理工作,大大地提升了算法的研究效率。在实际应用中,针对不同的应用场景,算法的数据集也各不相同。那么针对自定义的数据集,使用 PyTorch 完成数据加载,设计优秀的网络模型训练,并将训练好的模型部署到移动端、云端等平台是将深度学习算法落地的必不可少的环节。

本章将以一个具体的图片分类的应用场景为例,介绍自定义数据集的下载、数据处理、网络模型设计、迁移学习等一系列实用技术。

14.1 精灵宝可梦数据集

精灵宝可梦(Pokemon GO)是一款通过增强现实(Augmented Reality,AR)技术在室外捕捉、训练宝可梦精灵,并利用它们进行格斗的移动端游戏。游戏在 2016 年 7 月上线 Android 和 iOS 端程序,一经发布,便受到全球玩家的追捧,一度由于玩家太多引起了服务器的瘫痪。如图 14.1 所示,一名玩家通过手机扫描现实环境,收集到了虚拟的宝可梦"皮卡丘"。

本章利用从网络整理的宝可梦数据集来演示如何完成自定义数据集训练任务。宝可梦数据集共收集了皮卡丘(Pikachu)、超梦(Mewtwo)、杰尼龟(Squirtle)、小火龙(Charmander)和妙蛙种子(Bulbasaur)共 5 种精灵生物,每种精灵的信息如表 14.1 所示,共 1168 张图片。这些图片中存在标注错误的样本,因此剔除其中错误标注的样本后获得共 1122 张有效图片。

图 14.1　精灵宝可梦游戏画面

表 14.1　宝可梦数据集信息

精灵	皮卡丘	超梦	杰尼龟	小火龙	妙蛙种子
数量	226	239	209	224	224
样图					

本案例的数据集文件解压后可获得名为 pokemon 的根目录,它包含了 5 个子文件夹,每个子文件夹的文件名代表了图片的类别名,每个子文件夹下面存放了当前类别的所有图片,如图 14.2 所示。

```
Name                Date modified       Type            Size
  bulbasaur         5/25/2019 10:11 AM  File folder
  charmander        5/25/2019 10:11 AM  File folder
  mewtwo            5/25/2019 10:11 AM  File folder
  pikachu           5/25/2019 10:11 AM  File folder
  squirtle          5/25/2019 10:11 AM  File folder
```

图 14.2　宝可梦数据集存放目录

14.2　自定义数据集加载

实际应用中,样本以及样本标签的存储方式可能各不相同,如有些场合所有的图片存储在同一目录下,类别名可从图片名字中推导出,例如文件名为 "pikachu_asxes0132.png" 的图片,其类别信息可从文件名 pikachu 提取出。有些数据集样本的标签信息保存为 JSON 格式的文本文件中,需要按照 JSON 格式查询每个样本的标签。不管数据集是以什么方式存储的，总是能够用过逻辑规则获取所有样本的路径和标签信息。

将自定义数据的加载流程抽象为如下步骤。

14.2.1 创建编码表

样本的类别一般以字符串类型的类别名标记，但是对于神经网络来说，首先需要将类别名进行数字编码，然后在合适的时候再转换成 One-hot 编码或其他编码格式。考虑 n 个类别的数据集，将每个类别随机编码为 $l\in[0,n-1]$ 的数字，类别名与数字的映射关系称为编码表，一旦创建后，一般不能变动。

针对精灵宝可梦数据集的存储格式，通过如下方式创建编码表。首先按序遍历 pokemon 根目录下的所有子目录，对每个子目标，利用类别名作为编码表字典对象 name2label 的键，编码表的现有键值对数量作为类别的标签映射数字，并保存进 name2label 字典对象。实现如下。

```
def load_pokemon(root, mode = 'train'):
    # 创建数字编码表
    name2label = {}   # 编码表字典,"sq...":0
    # 遍历根目录下的子文件夹,并排序,保证映射关系固定
    for name in sorted(os.listdir(os.path.join(root))):
        # 跳过非文件夹对象
        if not os.path.isdir(os.path.join(root, name)):
            continue
        # 给每个类别编码一个数字
        name2label[name] = len(name2label.keys())
        ...
```

14.2.2 创建样本和标签表格

编码表确定后，需要根据实际数据的存储方式获得每个样本的存储路径以及它的标签数字，分别表示为 images 和 labels 两个 List 对象。其中 images List 存储了每个样本的路径字符串，labels List 存储了样本的类别数字，两者长度一致，且对应位置的元素相互关联。

将 images 和 labels 信息存储在 csv 格式的文件中，其中 csv 文件格式是一种以逗号符号分隔数据的纯文本文件格式，可以使用记事本或者 MS Excel 软件打开。通过将所有样本信息存储在一个 csv 文件中有诸多好处，比如可以直接进行数据集的划分，可以随机采样 batch 等。csv 文件中可以保存数据集所有样本的信息，也可以根据训练集、验证集和测试集分别创建 3 个 csv 文件。最终产生的 csv 文件内容如图 14.3 所示，每行的第一个元素保存了当前样本的存储路径，第二个元素保存了样本的类别数字。

csv 文件创建过程为：遍历 pokemon 根目录下的所有图片，记录图片的路径，并根据编码表获得其编码数字，作为一行写入 csv 文件中，代码如下。

```
def load_csv(root, filename, name2label):
    # 从csv文件返回images,labels列表
```

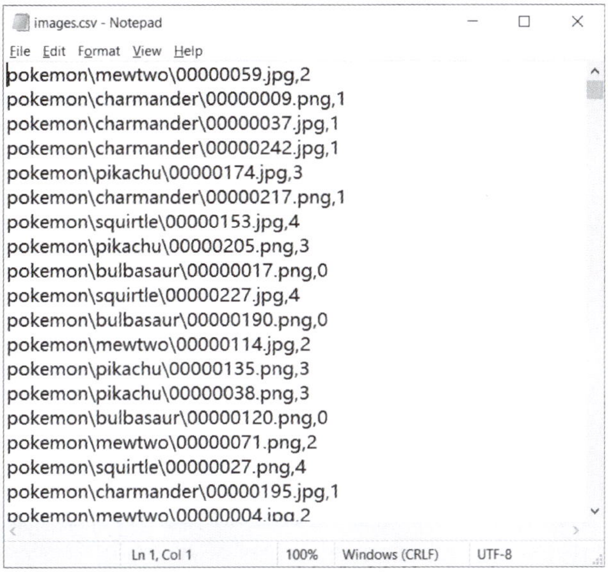

图 14.3 CSV 文件保存的样本路径和标签

```
# root:数据集根目录,filename:csv 文件名,name2label:类别名编码表
if not os.path.exists(os.path.join(root, filename)):
    # 如果 csv 文件不存在,则创建
    images = []
    for name in name2label.keys():                    # 遍历所有子目录,获得所有的图片
        # 只考虑后缀为 png,jpg,jpeg 的图片:'pokemon\\mewtwo\\00001.png
        images += glob.glob(os.path.join(root, name, '*.png'))
        images += glob.glob(os.path.join(root, name, '*.jpg'))
        images += glob.glob(os.path.join(root, name, '*.jpeg'))
    # 打印数据集信息:1167, 'pokemon\\bulbasaur\\00000000.png'
    print(len(images), images)
    random.shuffle(images)                            # 随机打散顺序
    # 创建 csv 文件,并存储图片路径及其 label 信息
    with open(os.path.join(root, filename), mode = 'w', newline = '') as f:
        writer = csv.writer(f)
        for img in images:    # 'pokemon\\bulbasaur\\00000000.png'
            name = img.split(os.sep)[-2]
            label = name2label[name]
            # 'pokemon\\bulbasaur\\00000000.png', 0
            writer.writerow([img, label])
        print('written into csv file:', filename)
    ...
```

创建完 csv 文件后,下一次只需要从 csv 文件中读取样本路径和标签信息即可,而不需要每次都生成 csv 文件,这样可以提高计算效率,代码如下。

```
def load_csv(root, filename, name2label):
    ...
    # 此时已经有 csv 文件在文件系统上,直接读取
```

```
    images, labels = [], []
    with open(os.path.join(root, filename)) as f:
        reader = csv.reader(f)
        for row in reader:
            # 'pokemon\\bulbasaur\\00000000.png', 0
            img, label = row
            label = int(label)
            images.append(img)
            labels.append(label)
    # 返回图片路径 list 和标签 list
    return images, labels
```

14.2.3 数据集划分

数据集的划分需要根据实际情况来灵活调整划分比率。当数据集样本数较多时,可以选择 80%-10%-10% 的比例分配给训练集、验证集和测试集;当样本数量较少时,如这里的宝可梦数据集图片总数仅 1000 张左右,如果验证集和测试集比例只有 10%,则其图片数量约为 100 张,因此验证准确率和测试准确率可能波动较大。对于小型的数据集,尽管样本数量较小,但还是需要适当增加验证集和测试集的比例,以保证获得准确的测试结果。这里将验证集和测试集比例均设置为 20%,即约 200 张图片用作验证和测试。

首先调用 load_csv 函数加载 images 和 labels 列表,根据当前模式参数 mode 加载对应部分的图片和标签。具体地,如果模式参数为 train,则分别取 images 和 labels 的前 60% 数据作为训练集;如果模式参数为 val,则分别取 images 和 labels 的 60% 到 80% 区域数据作为验证集;如果模式参数为 test,则分别取 images 和 labels 的后 20% 作为测试集。代码实现如下。

```
def load_pokemon(root, mode = 'train'):
    ...
    # 读取 Label 信息
    # [file1,file2,], [3,1]
    images, labels = load_csv(root, 'images.csv', name2label)
        # 数据集划分
    if mode == 'train':  # 60%
        images = images[:int(0.6 * len(images))]
        labels = labels[:int(0.6 * len(labels))]
    elif mode == 'val':  # 20% = 60% -> 80%
        images = images[int(0.6 * len(images)):int(0.8 * len(images))]
        labels = labels[int(0.6 * len(labels)):int(0.8 * len(labels))]
    else:  # 20% = 80% -> 100%
        images = images[int(0.8 * len(images)):]
        labels = labels[int(0.8 * len(labels)):]
    return images, labels, name2label
```

需要注意的是,每次运行时的数据集划分方案需固定,防止使用测试集或验证集的样本训练,即数据泄露,导致模型泛化性能不准确。

14.3 宝可梦数据集实战

在介绍完自定义数据集的加载流程后，来实战宝可梦数据集的加载以及训练。

14.3.1 创建 Dataset 对象

创建 Pokemon 数据集类对象，继承自 torch.utils.data.Dataset 类，需要实现 __init__、__len__、__getitem__ 等至少 3 个方法。在 __init__ 初始化函数中，完成 csv 文件的加载和数据集的切分，并保存所有样本路径和对应的 label 变量到两个 List 对象中。

在 __len__ 函数中，返回数据集类的最大样本数量，因此只需要返回样本路径 List 对象的长度即可，代码如下。

```python
def __len__(self):
    # 数据集长度函数,返回 images 或 labels 长度即可
    return len(self.images)
```

在 __init__ 函数中，首先通过 load_csv 函数返回 images、labels 信息，并进行数据集切分，代码如下。

```python
class Pokemon(Dataset):

    def __init__(self, root, resize, mode):
        super(Pokemon, self).__init__()

        self.root = root
        self.resize = resize

        # 字典,将类别名映射为类别 id
        self.name2label = {} # "sq...":0
        for name in sorted(os.listdir(os.path.join(root))):
            if not os.path.isdir(os.path.join(root, name)):
                continue
            self.name2label[name] = len(self.name2label.keys())

        # print(self.name2label)

        # 从 csv 文件中获取所有图片的路径和标签信息
        self.images, self.labels = self.load_csv('images.csv')
        # 按比例切分训练集、验证集和测试集
        if mode == 'train': # 60%
            self.images = self.images[:int(0.6 * len(self.images))]
            self.labels = self.labels[:int(0.6 * len(self.labels))]
        elif mode == 'val': # 20% = 60% -> 80%
            self.images = self.images[int(0.6 * len(self.images)):int(0.8 * len(self.images))]
            self.labels = self.labels[int(0.6 * len(self.labels)):int(0.8 * len(self.labels))]
        else: # 20% = 80% -> 100%
            self.images = self.images[int(0.8 * len(self.images)):]
            self.labels = self.labels[int(0.8 * len(self.labels)):]
```

14.3.2 样本预处理

上面在构建数据集类时通过__init__函数来完成数据集所有样本路径的加载工作。由于目前 images 和 labels 列表只是保存了所有图片的路径信息,而不是图片的内容张量,因此需要在预处理函数中完成图片的读取以及张量转换等工作。

预处理加载函数__getitem__的传入参数为 index,它表征当前需要处理的样本索引号,范围为 $0 \sim N-1$,N 即__len__函数的返回样本总数。在__getitem__函数中,需要根据 index 的数值,来获得对应的样本信息,从而完成对应样本的数据读取、数据增强和数据格式转换等操作,随后再返回期望的格式即可。例如,在图片分类问题中,在迭代数据集时希望获得每个样本的 (x,y) tuple 对象,其中 x 为 batch 图片的路径列表,y 为 batch 图片的标签数字列表。因此__getitem__函数在设计返回参数时需要同时返回 (x_i, y_i),其中 x_i 和 y_i 分别为第 i 个图片的路径字符串和标签数字。代码如下。

```
def __getitem__(self, idx):
    #传入参数:idx~[0~len(images)]

    #根据 idx 来获取当前需要处理的样本
    #img 路径,例如:'pokemon\\bulbasaur\\00000000.png'
    #label 标签,例如:0
    img, label = self.images[idx], self.labels[idx]
    #创建数据预处理 Pipeline
    tf = transforms.Compose([
        #根据路径读取图片,并转换为 RGB 3 通道,忽略透明通道
        lambda x:Image.open(x).convert('RGB'),
        #图片缩放为略大于 224 的 1.15 倍
        transforms.Resize((int(self.resize * 1.15), int(self.resize * 1.15))),
        #随机旋转最多 15 度
        transforms.RandomRotation(15),
        #中心裁剪为 224
        transforms.CenterCrop(self.resize),
        #PIL 对象转 Tensor 格式,并转换为 0~1 区间
        transforms.ToTensor(),
        #使用 ImageNet 统计数据来标准化
        transforms.Normalize(mean = [0.485, 0.456, 0.406],
                            std = [0.229, 0.224, 0.225])
    ])
    #使用 pipeline 处理当前样本
    img = tf(img)
    #标签变量只需要转 tensor 格式即可
    label = torch.tensor(label)
    #返回单个样本的数据
    return img, label
```

考虑到数据集规模比较小,为了防止过拟合,前期进行了少量的数据增强变换,例如随机裁剪和随机旋转,以获得更多样式的图片数据。最后将 0~255 的像素值缩放到 0~1 的范围,并通过标准化函数 normalize()实现数据的标准化运算,将像素映射在 0 附近分布,有利于网络参数的优化。最后返回图像张量和标签张量数据,此时对 Pokemon 对象迭代时返

回的数据将是批量形式的图片张量和标签张量。

使用上述方法，分别创建训练集、验证集和测试集的 Dataset 对象。验证集和测试集并不直接参与网络参数的优化，不需要随机打散样本次序。代码如下。

```
batchsz = 32 # batch size
lr = 1e-3                              # 学习率
epochs = 10                            # 最大训练的 epoch 次数

# GPU 运算设备
device = torch.device('cuda')
# 设置随机种子
torch.manual_seed(1234)

# 创建训练集 Dataset 对象
train_db = Pokemon('pokemon', 224, mode='train')
# 设置批大小,需要随机打散,并行数量为 4
train_loader = DataLoader(train_db, batch_size=batchsz, shuffle=True,
                          num_workers=4)
# 创建验证集 Dataset 对象
val_db = Pokemon('pokemon', 224, mode='val')
val_loader = DataLoader(val_db, batch_size=batchsz, num_workers=2)
# 创建测试集 Dataset 对象
test_db = Pokemon('pokemon', 224, mode='test')
test_loader = DataLoader(test_db, batch_size=batchsz, num_workers=2)
```

14.3.3 创建模型

前面已经介绍并实现了 VGG13 和 ResNet18 等主流网络模型，这里不再赘述模型的具体实现细节，读者可以根据兴趣研究对应的学术论文，并阅读相关的开源代码实现。在 torchvision.models 模块中实现了一些常用的网络模型，如 VGG 系列、ResNet 系列、DenseNet 系列、MobileNet 系列等，只需要一行代码即可创建这些模型网络。举例如下。

```
def main():
    # 加载 DenseNet 网络模型,不使用须训练权值
    densenet = densenet121(pretrained=False)
    print(densenet)
    model = nn.Sequential(
        # 去掉最后的 Fc 和 Pooling 层的 DenseNet121
        # torch.Size([4, 1024, 7, 7])
        densenet.features,
        # 添加自己的 Pooling 层
        nn.AdaptiveMaxPool2d(1),
        nn.Flatten(),
        # # 根据宝可梦数据的类别数,设置最后一层输出节点数为 5
        nn.Linear(1024, 5)
    )

    # 测试模型的输入输出是否匹配
```

```
x = torch.randn([4, 3, 224, 224])
out = model(x)
print('out:', out.shape)
```

上面使用 DenseNet121 模型来创建网络，DenseNet121 的最后一层输出节点设计为 1000，即 ImageNet 的类别数。将 DenseNet121 去掉最后的全连接层和池化层，并根据自定义数据集的类别数，添加一个输出节点数为 5 的全连接层，随后通过 Sequential 容器重新包裹成新的网络模型。网络模型结构如图 14.4 所示。

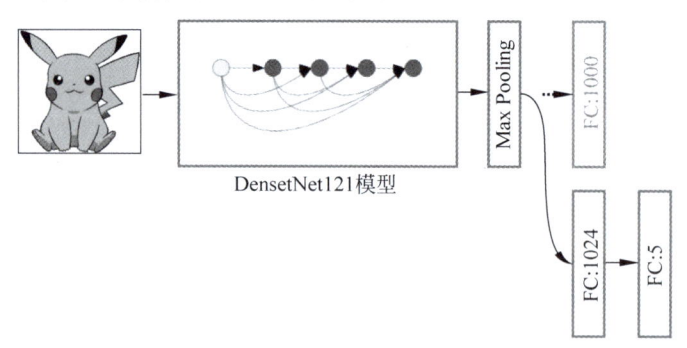

图 14.4　网络模型结构示意图

14.3.4　网络训练与测试

优化器采用普通的 SGD 优化器，误差函数采用交叉熵损失函数，在训练过程中关注的测量指标为准确率。代码如下。

```
# 设置训练模式和搬运到 GPU 环境
model.train()
model.to(device)
# 设置优化器和学习率
optimizer = optim.SGD(model.parameters(), lr = lr)
# 设计交叉熵损失函数
criteon = nn.CrossEntropyLoss()
```

这里固定训练 10 个 epoch。代码如下。

```
# 固定训练若干 epoch
for epoch in range(epochs):
    # 迭代一遍数据集
    for step, (x,y) in tqdm(enumerate(train_loader)):
        # 搬运到 GPU 环境
        # x: [b, 3, 224, 224], y: [b]
        x, y = x.to(device), y.to(device)
        # 前向计算
        logits = model(x)
        # 计算损失值
        loss = criteon(logits, y)
        # 反向传播和误差计算
```

```
        optimizer.zero_grad()
        loss.backward()
        optimizer.step()
        # 记录 loss 变化曲线
        viz.line([loss.item()], [global_step], win = 'loss', update = 'append')
        global_step += 1
```

每个 epoch 结束时进行一次训练集和验证集的评估,用于查看网络的训练进度,同时保持最佳的网络参数到文件上。代码如下。

```
        if global_step % 1 == 0:
            # 评估验证集准确率
            train_acc = evelute(model, train_loader)
            val_acc = evelute(model, val_loader)
            if val_acc > best_acc:
                best_epoch = epoch
                best_acc = val_acc
                # 保存最佳模型参数
                torch.save(model.state_dict(), 'best.ckpt')
```

将训练过程中的训练准确率、验证准确率以及最后测试集上面获得的准确率绘制为曲线,如图 14.5 所示。可以看到,训练准确率迅速提升并维持在较高状态,但是验证准确率比较差,同时并没有获得较大提升,Early Stopping 条件触发,训练很快终止,网络出现了非常严重的过拟合现象。

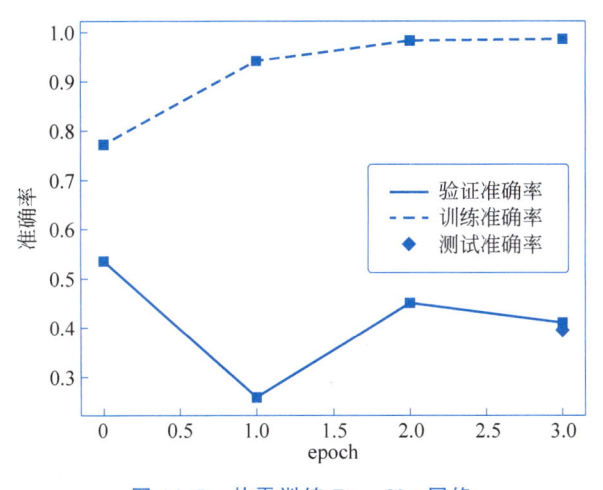

图 14.5 从零训练 DenseNet 网络

那么为什么会出现过拟合现象?考虑到这里使用的 DenseNet121 模型的层数达到了 121 层,参数量达到了 7M 个,是比较大型的网络模型,而实验用的数据集仅有约 1000 个样本。根据经验,这远不足以训练好如此大规模的网络模型,极其容易出现过拟合现象。为了减轻过拟合,可以采用层数更浅、参数量更少的网络模型,或者添加正则化项,甚至增加数据集的规模等。除了这些方式以外,另外一种行之有效的方式就是迁移学习技术。

14.4 迁移学习

14.4.1 迁移学习原理

迁移学习(Transfer Learning)是机器学习的一个研究方向,主要研究如何将任务 A 上面学习到的知识迁移到任务 B 上,以提高模型在任务 B 上的泛化性能。例如任务 A 为猫狗分类问题,需要训练一个分类器能够较好的分辨猫和狗的样本图片,任务 B 为牛羊分类问题。可以发现,任务 A 和任务 B 存在大量的共享知识,比如这些动物都可以从毛发、体型、形态、发色等方面进行辨别。因此在任务 A 训练获得的分类器已经掌握了这部分知识,在训练任务 B 的分类器时,可以不从零开始训练,而是在任务 A 上获得的知识的基础上面进行训练或微调(Fine-tuning),这和"站在巨人的肩膀上"思想非常类似。通过迁移任务 A 上学习的知识,在任务 B 上训练分类器可以使用更少的样本和更少的训练代价,并且获得不错的泛化能力。

下面介绍一种比较简单,但是非常常用的迁移学习方法:网络微调技术。对于卷积神经网络,一般认为它能够逐层提取特征,越末层的网络的抽象特征提取能力越强,输出层一般使用与类别数相同输出节点的全连接层,作为分类网络的概率分布预测。对于相似的任务 A 和 B,如果它们的特征提取方法是相近的,则网络的前面数层可以重用,网络后面的数层可以根据具体的任务设定从零开始训练。

如图 14.6 所示,左边的网络在任务 A 上面训练,学习到任务 A 的知识,迁移到任务 B 时,可以重用网络模型的前面数层的参数,并将后面数层替换为新的网络,并从零开始训练。把在任务 A 上面训练好的模型叫作预训练模型,对于图片分类来说,在 ImageNet 数据集上面预训练的模型是一个较好的选择。

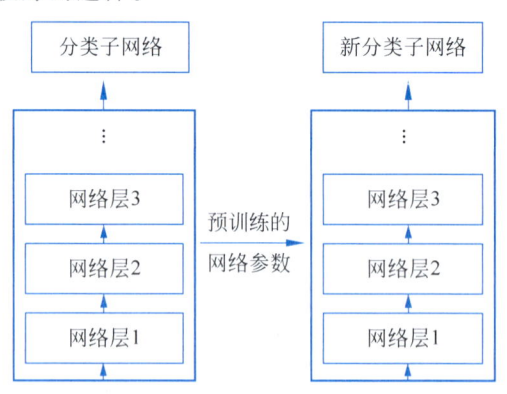

图 14.6 神经网络迁移学习示意图

14.4.2 迁移学习实战

现在在 DenseNet121 的基础上,使用在 ImageNet 数据集上预训练好的模型参数初始化 DenseNet121 网络,并去除最后一个全连接层,追加新的分类子网络,最后一层的输出节点数设置为 5。代码如下。

```python
def main():
    #加载 DenseNet 网络模型,使用 ImageNet 预训练权值
    densenet = densenet121(pretrained=True)
    #densenet.apply(weight_reset)
    #print(densenet)
    model = nn.Sequential(
        #去掉最后的 Fc 和 pooling 层的 DenseNet121
        #torch.Size([4, 1024, 7, 7])
        densenet.features,
        #添加自己的 Pooling 层
        nn.AdaptiveMaxPool2d(1),
        nn.Flatten(),
        ##根据宝可梦数据的类别数,设置最后一层输出节点数为 5
        nn.Linear(1024, 5)
    )
```

上述代码在创建 DenseNet121 时,通过设置 pretrained=True 参数可以返回预训练的 DenseNet121 模型对象,并通过 Sequential 容器将重用的网络层与新的子分类网络重新封装为一个新模型。在微调阶段,可以通过设置 required_grad 函数或者 detach 函数来冻结 DenseNet121 子网络的参数,即 DenseNet121 子网络不需要更新参数,从而只需要训练新添加的子分类网络部分,大大减少了实际参与训练的参数量。当然也可以将新网络的所有参数加入优化器的待优化参数列表,像正常的网络一样训练全部参数量。即使如此,由于重用部分网络已经学习到良好的参数状态,网络依然可以快速收敛到较好性能。

基于预训练的 DenseNet121 网络模型,将训练准确率、验证准确率和测试准确率绘制为曲线图,如图 14.7 所示。和从零开始训练相比,借助于迁移学习,网络只需要少量样本即可训练到较好的性能,提升十分显著。

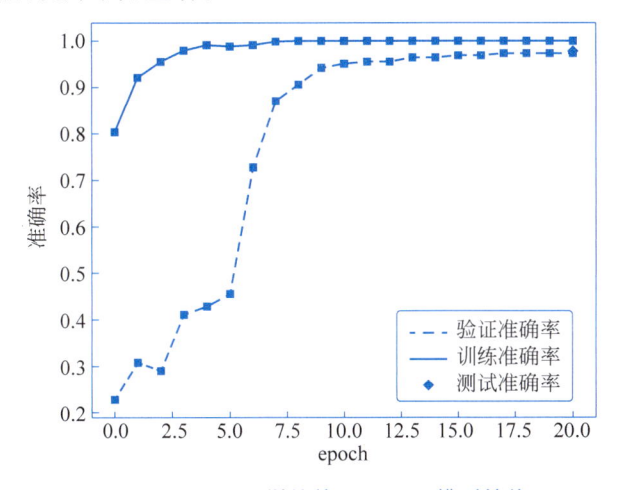

图 14.7 采用预训练的 DenseNet 模型性能